高等教育工程造价专业"十三五"规划系列教材

房屋建筑与装饰工程计量与计价

（第 2 版）

主　编　田卫云　徐　煌

副主编　彭　梅　何晶晶

西南交通大学出版社

·成都·

内容简介

本书主要依据《建设工程工程量清单计价规范》(GB 50500—2013)、《房屋建筑与装饰工程工程量计算规范》(GB 50854—2013)和《云南省 2013 版建设工程造价计价依据》(云建标〔2013〕918 号)编写。全书分两篇编制：第一篇为建设工程计价基础知识，简单介绍与房屋建筑工程造价相关的工程建设基本概念及计价基础知识；第二篇为计量计价实务。本书在编写过程中注重基本概念、基本理论的描述，可使初学者全面了解工程造价的概念、组成内容、计算方法，学会如何正确进行"列项、计量、套定额、计价、计费"，最后形成"房屋建筑与装饰工程"的工程造价。

我国幅员辽阔，工程造价的计算方法在不同的区域有一定的差异，本书依据国家规范并结合地方标准编写，特别适用于云南地区的高校学生和希望能掌握一技之长的社会读者，其他地区的读者可以结合当地的定额参照学习。本书可作为高等学校工程造价、工程管理、土木工程等专业的本科教材，也可以作为工程造价技术人员的自学教材和参考书。

图书在版编目（CIP）数据

房屋建筑与装饰工程计量与计价/田卫云，徐煌主编．—2版．—成都：西南交通大学出版社，2018.5（2022.8 重印）
ISBN 978-7-5643-6190-7

Ⅰ.①房… Ⅱ.①田… ②徐… Ⅲ.①建筑工程 – 工程造价②建筑装饰 – 工程造价 Ⅳ.①TU723.3

中国版本图书馆 CIP 数据核字（2018）第 105016 号

房屋建筑与装饰工程计量与计价

（第 2 版）

主编　田卫云　徐　煌

责 任 编 辑	姜锡伟
封 面 设 计	墨创文化
出 版 发 行	西南交通大学出版社 （四川省成都市二环路北一段 111 号 西南交通大学创新大厦 21 楼）
发行部电话	028-87600564　028-87600533
邮 政 编 码	610031
网　　　址	http://www.xnjdcbs.com
印　　　刷	四川森林印务有限责任公司
成 品 尺 寸	185 mm × 260 mm
印　　　张	28.25
字　　　数	699 千
版　　　次	2018 年 5 月第 2 版
印　　　次	2022 年 8 月第 9 次
书　　　号	ISBN 978-7-5643-6190-7
定　　　价	68.00 元

课件咨询电话：028-87600533

高等教育工程造价专业"十三五"规划系列教材

建设委员会

序

21 世纪，中国高等教育发生了翻天覆地的变化，就相对数量上讲，中国已成为全球第一高等教育大国。

自 20 世纪 90 年代中国高校开始出现工程造价专科教育起，到 1998 年在工程管理本科专业中设置工程造价专业方向，再到 2003 年工程造价专业成为独立办学的本科专业，如今工程造价专业已走过了 25 个年头。

据天津理工大学公共项目与工程造价研究所的最新统计，截至 2014 年 7 月，全国 140 所本科院校、600 所专科院校开办了工程造价专业。2014 年工程造价专业招生人数为本科生 11 693 人，专科生 66 750 人。

如此庞大的学生群体，导致工程造价专业师资严重不足，工程造价专业系列教材更显匮乏。由于工程造价专业发展迅猛，出版一套既能满足工程造价专业教学需要，又能满足本专科各个院校不同需求的工程造价系列教材已迫在眉睫。

2014 年，云南大学联合云南省 20 余所高等学校成立了"云南省大学生工程造价与工程管理专业技能竞赛委员会"，在共同举办的活动中，大家感到了交流的必要和联合的力量。

感谢西南交通大学出版社的远见卓识，愿意为推动工程造价专业的教材建设搭建平台。2014 年下半年，经过出版社几位策划编辑与各院校反复的磋商交流，成立工程造价专业系列教材建设委员会的时机已经成熟。2015 年 1 月 10 日，第一次云南省工程造价专业系列教材建设委员会会议在昆明理工大学新迎校区专家楼召开；紧接着主参编会议召开，落实了系列教材的主参编人员；2015 年 3 月，出版社与系列教材各主编签订了出版合同。

我认为，这是一件大事也是一件好事。工程造价专业缺教材、缺合格师资是我们面临又亟需解决的问题。组织教师编写教材，一是可以解教材匮乏之急，二是通过编写教材可以培养教师或者实现其他专业教师的转型发展。教师是一个特殊的职业——一个需要不断学习和更新自我的职业，教师也是特别能接受新知识并传授新知识的一个特殊群体，只要任务明确，有社会需要，教师自会完成自身的转型发展。因此教材建设一举两得。

我希望：系列教材的各位主参编老师与出版社齐心协力，在一两年内完成这一套工程造价专业系列教材的编撰和出版工作，为工程造价教育事业添砖加瓦。我也希望：各位主参编老师本着对学生负责、对事业负责的精神，对教材的编写精益求精，努力将每一本教材都打造成精品，为培养工程造价专业合格人才贡献力量。

中国建设工程造价管理协会专家委员会委员　张建平

云南省工程造价专业系列教材建设委员会主任

2015 年 6 月

第 2 版前言

本书第 1 版出版后，财政部、国家税务总局于 2016 年 3 月 23 日下发了《关于全面推开营业税改征增值税试点的通知》（财税〔2016〕36 号），要求自 2016 年 5 月 1 日起，在全国范围内全面推开营业税改征增值税（以下称"营改增"）试点，建筑业、房地产业、金融业、生活服务业等全部营业税纳税人，纳入试点范围，由缴纳营业税改为缴纳增值税。2016 年 4 月 19 日，云南省住房和城乡建设厅随即下发云建标〔2016〕207 号相应文件：云南省住房和城乡建设厅关于印发《关于建筑业营业税在征增值税后调整云南省建设工程造价计价依据的实施意见》的通知。通知要求云南省建筑行业由缴纳营业税改为缴纳增值税。在"营改增"实施意见下发的同时，即 2016 年 4 月 19 日，云南省住房和城乡建设厅还下发了云建标〔2016〕208 号文件云南省住房和城乡建设厅《关于调整云南省 2013 版建设工程造价计价依据中定额人工费的通知》，把 2013 版建设工程造价计价依据中定额人工费上调了 15%。2018 年 3 月 15 日，云南省住房和城乡建设厅再次下发《关于调整云南省 2013 版建设工程造价计价依据调整定额人工费的通知》（云建标函〔2018〕47 号），把定额人工费再次上调 28%。2018 年 4 月 4 日，财政部、国家税务局下发《关于调整增值税税率的通知》（财税〔2018〕32 号），其中建筑行业的增值税税率由 11% 下调到 10%，本书亦按新文件全部调整了各项费用。

2016 年 9 月，住房和城乡建设部因建筑行业一系列规范的调整，下发了《关于批准〈钢筋混凝土基础梁〉等 29 项国家建筑标准设计的通知》（建质函〔2016〕168 号），要求全国建筑行业自 2016 年 9 月 1 日起改用新标准设计图集。

上述通知下发后，本书第 1 版的许多内容已经不适用了，加之第 1 版教材在使用过程中发现了很多错误，因此及时改版为第 2 版。第 2 版在第 1 版的基础上做了较大改动，整个第 2 章根据文件更换了新的计费方式，删除了原版中第 20 章的内容，更换了原版教材中的大部分例题。

本书主要依据《建设工程工程量清单计价规范》（GB 50500—2013）、《房屋建筑与装饰工程工程量计算规范》（GB 50854—2013）、《云南省 2013 版建设工程造价计价依据》（云建标〔2013〕918 号）以及上述财政部、国家税务总局、住房和城乡建设部下发的通知编写。全书分两篇编制，共计 20 个章节。第一篇为建设工程计价基础知识，简单介绍与房屋建筑工程造价相关的工程建设基本概念及计算方法，读者通过学习可学会如何正确进行"列项、计量、套定额、计价、计费"，最后形成"房屋建筑与装饰工程"的工程造价；第二篇为计量计价实务，本书第 1 版编写时，因内容较多，参编老师也多，造成各个章节格式不统一，例题错误较多。在第 2 版修订时，由徐煌老师全部重新编写了第 7 章和第 8 章的内容，彭梅老师校对了第 10 章内容，田卫云老师重新整理并更改了其他章节的内容和例题，何晶晶老师校对并完成课件制作。下表为各位老师在教材编写中承担的任务，最终由田卫云老师统稿。

姓　名	工作单位	职　称	职　责	所编章节
田卫云	昆明理工大学城市学院土木系	副教授	第一主编	2、3、4、6、9～11、14～17
徐　煌	云南上德建设工程造价有限公司	高级工程师	第二主编	7、8、12、19、20
彭　梅	昆明理工大学审计处	工程师	第一副主编	11、18
何晶晶	昆明理工大学城市学院土木系	助教	第二副主编	13
孟　萍	云南大学城市建设与管理学院	讲师	参编	5
董自才	云南农业大学建筑工程学院	副教授	参编	1

在此要特别感谢参与第 1 版编写的老师，第 2 版的出版是在第 1 版的基础上改进的，有了第 1 版教材的框架，希望第 2 版能够与时俱进，更加通俗易懂。

本书的编写也给所有参编老师提供了一次系统学习的机会。由于新文件的下发，对部分问题的认识，老师们之间也存在争议，加之各位参编老师个人能力有限，书中的不足之处在所难免，敬请读者批评指正。

编　者

2018 年 5 月

第 1 版前言

工程概预算，是工程建设程序中不可缺少的一个环节。20 世纪 90 年代以前，我国一直沿用从苏联引进的"工程建设定额"计价制度；90 年代以后，随着国民经济的恢复，我国进入了一个前所未有的大发展阶段，工程建设技术有了强劲发展，计价制度也多次改革，建设市场急需一批懂技术、知理论的"工程概预算"专业人员，"工程造价"作为一个专业也在全国各高校蓬勃发展起来。但是，由于"工程造价管理"的地域性比较明显，全国各高校使用的教材在计算方法、规则上都不尽相同，学生拿的教材往往与教师授课内容有很大出入，经常弄得学生们很迷茫。2013 年，《建设工程工程量清单计价规范》（GB 50500—2013）和《云南省 2013 版建设工程造价计价依据》（云建标〔2013〕918 号）相继出台，借此机会，我们有了编一本适合云南本土高校使用并结合国家和地方建设工程造价管理政策教材的想法。

感谢西南交通大学出版社的编辑们，是他们及时组织联合云南各高校"工程造价"和"工程项目管理"的老师们成立了"云南省工程造价专业系列教材建设委员会"，使得开设"工程造价"和"工程项目管理"的云南高校教师们有了沟通和合作的机会，充分发挥各自"术业"优势，才有了本教材的诞生。

本教材主要依据《建设工程工程量清单计价规范》（GB 50500—2013）、《房屋建筑与装饰工程工程量计算规范》（GB 50854—2013）和《云南省 2013 版建设工程造价计价依据》（云建标〔2013〕918 号）编写。全书分两篇编制，共计 22 个章节。第一篇为建设工程计价基础知识，简单介绍与房屋建筑工程造价相关的工程建设基本概念及计价基础知识；第二篇为计量计价实务篇，按照《房屋建筑与装饰工程工程量计算规范》（GB 50854—2013）的工程项目顺序分章节编写。本书在编写过程中注重基本概念、基本理论的描述，可使初学者全面了解工程造价的概念、组成内容、计算方法，学会如何正确进行"列项、计量、套定额、计价、计费"，最后形成"房屋建筑与装饰工程"的工程造价。本书内容较多，经多位老师通力合作才完成。下表为各位老师在教材编写中承担的任务，最终由田卫云老师统稿。

姓　名	工作单位	职　称	职　责	所编章节
田卫云	昆明理工大学城市学院土木系	副教授	第一主编	3、4、10、22
孟　萍	云南大学城市建设与管理学院	讲师	参编	5
董自才	云南农业大学建筑工程学院	副教授	第一副主编	1、2
朱双颖	昆明学院城乡建设与工程管理学院	讲师	第二主编	15、16、17
高　波	昆明学院城乡建设与工程管理学院	讲师	参编	7、8、14
李　鼎	昆明学院城乡建设与工程管理学院	讲师	第二副主编	19、20
张宇帆	昆明理工大学津桥学院建筑工程系	讲师	参编	6、9
彭　梅	昆明理工大学审计处	工程师	参编	11、18
何晶晶	昆明理工大学城市学院	助教	参编	13
徐　煌	云南上德建设工程造价有限公司	高级工程师	参编、主审	12、21

在此要特别感谢徐煌老师，徐煌老师是《云南省 2013 版建设工程造价计价依据》标准编写的主要起草人之一。他作为本教材的主审老师和参编老师，承担了非常多的工作，不仅承担了最繁重的 12 章和 21 章的编写工作，还精益求精地审核了所有编写老师的文稿。为了使教材更规范更专业更适用，使学生知其然还要知其所以然，徐煌老师审稿时要求参编老师们查阅了国家和行业的各相关规范，对专业术语都一一进行了校正。本书编写得到了所有参编老师的大力支持，在此一并感谢所有编者。

　　本书的编写也给所有参编老师提供了一次系统学习的机会，由于 2013 版《建设工程工程量清单计价规范》和《云南省 2013 版建设工程造价计价依据》才实施不久，对部分问题的认识，老师们之间也存在争议，加之各位参编老师个人能力有限，书中的不足之处在所难免，敬请读者批评指正，待再版时进一步修改完善。

编　者

2015 年 12 月

目 录

第一篇　建设工程计价基础知识

第二篇　计量计价实务

第一篇

建设工程计价基础知识

1　与工程造价相关的概念

1.1　建设项目概念及分类

1.1.1　建设项目概念

1. 建设项目

建设项目指按一个总体规划或设计进行建设的，由一个或若干个互有联系的建设工程组成的建设工程总和。工程建成后经济上可以独立经营，行政上可以统一管理。凡符合一个总体建设规划，能独立发挥生产功能或满足生活需要，其项目建议书经批准立项和可行性研究报告经批准的建设任务均属于一个建设项目。如工业建设中的一座工厂、一个矿山，民用建设中的一个居民区、一幢住宅、一所学校等，均为一个建设项目。同一总体设计内分期进行建设的若干建设工程，均应合并算为一个建设项目；不属于同一总体设计范围内的建设工程，不得作为一个建设项目。

建设项目应满足的要求：

（1）技术上：满足一个总体设计或初步设计范围。

（2）构成上：由一个或几个相互关联的单项工程所组成的，每一个单项工程可由一个或几个单位工程所组成。

（3）在建设过程中：在经济上实行统一核算的，在行政上实行统一管理。

2. 建设工程

1）概　念

建设工程是指为人类生活、生产提供物质技术基础的各类建筑物和工程设施的统称。

2）分　类

根据中华人民共和国国家标准《建设工程分类标准》（GB/T 50841—2013），建设工程按照自然属性可分为建筑工程、土木工程和机电工程三类；按使用功能分为房屋建筑工程、铁路工程、公路工程、水利工程、市政工程、煤炭矿山工程、水运工程、海洋工程、民航工程、商业与物资工程、农业工程、林业工程、粮食工程、石油天然气工程、海洋石油工程、火电工程、水电工程、核工业工程、建材工程、冶金工程、有色金属工程、石化工程、化工工程、医药工程、机械工程、航天与航空工程、兵器与船舶工程、轻工工程、纺织工程、电子与通信工程和广播电视工程等。各行业工程可按自然属性分类和组合。

本书主要讲述建筑工程的计量与计价。

3）建筑工程分类

（1）按使用性质：分为民用建筑工程、工业建筑工程、构筑物工程及其他建筑工程等。

（2）按组成结构：分为地基与基础工程、主体结构工程、建筑屋面工程、建筑装饰装修工程和室外建筑工程。

（3）按空间位置：分为地下工程、地上工程、水下工程、水上工程等。

1.1.2 建设项目分类

建设项目的种类繁多，为了适应科学管理的需要，可以从不同的角度进行分类。

1. 按建设性质划分

建设项目按建设性质可分为新建项目、扩建项目、改建项目、迁建项目和恢复项目。

（1）新建项目是指从无到有，"平地起家"，新开始建设的项目。有的建设项目原有基础很小，经扩大建设规模后，其新增加的固定资产价值超过原有固定资产价值三倍以上，也算新建项目。

（2）扩建项目是指原有企业、事业单位，为扩大原有产品生产能力（或效益）或增加新的产品生产能力，而新建主要车间或工程的项目。

（3）改建项目是指原有企业，为提高生产效率，改进产品质量，或改变产品方向，对原有设备或工程进行改造的项目。有的企业为了平衡生产能力，增建一些附属、辅助车间或非生产性工程，也算改建项目。

（4）迁建项目是指原有企业、事业单位，由于各种原因经上级批准搬迁到另地建设的项目。迁建项目中符合新建、扩建、改建条件的，应分别作为新建、扩建或改建项目。迁建项目不包括留在原址的部分。

（5）恢复项目是指企业、事业单位因自然灾害、战争等原因使原有固定资产全部或部分报废，以后又投资按原有规模重新恢复起来的项目。在恢复的同时进行扩建的，应作为扩建项目。

2. 按投资作用划分

建设项目按投资作用可分为生产性建设工程项目和非生产性建设工程项目。

（1）生产性项目是指直接用于物质生产或直接为物质生产服务的项目，主要包括工业项目（含矿业）、建筑业和地区资源勘探事业项目、农林水利项目、运输邮电项目、商业和物资供应项目等。

（2）非生产性项目是指直接用于满足人民物质和文化生活需要的项目，主要包括住宅、教育、文化、卫生、体育、社会福利、科学实验研究、金融保险、公用生活服务事业、行政机关和社会团体办公用房等项目。

3. 按项目规模划分

为适应对建设项目分级管理的需要，国家规定新建项目分为大型、中型、小型三类，更新改造项目分为限额以上和限额以下两类。

建设大中小型项目是按项目的建设总规模或总投资来确定的。习惯上将大型和中型项目合称为大中型。新建项目按项目的全部设计规模（能力）或所需投资（总概算）计算；扩建项目按扩建新增的设计能力或扩建所需投资（扩建总概算）计算，不包括扩建以前原有的生产能力。但是，新建项目的规模是指经批准的可行性研究报告中规定的近期建设的总规模，而不是指远景规划所设想的长远发展规模。明确分期设计、分期建设的，应按分期规模来计算。建设项目大中小型划分标准，是国家规定的。按总投资划分的项目，能源、交通、原材料工业项目5 000万元以上，其他项目3 000万元以上作为大中型，在此标准以下的为小型项目。

4. 按项目的投资效益划分

建设项目按项目的投资效益可分为竞争性项目、基础性项目和公益性项目。

5. 按项目的投资来源划分

建设项目按项目的投资来源可分为政府投资项目和非政府投资项目。

按照其营利性不同，政府投资项目又可分为经营性政府投资项目和非经营性政府投资项目。

1.2　工程建设程序

工程建设程序是指工程项目从策划、评估、决策、设计、施工到竣工验收、投入生产和交付使用的整个建设过程中，各项工作必须遵循的先后工作次序。工程建设程序是工程建设过程客观规律的反映，是建设项目科学决策和顺利进行的重要保证。

各个国家和国际组织在工程建设程序上可能存在着某些差异，但是按照建设发展的内在规律，投资建设一个工程项目都要经过投资决策和建设实施的发展时期，各个发展时期又可分为若干个阶段，各个阶段之间存在严格的先后次序，可以进行合理的交叉，但不能任意颠倒。

1.2.1　投资决策阶段工作内容

1. 编报项目建议书

项目建议书是拟建项目单位向国家提出的要求建设某一项目的建议文件，是对建设项目的轮廓设想。项目建议书的主要作用是推荐一个拟建项目，论述其建设的必要性、建设条件的可行性和获利的可能性，供国家选择并确定是否进行下一步工作。

对于政府投资项目，项目建议书按要求编制完成后，应根据建设规模和限额划分分别报送有关部门审批。项目建议书经批准后，可以进行详细的可行性研究工作，但并不表明项目非上不可，批准的项目建议书不是项目的最终决策。

根据《国务院关于投资体制改革的决定》（国发〔2004〕20号），对于企业不使用政府资金投资建设的项目，政府不再进行投资决策性质的审批。项目实行核准制或登记备案制，企业不需要编制项目建议书而可直接编制可行性研究报告。

2. 编报可行性研究报告

可行性研究的目的是对工程项目在技术上是否可行和经济上是否合理进行科学的分析和论证。可行性研究工作完成后，需要编写出反映其全部工作成果的"可行性研究报告"。

3. 项目投资决策审批制度

根据《国务院关于投资体制改革的决定》，政府投资项目和非政府投资项目分别实行审批制、核准制或备案制。

1）政府投资项目

对于采用直接投资和资本金注入方式的政府投资项目，政府需要从投资决策的角度审批项目建议书和可行性研究报告，除特殊情况外不再审批开工报告，同时还要严格审批其初步设计和概算；对于采用投资补助、转贷和贷款贴息方式的政府投资项目，则只审批资金申请报告。

政府投资项目一般都要经过符合资质要求的咨询中介机构的评估论证，特别重大的项目还应实行专家评议制度。国家将逐步实行政府投资项目公示制度，以广泛听取各方面的意见和建议。

2）非政府投资项目

对于企业不使用政府资金投资建设的项目，一律不再实行审批制，区别不同情况实行核准制或登记备案制。

（1）核准制。企业投资建设《政府核准的投资项目目录》中的项目时，仅需向政府提交项目申请报告，不再经过批准项目建议书、可行性研究报告和开工报告的程序。

（2）备案制。对于《政府核准的投资项目目录》以外的企业投资项目，实行备案制。除国家另有规定外，由企业按照属地原则向地方政府投资主管部门备案。

为扩大大型企业集团的投资决策权，对于建立现代企业制度的特大型企业集团，投资建设《政府核准的投资项目目录》中的项目时，可以按项目单独申报核准，也可编制中长期发展建设规划，规划经国务院或国务院投资主管部门批准后，规划中属于《政府核准的投资项目目录》中的项目不再另行申报核准，只需办理备案手续。企业集团要及时向国务院有关部门报告规划执行和项目建设情况。

1.2.2　实施阶段工作内容

1. 工程设计

1）工程设计阶段及其内容

工程设计阶段一般划分为两个阶段，即初步设计和施工图设计。重大项目和技术复杂项目，可根据需要增加技术设计阶段。

（1）初步设计。初步设计是根据可行性研究报告的要求所做的具体实施方案，目的是阐明在指定的地点、时间和投资控制数额内，拟建项目在技术上的可行性和经济上的合理性，并通过对工程项目所做出的基本技术规定，编制项目总概算。

初步设计不得随意改变被批准的可行性研究报告所确定的建设规模、产品方案、工程标准、建设地址和总投资等控制目标。如果初步设计提出的总概算超过可行性研究报告总投资的 10%以上或其他主要指标需要变更时，应说明原因和计算依据，并重新向原审批单位报批可行性研究报告。

（2）技术设计。技术设计应根据初步设计和更详细的调查研究资料编制，以进一步解决初步设计中的重大技术问题，如工艺流程、建筑结构、设备选型及数量确定等，使工程项目的设计更具体、更完善，技术指标更好。

（3）施工图设计。施工图设计的任务是根据初步设计或技术设计的要求，结合现场实际情况，完整地表现建筑物外形、内部使用功能、结构体系、构造状况以及建筑群的组成与周围环境的配合。它还包括各种运输、通信、管道系统、建筑设备的设计。在工艺方面，施工图设计应具体确定各种设备的型号、规格及各种非标准设备的制造加工图。

2）施工图设计文件的审查

《房屋建筑和市政基础设施工程施工图设计文件审查管理办法》（建设部令第 134 号）规定，建设单位应当将施工图送施工图审查机构审查。施工图审查机构按照有关法律、法规，对施工图涉及公共利益、公共安全和工程建设强制性标准的内容进行审查。

任何单位或者个人不得擅自修改审查合格的施工图。确需修改的，凡涉及上述审查内容的，建设单位应当将修改后的施工图送原审查机构审查。

2. 建设准备

1）建设准备工作内容

项目在开工建设之前要切实做好各项准备工作，其主要内容包括：

（1）征地、拆迁和场地平整。

（2）完成施工用水、电、通信、道路等接通工作。

（3）组织招标选择工程监理单位、承包单位及设备、材料供应商。

（4）准备必要的施工图纸。

2）工程质量监督手续和施工许可证的办理

建设单位完成工程建设准备工作并具备工程开工条件后，应及时办理工程质量监督手续和施工许可证。

3. 施工安装

工程项目经批准新开工建设，项目即进入施工安装阶段。项目新开工时间，是指工程项目设计文件中规定的任何一项永久性工程第一次正式破土开槽开始施工的日期。不需开槽的工程，正式开始打桩的日期就是开工日期。铁路、公路、水库等需要进行大量土方、石方工程的，以开始进行土方、石方工程的日期作为正式开工日期。工程地质勘查，平整场地，旧建筑物的拆除，临时建筑、施工用临时道路和水电等工程开始施工的日期不能算作正式开工日期。分期建设的项目分别按各期工程开工的日期计算，如二期工程应根据工程设计文件规定的永久性工程开工的日期计算。

施工安装活动应按照工程设计要求、施工合同条款、有关工程建设法律法规规范标准及施工组织设计，在保证工程质量、工期、成本及安全、环保等目标的前提下进行，达到竣工验收标准后，由施工承包单位移交给建设单位。

4．生产准备

对于生产性建设项目而言，生产准备是项目投产前由建设单位进行的一项重要工作。它是衔接建设和生产的桥梁，是项目建设转入生产经营的必要条件。建设单位应适时组成专门机构做好生产准备工作，确保项目建成后能及时投产。

生产准备工作一般应包括以下主要内容：

（1）招收和培训生产人员。该步骤主要包括招收项目运营过程中所需要的人员，并采用多种方式进行培训，特别要组织生产人员参加设备的安装、调试和工程验收工作，使其能尽快掌握生产技术和工艺流程。

（2）组织准备。组织准备主要包括生产管理机构设置、管理制度和有关规定的制定、生产人员配备等。

（3）技术准备。技术准备主要包括国内装置设计资料的汇总，有关国外技术资料的翻译、编辑，各种生产方案、岗位操作法的编制以及新技术的准备等。

（4）物资准备。物资准备主要包括落实生产用的原材料、协作产品、燃料、水、电、气等的来源和其他需协作配合的条件，并组织工装、器具、备品、备件等的制造或订货。

1.2.3 交付使用阶段工作内容

1．竣工验收

当工程项目按设计文件的规定内容和施工图纸的要求全部建完后，便可组织验收。竣工验收是投资成果转入生产或使用的标志，也是全面考核工程建设成果、检验设计和工程质量的重要步骤。

1）竣工验收的范围和标准

按照国家现行规定，工程项目按批准的设计文件所规定的内容建成，符合验收标准，即工业项目经过投料试车（带负荷运转）合格，形成生产能力的，非工业项目符合设计要求，能够正常使用的，都应及时组织验收，办理固定资产移交手续。工程项目竣工验收、交付使用，应达到下列标准：

（1）生产性项目和辅助公用设施已按设计要求建完，能满足生产要求。

（2）主要工艺设备已安装配套，经联动负荷试车合格，形成生产能力，能够生产出设计文件规定的产品。

（3）职工宿舍和其他必要的生产福利设施，能适应投产初期的需要。

（4）生产准备工作能适应投产初期的需要。

（5）环境保护措施、劳动安全卫生措施、消防设施已按设计要求与主体工程同时建成使用。

以上是国家对建设项目竣工应达到标准的基本规定，各类建设项目除遵循上述共同标准外，还要结合专业特点确定其竣工应达到的具体条件。

对某些特殊情况，工程施工虽未全部按设计要求完成，也应进行验收，这些特殊情况主要是指：

（1）因少数非主要设备或某些特殊材料短期内不能解决，虽然工程内容尚未全部完成，但已可以投产或使用。

（2）规定的内容已建完，但因外部条件的制约，如流动资金不足、生产所需原材料不能满足等，而使已建成工程不能投入使用。

（3）有些工程项目或单位工程，已形成部分生产能力，但近期内不能按原设计规模续建的，应从实际情况出发经主管部门批准后，可缩小规模对已完成的工程和设备组织竣工验收，移交固定资产。

按国家现行规定，已具备竣工验收条件的工程，3个月内不办理验收投产和移交固定资产手续的，取消企业和主管部门（或地方）的基建试车收入分成，由银行监督全部上缴财政。如3个月内办理竣工验收确有困难，经验收主管部门批准，可以适当推迟竣工验收时间。

2）竣工验收的准备工作

建设单位应认真做好工程竣工验收的准备工作，主要包括：

（1）整理技术资料。

（2）绘制竣工图。

（3）编制竣工决算。

3）竣工验收的程序和组织

根据国家现行规定，规模较大、较复杂的工程建设项目应先进行初验，然后进行正式验收。规模较小、较简单的工程项目，可以一次进行全部项目的竣工验收。

全部建完，经过各单位工程的验收，符合设计要求，并具备竣工图、竣工决算工程总结等必要文件资料的工程项目，由项目主管部门或建设单位向负责验收的单位提出竣工验收申请报告。

4）竣工验收备案

《房屋建筑工程和市政基础设施工程竣工验收备案管理暂行办法》（建设部第78号令）规定，建设单位应当自工程竣工验收合格之日起15日内，向工程所在地县级以上地方人民政府建设主管部门备案。

2. 项目后评价

项目后评价是工程项目实施阶段管理的延伸。工程项目竣工验收交付使用，只是工程建设完成的标志，而不是建设项目管理的终结。工程项目建设和运营是否达到投资决策时所确定的目标，只有经过生产经营或使用取得实际投资效果后，才能进行正确的判断；也只有在这时，才能对建设项目进行总结和评估，才能综合反映工程项目建设和工程项目管理各环节上工作的成效和存在的问题，并为以后改进建设项目管理、提高建设项目管理水平、制订科学的工程项目建设计划提供依据。

项目后评价的基本方法是对比法。对比法就是将工程项目建成投产后所取得的实际效果、经济效益和社会效益、环境保护等情况与前期决策阶段的预测情况相对比，与项目建设前的情况相对比，从中发现问题，总结经验和教训。在实际工作中，往往从以下两个方面对建设项目进行后评价。

1）效益后评价

项目效益后评价是项目后评价的重要组成部分。它以项目投产后实际取得的效益（经济、社会、环境等）及隐含在其中的技术影响为基础，重新测算项目的各项经济数据，得到相关的投资效果指标，然后与项目的前期评估时预测的有关经济效果值（如净现值 NPV、内部收益率 IRR、投资回收期 Pt 等）、社会环境影响值（如环境质量值 IEQ 等）进行对比，评价和分析其偏差情况以及原因，吸取经验教训，从而为提高项目的投资管理水平和投资决策服务。效益后评价具体包括经济效益后评价、环境效益和社会效益后评价、项目可持续性后评价及项目综合效益后评价。

2）过程后评价

过程后评价是指对建设项目的立项决策、设计施工、竣工投产、生产运营等全过程进行系统分析，找出项目后评价与原预期效益之间的差异及其产生的原因，同时针对问题提出解决办法。

以上两方面的评价有着密切的联系，必须全面理解和运用，才能对后评价项目做出客观、公正、科学的评价。

1.3 建设项目层次划分

建设项目可分为单项工程、单位（子单位）工程、分部（子分部）工程和分项工程，如图 1.1 所示。

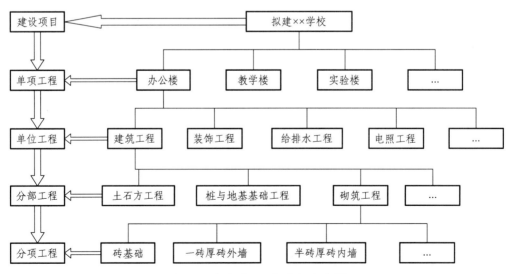

图 1.1 建设项目逐级分解示意图

1. 单项工程

单项工程是指具有单独的设计文件，建成后能够独立发挥生产能力或使用效益的工程项目。单项工程是建设项目的组成部分，一个建设项目可以仅包括一个单项工程，也可以包括多个单项工程。

2. 单位工程

单位工程是指具有独立的设计文件、能够独立组织施工，但不能独立发挥生产能力或使用功能的工程项目。对于建筑规模较大的单位工程，可将其能进行独立施工的部分作为一个子单位工程。单位工程是单项工程的组成部分，一般可分解为建筑工程和设备安装工程。如工业厂房工程中的土建工程、设备安装工程、工业管道工程等分别是单项工程中所包含的不同的单位工程。

3. 分部工程

分部工程是单位工程的组成部分，系按结构部位、路段长度及施工特点或施工任务将单位工程划分为若干个项目单元。一般工业与民用建筑工程的分部工程包括：地基与基础工程、主体结构工程、装饰装修工程、屋面工程、给排水及采暖工程、电气工程、智能建筑工程、通风与空调工程、电梯工程。当分部工程较大或较复杂时，可按材料种类、施工特点、施工程序、专业系统及类别等将其划分为若干子分部工程。

4. 分项工程

分项工程是分部工程的组成部分，系按不同的施工方法、材料、工序及路段长度将分部工程划分为若干个项目单元。分项工程是根据主要工种、施工特点、建筑材料、设备类别、工序等不同，将分部工程分解的基本单元，是计算工、料及资金消耗的最基本的构造要素。

1.4　工程造价及计价相关概念

1.4.1　工程造价的含义与特点

1. 工程造价的含义

工程造价指工程项目在建设期预计或实际支出的建设费用。在市场经济条件下，工程造价有两种含义。

1）工程造价的第一种含义

工程造价的第一种含义，是从投资者或业主的角度来定义的。

建设工程造价是指有计划地建设某项工程，预期开支或实际开支的全部固定资产投资费用。这些费用主要包括设备及工器具购置费、建筑工程及安装工程费、工程建设其他费、预备费、建设期利息、固定资产投资方向调节税（这项费用目前暂停征收）。尽管这些费用在建设项目的竣工决算中，按照新的财务制度和企业会计准则核算新增资产价值时，并没有全部形成新增固定资产价值，但这些费用是完成固定资产建设所必需的。因此，从这个意义上讲，工程造价就是建设项目固定资产投资。

2）工程造价的第二种含义

工程造价的第二种含义，是从承包商、供应商、设计市场供给主体来定义的。

建设工程造价是指为建设某项工程，预计或实际在土地市场、设备市场、技术劳务市场、承包市场等交易活动中，形成的工程承发包（交易）价格。

工程造价的第二种含义是以市场经济为前提的，是以工程、设备、技术等特定商品形式作为交易对象，通过招投标或其他交易方式，在各方进行反复测算的基础上，最终由市场形成的价格。其交易的对象，可以是一个建设项目，一个单项工程，也可以是建设的某一个阶段，如可行性研究报告阶段、设计工作阶段等，还可以是某个建设阶段的一个或几个组成部分，如建设前期的土地开发工程、安装工程、装饰工程、配套设施工程等。随着经济发展和技术进步，分工的细化和市场的完善，工程建设的中间产品也会越来越多，商品交易会更加频繁，工程造价的种类和形式也会更为丰富。特别是投资体制的改革，投资主体多元化和资金来源的多渠道，使相当一部分建筑产品作为商品进入了流通。住宅作为商品已为人们所接受，普通工业厂房、仓库、写字楼、公寓、商业设施等建筑产品，一旦投资者将其推向市场就成为真实的商品而流通。无论是采取购买、抵押、拍卖、租赁，还是企业兼并形式，其性质都是相同的。

工程造价的第二种含义通常把工程造价认定为工程承发包价格。它是在建筑市场通过招标，由需求主体投资者和供给主体建筑商共同认可的价格。建筑安装工程造价在项目固定资产投资中占有的份额，是工程造价中最活跃的部分，也是建筑市场交易的主要对象之一。设备采购过程，经过招投标形成的价格，土地使用权拍卖或设计招标等所形成的承包合同价，也属于第二种含义的工程造价的范围。

上述工程造价的两种含义：一种是从项目建设角度提出的建设项目工程造价，它是一个广义的概念；另一种是从工程交易或工程承包、设计范围角度提出的建筑安装工程造价，它是一个狭义的概念。

2. 工程造价的特点

由于工程建设的特点，工程造价具有以下特点：

1）大额性

任何一项建设工程，不仅实物形态庞大，而且造价高昂，需投资几百万、几千万甚至上亿的资金。工程造价的大额性关系到多方面的经济利益，同时也对社会宏观经济产生重大影响。

2）单个性

任何一项建设工程都有特殊的用途，其功能、用途各不相同，因而，使得每一项工程的结构、造型、平面布置、设备配置和内外装饰都有不同的要求。工程内容和实物形态的个别差异性决定了工程造价的单个性。

3）动态性

任何一项建设工程从决策到竣工交付使用，都有一个较长的建设期。在这一期间，如工程变更，材料价格、费率、利率、汇率等会发生变化。这种变化必然会影响工程造价的变动，直至竣工决算后才能最终确定工程实际造价。建设周期长，资金的时间价值突出，这就体现了建设工程造价的动态性。

4）层次性

一个建设项目往往含有多个单项工程，一个单项工程又是由多个单位工程组成的。与此相适应，工程造价也由三个层次相对应，即建设项目总造价、单项工程造价和单位工程造价。

5）阶段性（多次性）

建设工程规模大、周期长、造价高，随着工程建设的进展需要在工程建设程序的各个阶段进行计价。多次性计价是一个逐步深化、逐步细化、逐步接近最终造价的过程。

3. 各阶段工程造价的关系和控制

在建设工程的各个阶段，工程造价分别使用投资估算、设计概算、施工图预算、中标价、承包合同价、工程结算、竣工结算进行确定与控制。建设项目是一个从抽象到实际的建设过程，工程造价也从投资估算阶段的投资预计，到竣工决算的实际投资，形成最终的建设工程的实际造价。从估算到决算，工程造价的确定与控制存在着既相互独立又相互关联的关系。

1）工程建设各阶段工程造价的关系

建设项目从立项论证到竣工验收、交付使用的整个周期，是工程建设各阶段工程造价由表及里、由粗到精、逐步细化、最终形成的过程，它们之间相互联系、相互印证，具有密不可分的关系。

工程建设各阶段工程造价关系如图 1.2 所示。

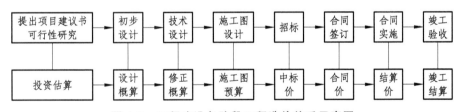

图 1.2　工程建设各阶段工程造价关系示意图

2）工程建设各阶段工程造价的控制

所谓工程造价控制，就是在优化建设方案、设计方案的基础上，在工程建设程序的各个阶段，采用一定的方法和措施把工程造价控制在合理的范围和核定的造价限额以内。具体说，就是要用投资估算价控制设计方案的选择和初步设计概算造价，用概算造价控制技术设计和修正概算造价，用概算造价或修正概算造价控制施工图设计和预算造价，以求合理使用人力、物力和财力，取得较好的投资效益。控制造价在这里就是控制项目投资。

工程建设各阶段工程造价的控制见图 1.3。

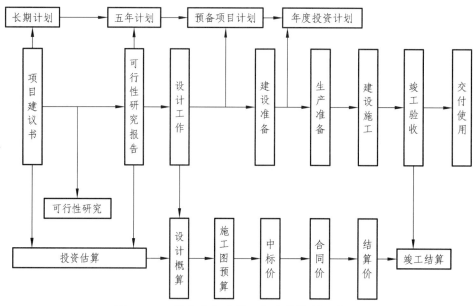

图1.3　工程建设各阶段工程造价控制示意图

有效控制工程造价应体现以下原则：

（1）以设计阶段为重点的建设全过程造价控制。

工程造价控制贯穿于项目建设全过程，但是必须重点突出。显然，工程造价控制的关键在于施工前的投资决策和设计阶段，而在项目做出投资决策后，控制工程造价的关键就在于设计。建设工程全寿命费用包括工程造价和工程交付使用后的经常开支费用（含经营费用、日常维护修理费用、使用期内修理和局部更新费用）以及该项目使用期满后的报废拆除费用等。据西方一些国家分析，设计费一般只相当于建设工程全寿命费用的1%以下，但正是这少于1%的费用对工程造价的影响度占75%以上。由此可见，设计质量对整个工程建设的效益是至关重要的。

长期以来，我国普遍忽视工程建设项目前期工作阶段的造价控制，而往往把控制工程造价的主要精力放在施工阶段审核施工图预算或竣工结算上。这样做尽管也有效果，但毕竟是"亡羊补牢"，事倍功半。要有效地控制工程造价，就要坚决地把控制重点转到建设前期阶段上来，尤其应抓住设计这个关键阶段，以取得事半功倍的效果。

（2）主动控制，以取得令人满意的结果。

一般说来，造价工程师的基本任务是对建设项目的建设工期、工程造价和工程质量进行有效的控制，为此，应根据业主的要求及建设的客观条件进行综合研究，实事求是地确定一套切合实际的衡量准则。只要造价控制的方案符合这套衡量准则，取得令人满意的结果，则应该说造价控制就达到了预期的目标。

长时期来，人们一直把控制理解为目标值与实际值的比较，当实际值偏离目标值时，分析产生偏差的原因，并确定下一步的对策。在工程项目建设全过程进行这样的工程造价控制当然是有意义的。但问题在于，这种立足于"调查—分析—决策"基础之上的"偏离—纠偏—再偏离—再纠偏"的控制方法，只能发现偏离，不能使已产生的偏离消失，不能预防可能发生的偏离，因而只能说是被动控制。自20世纪70年代初人们将系统论和控制论研究成果运用于项目管理后，才将控制立足于事先主动采取决策措施，以尽可能减少以至避免目标值与实际值的偏离，这是主动的、积极的控制方法，因此被称为主动控制。也就是说，我们的工程造价控制，不仅要反映投资决策，反映设计、发包和施工，被动地控制工程造价，更要能动地影响投资决策，影响设计、发包和施工，主动地控制工程造价。

（3）技术与经济相结合是控制工程造价最有效的手段。

要有效地控制工程造价，应从组织、技术、经济等多方面采取措施。从组织上采取的措施，包括明确项目组织结构，明确造价控制者及其任务，明确管理职能分工；从技术上采取措施，包括重视设计多方案选择，严格审查监督初步设计、技术设计、施工图设计、施工组织设计，深入技术领域研究节约投资的可能；从经济上采取措施，包括动态地比较造价的计划值和实际值，严格审核各项费用支出，采取对节约投资的有力奖励措施等。

应该看到，技术与经济相结合是控制工程造价最有效的手段。长期以来，在我国工程建设领域，技术与经济相分离。我国工程技术人员的技术水平、工作能力、知识面，跟外国同行相比几乎不分上下，但缺乏经济观念，设计思想保守。国外的技术人员时刻考虑如何降低工程造价，而我国技术人员则把它看成与己无关，是财会人员的职责。而财会人员的主要责任是根据财务制度办事，他们往往不熟悉工程知识，也较少了解工程进展中的各种关系和问题，往往单纯地从财务制度角度审核费用开支，难以有效地控制工程造价。为此，迫切需要解决以提高工程投资效益为目的，在工程建设过程中有机结合技术与经济，通过技术比较、经济分析和效果评价，正确处理技术先进与经济合理两者之间的对立统一关系，力求在技术先进条件下的经济合理，在经济合理基础上的技术先进，把控制工程造价观念渗透到各项设计和施工技术措施之中的问题。

工程造价的确定和控制之间，存在相互依存、相互制约的辩证关系。首先，工程造价的确定是工程造价控制的基础和载体。没有造价的确定，就没有造价的控制；没有造价的合理确定，也就没有造价的有效控制。其次，造价的控制寓于工程造价确定的全过程，造价的确定过程也就是造价的控制过程，只有通过逐项控制、层层控制才能最终合理确定造价。最后，确定造价和控制造价的最终目的是统一的，即合理使用建设资金，提高投资效益，遵守价值规律和市场运行机制，维护有关各方合理的经济利益。

3）工程造价控制的主要内容

（1）各阶段的控制重点：

① 项目决策阶段：根据拟建项目的功能要求和使用要求，做出项目定义，包括项目投资定义，并按照项目规划的要求和内容以及项目分析和研究的不断深入，逐步地将投资估算的误差率控制在允许的范围之内。

② 初步设计阶段：运用设计标准与标准设计、价值工程和限额设计方法等，以可行性研究报告中被批准的投资估算为工程造价目标，控制和修改初步设计直至满足要求。

③ 施工图设计阶段：以被批准的设计概算为控制目标，应用限额设计、价值工程等方法，以设计概算为控制目标控制和修改施工图设计。通过对设计过程中所形成的工程造价进行层层限额设计，以实现工程项目设计阶段的工程造价控制目标。

④ 招标投标阶段：以工程设计文件（包括概算、预算）为依据，结合工程施工的具体情况，如现场条件、市场价格、业主的特殊要求等，按照招标文件的规定，编制招标工程的招标控制价，明确合同计价方式，初步确定工程的合同价。

⑤ 工程施工阶段：以工程合同价等为控制依据，通过工程计量、控制工程变更等方法，按照承包人实际完成的工程量，严格确定施工阶段实际发生的工程费用。以合同价为基础，考虑物价上涨、工程变更等因素，合理确定进度款和结算款，控制工程实际费用的支出。

⑥ 竣工验收阶段：全面汇总工程建设中的全部实际费用，编制竣工决算，如实体现建设项目的工程造价，并总结经验，积累技术经济数据和资料，不断提高工程造价管理水平。

（2）关键控制环节：

从各阶段的控制重点可见，要有效控制工程造价，关键应把握以下四个环节：

① 决策阶段做好投资估算。投资估算对工程造价起到指导性和总体控制的作用。在投资决策过程中，特别是从工程规划阶段开始，预先对工程投资额度进行估算，有助于业主对工程建设各项技术经济方案做出正确决策，从而对今后工程造价的控制起到决定性的作用。

② 设计阶段强调限额设计。设计阶段是仅次于决策阶段影响投资的关键。为了避免浪费，采取限额设计是控制工程造价的有力措施。强调限额设计并不是意味着一味追求节约资金，而是体现了尊重科学，实事求是，保证设计科学合理，确保投资估算真正起到工程造价控制的作用。经批准的投资估算作为工程造价控制的最高限额，是限额设计控制工程造价的主要依据。

③ 招标投标阶段重视施工招标。业主通过施工招标这一经济手段，择优选定承包商，不仅有利于确保工程质量和缩短工期，更有利于降低工程造价，是工程造价控制的重要手段。施工招标应根据工程建设的具体情况和条件，采用合适的招标形式；编制招标文件应符合法律法规，内容齐全，前后一致，避免出错和遗漏。评标前要明确评标原则。招标工作最终结果，是实现工程承发包双方签订施工合同。

④ 施工阶段加强合同管理与事前控制。施工阶段是工程造价的执行和完成阶段。在施工中通过跟踪管理，对承发包双方的实际履约行为掌握第一手资料，经过动态纠偏，及时发现和解决施工中的问题，有效地控制工程质量、进度和造价。事前控制工作的重点是控制工程变更和防止发生索赔。施工过程中要搞好工程计量与结算，做好与工程造价相统一的质量、进度等各方面的事前、事中、事后控制。

1.4.2　建设项目总投资的构成

建设项目总投资是指为完成工程项目建设并达到使用要求或生产条件，在建设期内预计或实际投入的全部费用总和。建设项目总投资费用构成见图1.4。

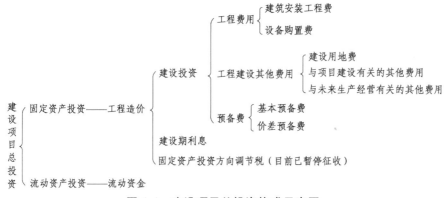

图 1.4　建设项目总投资构成示意图

1.4.2.1　建设投资

建设投资是指为完成工程项目建设，在建设期内投入且形成现金流出的全部费用，由工程费用、工程建设其他费用和预备费组成。

1. 工程费用

工程费用是指建设期内直接用于工程建造、设备购置及其安装的建设投资。

1）建筑安装工程费

建筑安装工程费是指为完成项目建造、生产性设备及配套工程安装所需的费用，按专业工程类别分为建筑工程费和安装工程费。根据住房和城乡建设部、财政部颁布的《关于印发〈建筑安装工程费用项目组成〉的通知》（建标〔2013〕44 号），我国现行建筑安装工程费用项目按两种不同的方式划分，即按费用构成要素划分和按造价形成划分，按费用构成要素划分如图 1.5 所示，按造价形成划分如图 1.6 所示。

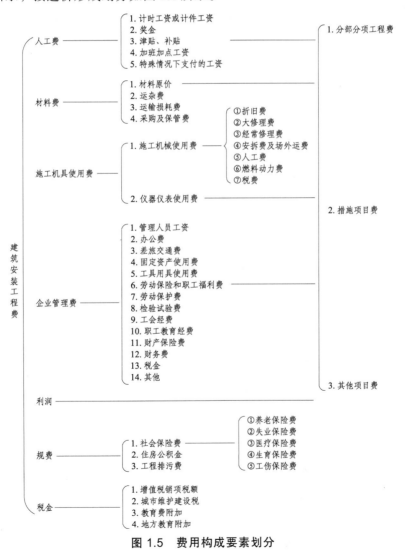

图 1.5　费用构成要素划分

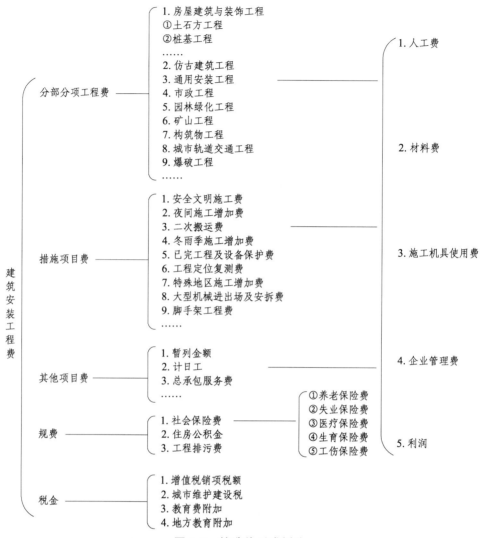

图 1.6　按造价形成划分

2）设备购置费

设备购置费是指购置或自制的达到固定资产标准的设备、工器具及生产家具等所需的费用。

（1）设备购置费的构成。

$$设备购置费 = 设备原价 + 设备运杂费 \tag{1.1}$$

上式中，设备原价指国内采购设备的出厂（场）价格，或国外采购设备的抵岸价格。设备运杂费指国内采购设备自来源地、国外采购设备自到岸港运至工地仓库或制定堆放地点发生的采购、运输、运输保险、保管、装卸等费用。

（2）国产设备原价的构成及计算。

国产设备原价一般指的是设备制造厂的交货价，或订货合同价。它一般根据生产厂或供应商的询价、报价、合同价确定，或采用一定的方法计算确定。国产设备原价分为国产标准设备原价和国产非标准设备原价。

国产标准设备是指按照主管部门颁布的标准图纸和技术要求，由我国设备生产厂批量生产的，符合国家质量检测标准的设备。国产标准设备原价有两种，即带有备件的原价和不带有备件的原价。在计算时，一般采用带有备件的原价。

国产非标准设备是指国家尚无定型标准，各设备生产厂不可能在工艺过程中采用批量生产，只能按一次订货，并根据具体的设计图纸制造的设备。非标准设备原价有多种不同的计算方法，如成本计算估价法、系列设备插入估价法、分部组合估价法、定额估价法等。但无论采用哪种方法都应该使非标准设备计价接近实际出厂价，并且计算方法要简便。按成本计算估价法，非标准设备的原价由以下各项组成：

① 材料费。其计算公式如下：

$$材料费 = 材料净重 \times （1 + 加工损耗系数） \times 每吨材料综合价 \qquad (1.2)$$

② 加工费。加工费包括生产工人工资和工资附加费、燃料动力费、设备折旧费、车间经费等。其计算公式如下：

$$加工费 = 设备总质量（吨） \times 设备每吨加工费 \qquad (1.3)$$

③ 辅助材料费（简称辅材费）。辅材费包括焊条、焊丝、氧气、氩气、氮气、油漆、电石等费用。其计算公式如下：

$$辅助材料费 = 设备总质量 \times 辅助材料费指标 \qquad (1.4)$$

④ 专用工具费。按①～③项之和乘以一定百分比计算。

⑤ 废品损失费。按①～④项之和乘以一定百分比计算。

⑥ 外购配套件费。按设备设计图纸所列的外购配套件的名称、型号、规格、数量、质量，根据相应的价格加运杂费计算。

⑦ 包装费。按以上①～⑥项之和乘以一定百分比计算。

⑧ 利润。可按①～⑤项加第⑦项之和乘以一定利润率计算。

⑨ 税金。税金主要指增值税。其计算公式为：

$$增值税 = 当期销项税额 - 进项税额 \qquad (1.5)$$
$$当期销项税额 = 销售额 \times 适用增值税率$$
$$销售额 = ①～⑧项之和$$

⑩ 非标准设备设计费。按国家规定的设计费收费标准计算。

综上所述，单台非标准设备原价可用下面的公式表达：

$$单台非标准设备原价 = \{[（材料费 + 加工费 + 辅助材料费） \times （1 + 专用工具费率） \times$$
$$（1 + 废品损失费率） + 外购配套件费] \times （1 + 包装费率） -$$
$$外购配套件费\} \times （1 + 利润率） + 销项税金 + 非标准设备$$
$$设计费 + 外购配套件费 \qquad (1.6)$$

（3）进口设备原价的构成及计算。

进口设备的原价是指进口设备的抵岸价，即抵达买方边境港口或边境车站，且交完关税等税费后形成的价格。进口设备抵岸价的构成与进口设备的交货类别有关。

① 进口设备的交货类别：

进口设备的交货类别可分为内陆交货类、目的地交货类、装运港交货类。

• 内陆交货类，即卖方在出口国内陆的某个地点交货。在交货地点，卖方及时提交合同规定的货物和有关凭证，并负担交货前的一切费用和风险；买方按时接受货物，交付货款，负担接货后的一切费用和风险，并自行办理出口手续和装运出口。货物的所有权也在交货后由卖方转移给买方。

• 目的地交货类，即卖方在进口国的港口或内地交货，有目的港船上交货价、目的港船边交货价（FOS）和目的港码头交货价（关税已付）及完税后交货价（进口国的指定地点）等几种交货价。它们的特点是：买卖双方承担的责任、费用和风险是以目的地约定交货点为分界线，只有当卖方在交货点将货物置于买方控制下才算交货，才能向买方收取货款。这种交货类别对卖方来说承担的风险较大，在国际贸易中卖方一般不愿采用。

• 装运港交货类，即卖方在出口国装运港交货，主要有装运港船上交货价（FOB，习惯称离岸价格），运费在内价（C&F）和运费、保险费在内价（CIF，习惯称到岸价格）。它们的特点是：卖方按照约定的时间在装运港交货，只要卖方把合同规定的货物装船后提供货运单据便完成交货任务，可凭单据收回货款。

装运港船上交货价（FOB）是我国进口设备采用最多的一种货价。采用船上交货价时卖方的责任是：在规定的期限内，负责在合同规定的装运港口将货物装上买方指定的船只，并及时通知买方；负担货物装船前的一切费用和风险，负责办理出口手续；提供出口国政府或有关方面签发的证件；负责提供有关装运单据。买方的责任是：负责租船或订舱，支付运费，并将船期、船名通知卖方；负担货物装船后的一切费用和风险；负责办理保险及支付保险费，办理在目的港的进口和收货手续；接受卖方提供的有关装运单据，并按合同规定支付货款。

② 进口设备抵岸价的构成及计算：

进口设备采用最多的是装运港船上交货价（FOB），其抵岸价的构成可概括为：

$$进口设备抵岸价 = 货价 + 国际运费 + 运输保险费 + 银行财务费 + 外贸手续费 + \\ 关税 + 增值税 + 消费税 + 车辆购置附加费 \qquad (1.7)$$

• 货价，一般指装运港船上交货价（FOB）。设备货价分为原币货价和人民币货价，原币货价一律折算为美元表示，人民币货价按原币货价乘以外汇市场美元兑换人民币中间价确定。

进口设备货价按有关生产厂商询价、报价、订货合同价计算。

• 国际运费，即从装运港（站）到达我国抵达港（站）的运费。我国进口设备大部分采用海洋运输，小部分采用铁路运输，个别采用航空运输。进口设备国际运费计算公式为：

$$国际运费（海、陆、空） = 原币货价（FOB） \times 运费率 \qquad (1.8)$$

或 $$国际运费（海、陆、空） = 运量 \times 单位运价 \qquad (1.9)$$

其中，运费率或单位运价参照有关部门或进出口公司的规定执行。

- 运输保险费。对外贸易货物运输保险是由保险人（保险公司）与被保险人（出口人或进口人）订立保险契约，在被保险人交付议定的保险费后，保险人根据保险契约的规定对货物在运输过程中发生的承保责任范围内的损失给予经济上的补偿。这是一种财产保险，计算公式为：

$$运输保险费 = \frac{原币货价(FOB) + 国外运费}{1 - 保险费率} \times 保险费率$$

（1.10）

其中，保险费率按保险公司规定的进口货物保险费率计算。

- 银行财务费，一般是指中国银行手续费，可按下式简化计算：

$$银行财务费 = 人民币货价（FOB）\times 银行财务费率$$

（1.11）

- 外贸手续费，指委托具有外贸经营权的经贸公司采购而发生的按外贸手续费率计取的费用，外贸手续费率一般取 15%。其计算公式为：

$$外贸手续费 = [装运港船上交货价（FOB）+ 国际运费 + 运输保险费] \times$$
$$外贸手续费率$$

（1.12）

- 关税，是由海关对进出国境或关境的货物和物品征收的一种税。其计算公式为：

$$关税 = 到岸价格（CIF）\times 进口关税税率$$

（1.13）

其中，到岸价格（CIF）包括离岸价格（FOB）、国际运费、运输保险费，作为关税完税价格。进口关税税率分为优惠和普通两种。优惠税率适用于与我国签订关税互惠条款的贸易条约或协定的国家的进口设备；普通税率适用于未与我国签订关税互惠条款的贸易条约或协定的国家的进口设备。进口关税税率按我国海关总署发布的进口关税税率计算。

- 增值税，是对从事进口贸易的单位和个人，在进口商品报关进口后征收的税种。我国增值税条例规定，进口应税产品均按组成计税价格和增值税税率直接计算应纳税额，即：

$$进口产品增值税额 = 组成计税价格 \times 增值税税率$$

$$组成计税价格 = 关税完税价格 + 关税 + 消费税$$

（1.14）

增值税税率根据规定的税率计算。

- 消费税。消费税对部分进口设备（如轿车、摩托车等）征收，一般计算公式为：

$$应纳消费税额 = \frac{到岸价 + 关税}{1 - 消费税税率} \times 消费税税率$$

（1.15）

其中，消费税税率根据规定的税率计算。

- 车辆购置附加费，即进口车辆需缴进口车辆购置附加费。其计算公式如下：

$$进口车辆购置附加费 = （到岸价 + 关税 + 消费税 + 增值税）\times$$
$$进口车辆购置附加费率$$

（1.16）

（4）设备运杂费的构成及计算。

① 设备运杂费的构成：

● 运费和装卸费：国产设备由设备制造厂交货地点起至工地仓库（或施工组织设计指定的需要安装设备的堆放地点）止所发生的运费和装卸费；进口设备则由我国到岸港口或边境车站起至工地仓库（或施工组织设计指定的需安装设备的堆放地点）止所发生的运费和装卸费。

● 包装费：在设备原价中没有包含的，为运输而进行的包装支出的各种费用。

● 设备供销部门的手续费：按有关部门规定的统一费率计算。

● 采购与仓库保管费：采购、验收、保管和收发设备所发生的各种费用，包括设备采购人员、保管人员和管理人员的工资、工资附加费、办公费、差旅交通费，设备供应部门办公和仓库所占固定资产使用费、工具用具使用费、劳动保护费、检验试验费等这些费用可按主管部门规定的采购与保管费费率计算。

② 设备运杂费的计算：

设备运杂费按设备原价乘以设备运杂费费率计算，其公式为：

$$设备运杂费 = 设备原价 \times 设备运杂费费率 \tag{1.17}$$

其中，设备运杂费费率按各部门及省、市等的规定记取。

3）工器具及生产家具购置费的构成

工具、器具及生产家具购置费，是指新建或扩建项目初步设计规定的，保证初期正常生产必须购置的没有达到固定资产标准的设备、仪器、工卡模具、器具、生产家具和备品备件等的购置费用，一般以设备费为计算基数，按照部门或行业规定的工具、器具及生产家具费率计算。其计算公式为：

$$工具、器具及生产家具购置费 = 设备购置费 \times 定额费率 \tag{1.18}$$

2. 工程建设其他费用

工程建设其他费用是指建设期发生的与土地使用权取得、整个工程项目建设以及未来生产经营有关的构成建设投资但不包括在工程费用中的费用，即从工程筹建起到工程竣工验收交付生产或使用止的整个建设期间，除建筑安装工程费用和设备及工、器具购置费用以外的，为保证工程建设顺利完成和交付使用后能够正常发挥效益或效能而发生的各项费用。

1）建设用地费

任何一个建设项目都固定于一定地点与地面相连接，必须占用一定量的土地，也就必然要发生为获得建设用地而支付的费用，这就是建设用地费。它是指通过划拨方式取得 土地使用权而支付的土地征用及迁移补偿费，或者通过土地使用权出让方式取得土地使用权而支付的土地使用权出让金。

（1）土地征用及迁移补偿费。

土地征用及迁移补偿费，是指建设项目通过划拨方式取得无限期的土地使用权，依照《中华人民共和国土地管理法》等规定所支付的费用。其总和一般不得超过被征土地年产值的 20 倍，土地年产值则按该地被征用前三年的平均产量和国家规定的价格计算。其内容包括：

① 土地补偿费。征用耕地（包括 菜地）的补偿标准，为该耕地年产值的 6～10 倍范围内制定。征收无收益的土地，不予补偿。

② 青苗补偿费和被征用土地上的房屋、水井、树木等附着物补偿费。

③ 安置补助费。征用耕地、菜地的，每个人口每亩年产值的 2～3 倍，每亩耕地最高不得超过其年产值的 10 倍。

④ 缴纳的耕地占用税或 城镇土地使用税、土地登记费及征地管理费等。在 1%～4% 幅度内提取。

⑤ 征地动迁费。

⑥ 水利水电工程水库淹没处理补偿费。

（2）土地使用权出让金。

土地使用权出让金，是指建设项目通过土地使用权出让方式，取得有限期的土地使用权，依照《中华人民共和国城镇国有土地使用权出让和转让暂行条例》规定，支付的土地使用权出让金。

① 明确国家是城市土地的唯一所有者，并分层次、有偿、有限期地出让、转让城市土地。

② 城市土地的出让和转让可采用协议、招标、公开拍卖等方式。

• 协议方式适用于市政工程、公益事业用地以及需要减免地价的机关、部队用地和需要重点扶持、优先发展的产业用地。

• 招标方式适用于一般工程建设用地。

• 公开拍卖适用于盈利高的行业用地。

③ 在有偿出让和转让土地时，政府对地价不作统一规定，但应坚持以下原则：

• 地价对目前的投资环境不产生大的影响；

• 地价与当地的社会经济承受能力相适应；

• 地价要考虑已投入的土地开发费用、土地市场供求关系、土地用途和使用年限。

④ 关于政府有偿出让土地使用权的年限，各地可根据时间、区位等各种条件作不同的规定，一般可在 30～99 年之间。按照地面附属建筑物的折旧年限来看，以 50 年为宜。

⑤ 土地有偿出让和转让，土地使用者和所有者要签约，明确使用者对土地享有的权利和对土地所有者应承担的义务。

• 有偿出让和转让使用权，要向土地受让者征收契税；

• 转让土地如有增值，要向转让者征收土地增值税；

• 在土地转让期间，国家要区别不同地段，不同用途向土地使用者收取土地占用费。

2）与项目建设有关的其他费用

（1）建设管理费。

建设管理费指建设单位为组织完成工程建设项目建设，在建设期内发生的各类管理性费用。其费用内容包括：

① 建设单位管理费：建设单位发生的管理性质的开支，包括工作人员工资、工资性补贴、

施工现场津贴、职工福利费、住房基金、基本养老保险费、基本医疗保险费、失业保险费、工伤保险费、办公费、差旅交通费、劳动保护费、工具用具使用费、固定资产使用费、必要的办公及生活用品购置费、必要的通信设备及交通工具购置费、零星固定资产购置费、招募生产工人费、技术图书资料费、业务招待费、设计审查费、工程招标费、合同契约公证费、法律顾问费、咨询费、完工清理费、竣工验收费、印花税和其他管理性质开支。

② 工程监理费：建设单位委托工程监理单位实施工程监理的费用。

③ 工程质量监督费：工程质量监督检验部门检验工程质量而收取的费用。

④ 招标代理费：招标代理人接受招标人委托，编制招标文件，审查投标人资格，组织投标人踏勘现场并答疑，组织开标、评标、定标，提供招标前期咨询以及协调合同签订等收取的费用。

⑤ 工程造价咨询费：工程造价咨询人接受委托，编制与审核工程概算、工程预算、工程量清单、工程结算、竣工决算等计价文件，以及从事建设各阶段工程造价管理的咨询服务、出具工程造价成果文件等收取的费用。

（2）可行性研究费。

可行性研究费指在工程项目投资决策阶段，依据调研报告对有关建设方案、技术方案或生产经营方案进行的技术经济论证，以及编制、评审可行性研究报告所需的费用。

（3）研究试验费。

研究试验费是指为建设项目提供或验证设计数据、资料等进行必要的研究试验及按照相关规定在建设过程中必须进行试验、验证所需的费用。

（4）勘查设计费。

勘查设计费是指对工程项目进行工程水文地质勘查、工程设计所发生的费用，包括工程勘查费、初步设计费（基础设计费）、施工图设计费（详细设计费）、设计模型制作费。

（5）环境影响评价费。

环境影响评价费是指在工程项目投资决策过程中，对其进行环境污染或影响评价所需的费用，即按照《中华人民共和国环境保护法》《中华人民共和国环境影响评价法》等规定，为全面、详细评价建设项目对环境可能产生的污染或造成的重大影响所需的费用，包括编制环境影响报告书（含大纲）、环境影响报告表和评估环境影响报告书（含大纲）、评估环境影响报告表等所需的费用。

（6）劳动安全卫生评价费。

劳动安全卫生评价费是指支付给劳动安全卫生评价单位对工程建设项目进行劳动安全卫生评价的费用，即按照劳动部《建设项目（工程）劳动安全卫生监察规定》和《建设项目（工程）劳动安全卫生预评价管理办法》的规定，为预测和分析建设项目存在的职业危险、危害因素的种类和危险危害程度，并提出先进、科学、合理可行的劳动安全卫生技术和管理对策所需的费用，包括编制建设项目劳动安全卫生预评价大纲和劳动安全卫生预评价报告书，以及为编制上述文件所进行的工程分析和环境现状调查等所需费用。

（7）场地准备及临时设施费。

场地准备费是指为使工程项目的建设场地达到开工条件，由建设单位组织进行的场地平整等准备工作而发生的费用。建设单位临时设施费是指建设单位为满足工程项目建设、生活、办公的需要，用于临时实施建设、维修、租赁、使用所发生的费用。

（8）引进技术和引进设备其他费。

引进技术和引进设备其他费是指引进技术和设备发生的但未计入设备工器具购置费中的其他费用。其内容包括：

① 引进项目图纸资料翻译复制费、备品备件测绘费。

② 出国人员费用，包括买方人员出国设计联络、出国考察、联合设计、监造、培训等所发的旅费、生活费等。

③ 来华人员费用，包括卖方来华工程技术人员的现场办公费用、往返现场交通费用、接待费用等。

④ 银行担保及承诺费，指引进项目由国内外金融机构出面承担风险和责任担保所发生的费用，以及支付贷款机构的承诺费用。

（9）工程保险费。

工程保险费是指为转移工程项目建设的意外风险，在建设期内对建筑工程、安装工程、机器设备和人身安全进行投保而发生的保险费用，包括建筑安装工程一切险、引进设备财产保险和人身意外伤害险等。

（10）特殊设备安全监督检验费。

特殊设备安全监督检验费是指安全监察部门对在施工现场组装的锅炉及压力容器、压力管道、消防设备、燃气设备、电梯等特殊设备和设施实施安全检验收取的费用。

（11）市政公用设施及绿化补偿费。

市政公用设施及绿化补偿费是指使用市政公用设施的工程项目，按照项目所在地省级人民政府有关规定建设或缴纳的市政公用设施建设配套费用及绿化工程补偿费用。

3）与未来企业生产经营有关的其他费用

（1）联合试运转费。

联合试运转费是指新建或新增加生产能力的工程项目，在交付生产前按照设计文件所规定的工程质量标准和技术要求，对整个生产线或装置进行负荷联合试运转所发生的费用净支出。试运转支出包括试运转所需原材料、燃料及动力消耗、低值易耗品、其他物料消耗、工具用具使用费、机械使用费、保险金、施工单位参加试运转人员工资以及专家指导费等；试运转收入包括试运转期间的产品销售收入和其他收入。

（2）生产准备费。

生产准备费指为生产准备而发生的除形成固定资产和无形资产以外的建设投资，包括：

① 人员培训费及提前进厂费。自行组织培训或委托其他单位培训的人员工资、工资性补贴、职工福利费、差旅交通费、劳动保护费、学习资料费等。

② 为保证初期正常生产（或营业、使用）所必需的生产办公、生活家具用具购置费。

③ 为保证初期正常生产（或营业、使用）必需的第一套不够固定资产标准的生产工具、器具、用具购置费。不包括备品备件费。

一些具有明显行业特征的工程建设其他费用项目，如移民安置费、水资源费、水土保持评价费、地震安全性评价费、地质灾害危险性评价费、河道占用补偿费、超限设备运输特殊措施费、航道维护费、植被恢复费、种质检测费、引种测试费等，一般建设项目很少发生，各省（自治区、直辖市）、各部门有补充规定或具体项目发生时依据有关政策规定列入。

3．预备费

按我国现行规定，预备费是在建设期内因各种不可预见因素的变化而预留的可能增加的费用，包括基本预备费和价差预备费两种。

1）基本预备费

基本预备费是指在投资估算或工程概算阶段预留的，由于工程实施中不可预见的工程变更及洽商、一般自然灾害处理、地下障碍物处理、超规超限设备运输等而可能增加的费用。其费用内容包括：

（1）在批准的初步设计范围内，技术设计、施工图设计及施工过程中所增加的工程费用；设计变更、局部地基处理等增加的费用。

（2）一般自然灾害造成的损失和预防自然灾害所采取的措施费用。实行工程保险的工程项目费用应适当降低。

（3）竣工验收时为鉴定工程质量，对隐蔽工程进行必要的挖掘和修复的费用。

（4）超长、超宽、超重引起的运输增加费用等。

基本预备费估算，一般是以建设项目的工程费用和工程建设其他费用之和为基础，乘以基本预备费费率进行计算。基本预备费费率的大小，应根据建设项目的设计阶段和具体的设计深度，以及在估算中所采用的各项估算指标与设计内容的贴近度、项目所属行业主管部门的具体规定确定。

2）价差预备费

价差预备费是指为建设期内利率、汇率或价格等因素的变化而预留的可能增加的费用，即建设项目建设期间，由于价格等变化引起工程造价变化的预测预留费用。其费用内容包括：人工、设备、材料、施工机械的价差费，建筑安装工程费及工程建设其他费用调整，利率、汇率调整等增加的费用。

价差预备费的测算方法，一般根据国家规定的投资综合价格指数，按估算年份价格水平的投资额为基数，根据价格变动趋势，预测价值上涨率，采用复利方法计算。

1.4.2.2　建设期利息

建设期利息指在建设期内发生的为工程项目筹措资金的融资费用及债务资金利息，在项目建设发生的支付银行贷款、出口信贷、债券等的借款利息和融资费用。大多数的建设项目都会利用贷款来解决自有资金的不足，利用贷款必须支付利息和各种融资费用，所以，在建设期支付的贷款利息也构成了项目投资的一部分。

建设期利息的估算根据建设期资金用款计划，可按当年借款在当年年中支用考虑，即当年借款按半年计息，上年借款按全年计息。利用国外贷款的利息计算中，年利率应综合考虑贷款协议中向贷款方加收的手续费、管理费、承诺费，以及国内代理机构向货款方收取的转贷费、担保费和管理费等。

1.4.2.3　固定资产投资方向调节税

固定资产投资方向调节税是指国家为贯彻产业政策、引导投资方向、调整投资结构而征收的投资方向调节税金，目前已暂停征收。

思考与练习题

1.1　简述建设项目的概念、内容和项目划分。

1.2　简述工程建设程序。

1.3　简述建设工程造价的含义与特点。

1.4　简述工程项目建设各阶段工程造价的关系及控制方法。

1.5　我国建设项目工程造价的构成有哪些？

2 工程造价费用构成及计算方法

2.1 按费用构成要素组成划分

建筑安装工程费按照工程造价费用构成要素划分（建标〔2013〕44号，详见本教材图1.5），由人工费、材料（包含工程设备，下同）费、施工机具使用费、企业管理费、利润、规费和税金组成。

其中人工费、材料费、施工机具使用费是构成建筑安装工程的直接费用要素，各专业工程消耗量定额中表现的就是构成各专业工程的各分部分项工程产品与人工消耗、材料消耗和机械消耗之间特定的数量关系。

2.1.1 人工费

人工费：按工资总额构成规定，支付给从事建筑安装工程施工的生产工人和附属生产单位工人的各项费用。其内容包括：

（1）计时工资或计件工资：按计时工资标准和工作时间或对已做工作按计件单价支付给个人的劳动报酬。

（2）奖金：对超额劳动和增收节支支付给个人的劳动报酬，如节约奖、劳动竞赛奖等。

（3）津贴补贴：为了补偿职工特殊或额外的劳动消耗和因其他特殊原因支付给个人的津贴，以及为了保证职工工资水平不受物价影响支付给个人的物价补贴，如流动施工津贴、特殊地区施工津贴、高温（寒）作业临时津贴、高空津贴等。

（4）加班加点工资：按规定支付的在法定节假日工作的加班工资和在法定日工作时间外延时工作的加点工资。

（5）特殊情况下支付的工资：根据国家法律、法规和政策规定，因病、工伤、产假、计划生育假、婚丧假、事假、探亲假、定期休假、停工学习、执行国家或社会义务等原因按计时工资标准或计件工资标准的一定比例支付的工资。

特别说明：《云南省建设工程造价计价规则及机械仪器仪表台班费用定额》（DBJ 53/T-58—2013）（以下简称《计价规则》）中人工费的组成费用中没有奖金及加班加点工资。

2.1.2 材料费

材料费：施工过程中耗费的原材料、辅助材料、周转性材料、构配件、零件、半成品或成品、工程设备的费用。其内容包括：

（1）材料原价：材料、工程设备的出厂价格或商家供应价格。

工程设备是指构成或计划构成永久工程一部分的机电设备、金属结构设备、仪器装置及其他类似的设备和装置。

（2）运杂费：材料、工程设备自来源地运至工地仓库或指定堆放地点所发生的全部费用。

（3）运输损耗费：材料在运输装卸过程中不可避免的损耗。

（4）采购及保管费：为组织采购、供应和保管材料、工程设备的过程中所需要的各项费用，包括采购费、仓储费、工地保管费、仓储损耗。

2.1.3　施工机具使用费

施工机具使用费（《计价规则》中简称为机械费）：施工作业所发生的施工机械、仪器仪表使用费或其租赁费。

1）施工机械使用费

施工机械使用费以施工机械台班耗用量乘以施工机械台班单价表示。施工机械台班单价应由下列 7 项费用组成：

（1）折旧费：施工机械在规定的使用年限（《计价规则》称为耐用总台班，下同）内，陆续收回其原值的费用。

（2）大修理费（《计价规则》称为检修费）：施工机械按规定的大修理间隔台班（检修间隔）进行必要的大修理（检修），以恢复其正常功能所需的费用。

（3）经常修理费（《计价规则》称为维护费）：施工机械除大修理以外的各级保养和临时故障排除所需的费用（施工机械在规定的使用年限内，按规定的维护间隔进行各级维护和临时故障排除所需的费用），包括为保障机械正常运转所需替换设备与随机配备工具附具的摊销和维护费用，机械运转及日常保养（维护）所需润滑与擦拭的材料费用及机械停滞期间的维护和保养费用等。

（4）安拆费及场外运费：安拆费指施工机械（大型机械除外）在现场进行安装与拆卸所需的人工、材料、机械和试运转费用以及机械辅助设施的折旧、搭设、拆除等费用；场外运费指施工机械整体或分体自停放地点运至施工现场或由一施工地点运至另一施工地点的运输、装卸、辅助材料等费用。

（5）人工费：机上司机（司炉）和其他操作人员的人工费。

（6）燃料动力费：施工机械在运转作业中所消耗的各种燃料及水、电、煤等费用。

（7）税费（《计价规则》称为其他费）：施工机械按照国家规定应缴纳的车船税、保险费及年检（检测）费等。

2）仪器仪表使用费

仪器仪表使用费指工程施工所需使用的仪器仪表的摊销及维修费用。

2.1.4　企业管理费

企业管理费：建筑安装企业组织施工生产和经营管理所需的费用。其内容包括：

（1）管理人员工资：按规定支付给管理人员的计时工资、奖金、津贴补贴、加班加点工资及特殊情况下支付的工资等。

（2）办公费：企业管理办公用的文具、纸张、账表、印刷、邮电、书报、办公软件、现场监控、会议、水电、烧水和集体取暖降温（包括现场临时宿舍取暖降温）等费用。

（3）差旅交通费：职工因公出差、调动工作的差旅费，住勤补助费，市内交通费和误餐补助费，职工探亲路费，劳动力招募费，职工退休、退职一次性路费，工伤人员就医路费，工地转移费以及管理部门使用的交通工具的油料、燃料等费用。

（4）固定资产使用费：管理和试验部门及附属生产单位使用的属于固定资产的房屋、设备、仪器等的折旧、大修、维修或租赁费。

（5）工具用具使用费：企业施工生产和管理使用的不属于固定资产的工具、器具、家具、交通工具和检验、试验、测绘、消防用具等的购置、维修和摊销费。

（6）劳动保险和职工福利费：由企业支付的职工退职金、按规定支付给离休干部的经费，集体福利费，夏季防暑降温、冬季取暖补贴，上下班交通补贴等。

（7）劳动保护费：企业按规定发放的劳动保护用品的支出，如工作服、手套、防暑降温饮料以及在有碍身体健康的环境中施工的保健费用等。

（8）检验试验费：施工企业按照有关标准规定，对建筑以及材料、构件和建筑安装物进行一般鉴定、检查所发生的费用，包括自设试验室进行试验所耗用的材料等费用。不包括新结构、新材料的试验费，对构件做破坏性试验及其他特殊要求检验试验的费用和建设单位委托检测机构进行检测的费用，对此类检测发生的费用，由建设单位在工程建设其他费用中列支。但对施工企业提供的具有合格证明的材料进行检测不合格的，该检测费用由施工企业支付。

（9）工会经费：企业按《工会法》规定的全部职工工资总额比例计提的工会经费。

（10）职工教育经费：按职工工资总额的规定比例计提，企业为职工进行专业技术和职业技能培训，专业技术人员继续教育、职工职业技能鉴定、职业资格认定以及根据需要对职工进行各类文化教育所发生的费用。

（11）财产保险费：施工管理用财产、车辆等的保险费用。

（12）财务费：企业为施工生产筹集资金或提供预付款担保、履约担保、职工工资支付担保等所发生的各种费用。

（13）税金：企业按规定缴纳的房产税、车船使用税、土地使用税、印花税等。

（14）其他：包括技术转让费、技术开发费、投标费、业务招待费、绿化费、广告费、公证费、法律顾问费、审计费、咨询费、保险费等。

2.1.5　利　润

利润：施工企业完成所承包工程获得的盈利。

2.1.6　规　费

规费：按国家法律、法规规定，由省级政府和省级有关权力部门规定必须缴纳或计取的费用。其内容包括：

1. 社会保险费

（1）养老保险费：企业按照规定标准为职工缴纳的基本养老保险费。

（2）失业保险费：企业按照规定标准为职工缴纳的失业保险费。

（3）医疗保险费：企业按照规定标准为职工缴纳的基本医疗保险费。

（4）生育保险费：企业按照规定标准为职工缴纳的生育保险费。

（5）工伤保险费：企业按照规定标准为职工缴纳的工伤保险费。

2. 住房公积金

住房公积金是指企业按规定标准为职工缴纳的住房公积金。

3. 残疾人保证金

残疾人保证金是指按照规定缴纳的残疾人保证金。（建标〔2013〕44号文无该项费用）

4. 危险作业意外伤害险

危险作业意外伤害险是指施工企业按照规定为从事危险作业的施工人员支付的意外伤害保险费。（建标〔2013〕44号文无该项费用）

5. 工程排污费

工程排污费是指按规定缴纳的施工现场工程排污费。

其他应列而未列入的规费，按实际发生计取。

2.1.7 税　金

税金：国家税法规定的应计入建筑安装工程造价内的增值税销项税额、城市维护建设税、教育费附加以及地方教育附加。

2016年3月23日，财政部、国家税务总局下发财税〔2016〕36号文《财政部国家税务总局关于全面推开营业税改征增值税试点的通知》，通知要求：自2016年5月1日起，在全国范围内全面推开营业税改征增值税（以下称营改增）试点，建筑业、房地产业、金融业、生活服务业等全部营业税纳税人，纳入试点范围，由缴纳营业税改为缴纳增值税。

2.2 按造价形成划分

按照工程造价形成划分，建筑安装工程费由分部分项工程费、措施项目费、其他项目费、规费、税金组成，分部分项工程费、措施项目费、其他项目费包含人工费、材料费、施工机具使用费、企业管理费和利润。其具体划分见建筑安装工程费用项目组成表（建标〔2013〕44号，详见本教材图1.6）。

《计价规则》把建筑安装工程费按照工程造价形成方式，把工程造价各构成要素融合到各项费用中，详见图2.1。

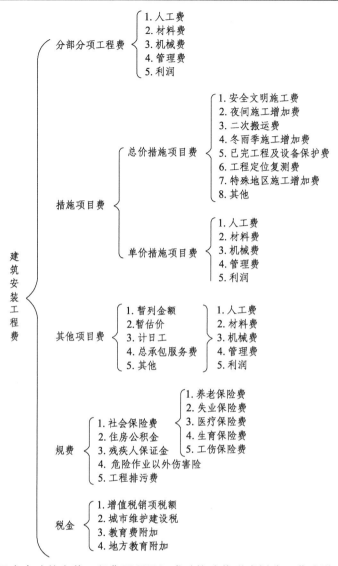

图2.1 云南省建筑安装工程费用项目组成（按造价形成划分、营改增后）

财税〔2016〕36号文下发后，2016年4月19日，云南省住房和城乡建设厅随即下发云建标〔2016〕207号相应文件：云南省住房和城乡建设厅关于印发《关于建筑业营业税在征增值税后调整云南省建设工程造价计价依据的实施意见》的通知。"通知"规定：（1）凡在云南省行政区域内且"建筑施工许可证"注明的合同开工日期或未取得"建筑施工许可证"的建筑工程总承包合同注明的开工日期在2016年5月1日（含）以后的工业与民用建（构）筑工程和市政基础设施工程，按"本意见"执行；（2）开工日期在2016年4月30日前的工业与民用建（构）筑工程和市政基础设施工程，在符合《关于全面推开营业税改征增值税试点的通知》（财税〔2016〕36号）等财税文件规定的前提条件下，参照原合同或营改增前的计价依据执行。

在"营改增"实施意见下发的同时，即2016年4月19日，云南省住房和城乡建设厅还下了云建标〔2016〕208号文件：《云南省住房和城乡建设厅关于调整云南省2013版建设工程造价计价依据中定额人工费的通知》，把 2013 版建设工程造价计价依据中定额人工费上调了 15%。2018 年 3 月 15 日，云南省住房和城乡建设厅再次下文《关于调整云南省 2013 版建设工程造价计价依据调整定额人工费的通知》（云建标函〔2018〕47 号），把定额人工费上调 28%。

"营改增"后建筑安装工程费用组成与原费用组成（建标〔2013〕44 号）一致，税金相应变为应计入建筑安装工程造价内的增值税销项税额、城市维护建设税、教育费附加以及地方教育附加。

2.2.1　分部分项工程费

分部分项工程费是指各专业工程的分部分项工程应列支的各项费用。

专业工程指按现行国家计量规范划分的房屋建筑与装饰工程、仿古建筑工程、通用安装工程、市政工程、园林绿化工程、矿山工程、构筑物工程、城市轨道交通工程、爆破工程等各类工程。

分部分项工程指按现行国家计量规范对各专业工程划分的项目，如房屋建筑与装饰工程划分的土石方工程、地基处理与桩基工程、砌筑工程、钢筋及钢筋混凝土工程等。

各类专业工程的分部分项工程划分见现行国家或行业计量规范。

2.2.2　措施项目费

措施项目费是指为完成建设工程施工，发生于该工程施工前和施工过程中的技术、生活、安全、文明、环境保护等方面的费用。《计价规则》把措施项目费分为总价措施项目费和单价措施项目费。

1. 总价措施项目费

1）安全文明施工费

（1）环境保护费：施工现场为达到环保部门要求的环境卫生标准，改善生产条件和作业环境所需要的各项费用。

（2）文明施工费：施工现场文明施工所需要的各项费用。

（3）安全施工费：施工现场安全施工所需要的各项费用。

（4）临时设施费：施工企业为进行建设工程施工所必须搭设的生活和生产用的临时建筑物、构筑物和其他临时设施费用，包括临时设施的搭设、维修、拆除、清理费或摊销费等。

安全文明施工费中各项费用的工作内容及包含范围详见各专业《工程量计算规范》。

2）夜间施工增加费

夜间施工增加费是指因夜间施工所发生的夜班补助费、夜间施工降效、夜间施工照明设备摊销及照明用电等费用。

3）二次搬运费

二次搬运费是指因施工场地条件限制而发生的材料、构配件、半成品等一次运输不能到达堆放地点，必须进行二次或多次搬运所发生的费用。

4）冬雨季施工增加费

冬雨季施工增加费是指在冬季或雨季施工需增加的临时设施、防滑、排除雨雪，人工及施工机械效率降低等费用。

5）已完工程及设备保护费

已完工程及设备保护费是指竣工验收前，对已完工程及设备采取的必要保护措施所发生的费用。

6）工程定位复测费

工程定位复测费是指工程施工过程中进行全部施工测量放线和复测工作的费用。

7）特殊地区施工增加费

特殊地区施工增加费是指工程在沙漠或其边缘地区、高海拔、高寒、原始森林等特殊地区施工增加的费用。

8）其　他

2．单价措施项目费

单价措施项目列项在不同专业工程中有所不同，具体详见各类专业工程消耗量定额中措施项目。

《云南省房屋建筑与装饰工程消耗量定额》（DBJ 53/T-61—2013）把房屋建筑与装饰工程的单价措施项目分为五大项：

（1）土石方及桩基工程。

（2）脚手架工程。

（3）模板及支架工程。

（4）垂直运输及超高增加费。

（5）大型机械进退场费。

每一项的具体计量及计价详见本教材第20章。

2.2.3　其他项目费

《计价规则》把其他项目费按下列费用列项：

1．暂列金额

暂列金额是指建设单位在工程量清单中暂定并包括在工程合同价款中的一笔款项，用于施工合同签订时尚未确定或者不可预见的所需材料、工程设备、服务的采购，施工中可能发生的工程变更、合同约定调整因素出现时的工程价款调整以及发生的索赔、现场签证确认等的费用。

2．暂估价

暂估价是指建设单位在工程量清单中提供的用于支付必然发生但暂时不能确定价格的材料、工程设备的单价以及专业工程的金额。暂估价包括专业工程暂估价、材料暂估价。

3. 计日工

计日工是指在施工过程中，施工企业完成建设单位提出的施工图纸以外的零星项目或工作，按合同中约定的单价计价的一种方式。

4. 总承包服务费

总承包服务费是指总承包人为配合、协调建设单位进行的专业工程发包，对建设单位自行采购的材料、工程设备等进行保管以及施工现场管理、竣工资料汇总整理等服务所需的费用。

5. 其 他

1）人工费调差

人工费调差是指非省建设行政主管部门发布的人工费调整文件规定计算的市场价差，属于综合单价内容。《计价规则》把该项费用放到了其他项目费中。

2）机械费调差

机械费调差是指非省建设行政主管部门发布的机械费调整文件规定计算的市场价差，属于综合单价内容。《计价规则》把该项费用放到了其他项目费中。

3）风险费

风险费依据招标文件计算，《建设工程工程量清单计价规范》（GB 50500—2013）规定其应属于综合单价内容，《计价规则》把该项费用放到了其他项目费中。

4）停工、窝工损失费

停工、窝工损失费因设计变更或建设单位的责任造成的停工和窝工损失。该项费用属于竣工结算阶段的索赔及签证费用，招标控制价及投标报价均不应计取该项费用，但应在施工合同中详细约定计取方式，以便竣工结算阶段计取。

5）承、发包双方协商认定的有关费用

该项费用属于竣工结算阶段的索赔及签证费用，招标控制价及投标报价均不应计取该项费用，按承、发包双方在施工过程中认定（协商补充协议）的计取方式计算，在竣工结算阶段计取。

对比《建筑安装工程费用项目组成》（建标〔2013〕44 号）按造价形成划分中其他项目费的费用组成，云南省建筑安装工程费用的其他项目费多了暂估价及其他两项费用。

2.2.4 规 费

同前 2.1 节规费含义。

2.2.5 税 金

同前 2.1 节税金含义。

2.3 建筑安装工程各项费用计算方法

建筑安装工程各项费用的计算方法和系数（费率）是基于云南省社会平均水平测算确定的。

2.3.1 各造价构成要素计算方法

1. 人工费

$$人工费 = \sum[分部分项工程量/定额单位 \times 定额人工费 \times （1 + 28\%）] \qquad （2.1）$$

2. 材料费

云南省 2013 版定额中材料消耗量分为未计价材与计价材：把分部分项工程中的主要材料或者是市场价格波动幅度较大、对造价影响较大的材料列为未计价材，在消耗量定额中以"（　）"表示，括号内的数据为该未计价材料的消耗量，其价值未计入定额基价中，在造价计算时其价格按市场价格进入综合单价；把分部分项中的辅助材料或者是市场价格相对稳定、用量相对较少、对造价影响程度不大的材料列为计价材料，该材料价值计入定额计价中，以减少造价人员查询市场价格的难度。

$$材料费 = \sum[分部分项工程量/定额单位 \times （计价材材料消耗量 \times 材料单价 \times 0.912 +$$
$$未计计价材材料消耗量 \times 材料市场除税单价）] \qquad （2.2）$$

3. 机械费

$$机械费 = \sum（分部分项工程量/定额单位 \times 机械台班消耗量 \times 除税台班单价） \qquad （2.3）$$

除税台班单价按云建标〔2016〕207 号文中附件 2、附件 3 执行。

4. 管理费

1）计算方法

$$管理费 = （定额人工费 + 机械费 \times 8\%） \times 管理费费率 \qquad （2.4）$$

2）管理费费率（表 2.1）

表 2.1 管理费费率

专业	房屋建筑与装饰工程	通用安装工程	市政工程	园林绿化工程	房屋修缮及仿古建筑工程	城市轨道交通工程	独立土石方工程
费率（%）	33	30	28	28	23	28	25

5. 利　润

1）计算方法

$$利润 = （定额人工费 + 机械费 \times 8\%） \times 利润费率 \qquad （2.5）$$

2）利润费率（表 2.2）

表 2.2　利润费率

专业	房屋建筑与 装饰工程	通用安装 工程	市政 工程	园林绿化 工程	房屋修缮及 仿古建筑工程	城市轨道交通 工程	独立土石方 工程
费率（%）	20	20	15	15	15	18	15

6. 规　费

1）计算方法

$$规费 = 计算基础 \times 费率 \qquad (2.6)$$

2）规费作为不可竞争性费用，应按规定计取（表 2.3）

表 2.3　规费费率

工程类别	计算基础	费率（%）
社会保险费	定额人工费	
住房公积金	定额人工费	26
残疾人保证金	定额人工费	
危险作业意外伤害险	定额人工费	1
工程排污费	按工程所在地有关部门的规定计算	

3）未参加建筑职工意外伤害保险的施工企业不得计算危险作业意外伤害保险费用

7. 税　金

税金应按云南省住房和城乡建设厅《关于印发〈关于建筑业营业税改征增值税后调整云南省建设工程造价计价依据的实施意见〉的通知》（云建标〔2016〕207 号）上规定的方法计算。

1）计算方法

$$税金 = 税前工程造价 \times 综合税率 \qquad (2.7)$$

2）综合税率按表 2.4 计取

表 2.4　税金综合税率

工程所在地	计税基础	综合税率（%）
市区		10.36
县城、镇	税前工程造价	10.30
不在市区、县城、镇		10.18

注：该表数据来源于云南省住房和城乡建设厅文件《云南省住房和城乡建设厅关于调整云南省建设工程造价计价依据中税金综合税率的通知》（云建标〔2018〕89 号）。

2.3.2　建筑安装工程造价组成及各项费用计算方法

1. 分部分项工程费

分部分项工程费由人工费、材料费、机械费、管理费、利润组成。其中各项费用按构成要素计算方法计算。

$$分部分项工程费 = \sum（分部分项工程清单工程量 \times 综合单价） \qquad（2.8）$$

《建设工程工程量清单计价规范》（GB 50500—2013）中定义综合单价是指完成一个规定清单项目所需的人工费、材料和工程设备费、施工机具使用费和企业管理费、利润以及一定范围内的风险费用。风险费用指隐含于已标价工程量清单综合单价中，用于化解发承包双方在工程合同中约定内容和范围内的市场价格波动风险的费用。《计价规则》把风险费放到了其他项目费中，因此云南省《计价规则》中分部分项费用仅包括人工费（不包括奖金和加班加点工资）、材料费（含工程设备费，下同）、机械费（施工机械、仪器仪表使用费）、企业管理费及利润。

2. 措施项目费

1）总价措施项目费

总价措施项目费：对不能计算工程量的措施项目，采用总价的方式，以"项"为计量单位计算的措施项目费用，其中已综合考虑了管理费和利润。

总价措施项目费计算方法（表 2.5）：

$$总价措施项目费 = 计算基数 \times 措施项目费费率（\%） \qquad（2.9）$$

表 2.5　总价措施费计算方法及费率（费率单位：%）

措施项目费用名称	计算方法	房屋建筑与装饰工程	通用安装工程	市政工程	园林绿化工程	房屋修缮及仿古建筑工程	城市轨道交通工程	独立土石方工程
安全文明施工费		15.65	12.65	12.65	12.65	12.65	12.65	2
其中：（1）环境保护费								
（2）安全施工费	（分部分项工程费中定额人工费＋分部分项工程费中机械费×8%）×费率	10.17	10.22	10.22	10.22	10.22	10.22	1.6
（3）文明施工费								
（4）临时设施费		5.48	2.43	2.43	2.43	2.43	2.43	0.4
冬、雨季施工增加费，生产工具用具使用费，工程定位复测、工程点交、场地清理费		5.95	4.16	市政工程中建筑工程：5.95 市政工程中安装工程：4.16	5.95	5.95	轨道交通工程中建筑工程：5.95 轨道交通工程中安装工程：4.16	5.95
特殊地区施工增加费	（定额人工费＋机械费）×费率	2 500 m<海拔≤3 000 m 的地区，费率为 8； 3 000 m<海拔≤3 500 m 的地区，费率为 15； 海拔>3 500 m 的地区，费率为 20						

2）单价措施项目费

单价措施项目费：对能计算工程量的措施项目，采用单价方式计算的措施项目费。

单价措施项目费计算方法基本与分部分项工程费的计算方法相同，公式为：

$$措施项目费 = \sum （单价措施项目清单工程量 \times 综合单价） \tag{2.10}$$

不同的单价措施项目其工程量的计算单位是不同的。综合单价的费用内容与分部分项工程费的费用内容相同，亦包括完成一个规定清单项目所需的人工费、材料费、机械费、企业管理费和利润。特别注意：单价措施项目中"大型机械进退场费"不计企业管理费和利润。

3）措施项目根据工程实际情况计列

措施项目费应根据各专业工程消耗量定额及《计价规则》规定，结合工程施工方案、施工组织设计等计算。其中：安全文明施工费作为不可竞争性费用，应按规定费率计算。

措施项目费应依据现行《建设工程工程量清单计价规范》（GB 50500—2013）和《房屋建筑与装饰工程工程量计算规范》（GB 50854—2013）等，套用各专业消耗量定额以综合单价的方式进行计价：因分部分项工程费和措施项目费的计算方法相同，因此，分部分项工程综合单价与单价措施项目综合单价计算方法相同。发包人提供的材料应计入相应项目的综合单价中，在合同价款支付时，应扣除材料价款。

3. 其他项目费

1）暂列金额

暂列金额由招标人按工程造价的一定比例估算。投标人按工程量清单中所列的暂列金额计入报价中。暂列金额由建设单位根据工程特点，按有关计价规定估算，施工过程中由建设单位掌握使用、扣除合同价款调整后如有余额，归建设单位。

2）暂估价

暂估价由招标人在工程量清单的其他项目费中计列。投标人将工程量清单中招标人提供的材料（设备）暂估单价计入综合单价，将招标人提供不包括税金的专业工程暂估总价直接计入投标报价的其他项目费用中。

3）计日工

计日工按规定计算，其管理费和利润按其专业工程费率计算。计日工由建设单位和施工企业按施工过程中的签证计价。

4）总承包服务费

总承包服务费应根据合同约定的总承包服务内容和范围约定计算方式，如合同未约定，参照下列标准计算：

（1）发包人仅要求对其分包的专业工程进行总承包现场管理和协调时，按分包的专业工程造价的1.5%计算。

（2）发包人要求对其分包的专业工程进行总承包管理和协调并同时要求提供配合服务时，根据配合服务的内容和提出的要求，按分包的专业工程造价的3%~5%计算。

（3）发包人供应材料（设备除外）时，按供应材料价值的1%计算。

总承包服务费由建设单位在招标控制价中根据总包服务范围和有关计价规定编制，施工企业投标时自主报价，施工过程中按签约合同价执行。

5）其　他

（1）人工费调差：非省建设行政主管部门发布的人工费调整文件规定计算的市场价差。

（2）机械费调差：非省建设行政主管部门发布的机械费调整文件规定计算的市场价差。

（3）风险费：依据招标文件计算。

（4）施工合同中如有约定按约定计算；如施工合同中没有约定停工、窝工损失费的计取方式，可参照下列办法计算费用：

因设计变更或由于建设单位的责任造成的停工、窝工损失，可参照下列办法计算费用：

① 现场施工机械停滞费按定额机械台班单价的 40%（社会平均参考值）计算，机械台班停滞费不再计算除税金外的费用。

② 生产工人停工、窝工工资按 38 元/工日计算，管理费按停工、窝工工资总额的 20%（社会平均参考值）计算。停工、窝工工资不再计算除税金外的费用。

除①、②条以外发生的费用，按实际计算。

（5）承、发包双方协商认定的有关费用按实际发生计算。

4. 规　费

规费的构成和计算与按费用构成要素划分的建筑安装工程费用项目组成部分是相同的。

5. 税　金

税金的构成和计算与按费用构成要素划分的建筑安装工程费用项目组成部分是相同的。

2.3.3　有关说明

（1）省建设行政主管部门将对工程造价实行动态管理，适时发布人工费、机械费调整文件。调整的人工费、机械费计入工程造价，但不作为计费基础。

（2）使用《云南省通用安装工程消耗量定额》（公共篇）或借用其他专业工程定额时，其管理费、利润、给定费率的总价措施项目费等按主体工程专业费率标准计算。

2.3.4　工程量清单计价的计价程序

2003 年，我国开始在工程建设领域实行工程量清单计价模式，单位工程造价的各项费用用表格的形式汇总为单位工程招标控制价/投标报价汇总表（表 2.6），工程量清单计价的计价程序，见表 2.6。

表 2.6　单位工程招标控制价/投标报价汇总表

序号	汇总内容	计算方法	金额
1	分部分项工程	1.1 + 1.2 + 1.3 + 1.4 + 1.5 + 1.6	
1.1	定额人工费	$\sum$ (分部分项工程量×定额人工费)	
1.2	人工费调增	1.1 × 28%	
1.3	材料费	$\sum$ [分部分项工程量×(计价材材料消耗量×材料单价×0.912 + 未计计价材材料消耗量×材料市场除税单价)]	
1.4	设备费	$\sum$ (设备数量×设备单价)	
1.5	机械费	$\sum$ (分部分项工程量×机械台班消耗量×除税台班单价)	
1.6	管理费和利润	(1.1 + 1.5 × 8%) × (33% + 20%)	
2	措施项目	2.1 + 2.2	
2.1	单价措施项目	2.1.1 + 2.1.2 + 2.1.3 + 2.1.4 + 2.1.5	
2.1.1	定额人工费	$\sum$ (能计算工程量的措施项目工程量×定额人工费)	
2.1.2	人工费调增	2.1.1 × 28%	
2.1.3	材料费	$\sum$ [能计算工程量的措施项目工程量×(计价材材料消耗量×材料单价× 0.912 + 未计价材材料消耗量×材料市场除税单价)]	
2.1.4	机械费	$\sum$ (能计算工程量的措施项目工程量×机械台班消耗量× 除税台班单价)	
2.1.5	管理费和利润	(2.1.1 + 2.1.4 × 8%) × (33% + 20%)	
2.2	总价措施项目费	2.2.1 + 2.2.2 + 2.2.3 + …	
2.2.1	安全文明施工费	(1.1 + 1.5 × 8%) × 15.65%	
2.2.2	冬雨季施工增加费	(1.1 + 1.5 × 8%) × 5.95%	
2.2.3	特殊地区增加费	[(1.1 + 2.1.1) + (1.5 + 2.1.4)] × 8%或 15%或 20%	
2.2.4	……		
3	其他项目	3.1 + 3.2 + …	
3.1	暂列金额	招标人暂估	
3.2	暂估价	3.2.2	
3.2.1	材料(设备)暂估单价	详暂估单价表	
3.2.2	暂估总价	招标人暂估	
3.3	……		
4	规费	4.1 + 4.2 + 4.3	
4.1	社会保险费、住房公积金、残疾人保证金	(1.1 + 2.1.1) × 26%	
4.2	危险作业意外伤害险	(1.1 + 2.1.1) × 1%	
4.3	工程排污费	按工程所在地环保部门的相关规定计算	
5	税金	(1 + 2 + 3 + 4) × 10.36%或 10.30%或 10.18%	
6	招标控制价/投标报价	1 + 2 + 3 + 4 + 5	

注：① 工程材料(设备)暂估价单价应按招标工程量清单中列出的单价计入分部分项工程费的材料(设备)中。

　　② 单价措施项目中，大型机械进退场费不计算管理费和利润。

2.3.5 工程造价计算题实例

【例2.1】 背景材料：云南省某县城（海拔3120 m）拟建一栋6层全框架结构综合楼，每层层高均为2.9 m，建筑面积3233.47 m²，计划于2016年2月18日发售招标文件。某工程造价咨询公司按2013版计价依据计算出分部分项工程费中定额人工费840411.93元、计价材费401334.57元、未计价材费1003336.30元、机械费217884.57元、模板人工费160013.93元、计价材费77007.66元、未计价材费121287.07元、机械费16638.28元，脚手架人工费35097.26元、计价材费18871.62元、未计价材费80204.48元、机械费2893.47元，垂直运输机械费130712.21元，大型机械进退场费68476.06元（其中人工费6835.16元、材料费11237.41元、机械费50403.49元）。招标文件要求计列暂列金额300000.00元，专业工程暂估价为180000.00元，本工程有两部电梯（160000.00元/部），电梯价暂估。根据当地环保部门要求，本工程工程排污费为20000.00元。后因资金问题，此项目暂停招标，经业主筹措后，决定于2016年8月18日重新发售招标文件，经造价公司重新计算复核，原工程量计算无误，分部分项工程费中未计价材费为953169.45元、机械费除税价格为202632.65元、模板未计价材费116435.59元、机械费除税价格为15473.65，脚手架未计价材费76996.30元、机械费除税价格为2690.93元，垂直运输机械费除税价格为121562.36元，大型机械进退场费中机械费除税价格为46875.25元。请按云南省2013版《计价规则》及现行调价文件填表完整地为业主重新计算该综合楼建筑工程的招标控制价。单位为元，保留小数后两位。见表2.7。

表2.7 单位工程招标控制价费用汇总表

工程名称：某综合楼

序号	汇总内容	计算方法	金额（元）
1	分部分项工程	840411.93＋235315.34＋1319186.58＋320000＋202632.65＋454009.95	3371556.45
1.1	定额人工费	已知条件	840411.93
1.2	人工费调增	840411.93×28%	235315.34
1.3	材料费	401334.57×0.912＋953169.45	1319186.58
1.4	设备费	160000×2	320000.00
1.5	机械费	已知条件	202632.65
1.6	管理费和利润	(840411.93＋202632.65×8%)×(33%＋20%)	454009.95
2	措施项目	845549.21＋399769.44	1245318.65
2.1	单价措施项目	201946.35＋56544.98＋291122.34＋186602.19＋109333.35	845549.21
2.1.1	定额人工费	160013.93＋35097.26＋6835.16	201946.35
2.1.2	人工费调增	201946.35×28%	56544.98
2.1.3	材料费	(77007.66＋18871.652＋11237.41)×0.912＋116435.59＋76996.30	291122.34
2.1.4	机械费	15473.65＋2690.93＋121562.36＋46875.25	186602.19
2.1.5	管理费和利润	[(160013.93＋35097.26)＋(15473.65＋2690.93＋121562.36)×8%]×(33%＋20%)	109333.35

序号	汇总内容	计算方法	金额（元）
2.2	总价措施项目费	134061.43 + 50969.04 + 214738.97	399769.44
2.2.1	安全文明施工费	(840411.93 + 202632.65 × 8%) × 15.65%	134061.43
2.2.2	冬雨季施工增加费	(840411.93 + 202632.65 × 8%) × 5.95%	50969.04
2.2.3	特殊地区增加费	(840411.93 + 202632.65 + 201946.35 + 186602.19) × 15%	214738.97
3	其他项目	300000 + 180000	480000.00
3.1	暂列金额	已知条件	300000.00
3.2	暂估价	180000.00	180000.00
3.2.1	专业工程暂估价	已知条件	180000.00
3.2.2	电梯暂估价	160000 × 2	320000.00
4	规费	271013.15 + 10423.58 + 20000	301436.74
4.1	社会保险费、住房公积金、残疾人保证金	(840411.93 + 201946.35) × 26%	271013.15
4.2	危险作业意外伤害险	(840411.93 + 201946.35) × 1%	10423.58
4.3	工程排污费	已知条件	20000.00
5	税金	(3371556.45 + 1245318.65 + 480000 + 301436.74) × 10.30%	556026.12
6	招标控制价	3371556.45 + 1245318.65 + 480000 + 301436.74 + 556026.12	5954337.96

【例 2.2】　背景材料：昆明某企业拟建一栋 4 层全框架结构办公楼，建设地点为昆明市区。办公楼每层层高均为 3.6 m，建筑面积 2683.94 m²，原定于 2016 年 1 月 15 日发售招标文件，某工程造价咨询公司按 2013 版计价依据计算出：分部分项工程费 2726847.95 元[其中人工费 732875.82 元，材料费 1258339.67（含未计价材费 800952.88 元），机械费 203576.63 元]；单价措施项目人工费 196780.29 元、材料费 295741.27（含未计价材费 93628.95 元）元、机械费 180336.59 元；大型机械进退场费 51357.05 元（其中人工费 5126.37 元、材料费 8428.06 元、机械费 37802.62 元）。招标文件要求计列暂列金额 200000.00 元，专业工程暂估价为 60000.00 元，本工程用一部电梯（135000.00 元），电梯价暂估。根据环保部门要求，本工程工程排污费为 35000.00 元。招标控制价编制完成后因资金原因暂停招标，直至 2016 年 9 月才能重新启动招标工作，现该企业计划于 2016 年 10 月 18 日重新发售招标文件，造价公司重新核算计算出分部分项工程未计价材料费为 748890.97 元、机械费除税价格为 181183.23 元；单价措施项目的未计价材料费为 87543.07 元、机械费除税价格为 160499.57（含大型机械进退场机械费除税价 33647.25）元。请按云南省 2013 版《计价规则》及现行调价文件填表完整地重新计算该办公楼建筑工程的招标控制价。单位为元，保留小数后两位。见表 2.8。

表 2.8 单位工程招标控制价费用汇总表

工程名称：某办公楼

序号	汇总内容	计算方法	金额（元）
1	分部分项工程	732875.82 + 205205.23 + 1166027.72 + 135000 + 181183.23 + 396106.35	2816398.35
1.1	定额人工费	732875.82	732875.82
1.2	人工费调增	732875.82×28%	205205.23
1.3	材料费	(1258339.67 − 800952.88)×0.912 + 748890.97	1166027.72
1.4	设备费	已知条件	135000.00
1.5	机械费	已知条件	181183.23
1.6	管理费和利润	(732875.82 + 181183.23×8%)×(33% + 20%)	396106.35
2	措施项目	791202.96 + 161432.02	952634.98
2.1	单价措施项目	196780.29 + 55098.48 + 271869.51 + 160499.57 + 106955.12	791202.96
2.1.1	定额人工费	196780.29	196780.29
2.1.2	人工费调增	196780.29×28%	55098.48
2.1.3	材料费	(295741.27 − 93628.95)×0.912 + 87543.07	271869.51
2.1.4	机械费	已知条件	160499.57
2.1.5	管理费和利润	[196780.29 − 5126.37 + (160499.57 − 33647.25)×8%]×(33% + 20%)	106955.12
2.2	总价措施项目费	116963.48 + 44468.54 + 0	161432.02
2.2.1	安全文明施工费	(732875.82 + 181183.23×8%)×15.65%	116963.48
2.2.2	冬雨季施工增加费	(732875.82 + 181183.23×8%)×5.95%	44468.54
2.2.3	特殊地区增加费	不计	0.00
3	其他项目	200000 + 60000	260000.00
3.1	暂列金额	已知条件	200000.00
3.2	暂估价	3.2.2	60000.00
3.2.1	电梯暂估	已知条件	135000.00
3.2.2	专业工程暂估	已知条件	60000.00
4	规费	241710.59 + 9296.56 + 35000	286007.15
4.1	社会保险费、住房公积金、残疾人保证金	(732875.82 + 196780.29)×26%	241710.59
4.2	危险作业意外伤害险	(732875.82 + 196780.29)×1%	9296.56
4.3	工程排污费	已知条件	35000.00
5	税金	(2816398.35 + 952634.98 + 260000 + 286007.15)×10.36%	447038.19
6	招标控制价	2816398.35 + 952634.98 + 260000 + 286007.15 + 447038.19	4762078.67

思考与练习题

2.1　云南省建筑安装工程费用如何划分？

2.2　分部分项工程费用由哪些构成？

2.3　措施项目费由哪些构成？

2.4　其他项目费用由哪些构成？

2.5　规费由哪些构成？

2.6　税金由哪些构成？

2.7　**【背景材料】**　某房地产公司欲在云南省某县城（海拔 2850 m）拟建一栋 6 层全框架结构住宅楼，每层层高均为 3 m，建筑面积 3782.45 m²，原计划于 2016 年 3 月 20 日发售招标文件。某工程造价咨询公司按 2013 版计价依据编制出：分部分项工程费 4141018.74 元[其中人工费 1240127.52 元、材料费 1715722.26 元（其中含未计价材 1115219.57）、机械费 266597.63 元]；单价措施项目人工费 332979.54 元、材料费 402509.36 元（含未计价材 132011.75 元）、机械费 236163.07 元；大型机械进退场费 74467.72 元[其中人工费 7433.24 元、材料费 12220.69 元（均为计价材）、机械费 54813.80 元]。本工程要求计列暂列金额 220000 元，专业工程暂估价为 150000 元，电梯暂估价 250000 元。根据当地环保部门要求，本工程应计工程排污费 25000 元。招标控制价编制完成后因条件不成熟暂停招标，后经房地产公司协调，定于 2016 年 8 月 8 日重新开始招标，经造价公司重新核算，分部分项工程未计价材材料除税价为 1037154.18 元、机械费除税价为 237271.79 元，单价措施项目未计价材的材料除税价为 122770.93 元、机械费除税价格为 210185.13 元（含大型机械进退场机械费除税价 48784.28 元）。请按 2013 版《云南省建设工程造价计价规则》及现行相关调价文件填表完整地重新计算出该工程招标控制价的各项费用。单位为元，保留小数点后两位。

3 工程造价计价依据

3.1 工程建设定额概述

工程造价的确定与计算，应依赖可靠、有效的计价依据才能完成。这些计价依据就是各类工程建设定额、工程量清单计价规范、计量规范以及其他一些计价依据。

3.1.1 工程建设定额的产生和发展

定额属于管理学的范畴，伴随着管理学的产生而产生，伴随着管理学的发展而发展。管理学是一门综合性的交叉学科，是系统研究管理活动的基本规律和一般方法的科学。管理学是适应现代社会化大生产的需要产生的，它的目的是：研究在现有的条件下，如何通过合理的组织和配置人、财、物等因素，提高生产力的水平。人们在进行生产时，发现生产和消耗之间存在着客观的、必然的联系。随着生产力的发展，人们越来越迫切希望能够掌握它们之间的联系关系，实现用"小"的消耗实现"大"的生产所得，于是人们开始研究生产活动时，产品与所需要消耗的人力、物力、财力之间的数量关系。反映"产品"与"消耗"之间数量关系的成果，我们今天就把它叫作"定额"。

工程建设是物质资料的生产活动。我国历史悠久，在封建社会就建造了很多庞大宏伟的工程，逐步形成了一套工料限额管理制度，这实质上就是工程建设定额的雏形。中华人民共和国成立后，由于多年的战乱，整个国民经济都非常脆弱，基础设施急需建设，基本建设任务繁重，但此时无论是工程技术人员还是管理水平都非常匮乏。在这种状况下，我国引进了苏联的一套"工程建设定额"计价制度，它规定了工程建设中生产单位合格产品所需要的人工、材料、机械消耗的数量和价格要素标准，即所有工程项目均是按事先编制好的国家统一颁发的各项工程建设定额标准进行计量计价，所有消耗量标准和价格要素被固定下来，实现了国家对工程造价的有效管理，可以说在那个特定的历史时期对我国的工程建设是起到了一定的积极作用的。

20 世纪 90 年代以后，随着国民经济的恢复，我国进入了一个前所未有的大发展阶段，建设要素市场也逐步放开，人工、材料、机械价格也大幅波动，原来全国统一定额中提供的价格资料总是与市场不相符合，工程计价制度改革势在必行。工程计价制度改革第一阶段的核心思想是"量价分离"，它是指国家建设行政主管部门统一制定符合国家有关标准、规范，并反映一定时期施工水平的人工、材料、机械等消耗量标准，实现国家对消耗量标准的宏观管理，而建设要素价格则依据市场价格放开，由市场说了算。2001 年 12 月 11 日，我国正式成为了世界贸易组织成员方，这意味着我国越来越多的贸易行为将遵循市场定价的原则并与国际通行做法相一致，而国际上通行的工程建设造价计价法则几乎都是完全市场化的"工程量清单计价"法则，于是 2003 年 7 月 1 日，中华人民共和国住房和城乡建设部颁布并开始实施《建设工程工程量清单计价规范》，我国的工程造价计价改革开始进入第二阶段——市场定价模式阶段。

3.1.2 工程建设定额的分类

工程建设定额是工程建设中各类定额的总称，包括许多种类的定额。为了对工程建设定额能有一个全面的了解，可以按照不同的原则和方法对它进行科学的分类。

1. 按定额反映的生产要素内容分类

工程建设定额按定额反映的生产要素内容分为劳动消耗定额、材料消耗定额、机械消耗定额。

（1）劳动消耗定额，简称劳动定额，也称人工定额，是指完成单位合格产品所需活劳动（人工）消耗的数量标准。为了便于综合和核算，劳动定额大多采用工作时间消耗量来计算劳动消耗的数量。所以劳动定额的主要表现形式是时间定额，同时也表现为产量定额。人工时间定额和产量定额互为倒数关系。

（2）材料消耗定额，简称材料定额，是指完成单位合格产品所需消耗材料的数量标准。材料是工程建设中使用的原材料、成品、半成品、构配件、燃料以及水、电等动力资源的统称。

（3）机械消耗定额，简称机械定额，是指为完成单位合格产品所需施工机械消耗的数量标准。机械消耗定额的主要表现形式是机械时间定额，同时也表现为产量定额。机械时间定额和机械产量定额互为倒数关系。

2. 按照定额的用途分类

在工程建设定额中，单位合格产品的外延是很不确定的。它可以指工程建设的最终产品——建设项目，例如一个钢铁厂、一所学校等，也可以是建设项目中的某单项工程，如一所学校中的图书馆、教学楼、学生宿舍楼等，也可以是单项工程中的单位工程，例如一栋教学楼中的建筑工程、水电安装工程、装饰装修工程等，还可以是单位工程中的分部分项工程，如砌一砖清水砖墙、砌 1/2 砖混水砖墙等。所以，根据定额的用途和产品分项外延大小，把定额划分为施工定额、预算定额、概算定额、概算指标、投资估算指标五种，五种定额子目外延由细到粗、由小到大，子目数量则由多到少。

3. 按照专业性质分类

工程建设定额按照专业性质分为建筑工程定额、设备安装工程定额、建筑安装工程费用定额、工器具定额、工程建设其他费用定额。

（1）建筑工程定额是建筑工程的施工定额、预算定额、概算定额和概算指标的统称。

建筑工程，一般理解为房屋和构筑物工程，具体包括一般土建工程、电气工程（动力、照明、弱电）、卫生技术（水、暖、通风）工程、工业管道工程、特殊构筑物工程等。广义上它也被理解为除房屋和构筑物外还包含其他各类工程，如道路、铁路、桥梁、隧道、运河、堤坝、港口、电站、机场等工程。建筑工程定额在整个工程建设定额中是一种非常重要的定额，在定额管理中占有突出的地位。

（2）设备安装工程是对需要安装的设备进行定位、组合、校正、调试等工作的工程。在工业项目中，机械设备安装和电气设备安装工程占有重要地位。因为生产设备大多要安装后才能运转，不需要安装的设备很少。在非生产性的建设项目中，由于社会生活和城市设施的日益现代化，设备安装工程量也在不断增加。设备安装工程定额是安装工程施工定额、预算定额、概算定额和概算指标的统称。所以设备安装工程定额也是工程建设定额中的重要部分。

（3）建筑安装工程费用定额一般包括以下两部分内容：

① 措施费用定额，是指分部分项工程内容以外，为完成工程项目施工，发生于该工程施工前和施工过程中非工程实体项目费用的开支标准，且与建筑安装施工生产直接有关的各项费用开支标准。

② 管理费定额，是指与建筑安装施工生产的个别产品无关，而为企业生产全部产品所必需、为维持企业的经营管理活动所必须发生的各项费用开支的标准。

（4）工器具定额是为新建或扩建项目投产运转首次配置的工具、器具数量标准。工具和器具是指按照有关规定不够固定资产标准而起劳动手段作用的工具、器具和生产用家具，如翻砂用模型、工具箱、计量器、容器、仪器等。

（5）工程建设其他费用定额是独立于建筑安装工程费、设备和工器具购置费之外的其他费用开支的额度标准。工程建设的其他费用的发生和整个项目的建设密切相关。它一般要占项目总投资的 20%～30%。工程建设其他费用定额是按各项独立费用分别制定的，以便合理控制这些费用的开支。

4. 按主编单位和管理权限分类

工程建设定额按主编单位和管理权限分为全国统一定额、行业统一定额、地区统一定额、企业定额、补充定额。

（1）全国统一定额是由国家建设行政主管部门综合全国工程建设中技术和施工组织的情况编制，并在全国范围内执行的定额，如《全国统一建筑工程基础定额（95 年版）》《全国统一安装工程定额》《全国统一市政工程定额》等。

（2）地区统一定额包括省、自治区、直辖市定额。地区统一定额主要是考虑地区性特点和全国统一定额水平做适当调整补充编制的，如《云南省建筑与装饰工程消耗量定额》《广东省建筑工程预算定额》等。

（3）企业定额是指由施工企业考虑本企业具体情况，参照国家、部门或地区定额的水平制定的定额。企业定额只在企业内部使用，是企业素质的一个标志。企业定额水平一般应高于国家现行定额，这样才能满足生产技术发展、企业管理和市场竞争的需要。企业定额在真正实行市场经济的市场中占主导地位，是市场定价的决定因素之一。在发达的欧美国家，没有统一的政府定额，建安工程造价完全由市场和企业自身决定，所以企业定额反映了企业的管理水平和企业在市场中的竞争力。

3.2　工程建设定额的编制及应用

3.2.1　编制原理

工程建设定额按构成要素由劳动定额、材料消耗定额、施工机械台班定额三大基础定额构成。因此，确定人工消耗量、材料消耗量、机械台班消耗量就成为编制工程建设定额的主要工作。

1. 施工过程、工时分析及技术测定法

1）施工过程

施工过程，有广义和狭义之分。广义的施工过程是指从施工技术准备至生产出建筑、安装产品的全过程；狭义的施工过程是指在建筑、安装工程施工现场范围内，从活劳动与物化劳动投入施工直至生产出建筑安装产品的全过程。

施工过程的基本内容是劳动过程，即不同工种、不同技术等级的建筑安装工人，使用各种劳动工具（手动工具、小型机具和大中型机械等），按照一定的施工工序和操作方法，直接地或间接地作用于各种劳动对象（各种建筑材料、半成品、预制品和各种设备、零配件等），使其按照人们预定的目的，生产出建筑安装合格产品的过程。

在这个建筑产品的形成过程中，必然花费了生产工人的劳动时间，这就是人工消耗量；花费了各种建筑材料、半成品、预制品和各种设备、零配件等，这就是材料消耗量；花费了各种工具和机械，这就是机械消耗量。

任何一个施工过程由若干个工序所组成。工序，是指组织上分不开而技术上相同，并由一个或一组工人在同一施工地点上，对同一劳动对象所进行的一个操作接着一个操作的总合。工序的主要特点是：劳动者、工作地点、施工工具和材料均不发生变化。如果其中有一个条件发生变化，就意味着从一个工序转移到另一个工序，即工序转移。工序是施工过程中的基本环节，当施工过程分解为若干个工序后，就可以测定每一个工序所耗用的人工、材料、机械的消耗量，而把若干个工序合起来就是一个分项工程的施工过程的人工、材料、机械的消耗量。

2）工时分析

为了研究和分析施工过程中工人和施工机械在一个工序上的工作时间消耗的数量和特征，就必须对工作时间消耗的性质进行科学的分类。研究工作时间消耗及其分类的目的，就在于编制或测定定额时，要充分地考虑到哪些工作时间的消耗是必需的，哪些工作时间的消耗是不必需的，以便分析研究各种影响因素，减少和消除工时损失，提高劳动生产率。否则，无法对定额的测定进行定性和定量的分析，更不可能制定出科学的定额标准。

我国现行劳动制度规定，建筑安装企业中一个工作班的延续时间为 8 h，因此，一个工人连续工作 8 h 称为一个工日，一台机械连续运作 8 h 称为一个机械台班，定额中分项工程人工的时间消耗和机械的时间消耗就分别用"工日"和"台班"作为计量单位。

（1）工人工作时间分析。

工人工作时间消耗，是指工人在同一工作班内，全部劳动时间的消耗。工人在工作班内消耗的工作时间，按其消耗的性质，可分为两大类：必须消耗的时间和损失时间。

必须消耗的时间，是指工人在正常施工条件下，为完成一定产品所消耗的时间，它是制定定额的主要依据。损失时间，是指与产品生产无关，而与施工组织和技术上的缺点有关，与工人在施工过程中的个人过失或某些偶然因素有关的时间消耗。

工人必须消耗的工作时间包括有效工作时间、休息时间、不可避免的中断时间。

有效工作时间是从生产效果来看与产品生产直接有关的时间消耗，包括：基本工作时间、辅助工作时间、准备与结束工作时间的消耗。

工人工作时间分析见图3.1。

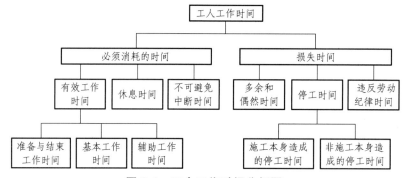

图3.1　工人工作时间分析图

基本工作时间，是指工人完成基本工作所消耗的时间，即完成能生产一定产品的施工过程中的工艺过程所消耗的时间。基本工作时间所包括的内容依工作性质而各不相同，基本工作时间的长短和工作量大小永远成正比。例如，抹灰工的基本工作时间包括：准备工作时间、润湿表面时间、抹灰时间、抹平灰层和抹光的时间。

辅助工作时间，是为了保证基本工作能顺利完成所消耗的时间。在辅助工作时间里，工人不能使产品的形状大小、性质或位置发生变化。辅助工作时间的结束，往往就是基本工作时间的开始。辅助工作时间的长短与工作量大小有关。例如，工作过程中工具的矫正和小修，机器的上油，机械的调整等。

准备与结束工作时间，是指执行任务前或任务完成后所消耗的工作时间。准备与结束工作时间的长短与所担负的工作量大小无关，但往往与工作的内容有关。例如，工人每天从工地仓库领取工具、设备的时间，交接班时间等。

休息时间，是指工人在工作过程中为恢复体力所必需的短暂休息和生理需要的时间消耗。休息时间的长短和劳动条件有关，劳动繁重紧张、劳动条件差（如高温），则需要长一些的休息时间。

不可避免的中断时间，是指由于施工工艺特点引起的工作中断所必需的时间。与施工工艺特点有关的工作中断时间，应包括在定额时间内，但应尽量缩短此项时间消耗。与施工工艺特点无关的工作中断时间，是由劳动组织不合理所引起的，属于损失时间，不能计入定额时间。例如，起重机吊预制构件时安装工等待的时间。

损失的工作时间包括多余和偶然工作时间、停工时间、违反劳动纪律的时间三种情况。

多余和偶然工作时间损失，包括多余工作引起的工时损失和偶然工作引起的时间损失两种情况。所谓多余工作，是指工人进行了任务以外的工作而不能增加产品数量的工作。多余工作的工时损失，一般都是由工程技术人员和工人的差错而引起的修补废品和多余加工造成的，因此定额时间内不计入。例如，重砌质量不合格的不平整的墙体等。所谓偶然工作，也是指工人在任务外进行的工作，但能够获得一定的产品，在定额中不考虑它所占用的时间，但由于偶然工作能获得一定的产品，拟定定额时要适当考虑它的影响。例如，电工在铺设电缆时需要临时在墙上凿洞等。

停工时间，是指工作班内停止工作造成的工时损失。若是因为施工本身造成的停工时间（如：施工组织不善、材料供应不及时等情况），拟定定额时不应该计算；若是因为非施工本身造成的停工时间（如：气候条件、水源、电源的中断引起的停工），定额中应给予合理的考虑。

违反劳动纪律造成的工作时间的损失，如工作班的开始和午休后的迟到、工作时间内聊天等情况造成的工时损失，定额内是不予考虑的。

（2）机械工作时间。

机械工作时间消耗（也称台班消耗），是指机械在正常运转情况下，在一个工作班内的全部工作时间消耗（图3.2）。机械在工作班内消耗的工作时间，按其消耗的性质，可分为两大类：必须消耗的时间和损失时间。

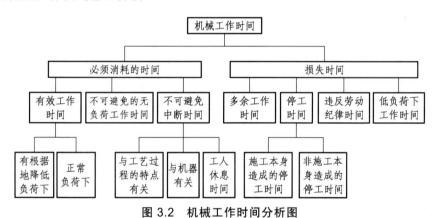

图3.2 机械工作时间分析图

在必须消耗的时间里，包括有效工作时间、不可避免的无负荷工作时间和不可避免的中断时间。有效工作时间，是指机械直接为施工生产而进行工作的工时消耗，包括正常负荷下的工作时间、有根据降低负荷下的工作时间消耗。

正常负荷下的工作时间，是指机器在正常荷载能力下进行工作的时间。这一时间在机械的技术说明书中或该机器的标牌中均有说明。

有根据地降低负荷下的工作时间，是指在个别情况下由于技术上的原因，机器在低于计算负荷下工作的时间。例如，汽车运输重量轻而体积大的货物时，不能充分利用汽车的载重吨位等。

不可避免的无负荷工作时间，是指由施工过程的特点和机械结构的特点造成的机械无负荷工作时间。例如，筑路机在工作区的末端调头，载重汽车在工作班时间内的单程"放空车"等。

不可避免的中断时间，是指与工艺过程的特点、机械的使用、保养和工人休息有关的工作中断时间。由工艺过程的特点引起的不可避免的中断时间，又分为循环的和非循环的两种。循环的不可避免的中断时间，是指在机械工作的每一个循环中重复一次，如汽车装货和卸货时的停车时间。非循环的不可避免的中断时间，是指经过一定时间重复一次，如当将砂浆搅拌机从一个工作地点转移到另一个工作地点时，引起机械工作中断的时间。由机械的使用、保养而引起的不可避免的中断时间，是指由于使用机械工作的工人在维护保养机械时，必须使机械停止才能工作而发生的中断时间。工人休息时间，在前面已作了说明。要注意的是，要尽量利用与工艺过程有关的和与机器有关的不可避免中断时间进行休息，以充分利用工作时间。在机械损失的时间里，包括多余工作时间、停工时间、违反劳动纪律的时间、低负荷下工作时间。

机械的多余工作时间，是指机械进行任务内和工艺过程内未包括的工作而延续的时间，如搅拌机搅拌灰浆超过规定而多延续的时间等，定额中是不予考虑的。

机械的停工时间，若是由于施工本身造成的停工（如由于施工组织得不好而发生的停工等），定额中是不予考虑的。若是由于非施工本身造成的停工（如气候突变、停电等），定额中给予了合理考虑。

违反劳动纪律的时间，是指由于工人迟到早退或擅离岗位等原因引起的机械停工，定额中是不予考虑的。

低负荷下工作时间，是由于工人或技术人员的过错所造成的施工机械在降低负荷的情况下工作的时间。例如，工人装车的砂石数量不足引起的汽车在降低负荷的情况下工作所延续的时间，此工作时间不能作为计算时间定额的基础。

3）技术测定法

技术测定法（也称计时观察法或者现场观察法）是研究工作时间消耗的一种技术测定方法。它是以现场观察为特征，以各种不同的技术方法为手段，通过对施工过程中具体活动的实地观察，详细地记录施工中的人工、机械等各种工时消耗，完成产品的数量及各种有关影响因素，然后将记录结果加以整理，分析各种因素对工时消耗的影响，在取舍和分析的基础上取得技术数据的一种方法。

运用技术测定法进行实地观察的目的在于：查明工作时间消耗的性质和数量；分析各种施工因素对工作时间消耗数量的影响；找出工时损失的原因，在分析整理的基础上，取得技术测定资料，作为编制施工定额、标准工时消耗的依据。

在技术测定中通常采用的方法有：测时法、写实记录法、工作日写实法、简易测定法等（图3.3）。

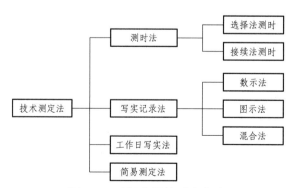

图3.3 时间定额的测定方法

（1）测时法。

测时法是直接在施工现场以操作或动作为组成部分，按操作或动作的顺序来观察、研究施工过程循环组成部分的工作时间消耗的一种方法。它是一种测定精确度比较高的方法，主要适用于机械循环施工过程中的操作测时。测时法不适用于研究工人休息、准备与结束及其他非循环组成部分的工时消耗。按照使用马表和记录时间的方法不同，测时法分为选择测时法和接续测时法两种。

（2）写实记录法。

写实记录法是一种研究非循环施工过程中全部工作时间消耗的方法。采用这一方法可获得分析工时消耗和制定定额所必需的全部资料，即全部工作时间。全部工作时间包括：基本工作时间、辅助工作时间、准备与结束时间、工人休息时间、不可避免中断时间及各种损失时间。此方法较简便，易于掌握，并且精度也比较高，在实际工作中是一种常用的方法。写实记录法按记录时间的方法不同，有数示法、图示法、混合法三种。

（3）工作日写实法。

工作日写实法是一种研究工人在整个工作班内，按时间消耗的顺序，进行现场写实记录来分析工时利用情况的一种测定方法，是包括有效工作时间、工人休息时间、不可避免中断时间及各种损失时间在内的全部工时利用情况的研究。运用该法的主要目的：第一，是取得编制定额的基础资料；第二，是检查定额的执行情况，找出缺点，改进工作。工作日写实法，根据写实的目的和对象不同，可分为个人工作日写实、班组工作日写实、机械工作日写实等。工作日写实法与测时法、写实记录法比较，具有技术简便、费用不多、应用面广和资料全面的优点，在我国是一种采用较广的编制定额的方法。

（4）简易测定法。

简易测定法是指当采用前述三种方法（测时法、写实记录法、工作日写实法）中的某一种方法在现场观察时，将观察对象的组成部分简化，只测定额组成时间的某一种定额时间，如基本工作时间（含辅助工作时间），然后借助工时消耗规范获得所需数据的一种简易方法。

2. 消耗量确定

1）劳动（人工）消耗量确定

劳动消耗量，也称劳动定额，是指施工企业在正常施工条件下，完成单位合格产品所规定活劳动消耗的数量标准。其主要表现形式是时间消耗量（时间定额），但同时也表现为产量消耗量（产量定额），时间定额和产量定额互为倒数关系。时间定额，是指完成一定合格产品所需的"必须消耗时间"的数量标准。例如：12 工时/1 m^3 一砖混水砖墙，即一个建筑安装工人完成 1 m^3 一砖混水砖墙的砌筑所需的"必须消耗的时间"为 12 小时。产量定额，是指一个建筑安装工人在单位时间内生产合格产品的数量标准。例如：$\frac{1}{12}$ m^3 一砖混水砖墙/1 工时，即一个建筑安装工人一小时内完成 $\frac{1}{12}$ m^3 合格的一砖混水砖墙的砌筑。

为了便于综合和核算，劳动定额大都采用工作时间消耗量来计算劳动消耗的数量，所以，劳动定额是用时间定额这一表现形式来计算劳动消耗数量的。确定劳动消耗量，一般应完成下列工作：

（1）分析基础资料，拟订编制方案。

① 确定影响工时消耗的因素。影响工时消耗的因素共有两类：第一类是技术因素，包括完成产品的类别，材料、构配件的种类和型号等级，机械和机具的种类、型号和尺寸、产品质量等；第二类是组织因素，包括操作方法和施工的管理与组织，工作地点的组织，人员组成和分工，工资与奖励制度，原材料和构配件的质量及供应的组织，气候条件等。

② 计时观察资料的整理。整理观察资料的方法大多是采用平均修正法。平均修正法是一种在对测时数列进行修正的基础上，求出加权平均值的方法。修正测时数列，就是剔除或修正那些偏高、偏低的可疑数值，目的是保证不受那些偶然性因素的影响。

③ 日常积累资料的整理和分析。日常积累的资料主要有四类：第一类是现行定额的执行情况及存在问题的资料；第二类是企业和现场补充定额资料，如因现行定额漏项而编制的补充定额资料，因解决采用新技术、新结构、新材料和新机械而产生的定额缺项所编制的补充定额资料；第三类是已采用的新工艺和新的操作方法的资料；第四类是现行的施工技术规范、操作规程、安全规程和质量标准等。

④ 拟订定额的编制方案。编制方案的内容包括：第一，提出对拟编定额的定额水平总的设想；第二，拟订定额分章、分节、分项的目录；第三，选择产品和人工、材料、机械的计量单位；第四，设计定额表格的形式和内容。

（2）确定正常的施工条件。

① 拟定工作地点。工作地点是工人施工活动场所。拟定工作地点时，要特别注意使工人在操作时不受妨碍，所使用的工具和材料应按使用顺序放置于工人最便于取用的地方，以减少疲劳和提高工作效率，工作地点应保持清洁和秩序井然。

② 拟定工作组成。拟定工作组成就是将工作过程按照劳动分工的可能划分为若干工序，以达到合理使用技术工人的目的。

③ 拟定施工人员编制。拟定施工人员编制即确定小组人数、技术工人的配备，以及劳动的分工和协作。

（3）确定劳动定额消耗量。

时间定额是在拟定基本工作时间、辅助工作时间、不可避免中断时间、准备与结束的工作时间，以及休息时间的基础上制定的。

① 拟定基本工作时间。基本工作时间在必需消耗的工作时间中所占的比重最大。在确定基本工作时间时，必须细致、精确。基本工作时间消耗的确定方法，一般采用计时观察资料来确定。

② 拟定辅助工作时间和准备与结束工作时间。辅助工作时间和准备与结束工作时间的确定方法有两种：方法一，同基本工作时间，即采用计时观察资料来确定；方法二，采用工时规范或经验数据来确定（当在即时观察时不能取得足够的资料时）。

③ 拟定不可避免中断时间。在确定不可避免中断时间的定额时，必须注意由工艺特点所引起的不可避免中断才可列入工作过程的时间定额。不可避免中断时间的确定方法有：方法一，同基本工作时间，即采用计时观察资料来确定；方法二：根据工时规范或经验数据，以占工作日的百分比表示此项工时消耗的时间定额。

④ 拟定休息时间。休息时间应根据工作班作息制度、经验资料、计时观察资料，以及对工作的疲劳程度作全面分析来确定。同时，应考虑尽可能利用不可避免中断时间作为休息时间。从事不同工种、不同工作的工人，疲劳程度有很大的区别。在我国往往按工作轻重、工作条件的好坏，将各种工作划分为不同的等级，划分出疲劳程度的等级，就可以合理规定休息所需要的时间。休息时间占工作日的比重参考表见表3.1。

表 3.1 休息时间占工作日的比重参考表

疲劳程度	轻便	较轻	中等	较重	沉重	最沉重
等级	1	2	3	4	5	6
占工作日比重（%）	4.16	6.25	8.33	11.45	16.7	22.9

⑤ 拟定时间定额。可根据计时观察资料确定时间定额。

$$时间定额 = 基本工作时间 + 辅助工作时间 + 不可避免中断时间 +$$
$$准备与结束的工作时间 + 休息时间 \qquad (3.1)$$

【例 3.1】 人工挖土方，土壤为黏性土，按土壤分类属二类土。测试资料表明，挖 1 m³ 土方需消耗基本工作时间 60 min，辅助工作时间占工作班延续时间 2%，准备与结束工作时间占工作延续时间 2%，不可避免中断时间占1%，休息时间占20%。计算挖 1 m³ 土方的时间定额。

【解】 设挖 1 m³ 土方的时间定额为 X min。据：

$$时间定额 = 基本工作时间 + 辅助工作时间 + 不可避免中断时间 +$$
$$准备与结束的工作时间 + 休息时间$$

则 $X = 60 + （2\% + 2\% + 1\% + 20\%）X$

$X = 80（min）= 0.1667（工日）$

即 时间定额 $= 0.1667（工日 / m³）$

2）材料消耗量确定

材料消耗定额，简称材料定额，是指在节约和合理使用材料的条件下，完成单位合格产品所必需消耗的一定品种规格的材料、半成品、构配件的数量标准。例如：540 块黏土砖/1 m³ 一砖混水砖墙；0.224 m³ 砂浆/1 m³ 一砖混水砖墙。

材料定额消耗量的单位，多以材料、设备的自然、物理计量单位表示。自然计量单位，主要以实物自身为计量单位，如以"个、件、台、组、块"等作为计量单位；物理计量单位，主要是指物质的物理属性，以国际统一的计量标准为计量单位，如体积以立方米（m³）、面积以平方米（m²）、长度以延长米（m）为计量单位等等。

合理确定材料消耗定额，必须研究和区分材料在施工过程中消耗的性质。施工中材料的消耗，可分为必须的材料消耗和损失的材料两类。

必须消耗的材料，是指在合理用料的条件下，生产合格产品所需消耗的材料。它包括：

直接用于建筑和安装工程的材料、不可避免的施工废料、不可避免的材料损耗。必须消耗的材料属于施工正常消耗，是确定材料消耗定额的基本数据。其中：直接用于建筑和安装工程的材料，编制材料净用量定额；不可避免的施工废料和材料损耗，编制材料损耗定额。所以，材料定额是由材料净用量定额和材料损耗定额两部分组成的。

$$材料消耗量 = 材料净用量 + 材料损耗量$$
$$= 材料净用量 \times （1 + 材料损耗率）\qquad （3.2）$$

确定材料消耗量，一般应完成下列工作：

（1）确定施工正常条件。

确定材料消耗的正常施工条件，也就是要考虑现场材料的存放场地、库房和现场材料正常供应的管理机构及人员组成，只有这样才能形成合理和节约使用材料的正常施工条件。

（2）确定计算方法。

确定材料净用量和材料损耗的计算数据，是通过现场技术测定、实验室试验、现场统计和理论计算等方法获得的。

① 现场技术测定法。现场技术测定法主要是编制材料损耗定额，也可以提供编制材料净用量定额的参考数据。其优点是能通过现场观察、测定，取得产品产量和材料消耗的情况，为编制材料定额提供技术根据。

② 实验室试验法。实验室试验法主要是编制材料净用量定额。通过试验，能够对材料的结构、化学成分和物理性能以及按强度等级控制的混凝土、砂浆配比作出科学的结论，给编制材料消耗定额提供有技术根据的、比较精确的计算数据。用于施工生产时，需加以必要的调整后方可作为定额数据。

③ 现场统计法。现场统计法是通过对现场进料、用料的大量统计资料进行分析计算，获得材料消耗的数据。这种方法由于不能分清材料消耗的性质，因而不能作为确定材料净用量定额和材料损耗定额的依据。

④ 理论计算法。理论计算法是运用一定的数学理论计算材料消耗定额。

施工中除了直接用于实体工程的材料外，还有一些在施工过程中使用的周转材料，是指在工程上多次周转使用的材料，如钢脚手架、木脚手架、模板、挡土板、活动支架等材料。

在编制材料消耗定额时，应按多次使用、分次摊销的办法确定。为使周转材料的周转次数的确定接近合理，应根据工程类型和使用条件，采用各种测定手段进行实地观察，结合有关的原始记录、经验数据加以综合取定。周转材料的消耗量按材料摊销量，为此，应根据施工过程中各工序计算出一次使用量和摊销量。其计算公式为：

$$一次使用量 = 材料净用量 \times （1 + 材料损耗率）\qquad （3.3）$$

$$材料摊销量 = 一次使用量 \times 摊销系数 \qquad （3.4）$$

【例3.2】 用数学的方法计算 1 m³ 一砖混水砖墙（用标准黏土砖砌筑）中砖和砂浆消耗量。已知：砖和砂浆的损耗率均为 2%，砂浆的压实系数为 7%，灰缝宽 10 mm。

【解】 在本题中，我们分析 1 m³ 一砖混水砖墙的砌筑方法，根据 1 m³ 一砖混水砖墙的几何形状及一块标准黏土砖的规格尺寸（240×115×53）可以得出：

砖的消耗量 = 每立方米砖砌体砖净用量 × （1 + 损耗率）

   = 1 ÷ [墙厚 × （砖长 + 灰缝）× （砖厚 + 灰缝）] × 墙厚的砖数 ×

   2 × （1 + 损耗率）

   = 1 ÷ [0.24 × （0.24 + 0.01）× （0.053 + 0.01）] × 1 × 2 × （1 + 2%）

   = 540 （块）

砂浆的消耗量 = 砂浆的净用量 × 砂浆的压实系数 × （1 + 损耗率）

   = （1 − 0.24 × 0.115 × 0.053 × 540）× 1.07 × （1 + 2%）

   = 0.229 （m³）

3）机械消耗量确定

机械消耗量，也称机械定额，是指在正常的施工条件下，某种施工机械为完成单位合格产品所必须消耗的机械台班的数量标准。其主要表现形式是时间消耗量（时间定额），但同时也表现为产量消耗量（产量定额），时间定额和产量定额互为倒数关系。机械时间定额，是指技术条件正常和人机劳动组织合理的条件下，使用某种施工机械为完成质量合格的单位产品，所需的"必须消耗时间"的数量标准，计量单位为"台班"，1 个"台班"即为一台施工机械工作 8 h。例如：0.176 台班/1 m³ 砂浆，即一台灰浆搅拌机完成 1 m³ 质量合格的砂浆搅拌所需的"必须消耗的时间"为 0.176 台班（1.41 h）。机械产量定额，是指在技术条件正常和人机劳动组织合理的条件下，使用某种施工机械在单位时间内所生产质量合格产品的数量标准。例如：5.682 m³ 砂浆/1 台班，即一台灰浆搅拌机在一台班（8 h）内生产 5.682 m³ 质量合格的砂浆。

为了便于综合和核算，机械定额大都采用工作时间消耗量来计算机械消耗的数量，所以，机械定额是用时间定额这一表现形式来计算机械消耗数量的。确定机械消耗量，一般应完成下列工作：

（1）确定正常的施工条件。

确定正常的施工条件主要是拟定工作地点的合理组织和合理的工人编制。工作地点的合理组织，就是对施工地点机械和材料的放置位置、工人从事操作的场所，作出科学合理的平面布置和空间安排。它要求施工机械和操纵机械的工人在最小范围内移动，但又不阻碍机械运转和工人操作；应使机械的开关和操纵装置尽可能集中地装置在操纵工人的近旁，以节省工作时间和减轻劳动强度；应最大限度发挥机械的效能，减少工人的手工操作。拟定合理的工人编制，就是根据施工机械的性能和设计能力，工人的专业分工和劳动工效，合理确定操纵机械的工人和直接参加机械化施工过程的工人的编制人数。拟定合理的工人编制，应要求保持机械的正常生产率和工人正常的劳动工效。

（2）确定机械 1 h 纯工作正常生产率。

机械 1 h 纯工作正常生产率，就是在正常的施工组织条件下，具有必需的知识和技能的技术工人操纵机械 1 h 的生产率。对于循环动作机械，确定机械纯工作 1 h 正常生产率的计算公式如下：

$$机械纯工作 1 h 正常生产率 = 机械纯工作 1 h 循环次数 ×$$
$$一次循环生产的产品数量 \qquad (3.5)$$

$$机械纯工作1\,h\,循环次数 = \frac{60 \times 60\,(s)}{一次循环的正常延续时间} \tag{3.6}$$

对于连续动作机械，确定机械纯工作 1 h 正常生产率要根据机械的类型和结构特征，以及工作过程的特点来进行。其计算公式如下：

$$机械纯工作1\,h\,正常生产率 = \frac{工作时间内生产的产品数量}{工作时间\,(h)} \tag{3.7}$$

工作时间内的产品数量和工作时间的消耗，要通过多次现场观察和机械说明书来取得数据。

（3）确定施工机械的正常利用系数。

施工机械的正常利用系数，是指施工机械在工作班内对工作时间的利用率。机械的利用系数和机械在工作班内的工作状况有着密切的关系。所以，要确定机械的正常利用系数，首先要拟定机械工作班的正常工作状况。确定机械正常利用系数，要计算工作班正常状况下准备与结束工作，机械启动、机械维护等工作所必须消耗的时间，以及机械有效工作的开始与结束时间。从而进一步计算出机械在工作班内的纯工作时间和机械正常利用系数。机械正常利用系数的计算公式如下：

$$机械正常利用系数 = \frac{机械在一个工作班内纯工作时间}{一个工作班延续时间\,(8h)} \tag{3.8}$$

（4）计算施工机械台班定额。

$$施工机械台班产量定额 = 机械纯工作1\,h\,正常生产率 \times 工作班纯工作时间 \tag{3.9}$$

$$= 机械纯工作1\,h\,正常生产率 \times 工作班延续时间 \times 机械正常利用系数 \tag{3.10}$$

$$施工机械时间定额 = \frac{1}{机械台班产量定额} \tag{3.11}$$

【例 3.3】 已知某挖土机的一个工作循环需 2 min，每循环一次挖土 0.5 m³，工作班的延续时间为 8 h，时间利用系数为 0.85，计算台班产量定额。

【解】 每小时挖土机工作的循环次数 = 60（min）÷ 2（min）= 30（次）
每小时挖土机正常生产率 = 30 × 0.5（m³）= 15（m³/h）
台班产量定额 = 15（m³/h）× 8（h）× 0.85 = 102（m³/台班）

劳动定额、材料消耗定额、施工机械台班定额三大基础定额编制完成后，根据用途的不同，形成了施工定额、预算定额、概算定额、概算指标、投资估算指标五种工程建设定额。

3.2.2 施工定额

1. 性 质

施工定额又称为企业定额，是指建筑安装施工企业根据企业本身的技术水平和管理水平编制的反映企业生产单位合格产品所必需的人工、材料、施工机械台班的消耗量标准和其他生产经营要素消耗的数量标准，由劳动定额、机械定额和材料定额三个相对独立的部分组成。

该定额反映的是企业的施工生产与生产消费之间的数量关系，是施工企业生产力水平的体现，是施工企业组织施工生产和加强管理在企业内部使用的一种定额，是施工企业编制工程的施工组织设计、施工成本预算、施工作业计划、签发施工任务单、限额领料及结算计件工资或计量奖励工资的依据，属于企业管理工具的性质。每个企业均应拥有反映自己企业能力的企业定额，企业的技术和管理水平不同，企业定额的水平也不同，因此，企业定额是施工企业进行施工管理和投标报价的基础和依据，从一定意义上来说，企业定额是企业的商业秘密，是企业参与市场竞争的核心竞争力的具体表现。但在我国依然实行的建设行政主管部门确定建设要素消耗量的情况下，目前大部分施工企业是依靠国家或行业制订的预算定额（或计价定额）作为进行施工管理、工料分析、计算投标报价和计算施工成本的依据。

2. 编制原则

1）平均先进性原则

平均先进，是指在正常的施工条件下，大多数施工队组和大多数生产工人经过努力能够达到和超过的水平。企业要有竞争力，必须达到平均先进，只有管理者认识到必须花大力气去改善施工条件，提高技术操作水平，工人懂得珍惜劳动时间，节约材料消耗，企业才有生存和发展的空间，所以，平均先进性是编制施工定额的理想水平。

2）简明适用性原则

施工定额直接用于生产，是以"工序"为研究对象编制的定额。它的项目划分很细，是工程建设定额中分项最细、定额子目最多的一种定额。简明适用性原则，要求施工定额内容要能满足组织施工生产和计算工人劳动报酬等多种需要。同时，又要简单明了，容易掌握，便于查阅，便于计算，便于携带。定额项目的设置是否齐全完备，对定额的适用性影响很大。划分施工定额项目的基础，是工作过程或施工工序。不同性质、不同类型的工作过程或工序，都应分别反映在各个施工定额的项目中。即便是次要的，也应在说明、备注和系数中反映出来。如果施工定额项目不全，企业或现场的补充定额就会大量出现。这不仅不利于加强管理，而且由于补充定额编制仓促，难以完全排除许多人为因素影响，很容易产生降低定额水平的情况。为了保证定额项目齐全，首先要加强基础资料的日常积累，尤其应注意收集、分析各项补充定额资料。其次要注意补充反映新结构、新材料、新技术的定额项目。再则是在处理淘汰定额项目时要持慎重态度。

3）以专家为主编制定额的原则

编制施工定额，要以专家为主，这是实践经验的总结。施工定额的编制要求有一支经验丰富、技术与管理知识全面、有一定政策水平的稳定的专家队伍。贯彻这项原则，第一，必须保持队伍的稳定性。有了稳定的队伍，才能积累资料、积累经验，保证编制施工定额的延续性。第二，必须注意培训专业人才，使他们既有施工技术、施工管理知识和实践经验，具有编制定额的工作能力，又懂得国家技术经济政策和联系工人群众的工作作风。第三，贯彻以专家为主编制施工定额的原则，必须注意走群众路线。因为广大建筑安装工人是施工生产的实践者又是定额的执行者，最了解施工生产的实际和定额的执行情况及存在问题，要虚心向他们求教。

4）独立自主的原则

独立自主的原则，是指企业独立自主地制定定额，主要是自主地确定定额水平，自主地划分定额项目，自主地根据需要增加新的定额项目。但是，施工定额毕竟是一定时期企业生产力水平的反映，它不可能也不应该割断历史。因此企业定额应是对原有国家、部门和地区性施工定额的继承和发展。

根据施工定额的编制原则和劳动定额、材料消耗定额、施工机械台班定额三大基础定额的数据，企业就可以根据自身的管理、技术水平和发展需要编制属于自己企业机密的"企业定额"，提高企业在市场中的竞争力。遗憾的是由于我国多年计划经济的掌控和企业人才因素的限制，目前我国大部分施工企业没有自己的定额，投标报价依然是根据政府建设行政主管部门编制的"预算定额"来计算各消耗量和价格，无法实现真正的市场价格。

3. 编 制

确定了编制原则之后，企业一般按照工程内容及施工顺序把项目按施工过程分解至分项工程，再按分项工程的工作内容确定这一施工过程的工序，选择科学合理的测定方法确定每一工序的各生产要素的消耗量（人工消耗量、材料消耗量、机械消耗量），然后以表格形式表达出来。定额项目表的一般格式是：横向排列为工序工作的名称，竖向排列为工序工作的人工、材料、机械台班消耗量指标。表格上方有该工序的工作内容，右上角有本表项目的计量单位，有的表下部还有附注以及说明设计有特殊要求时，怎样进行调整和换算。

这一编制过程中工序工作内容的确定、计量单位的确定很关键，它反映企业管理的水平和精细程度，一个工序工作内容太多太少或计量单位太大太小，都不利于消耗量的测定和控制，也就不利于企业的管理和成本控制。一个工序工作内容的选取和计量单位的确定非常重要，得依靠企业长时间管理数据的积累和专家们经验的分析和总结，还得不断搜集和研究新的施工方法、施工技术、施工工艺和新材料发展带来的工序的改变导致的消耗量发生的变化，因此施工定额的编制应该是一个积累、研究、再测定、再更新的动态过程，而我们的企业现在几乎在这方面没有任何发展和研究，甚至长时间以来大多数施工企业没有自己的施工定额，依靠经验或政府行政主管部门的预算定额来做一些不切实际的管理工作。

3.2.3 预算定额

1. 性 质

预算定额属计价定额的性质，是我国计划经济模式下特有的，是政府行政主管部门编制的。它把施工定额的几个"工序"组合在一起，形成一个"分部分项工程"，子目外延比施工定额大，与施工定额一致，预算定额的内容也包括劳动定额、材料定额和机械定额三个组成部分。它反映的是完成单位合格产品（分项工程或结构构件）所需的人工、材料和机械消耗的数量标准，是我国现有建设工程计价模式下计算建筑安装产品价格的基础，是编制施工图预算时计算工程造价和计算工程中所需劳动力、机械台班、材料数量时使用的一种定额。同时，由于我国大部分的施工企业没有自己的企业定额，它也是企业编制施工组织设计的参考和投标报价的依据。

从预算定额反映的内容来看，除了单位合格产品的外延不同，因编制人的目的和角度不同，预算定额与施工定额在编制理念上有些差别，我们用一张表来对比，见表3.2。

表 3.2　施工定额与预算定额对比表

序号	对比内容	施工定额	预算定额
1	概念	建筑安装施工企业根据企业本身的技术水平和管理水平编制的反映生产单位合格产品（某工序产品）所必需的人工、材料、施工机械台班的消耗量标准和其他生产经营要素消耗的数量标准	建设行政主管部门根据社会平均水平编制的完成单位合格产品（分项工程或结构构件）所需的人工、材料和机械消耗的数量标准和其他生产经营要素消耗的数量标准
2	研究对象	工序	分部分项工程
3	编制人	建筑安装施工企业	建设行政主管部门
4	编制水平	平均先进水平（在正常的施工条件下，大多数施工队组和大多数生产工人经过努力能够达到和超过的水平）	社会平均水平（在正常的施工条件、合理的施工组织和工艺条件，社会的平均劳动熟练程度和劳动强度达到的水平）
5	性质	企业内部定额，是企业用于组织生产和管理的定额，属于企业生产性质	计价定额，具有行政权力，我国在工程建设定额中占有很重要的地位
6	编制原则	（1）平均先进性原则。 （2）简明适用性原则。 （3）以专家为主编制定额的原则。 （4）独立自主的原则。 （5）时效性原则。 （6）保密原则	（1）社会平均水平的原则。 （2）简明适用原则。 （3）统一性和差别性相结合原则。 （4）时效性原则
7	编制依据	企业通过统计、测定和计算出来的反映自己企业生产单位合格产品需要消耗的人工、材料、机械的数量标准，每个企业依据自身的生产力水平、管理水平、技术水平不同而不同	（1）现行的劳动定额和施工定额。 （2）现行的设计规范、施工验收规范、质量评定标准和安全操作规程。 （3）具有代表性的典型工程施工图及有关图集。 （4）新技术、新结构、新材料和先进的施工方案等。 （5）有关科学实验、技术测定的统计、经验资料。 （6）现行的预算定额、材料预算价格及有关文件规定等
8	作用	（1）是施工企业组织施工生产和加强管理在企业内部使用的一种管理工具。 （2）作为企业编制工程的施工组织设计、施工成本预算、施工作业计划、签发施工任务单、限额领料及结算计件工资或计量奖励工资的依据。 （3）是编制预算定额的基础	（1）预算定额是编制施工图预算、确定建筑安装工程造价的基础。 （2）预算定额是企业编制施工组织设计的参考。 （3）预算定额是工程结算的依据。 （4）预算定额是施工单位进行经济活动分析的参考依据。 （5）是编制概算定额的基础。 （6）是编制招标控制价、拦标价、投标报价的合理依据

2. 编 制

从上述对比可以看出，预算定额的基本内容与施工定额并无太大差别，都是完成单位合格产品所需的人工、材料和机械消耗的数量标准，所不同的是因单位合格产品的外延不同，管理者的角度不同造成的研究对象、编制人、编制水平、编制依据、编制原则、用途和性质不同。预算定额是施工定额的综合和扩大，定额水平比施工定额水平低，具有行政权力。我们来看看它是如何编制出来的。

1）步 骤

预算定额的编制步骤主要有 5 个阶段，如图 3.4 所示。

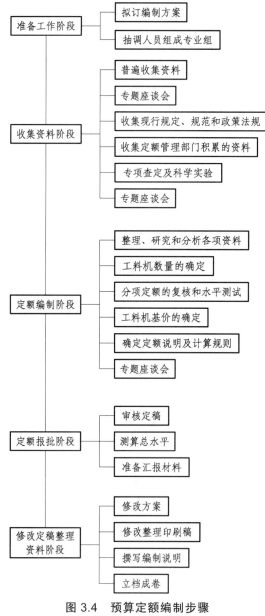

图 3.4　预算定额编制步骤

2）内　容

从预算定额的编制步骤来看，预算定额的编制实质是把各企业的施工定额拿来分析和整理，取其平均水平，合理地把施工工序子目合并为一个分部分项工程子目，删除部分已经不使用的子目，根据新工艺和新材料增加该增加的分部分项工程子目，进行少量的测定和测算工作。预算定额在表格的表达方式上也与施工定额基本一致。

在定额基础资料完备可靠的条件下，编制人员应反复阅读和熟悉并掌握各项资料，在此基础上计算各个分部分项工程的人工、机械和材料的消耗量。这包括以下几部分工作：

（1）确定预算定额的计量单位。

预算定额的计量单位关系到预算工作的繁简和准确性，因此，要正确地确定各分部分项工程的计量单位。一般可以依据建筑结构构件形体的特点确定。

一般说来，结构的三个度量都经常发生变化时，选用立方米作为计量单位，如砖石工程和混凝土工程；如果结构的三个度量中有两个度量经常发生变化，厚度有一定规格，选用平方米为计量单位，如地面、屋面工程等；当物体断面有一定形状和大小，但是长度不定时，采用延长米作为计量单位，如管道、线路安装工程等；如果工程量主要取决于设备或材料的质量时，还可以按吨、千克作为计量单位；若建筑结构没有一定规格，其构造又较为复杂时，可按个、台、座、组为计量单位，如卫生洁具安装、铸铁水斗等。

定额单位确定以后，有时人工、材料、机械台班消耗量很小，可能到小数后好几位。为减少小数位数和提高预算定额的准确性，通常采用扩大单位的办法，把 1 m^3、1 m^2、1 m 扩大 10、100、1 000 倍，这样可达到相应的准确性。

预算定额中各项人工、机械、材料的计量单位选择相对比较固定。人工和机械按"工日""台班"计量；各种材料的计量单位与产品计量单位基本一致。预算定额中的小数位数的取定，主要取决于定额的计算单位和精确度的要求。

（2）按典型设计图纸和资料计算工程数量。

计算工程量的目的，是通过分别计算典型设计图纸所包括的施工过程的工程量，以便在编制预算定额时，有可能利用施工定额或劳动定额的劳动、机械和材料消耗指标确定预算定额所含工序的消耗量。

（3）确定预算定额各分项工程的人工、材料、机械台班消耗量。

确定预算定额人工、材料、机械台班消耗量时，必须先按施工定额的分项逐项计算出消耗量，然后再按预算定额的项目加以综合。但是，这种综合不是简单的合并和相加，而需要在综合过程中增加两种定额之间的适当水平差。预算定额的水平，取决于这些消耗量的合理确定。预算定额的定额水平比施工定额低，各要素消耗量就比施工定额高，它们之间存在着差距，这里就不赘述了。

（4）编制定额表和拟定有关说明。

预算定额项目表是预算定额在各地区的基础价格表现的具体形式，其内容由两部分组成：一是预算定额规定的人工、材料、机械台班的消耗数量；二是地区的人工工资基价、材料预算基价、机械台班基价。预算定额项目表常常是"量价合一"的，一般格式是：横向排列为各分项工程的定额编号、项目名称、基价，竖向排列为分项工程的人工、材料、机械台班消耗量指标的名称、计量单位、定额基价及消耗数量。表格上方有该表分项工程的工作内容，右上角有本表项目的定额计量单位，有的表下部还有附注以及说明设计有特殊要求时，怎样进行调整和换算。表 3.3 为《云南省房屋建筑与装饰工程消耗量定额》（上册）中楼地面工程的找平层项目预算定额表。

表 3.3　找平层预算定额

工作内容：清理基层、调运砂浆、铺设找平、压实、拌和、刷水泥浆等　　　　　　　　计量单位：100 m²

定额编号			01090018	01090019	01090020
项目名称			水泥砂浆找平层 20 mm		
			填充料上	硬基层上	每增减 5 mm
基价（元）			495.48	569.88	103.21
其中	人工费（元）		455.46	501.46	95.82
	材料费（元）		3.36	39.13	—
	机械费（元）		36.67	29.29	7.39
	名称	单位	单价（元）	数　量	
数量	水泥砂浆 1∶2.5	m³	—	（2.530）	（2.020）	（0.510）
	素水泥浆	m³	357.66	—	0.100	—
	水	m³	5.60	0.600	0.600	—
机械	灰浆搅拌机 200 L	台班	86.90	0.422	0.337	0.085

在工程建设中，我们把只包括人工费、材料费、施工机械使用费的分部分项工程费用称为直接费。预算定额项目表表达的是完成某一分部分项工程单位合格产品所需要的各要素消耗量和基价。"基价"是该预算定额编制时进入预算定额项目表的人工工资单价、相应材料的预算价格、相应机械台班的预算单价。

预算定额单位分部分项工程直接费基价
= 预算定额单位分部分项工程的人工费 + 材料费 + 机械费　　　　　（3.12）

其中：

人工费 = 综合工日的消耗量 × 人工工资单价　　　　　　　　　　　　（3.13）

材料费 = $\sum$（各种材料消耗量 × 相应材料的预算价格）　　　　　　　（3.14）

机械使用费 = $\sum$（各种机械台班消耗量 × 相应机械台班的预算单价）　（3.15）

人工工资单价是指一个建筑安装工人一个工作日（8 h）在预算中按现行有关政策法规规定应计入的全部人工费用。人工单价组成内容，在各部门、各地区并不完全相同。按照云南省现行规定，其组成内容为计时或计件工资、津贴、补贴、特殊情况下支付的工资。在目前没有完全实行市场定价的情况下，预算定额里的人工工资单价实际执行的是政府定价，国有投资项目的招标控制价编制、合同纠纷等均按政府定价执行，不得调整，而企业的投标报价、人工工资单价可以根据具体市场适当上浮或优惠，自主报价。表 3.4 是云南省 2003 年实行工程量清单招标以来的人工工资单价调整情况。

表 3.4　人工工资单价

发布文号	单价（元/工日）	执行时间
云建标〔2003〕668 号	24.75	2003-11-01—2006-04-30
云建标〔2006〕211 号	27.72	2006-05-01—2007-12-31
云建标〔2007〕535 号	34.77	2008-01-01—2009-12-31
云建标〔2009〕635 号	42.06	2010-01-01—2011-08-31
云建标〔2011〕452 号	53.23	2011-09-01—2014-03-31
云建标〔2013〕918 号	63.88	2014-04-01—2016-05-01
云建标〔2016〕208 号	73.46	2016-05-01 起
云建标函〔2018〕47 号	81.77	2018-05-01 起

云南省 2013 版建设工程造价计价依据各专业消耗量定额取消了"人工消耗量"这一概念，事实上我们不可能知道完成某一分部分项工程需要多少人工费，只可能知道消耗多少"人工工日"，2013 版定额总说明第八条第 1 条关于人工有两点说明：

① 本定额人工不分工种、技术等级按综合工日计算后以人工费（指完成规定计量单位合格产品所需全部人工消耗量的费用额度）表示。其内容包括基本用工、辅助用工、超运距用工及人工幅度差。

② 本定额基价中作为计费基数的人工费，除定额规定允许调整外不得因具体的人工消耗量与定额规定不同而调整。定额规定允许调整工日的，按 63.88 元/工日计取。

事实上，云南省 2013 版定额中的人工工资单价就是以 63.88 元/工日进入的，我们在应用定额时只能采取"反算"的方式得到人工消耗量。

云南省 2013 版定额中材料消耗量分为未计价材与计价材，把分部分项工程中的主要材料或者是市场价格波动幅度较大、对造价影响较大的材料列为未计价材，在消耗量定额中以"（ ）"表示，括号内的数据为该未计价材料的消耗量，其价值未计入定额基价中，在造价计算时其价格按市场价格进入综合单价；把分部分项中的辅助材料或者是市场价格相对稳定、用量相对较少、对造价影响程度不大的材料列为计价材，该材料价值计入定额计价中，以减少造价人员查询市场价格的难度。计入定额中计价材的价值称为材料预算价格，是指材料（包括构件、成品及半成品）从其来源地（或交货地点）到达施工工地仓库（或施工现场内存放材料的地点）后的出库价格。

材料预算价格包括材料原价、运杂费、运输损耗费、采购及保管费。

材料预算价格的计算公式如下：

$$材料预算价格 =（材料原价 + 材料运杂费 + 运输损耗费）\times$$
$$（1 + 采购及保管费费率） \tag{3.16}$$

同一材料若材料原价、供应地点来源不同时，应采用加权平均价格。

【例 3.4】　已知甲、乙、丙三家砖厂按表 3.5 所给数据给某工地供应普通黏土砖，求普通黏土砖的除税材料预算价格。

表3.5 普通黏土砖的采购数据

厂家	供应量（千块）	出厂价（元/千块）	运距（km）	运价[元/（t·km）]	容重（kg/块）	装卸费（元/t）	采保费率（%）	运输损耗费率（%）
甲	150	265	12	0.84				
乙	350	270	15	0.75	2.6	2.2	2	1
丙	500	310	5	1.05				

【解】 方法一：

（1）求各砖厂的供应权数。

甲砖厂 150/（150+350+500）=0.15

乙砖厂 350/（150+350+500）=0.35

丙砖厂 500/（150+350+500）=0.5

（2）求加权平均供应价。

265×0.15+270×0.35+310×0.5=289.25（元/千块）

（3）求加权平均运杂费。

（12×0.84×0.15+15×0.75×0.35+5×1.05×0.5）×2.6+2.2×2.6 = 26.714（元/千块）

（4）求运输损耗费。

运输损耗费=（289.25 +26.714）×1% = 3.16（元/千块）

（5）普通黏土砖的材料预算价格。

（289.25+26.714+3.16）×（1+2%）= 325.50（元/千块）

方法二：

（1）求各砖厂的供应权数。

甲砖厂： 150/（150+350+500）=0.15

乙砖厂： 350/（150+350+500）=0.35

丙砖厂： 500/（150+350+500）=0.5

（2）求各砖厂普通黏土砖的预算价格。

甲砖厂：（265+12×0.84×2.6+2.2×2.6）×1.01×1.02=305.90（元/千块）

乙砖厂：（270+15×0.75×2.6+2.2×2.6）×1.01×1.02=314.18（元/千块）

丙砖厂：（310+5×1.05×2.6+2.2×2.6）×1.01×1.02 = 339.32（元/千块）

（3）普通黏土砖的材料预算价格。

305.90×0.15+314.18×0.35+339.32×0.5=325.50（元/千块）

云南省2013版定额中机械台班单价是指一台施工机械在一个工作班（8 h）中，为了使这台施工机械能正常运转所需的全部费用。机械台班单价包括折旧费、大修理费、经常修理费、安拆费及场外运输费、燃料动力费、人工费、养路费及车船使用税（详见前面内容）。云南省的机械台班单价营改增后按除税台班单价计算，按云建标〔2016〕207号文中附件2、附件3执行。其台班单价计算的基本规定是：

① 台班工作时间按8 h工作制计算。

② 中小型机械已计入了机械的基础、底座、安装拆卸及以25 km以内场外运输费。

③ 燃料动力费中油耗包括了加油及油料过滤等的消耗,电耗包括了由变电所或变电车间至机械之间的线路电力损失,水价包括了排污费。

$$
\begin{aligned}
机械台班单价 = &\ 台班折旧费 + 台班大修理费 + 台班经常修理费 + \\
&\ 台班安拆费及场外运输费 + 台班燃料动力费 + 台班人工费 + \\
&\ 台班养路费及车船使用税
\end{aligned}
\tag{3.17}
$$

3）整理定稿

在所有定额项目表编制完成后,预算定额就可以整理定稿和报批了。预算定额一般按分部工程分章,章以下为节,节以下为定额子目,每一个定额子目代表一个与之相对应的分项工程,所以分项工程是构成预算定额的最小单元。预算定额为方便使用,一般表现为"量""价"合一,称为某某定额"价目表",再加上必要的说明与附录,这样就组成了一套预算定额手册。完整的预算定额手册,一般由以下内容构成:

（1）主管部门文件。

该文件是预算定额具有法令性的必要依据。该文件明确规定了预算定额的执行时间、适用范围,并说明了预算定额手册的解释权和管理权。

（2）预算定额手册的总说明。

① 预算定额的指导思想、目的和作用,以及适用范围。

② 预算定额的编制原则、编制的主要依据及有关编制目的。

③ 预算定额的一些共性问题。如:人工、材料、机械台班消耗量如何确定;人工、材料、机械台班消耗量允许换算的原则;预算定额考虑的因素、未考虑的因素及未包括的内容;其他的一些共性问题,等等。

（3）建筑面积计算规则。

引自《建筑面积计算规范》,规定了建筑面积在哪些情况下计算,哪些情况下不计算,以及如何计算。

（4）分部说明。

① 各分部工程共性问题说明。

② 分部工程定额内综合的内容及允许换算的有关规定。

③ 本分部各调整系数使用规定。

（5）各分部工程量计算规则。

规定了各分部工程量应当如何计算,更主要的是规定构件在交接处如何扣减。

（6）预算定额项目表。

这是定额的核心部分,包括:

① 各分部分项工程的定额编号、项目名称、计量单位。

② 各定额子目的"基价",包括人工费、未计价材材料费、机械费。

③ 各定额子目的人工、材料、机械的名称、单位、单价、消耗量标准。

④ 表上方说明本节工程的工作内容,下方可能有些特殊说明和附注等。

（7）预算定额附录（附表）。

云南省 2013 版定额除了核心部分"预算定额项目表"外,还配了一些附表,主要包括"混凝土及砂浆配合比表"（定额附表一）和"定额材料、成品、半成品损耗率表" （定额附表二），供我们在需要时查用。

3.2.4　概算定额和概算指标

1. 概算定额

（1）性质。

概算定额也是一种计价定额。它是以扩大的分部分项工程为对象编制的定额，是在预算定额的基础上综合相关分部分项工程后的扩大分项定额，每一综合分项概算定额都包含了数项预算定额的内容。例如，在概算定额中的"砖基础"工程，往往把预算定额中的挖地槽、基础垫层、砌筑基础、敷设防潮层、回填土、余土外运等项目，合并为一项砖基础工程。概算定额的内容也包括劳动定额、材料定额和机械定额三个组成部分。概算定额用于编制扩大初步设计概算，计算和确定工程概算造价。

（2）用途。

① 概算定额是初步设计阶段编制建设项目概算的依据。基本建设程序规定，采用两阶段设计时，其初步设计阶段必须编制设计概算；采用三阶段设计时，其技术设计阶段必须编制修正设计概算，对拟建项目进行总估。

② 概算定额是设计方案比较的依据。所谓设计方案比较，目的是选择出技术先进可靠、经济合理的方案，在满足使用功能的条件下，达到降低造价和资源消耗的目的。概算定额采用扩大综合后为设计方案的比较提供了方便条件。

③ 概算定额是编制主要材料需要量的计算基础。根据概算定额所列材料消耗指标计算出工程用料数量，可以在施工图设计之前提出供应计划，为材料的采购、供应做好准备。

④ 概算定额是编制概算指标的依据。

⑤ 概算定额也可在实行工程总承包时作为已完工程价款结算的依据。

（3）概算定额的编制原则。

① 社会平均水平的原则。

概算定额应该贯彻社会平均水平的原则。由于概算定额和预算定额都是工程计价的依据，所以应符合价值规律和反映现阶段生产力水平。在概预算定额水平之间应保留必要的幅度差，并在概算定额的编制过程中严格控制。

② 简明适用的原则。

概算定额应该贯彻简明适用的原则，为了满足事先确定造价、控制项目投资的要求，概算定额要不留活口或少留活口。

（4）概算定额的编制依据。

① 现行的设计标准规范。

② 现行建筑和安装工程预算定额。

③ 建设行政主管部门批准颁发的标准设计图集和有代表性的设计图纸等。

④ 现行的概算定额及其编制资料。

⑤ 编制期人工工资标准、材料预算价格、机械台班费用等。

（5）概算定额的编制步骤。

概算定额的编制一般分为三个阶段：

① 准备阶段。该阶段主要是确定编制机构和人员组成，进行调查研究，了解现行概算定额执行情况与存在问题、编制范围。在此基础上制定概算定额的编制细则和概算定额项目划分。

② 编制阶段。根据已制定的编制细则、定额项目划分和工程量计算规则，调查研究，对收集到的设计图纸、资料进行细致的测算和分析，编出概算定额初稿。并将概算定额的分项定额总水平与预算水平相比控制在允许的幅度之内，以保证二者在水平上的一致性。如果概算定额与预算定额水平差距较大，则需对概算定额水平进行必要的调整。

③ 审查报批阶段。在征求意见修改之后形成报批稿，经批准之后交付印刷。

2. 概算指标

概算指标是以整个建筑物和构筑物为对象，以更为扩大的计量单位来编制的一种计价指标，以建筑面积、体积或成套设备装置的台或组为计量单位，规定人工、材料、机械台班的消耗量标准和造价指标。

它用于在初步设计阶段，计算和确定工程的初步设计概算造价，计算劳动力、机械台班、材料需要量。概算指标是编制年度任务计划、建设计划的参考，也是编制投资估算指标的参考依据。

概算指标的编制原则：

① 社会平均水平的原则。

概算指标作为确定工程造价的依据，就必须遵照价值规律的客观要求，在其编制时必须按照社会必要劳动时间，贯彻平均水平的编制原则。

② 简明适用的原则。

概算指标的内容和表现形式应遵循粗而不漏、适应面广的原则，体现综合扩大的性质。概算指标从形式到内容应该简明易懂，要便于在使用时可根据拟建工程的具体情况进行调整换算，能够在较大范围内满足不同用途的需要。

③ 编制依据必须有代表性。

概算指标所依据的工程设计资料，应具有代表性，技术上是先进的，经济上是合理的。

3.2.5 投资估算指标

投资估算指标是以独立的单项工程或完整的工程项目为对象，根据历史形成的预决算资料编制的一种指标。它也是一种计价指标，是在项目建议书和可行性研究阶段编制投资估算、计算投资需要量时使用的指标，也可作为编制固定资产长远计划投资额的参考。

投资估算指标比其他各种计价定额具有更大的综合性和概括性，所以，编制时除了应遵循一般计价定额的编制原则外，还必须坚持下述原则：

（1）投资估算指标项目的确定，应考虑以后几年编制建设项目建议书和可行性研究报告投资估算的需要。

（2）投资估算指标的分类、项目划分、项目内容、表现形式等，要结合各专业的特点，并且要与项目建议书、可行性研究报告的编制深度相适应。

（3）投资估算指标的编制既能反映现实的高科技成果，反映正常建设条件下的造价水平，也能适应今后若干年的科技发展水平。坚持技术上的先进、可行和经济上的合理。

（4）投资估算指标的编制必须密切结合行业特点、项目建设的特定条件，在内容上既要贯彻指导性、准确性和可调性的原则，又要具有一定的深度和广度。

（5）投资估算指标的编制要体现国家对固定资产投资实施间接控制作用的特点。要贯彻能分能合、有粗有细、细算粗编的原则。

（6）投资估算指标的编制要贯彻静态和动态相结合的原则。考虑到建设期的动态因素，即价格、建设期利息、固定资产投资方向调节税及涉外工程的汇率等因素的变动。

投资估算指标的内容因行业不同各异，一般可分为建设项目综合指标、单项工程指标和单位工程指标三个层次。

（1）建设项目综合指标。

建设项目综合指标按规定应列入建设项目总投资，即从立项筹建开始至竣工验收交付使用为止的全部投资额，包括单项工程投资、工程建设其他费用和预备费等。

建设项目综合指标一般以项目的综合生产能力单位投资表示，如元/t、元/kW，或以使用功能表示，如医院床位用元/床表示、学校用元/学生表示。

（2）单项工程指标。

单项工程指标，是指按规定应列入能独立发挥生产能力或使用效益的单项工程内的全部投资额，包括建筑安装工程费、设备及生产工器具购置费和其他费用。

单项工程指标一般以单项工程生产能力单位投资如元/t 或其他单位表示，如变配电站用元/（kV·A）表示，供水站用元/m³ 表示，办公室、仓库、宿舍、住宅等房屋建筑则区别不同结构形式以元/m² 表示。

（3）单位工程指标。

单位工程指标，按规定应列入能独立设计、施工的工程项目的费用，即建筑安装工程费用。单位工程指标一般以下列方式表示：如房屋建筑区别于不同结构形式以"元/m²"表示，道路区别于不同结构层、面层以"元/m²"表示，管道区别不同材质、管径以"元/m"表示等。

3.2.6 工程建设定额的应用

有了工程建设定额，我们就可以利用这些"定额"计算出完成单位合格产品所需要的各种消耗及费用，这里只介绍"预算定额"的一些应用。

1. 计算分部分项工程直接费

在工程建设中，我们把只包括人工费、材料费、施工机械使用费的分部分项工程费用称为直接费。已知某分部分项工程的工程量，利用预算定额，我们就可以计算该分部分项工程的直接费。

$$分部分项工程直接费 = 人工费 + 材料费 + 机械费 \qquad (3.18)$$

其中：人工费、材料费、机械费的计算方法按第 2 章公式（2.1）、（2.2）及（2.3）计算。

【例3.5】　已知某工程须用 M5.0 水泥砂浆砌筑砖基础 376.28 m³，根据《云南省房屋建筑与装饰工程消耗量定额》（DBJ53/T-61—2013）计算"砌筑砖基础"这项分部分项工程的直接费。未计价材料预算价格如下：

标准砖 240 mm×115 mm×53 mm 为 350 元/千块，M5.0 砌筑水泥砂浆为 185 元/m³。

【解】　查定额 01040001，根据定额单位 10 m³ 砖基础的人工费、材料消耗量及机械消耗量可计算出人工费、材料费及机械使用费；查云建标〔2016〕207 号文附件 2 第 719 项可知 200 L 灰浆搅拌机除税台班单价为 84.48 元。

人工费 = 376.28/10×778.06×1.15 = 33668.37（元）

材料费 = 376.28/10×（5.6×1.05×0.912 + 350×5.24 + 185×2.49）= 86544.87（元）

机械使用费 = 376.28/10×84.48×0.415 = 1319.21（元）

直接费 = 33668.37 + 86544.87 + 1319.21 = 121532.45（元）

2. 工料机分析

工料机分析：根据单位工程各分部分项工程的预算工程量，应用预算定额，详细计算出一个单位工程的人工、材料、机械台班的需用量的分解汇总过程，这一分解汇总过程就称为"工料机分析"。

【例3.6】　已知"砖基础分项工程"的预算工程量为 376.28 m³，分析完成 376.28 m³ 砖基础分项工程所需的人工、材料、机械用量。

【解】　查定额 01040001

其中人工消耗量需要"反算"：778.06/63.88 = 12.18（工日/10 m³）。

人工需用量：376.28/10×12.18 = 458.31（工日）。

材料需用量：普通黏土砖：376.28/10×5.24 = 197.171（千块）；

　　　　　　　M5 水泥砂浆：376.28/10×2.49 = 93.694（m³）；

　　　　　　　水：376.28/10×1.05 = 39.509（m³）。

其中 M5 水泥砂浆为配合比材料，查定额附表一 P392 第 245 项，可得：

　　　　　　　矿渣硅酸盐水泥 P·S 32.5 需用量：93.694×0.236 = 22.112（t）；

　　　　　　　细砂需用量：93.694×1.23 = 115.24（m³）；

　　　　　　　水需用量：93.694×0.35 = 32.793（m³）。

所以，材料需用量为：

普通黏土砖：197.171（千块）；矿渣硅酸盐水泥 P·S 32.5：22.112　（t）；

细砂：115.24（m³）；水：39.509 + 32.793 = 72.302（m³）。

机械需用量：200 L 灰浆搅拌机：376.28/10×0.415 = 15.616（台班）。

3. 配合比材料重新组价

在云南省 2013 版定额中，附表一"混凝土及砂浆配合比"表现的是每立方米配合比材料的组成材料及其用量，组成材料的单价也是按定额预算单价进入配合比材料中的。在实际工程中，当材料的实际预算单价与定额预算单价不同时，应根据实际的材料预算单价重新换算配合比材料单价，这一过程称为配合比材料重新组价。

【例 3.7】 某工程现场浇筑框架柱，须现场拌制 C35 混凝土。已知材料预算价格：矿渣硅酸盐水泥 P·S 42.5 为 385 元/t，碎石为 85 元/m³，级配砂为 68 元/m³，水为 5.3 元/m³。试求现场拌制 C35 混凝土的材料预算单价。

【解】 查定额附表－ P380 第 76 项，可得：

现场拌制 C35 混凝土材料预算价格为：

$$0.406 \times 385 + 0.93 \times 85 + 0.5 \times 68 + 0.2 \times 5.3 = 270.42（元/m^3）$$

3.3 建设工程工程量清单计价计量规范（GB 50500—2013）

前面说过，长期以来，我国建筑工程造价计取方式一直沿用苏联的"定额计价"模式，目前，这种计价方法只有中国、俄罗斯和非洲的贝宁在用。而国际上通行工程造价的计价方法，尽管不同的国家不尽相同，但一般都不依赖于政府颁布的定额和单价，凡涉及人工、材料、机械等的费用价格都根据市场行情来决定。在我国 2001 年加入世贸组织后，为了"市场化"和"与国际接轨"，中华人民共和国建设部颁布了《建设工程工程量清单计价规范》，编号为（GB 50500—2003），自 2003 年 7 月 1 日起实施，正式开始了我国工程造价清单计价的篇章。2008 年又改了一版《建设工程工程量清单计价规范》（GB 50500—2008）。工程量清单计价方式历经 10 年后，2013 年，中华人民共和国住房和城乡建设部在总结了《建设工程工程量清单计价规范》（GB 50500—2003）和《建设工程工程量清单计价规范》（GB 50500—2008）实施以来的经验，针对执行中存在的问题，特别是清理拖欠工程款工作中普遍反映的，在工程实施阶段中有关工程价款调整、支付、结算等方面缺乏依据的问题，修订了前规范正文中不尽合理、可操作性不强的条款及表格格式，特别增加了采用工程量清单计价如何编制工程量清单和招标控制价、投标报价、合同价款约定以及工程计量与价款支付、工程价款调整、索赔、竣工结算、工程计价争议处理等内容，并增加了条文说明，形成了现行的《建设工程工程量清单计价规范》（GB 50500—2013），于 2013 年 12 月 1 日起实施。《建设工程工程量清单计价规范》也成为我国建设工程新的计价依据。

2013 版《清单规范》在 2008 版的基础上，对体系作了较大调整，形成了 1 本《计价规范》，9 本《计量规范》的格局，具体内容是：

（1）《建设工程工程量清单计价规范》（GB 50500—2013）

（2）《房屋建筑与装饰工程工程量计算规范》（GB 50854—2013）

（3）《仿古建筑工程工程量计算规范》（GB 50855—2013）

（4）《通用安装工程工程量计算规范》（GB 50856—2013）

（5）《市政工程工程量计算规范》（GB 50857—2013）

（6）《园林绿化工程工程量计算规范》（GB 50858—2013）

（7）《矿山工程工程量计算规范》（GB 50859—2013）

（8）《构筑物工程工程量计算规范》（GB 50860—2013）

（9）《城市轨道交通工程工程量计算规范》（GB 50861—2013）

（10）《爆破工程工程量计算规范》（GB 50862—2013）

《清单规范》是统一工程量清单编制、规范工程量清单计价的国家标准，是调节建设工程招标投标中使用清单计价的招标人、投标人双方利益的规范性文件，是我国在招标投标中实行工程量清单计价的基础，是参与招标投标各方进行工程量清单计价应遵守的准则，是各级建设行政主管部门对工程造价计价活动进行监督管理的重要依据。

《计价规范》内容包括：总则、术语、一般规定、工程量清单编制、招标控制价、投标报价、合同价款约定、工程计量、合同价款调整、合同价款中期支付、竣工结算与支付、合同解除的价款结算与支付、合同价款争议的解决、工程造价鉴定、工程计价资料与档案、工程计价表格（11 个附录）以及规范用词说明；此外，还附了本规范的条文说明。其中各类计价表格规范了格式，明确了用途，主要包括"物价变化合同价款调整方法表""工程计价文件封面""工程计价文件扉页""工程计价说明""工程计价总说明""工程计价汇总表""分部分项工程和措施项目计价表""其他项目计价表""规费、税金项目计价表""工程计量申请（核准）表""合同价款支付申请（核准）表""主要材料、工程设备一览表"。因教材篇幅有限，这些表格格式不在教材中列出，用到时可在《计价规范》中查阅。

各专业的《计量规范》内容包括：总则、术语、工程计量、工程量清单编制、各分部附录、本规范用词说明、引用标准名录以及本规范的条文说明。附录部分主要以表格表现。它是清单项目划分的标准，是清单工程量计算的依据，是编制工程量清单时统一项目编码、项目名称、项目特征描述、计量单位、工程量计算规则、工程内容的依据，其表格形式如表 3.6 所示。

表 3.6　《计量规范》的表格形式

项目编码	项目名称	项目特征	计量单位	工程量计算规则	工作内容
010101001	平整场地	1. 土壤类别 2. 弃土运距 3. 取土运距	m²	按设计图示尺寸以建筑物首层建筑面积计算	1. 土方挖填 2. 场地找平 3. 运输

通过上述简单的介绍，可以看出《计价规范》和《计量规范》的实施，规范了我国建设工程造价计价行为，统一了建设工程计价文件的编制原则和计价方法，使我国建设工程工程造价计价方式更接近于国际通用的造价计算方法，也与我国建设工程造价改革的初衷——市场决定价格更接近。《计价规范》和《计量规范》具体的应用在以后的章节中有具体的讲解。

3.4　其他计价依据

在工程造价的确定与计算中，除了上述介绍的各类工程建设定额、清单计价计量规范外，要计算出工程造价，还有一些其他依据。

（1）政府批文，如立项、估算、概算、资金、土地、交通、环保、安全等批文。

（2）设计图纸。

（3）各类设计标准、规范、图集。

（4）政府各类价格文件。

（5）市场价格（人、材、机）。

思考与练习题

3.1　什么是工程建设定额？如何进行分类？

3.2　工程建设定额的构成要素有哪些？

3.3　什么是工作时间？人工工作时间和机械工作时间如何分类？

3.4　人工工作时间和机械工作时间通常采用技术测定法进行实地观察，常用的技术测定法有哪些？

3.5　什么是施工定额？表现形式是什么？简述其编制过程。

3.6　材料消耗定额是什么？如何确定？

3.7　简述预算定额的编制过程。

3.8　谈谈你对《建设工程工程量清单计价规范》的理解，有何意义？

3.9　已知某工程采用现场拌制 C30 浇筑有梁板 248.43 m³，根据《云南省房屋建筑与装饰工程消耗量定额》（DBJ53/T-61—2013）计算"现浇混凝土有梁板"这项分部分项工程的直接费。已知该工程人工工资单价及机械台班单价均采用现行定额单价，材料预算价格如下：矿渣硅酸盐水泥 P·S 42.5 为 385 元/t，碎石为 75 元/m³，级配砂为 65 元/m³，水为 5.6 元/m³。

3.10　已知某工程用 20 厚 1∶2 水泥砂浆铺设陶瓷地砖（600 mm×600 mm）楼面 429.37 m²，根据《云南省房屋建筑与装饰工程消耗量定额》（DBJ53/T-61—2013）计算"陶瓷地砖楼面"这项分部分项工程的人工、材料及施工机械需用量，并计算该分部分项工程直接费。已知该工程人工工资单价、计价材料预算单价及机械台班单价均采用现行定额单价，未计价材料预算价格如下：陶瓷地面砖为 65 元/m²，矿渣硅酸盐水泥 P·S 32.5 为 390 元/t，细砂为 92 元/m³，水为 5.6 元/m³。

4 施工图预算

施工图预算是指在工程项目的施工图设计完成后，根据施工图纸和设计说明、计价计量规范、预算定额、计价规则等，对工程项目应发生费用进行较详细的计算。施工图预算计算的费用是工程造价含义二的费用——建筑安装工程费，是建设单位支付给建筑安装工程施工单位的全部费用，包括建筑工程费和安装工程费两部分。这里的建筑工程和安装工程的外延都比较大，一般包括的内容如下：

建筑工程：建（构）筑物、市政、公路、铁路、桥涵、矿山、隧道、农田水利、工业筑炉、绿化等。

安装工程：生产、动力、电信、起重、运输医疗、实验等设备的安装以及附属于它们的管线敷设、支架安装及系统调试、试车等工作。

建安工程费因建设阶段的不同、编制人角度的不同又叫施工图预算（设计单位编制）、招标控制价（业主或业主委托的具有工程造价咨询资质的机构编制）、投标报价（投标单位编制）、合同价（中标单位的投标价）。这几个阶段的造价计价文件均为施工图预算。

云南省住房和城乡建设厅于 2013 年 12 月 30 日发布了《关于发布实施云南省 2013 版建设工程造价计价文件的通知》（云建标〔2013〕918 号），2014 年 4 月 1 日开始执行 2013 版计价依据。2013 版计价依据是云南省住房和城乡建设厅组织专家按我国现行《建筑安装工程费用项目组成》（建标〔2013〕44 号）结合云南建设工程的实际情况编制的，云南省工程建设项目的设计概算、施工图预算、招标控制价、工程结算、工程造价纠纷都以此为依据解决和处理。根据云建标〔2013〕918 号通知，我省的招标控制价、投标报价、合同价主要采用工程量清单计价方法编制。

4.1 清单计价

4.1.1 概　述

1. 概　念

第 2 章里讲过，云南省的建筑安装工程费按照工程造价形成由分部分项工程费、措施项目费、其他项目费、规费、税金组成。分部分项工程费、措施项目费、其他项目费包含人工费、材料费、机械费、企业管理费和利润。其具体划分见建筑安装工程费用项目组成表（详见图 2.1）。工程量清单计价就是按上述费用内容和工程量清单的项目内容及工程量，以综合单价的方式把建筑安装工程费用计算出来的过程。清单计价具体内容包括工程建设活动中的工程量清单编制、招标控制价编制、投标人的工程量清单计价、合同管理、竣工结算等建设项目招标至竣工各个阶段的计价活动。

《建设工程工程量清单计价规范》（GB 50500—2013）（以下简称《清单规范》）3.1 节规定：

（1）使用国有资金投资的建设工程发承包，必须采用工程量清单计价。

（2）非国有资金投资的建设工程，宜采用工程量清单计价。

（3）不采用工程量清单计价的建设工程，应执行本规范除工程量清单等专门性规定外的其他规定。

（4）工程量清单采用综合单价计价。

（5）措施项目中的安全文明施工费必须按国家或省级、行业建设主管部门的规定计算，不得作为竞争性费用。

（6）规费和税金必须按国家或省级、行业建设主管部门的规定计算，不得作为竞争性费用。

2. 关于"工程单价"

1）概　念

工程单价也称分部分项工程单价，是指一定计量单位建筑安装产品的价格。

2）种　类

（1）按用途划分。

① 预算单价。预算定额中所计算的分部分项工程"基价"，应视作该预算定额编制时的分部分项工程单价。

② 概算单价。概算定额中所列出的"基价"，应视作该概算定额编制时的分部分项工程单价，它的外延比预算单价大。

（2）按单价的费用内容划分。

① 直接费单价：只包括人工费、材料费、施工机械使用费。

② 综合单价：我国工程量清单规范中的"综合单价"定义为完成一个清单规定项目所需的人工、材料和工程设备费、施工机具使用费和企业管理费、利润以及一定范围内的风险费用。

③ 完全费用单价：包含人工费、材料费、机械费、措施费、管理费、利润，规费、税金，是国际工程单价通用做法。

3）综合单价的计算

云南省 2013 版《计价规则》把风险费放入其他项目费中，因此，按云南省 2013 版的规定，综合单价的计算公式表达为：

$$综合单价 = \frac{直接费 + 管理费 + 利润}{清单项目工程量} \tag{4.1}$$

其中　　　　　　分部分项工程的直接费 = 人工费 + 材料费 + 机械费　　　　（3.18）

人工费、材料费、机械费的计算方法按第 2 章公式（2.1）、（2.2）及（2.3）计算，而管理费及利润的计算方法按式（2.4）及（2.5）计算。

3. 工程量清单计价

工程量清单计价就是不再以费用要素计算工程造价而以"综合单价"计价的方法，所以建标〔2013〕44 号文规定建筑安装工程费按照工程造价形成由分部分项工程费、措施项目费、其他项目费、规费、税金组成。其中分部分项工程费和措施项目费中的单价措施项目涉及用综合单价来计算。

$$分部分项工程费 = \sum（分部分项工程清单工程量 \times 综合单价） \tag{2.8}$$

$$单价措施项目费 = \sum（单价措施项目清单工程量 \times 综合单价） \tag{2.10}$$

综合单价中的人工费、材料费及机械费仍然取决于"定额"，并且各项要素费用的计取仍然要按照《计价规范》、各专业工程《计量规范》及各行政区域内的地方标准执行。

4.1.2　工程量清单编制

工程量清单是载明建设工程的分部分项工程项目、措施项目、其他项目的名称和相应数量以及规费、税金项目等内容的明细清单。招标工程量清单是招标人依据国家标准、招标文件、设计文件以及施工现场实际情况编制的，随招标文件发布供投标报价的工程量清单，包括其说明和表格。以下提到的工程量清单均指招标工程量清单。

1. 一般规定

（1）工程量清单由分部分项工程项目清单、措施项目清单、其他项目清单、规费和税金项目清单组成。

（2）分部分项工程项目清单必须载明项目编码、项目名称、项目特征、计量单位和工程量，项目编码、项目名称、项目特征、计量单位和工程量的编制要符合相关工程现行国家计量规范的规定。

（3）措施项目清单应当根据工程的具体情况，按照现行相关工程工程量计算规范的规定编制。

（4）其他项目清单应当根据工程的具体情况，参照下列内容列项：
① 暂列金额；② 暂估价；③ 计日工；④ 总承包服务费；⑤ 其他。

（5）措施项目费中的安全文明施工费按国家或者省级、行业建设行政主管部门的规定计价，投标报价时不得作为竞争性费用。

（6）规费和税金项目清单应按国家或者省级、行业建设行政主管部门的规定列项。费用计取亦按规定计取，不得作为竞争性费用。按 2013 版云南省建设工程造价计价依据的规定，规费清单应按下列内容列项：
① 社会保险费：包括养老保险费、失业保险费、医疗保险费、生育保险费、工伤保险费。
② 住房公积金。
③ 残疾人保证金。
④ 危险作业意外伤害险。

⑤ 工程排污费。

税金包括增值税销项税额和附加税费（城市维护建设税、教育费附加、地方教育附加），按云南省住房和城乡建设厅关于印发《关于建筑业营业税改征增值税后调整云南省建设工程造价计价依据的实施意见》的通知（云建标〔2016〕207）计列。

（7）工程量清单应由具有编制能力的招标人或受其委托、具有相应资质的工程造价咨询人编制。

（8）工程量清单必须作为招标文件的组成部分，随招标文件的发布一同发给投标人，其准确性和完整性由招标人负责。招标工程量清单载明的工程量是所有投标人投标报价的共同基础，竣工结算的工程量按发、承包双方在合同中约定的应予计量且实际完成的工程量计量。

（9）工程量清单编制应结合工程的设计文件，正确描述项目特征，准确计算工程数量，以满足工程量清单计价的要求。

（10）工程量清单是工程量清单计价的基础，应作为编制招标控制价、投标报价、计算或调整工程量、索赔等的计价依据之一。

（11）工程数量的有效位数应遵守下列规定：

① 以"t"为单位，应当保留三位小数，第四位小数四舍五入。

② 以"m""m^2""m^3""kg"为单位，应当保留两位小数，第三位小数四舍五入。

③ 以"台""个""件""套""根""组""系统"等为单位，应当取整数。

2. 编制依据

（1）现行《清单规范》和《工程量计算规范》。

（2）国家或省级、行业建设行政主管部门颁发的计价定额和配套文件。

（3）建设工程设计文件及相关资料。

（4）与建设工程有关的标准、规范、技术资料。

（5）招标文件、其他相关资料。

（6）施工现场、地勘水文资料、工程特点及常规施工方案。

（7）其他相关资料。

特别说明：在现行体制下编制工程量清单，国家的规范及地方建设行政主管部门的有关计价规定在编制清单时依然是权威的，与真正做到市场决定价格还有很大距离。

3. 编制步骤

（1）读图——熟悉施工图纸、了解现场。

（2）列项——根据相应工程的《计量规范》，按工程特点及常规施工方案划分分项工程并列项。

（3）计量——按《计量规范》规定的规则计算每一个分项工程的工程量（一般在工程量计算表上完成）。

（4）列表——工程量清单由分部分项工程项目清单、措施项目清单、其他项目清单、规费项目清单和税金项目清单组成，这些清单通用表格表达，一般表达清单项目内容及数量，作为招标文件的重要组成部分，其准确性和完整性由招标人负责。

4. 招标工程量清单主要组成

（1）封面。

_____工程

招标工程量清单

招　标　人：_____

（单位盖章）

造价咨询人：_____

（单位盖章）

年　　月　　日

（2）扉页。

_____工程

招标工程量清单

招　标　人：_____　　　造价咨询人：_____

（单位盖章）　　　　　　　　　　（单位资质专用章）

法定代表人　　　　　　　　　　　法定代表人

或其授权人：_____　　　或其授权人：_____

（签字或盖章）　　　　　　　　　（签字或盖章）

编　制　人：_____　　　复　核　人：_____

（造价人员签字盖专用章）　　　　（造价工程师签字盖专用章）

编制时间：　　年 月 日　　复核时间：　　　年 月 日

封面和扉页应按规定的内容填写、签字、盖章，造价员编制的工程量清单应有负责审核的造价工程师签字、盖章。

（3）编制说明。

编制说明应填写的主要内容为：

① 工程概况：建设规模、工程特征、计划工期、施工现场实际情况、自然地理条件、环境保护要求等。

② 工程招标和分包范围。

③ 工程量清单编制依据。

④ 对投标人工程质量、材料、施工等的特殊要求。

⑤ 对投标人有关投标报价要求的其他说明。

（4）主要清单表格格式（表4.1～表4.6）。

表4.1 分部分项工程量清单

工程名称： 　　　　　　标段： 　　　　　　　第 页 共 页

序号	项目编码	项目名称	项目特征描述	计量单位	工程量

表4.2 总价措施项目清单

工程名称： 　　　　　　标段： 　　　　　　　第 页 共 页

序号	项目编码	项目名称	计算基础	费率（%）	金额（元）	备注
1	011707001001	安全文明施工费				
1.1		环境保护费、安全施工费、文明施工费				
1.2		临时设施费				
2	011707002001	夜间施工增加费				
3	011707004001	二次搬运费				
4	011707005001	冬、雨季施工增加费，生产工具用具使用费，工程定位复测，工程点交、场地清理费				
5	011707007001	已完工程及设备保护费				
6	031301009001	特殊地区施工增加费				
合 计						

表4.3 单价措施项目清单

工程名称：　　　　　　标段：　　　　　　第　页　共　页

序号	项目编码	项目名称	项目特征	计量单位	工程量
1		土石方及桩基工程		项	1
1.1	CB001	钢制挡土板		m²	
1.2		……			
2		脚手架工程		项	1
2.1	011701002001	外脚手架（外墙）		m²	
2.2	011701002002	外脚手架（内墙）		m²	
2.3	011701001001	浇灌运输道		m²	
2.4		……			
3		模板及支架工程		项	1
3.1	011702001001	基础		m²	
3.2	011702002001	矩形柱		m²	
3.3	011702014001	有梁板		m²	
3.4		……			
4		垂直运输		项	1
4.1	011703001001	建筑工程垂直运输		m²	
4.2	011703001002	装饰装修工程垂直运输		万元	
5		超高增加费		项	1
5.1	011705001001	建筑工程超高增加费		m²	
5.2	011705001002	装饰装修工程超高增加费		万元	
6	011701006001	大型机械进退场费		项	1
7	011701007001	施工排水、降水		项	1
		本页小计			
		合计			

表 4.4　其他项目清单

工程名称：　　　　　　　　标段：　　　　　　　　　　第　页　共　页

序号	项目名称	金额（元）	备注
1	暂列金额		详见明细表
2	暂估价		
2.1	材料（设备）结算价		详见明细表
2.2	专业工程暂估价		详见明细表
3	计日工		
4	总承包服务费		详见明细表
5	其他		
5.1	人工费调差		
5.2	机械费调差		
5.3	风险费		
5.4	索赔与现场签证		
	合　　计		

表 4.5　规费、税金项目清单

工程名称：　　　　　　　　标段：　　　　　　　　　　第　页　共　页

序号	项目名称	计算基础	计算基数	计算费率（%）	金额（元）
1	规费	社会保险费、住房公积金、残疾人保证金＋危险作业意外伤害险＋工程排污费			
1.1	社会保险费、住房公积金、残疾人保证金	分部分项定额人工费＋单价措施定额人工费＋其他项目定额人工费			
1.2	危险作业意外伤害险	分部分项定额人工费＋单价措施定额人工费＋其他项目定额人工费			
1.3	工程排污费				
2	税金	分部分项工程＋措施项目＋其他项目＋规费			
	合　　计				

表 4.6　主要材料价格表

序号	材料编码	材料名称	规格、型号等特殊要求	单位	数量	单价（元）	合价（元）

　　以上为编制招标工程量清单的主要表格，除此之外，其他项目清单有明细表的要附上明细表，还可以根据招标文件对投标人的要求增减所需表格文件并注明投标要求。

　　以上各表格的列项、计算及填写在计量计价实务篇每一章具体讲解。

4.1.3　工程量清单计价文件编制

　　工程量清单计价文件，包括招标控制价、投标报价、中标价（合同价）、合同管理、竣工结算等建设项目招标至竣工各个阶段的计价活动，均采用清单计价的方法编制。其中招标控制价、投标报价、中标价（中标人的投标报价，合同价）均是根据施工图纸和设计说明、招标工程量清单、计价计量规范、预算定额、计价规则等计算出的工程造价含义二的费用——建筑安装工程费，即施工图预算，只不过因为角度不同、用途不同、时间点不同而拥有不同的名称。

　　本节简略介绍工程实施过程中计价文件的编制要求及规定，本章下节将重点讲述招标控制价和投标报价的编制。

　　工程实施中的合同价款结算与支付、合同价款调整及价款争议处理，合同中有约定的，从其约定；无约定的，按《清单计价规范》及有关规定处理。

1. 合同价款的约定

　　（1）实施工程招标的工程合同价款应在中标通知书发出 30 日内，由发承包双方依据招标文件和中标人的投标文件在书面合同中约定。约定内容不得违背招、投标文件中关于工期、造价、质量等方面的实质性内容。招标文件与中标人投标文件不一致的地方，以投标文件为准。

　　（2）实施工程量清单招标的工程，应采用单价合同。

　　（3）发承包双方应在合同条款中对下列事项进行约定：

　　① 预付工程款的数额、支付时间及抵扣方式。

② 安全文明施工措施的支付计划、使用要求等。

③ 工程计量与支付工程进度款的方式、数额及时间。

④ 工程价款的调整因素、方法、程序、支付及时间。

⑤ 施工索赔与现场签证的程序、金额确认与支付时间。

⑥ 承担计价风险的内容、范围以及超出约定内容、范围的调整办法。

⑦ 工程竣工价款结算编制与核对、支付及时间。

⑧ 工程质量保证（保修）金的数额、预扣方式及时间。

⑨ 违约责任以及发生工程价款争议的解决方法及时间。

⑩ 与履行合同、支付价款有关的其他事项等。

2. 施工过程中的计量与支付

（1）工程计量可选择按月或按工程形象进度分段计量，具体计量周期在合同中约定。

（2）因承包人原因造成的超范围施工或返工的工程量，发包人不予计量。

（3）工程计量时，若发现招标工程量清单出现缺项、工程量偏差，或因工程变更引起的工程量增减，应按承包人在合同履行过程中实际完成的工程量计算。

（4）承包人应按照合同约定的计量周期和时间，向发包人提交当期已完工程量报告。发包人未在合同约定时间内进行核实的，则承包人提交的计量报告中所列的工程量视为承包人实际完成的工程量。

（5）合同价款期中支付按合同约定执行。

3. 合同价款调整

（1）以下事项（但不限于）发生，发承包双方应按照合同约定调整合同价款。

① 法律法规变化。

② 工程变更。

③ 项目特征描述不符。

④ 工程量清单缺项。

⑤ 工程量偏差。

⑥ 物价变化。

⑦ 暂估价。

⑧ 计日工。

⑨ 现场签证。

⑩ 不可抗力。

⑪ 提前竣工（赶工补偿）。

⑫ 误期赔偿。

⑬ 施工索赔。

⑭ 暂列金额。

⑮ 发承包双方约定的其他调整事项。

（2）调整办法按合同约定，合同约定的条款应符合《清单计价规范》的规定。

4．竣工结算与支付

（1）合同工程完工后，承包人应在提交验收申请前编制完成竣工结算文件，并在提交验收申请的同时向发包人提交竣工结算文件。

（2）发包人应在收到承包人提交的竣工结算文件后在合同约定的时间内审核完毕。

（3）审核后双方均无异议的应在合同约定时间内支付结算剩余价款，有异议的按合同约定的争议处理方式处理。

4.2 招标控制价与投标报价

4.2.1 招标控制价

招标控制价是招标人根据国家或省级、行业建设主管部门颁发的有关计价依据和办法，以及拟定的招标文件和招标工程量清单,结合工程具体情况编制的招标工程的最高投标限价。

1．编制依据

（1）现行《清单规范》和《工程量计算规范》。

（2）国家或省级、行业建设行政主管部门颁发的计价定额和配套文件。

（3）建设工程设计文件及相关资料。

（4）招标文件及招标工程量清单。

（5）与建设项目有关的标准、规范、技术资料。

（6）施工现场情况、工程特点及常规施工方案。

（7）省建设工程造价管理部门指定、审核发布的材料、设备价格信息。

（8）其他的相关资料。

2．有关说明及规定

（1）使用国有资金投资的建设工程发承包，必须采用工程量清单计价，并编制招标控制价。

（2）一个建设工程只能编制一个招标控制价。招标控制价必须作为招标文件的组成部分，并随同招标文件一并发出和公布。

（3）招标控制价根据招标文件中工程量清单的有关要求，结合施工现场实际情况以及合理的施工方法，按省建设行政主管部门发布的建设工程造价计价依据和相关配套文件计算。

（4）招标控制价中应包括按招标文件要求划分的应由投标人承担的一定范围内的风险费用。风险费在招标文件中没有明确的，投标人应提请招标人明确。

（5）招标控制价应遵守《清单规范》《工程量计算规范》的相关规定，并按各省级、行业建设行政主管部门的有关计价依据和办法，以及规定的相应的格式由具有编制能力的招标人或受其委托具有相应资质的工程造价咨询人编制和复核，编制人与招标工程量清单的编制人应一致。

3. 编制方法及步骤

1）编制方法

招标控制价采用工程量清单计价法编制。建筑安装工程费按照工程造价形成由分部分项工程费、措施项目费、其他项目费、规费、税金组成。采用工程量清单计价法编制招标控制价时，分部分项工程、措施项目中的单价措施项目按招标工程量清单提供的工程量乘以综合单价的方法计价；措施项目中的总价措施项目、规费、税金按《清单规范》及各省级、行业建设行政主管部门的有关计价依据和办法进行计价，并按规定的相应的格式编制。

2）编制步骤

招标控制价的计价程序详见第2章2.3.4节"工程量清单计价的计价程序"的计算方法。

（1）准备阶段。

① 熟悉施工图纸、招标文件。

② 参加图纸会审、踏勘施工现场。

③ 熟悉施工组织设计或施工方案。

④ 确定计价依据。

（2）计算编制阶段。

① 复核工程量清单工程量，若发现工程量清单工程量有重大偏差，应修改招标工程清单工程量再发布给所有投标人，按各省级、行业建设行政主管部门的有关计价依据和办法进行计价，并按规定的相应的格式编制。例如，云南省住房和城乡建设厅管辖范围内的建设工程招标控制价的编制应按云南省住房和城乡建设厅发布云建标〔2013〕918号文规定的《云南省2013版建设工程造价计价依据》相应的计价标准和格式编制。

② 根据各《消耗量定额》《云南省建设工程造价计算规则及机械仪器仪表台班费用定额》，材料预算价格可参考建设行政主管部门发布的《价格信息》《价格指导》或市场询价，计算出各分部分项工程量清单的综合单价，从而计算出分部分项工程费。

③ 根据各《消耗量定额》《云南省建设工程造价计算规则及机械仪器仪表台班费用定额》，材料预算价格可参考建设行政主管部门发布的《价格信息》《价格指导》或市场询价，计算出各单价措施项目清单的综合单价，从而计算出单价措施项目费。

④ 按《云南省建设工程造价计算规则及机械仪器仪表台班费用定额》规定的计费方式计取总价措施项目费，并汇总上一步计算出的单价措施项目费，从而计算出措施项目费。

⑤ 按《云南省建设工程造价计算规则及机械仪器仪表台班费用定额》规定的计费方式计取规费和税金。

（3）复核收尾阶段。

① 复核。

② 各计价表格文件填写。

③ 填写编制说明及封面。

④ 装订签章。

4. 招标控制价计价文件主要组成

1）封　面

_____工程

招 标 控 制 价

招　标　人：_____
（单位盖章）

造价咨询人：_____
（单位盖章）

年　　月　　日

2）扉　页

_____工程

招 标 控 制 价

招标控制价（小写）：_____
（大写）：_____

招　标　人：_____　　造价咨询人：_____
（单位盖章）　　　　　　　　　　（单位资质专用章）

法定代表人　　　　　　　　　　　法定代表人
或其授权人：_____　　或其授权人：_____
（签字或盖章）　　　　　　　　　（签字或盖章）

编　制　人：_____　　复　核　人：_____
（造价人员签字盖专用章）　　　　（造价工程师签字盖专用章）

编制时间：　年　月　日　　复核时间：　年　月　日

封面和扉页应按规定的内容填写、签字、盖章，造价员编制的招标控制价应有负责审核的造价工程师签字、盖章。

3）编制说明

编制说明应填写的主要内容为：

① 工程概况：建设规模、工程特征、计划工期、施工现场实际情况、自然地理条件、环境保护要求等。

② 工程招标和分包范围。

③ 编制依据。

④ 材料预算价的来源。

⑤ 其他需要说明的问题。

4）单位工程招标控制价汇总表（表 4.7）

表 4.7　单位工程招标控制价汇总表

工程名称：　　　　　　　　标段：　　　　　　　　第　页　共　页

序号	汇总内容	金额（元）	其中：暂估价（元）
1	分部分项工程		
1.1	人工费		
1.2	材料费		
1.3	设备费		
1.4	机械费		
1.5	管理费和利润		
2	措施项目		—
2.1	单价措施项目		—
2.1.1	人工费		—
2.1.2	材料费		—
2.1.3	机械费		—
2.1.4	管理费和利润		—
2.2	总价措施项目费		—
2.2.1	安全文明施工费		—
2.2.2	冬雨季施工增加费		—
2.2.3	特殊地区增加费		—
2.2.4	其他总价措施项目费		—

续表

序号	汇总内容	金额（元）	其中：暂估价（元）
3	其他项目		
3.1	暂列金额		—
3.2	暂估价		
3.2.1	专业工程暂估价		
3.2.2	材料（设备）暂估价		
3.3	计日工		—
3.4	总承包服务费		—
3.5	其他		—
4	规费		—
4.1	社会保险费、住房公积金、残疾人保证金		—
4.2	危险作业意外伤害险		—
4.3	工程排污费		—
5	税金		
招标控制价/投标报价合计＝1＋2＋3＋4＋5			

注：本表适用于单位工程招标控制价或投标报价的汇总，如无单位工程划分，单项工程也使用本表汇总。

5）分部分项工程清单与计价表（表 4.8）

表 4.8 分部分项工程清单与计价表

工程名称：　　　　　　　　　标段：　　　　　　　　　第　页　共　页

序号	项目编码	项目名称	项目特征描述	计量单位	工程量	金额（元）				
						综合单价	合价	其中		
								人工费	机械费	暂估价
		本页小计								
		合计								

6）分部分项工程清单综合单价分析表（表 4.9）

表 4.9　综合单价分析表

工程名称：　　　　　　　　　　　标段：　　　　　　　　　　第　页　共　页

序号	项目编码	项目名称	计量单位	工程量	清单综合单价组成明细											综合单价
					定额编号	定额名称	定额单位	数量	单价			合价				
									人工费	材料费	机械费	人工费	材料费	机械费	管理费和利润	

7）分部分项工程清单综合单价材料明细表（表 4.10）

表 4.10　综合单价材料明细表

工程名称：　　　　　　　　　　　标段：　　　　　　　　　　第　页　共　页

序号	项目编码	项目名称	计量单位	工程量	材料组成明细						
					主要材料名称、规格、型号	单位	数量	单价（元）	合价（元）	暂估材料单价（元）	暂估材料合计（元）
					其他材料费	—				—	—
					材料费小计	—				—	—

注：招标文件提供了暂估单价的材料，按暂估的单价填入表内"暂估单价"栏及"暂估合价"栏。

8）总价措施项目清单与计价表（表 4.11）

表 4.11 总价措施项目清单与计价表

工程名称：　　　　　　　　标段：　　　　　　　　　　第　页　共　页

序号	项目编码	项目名称	计算基础	费率（%）	金额（元）	备注
1	011707001001	安全文明施工费				
1.1		环境保护费、安全施工费、文明施工费				
1.2		临时设施费				
2	011707002001	夜间施工增加费				
3	011707004001	二次搬运费				
4	011707005001	冬、雨季施工增加费，生产工具用具使用费，工程定位复测，工程点交、场地清理费				
5	011707007001	已完工程及设备保护费				
6	031301009001	特殊地区施工增加费				
		合　计				

9）单价措施项目清单与计价表（表 4.12）

表 4.12 单价措施项目清单与计价表

工程名称：　　　　　　　　标段：　　　　　　　　　　第　页　共　页

序号	项目编码	项目名称	项目特征描述	计量单位	工程量	金额（元）				
						综合单价	合价	其中		
								人工费	机械费	暂估价
			本页小计							
			合　计							

10）单价措施项目清单综合单价分析表（同表 4.9）

11）单价措施项目清单综合单价材料明细表（同表 4.10）

12）其他项目清单与计价表（表 4.13）

表 4.13　其他项目清单与计价表

工程名称：　　　　　　　　标段：　　　　　　　　　　第　页　共　页

序号	项目名称	金额（元）	结算金额（元）	备注
1	暂列金额			详见明细表
2	暂估价			
2.1	材料（工程设备）暂估价/结算价			详见明细表
2.2	专业工程暂估价			详见明细表
3	计日工			详见明细表
4	总承包服务费			详见明细表
5	其他			
5.1	人工费调差			
5.2	机械费调差			
5.3	风险费			
5.4	索赔与现场签证			详见明细表
	合计 = 1 + 2 + 3 + 4 + 5			

13）暂列金额、暂估价明细表（表 4.14、表 4.15）

表 4.14　暂列金额明细表

工程名称：　　　　　　　　标段：　　　　　　　　　　第　页　共　页

序号	项目名称	计量单位	暂定金额（元）	备注
合计				

注：此表由招标人填写，如不能详列，也可只列暂定金额总额，投标人应将上述暂列金额计入投标总价中。

表 4.15　材料（工程设备）暂估单价及调整表

工程名称：　　　　　　　　标段：　　　　　　　　　　第　页　共　页

序号	材料（工程设备）名称、规格、型号	计量单位	数量		暂估（元）		确认（元）		差额±（元）		备注
			暂估	确认	单价	合价	单价	合价	单价	合价	
	合计										

注：此表由招标人填写"暂估单价"，并在备注栏说明暂估价的材料、工程设备拟用在哪些清单项目上，投标人应将上述材料、工程设备暂估单价计入工程量清单综合单价报价中。

14）规费、税金项目计价表（表 4.16）

表 4.16 规费、税金项目计价表

工程名称：　　　　　　　　标段：　　　　　　　　　　第　页　共　页

序号	项目名称	计算基础	计算基数	计算费率（%）	金额（元）
1	规费	社会保险费、住房公积金、残疾人保证金＋危险作业意外伤害险＋工程排污费			
1.1	社会保险费、住房公积金、残疾人保证金	分部分项定额人工费＋单价措施定额人工费＋其他项目定额人工费			
1.2	危险作业意外伤害险	分部分项定额人工费＋单价措施定额人工费＋其他项目定额人工费			
1.3	工程排污费				
2	税金	分部分项工程费＋措施项目费＋其他项目费＋规费			
	合　计				

15）主要材料价格表（表 4.17）

表 4.17 主要材料价格表

序号	材料编码	材料名称	规格、型号等特殊要求	单位	数量	单价（元）	合价（元）

以上为编制招标控制价的主要表格，可以根据招标文件（招标工程量清单）对投标人的要求增减所需表格文件。以上各表格的列项、计算及填写在计量计价实务篇每一章具体讲解。

4.2.2 投标报价

1. 概　念

投标报价又叫投标人的工程量清单计价。

投标人的工程量清单计价是指投标人依据招标人提供的工程量清单，以综合单价的方式进行自主报价的方法，包括分部分项工程费、措施项目费、其他项目费、规费和税金等。

工程量清单计价时，应遵守《计价规范》和《工程量计算规范》的相关规定。

2. 一般规定

（1）投标报价应由投标人或受其委托具有相应资质的工程造价咨询人依据招标文件及招标工程量清单自主报价。

（2）投标报价不得低于工程成本。

（3）投标人应按招标工程量清单要求填报价格。项目编码、项目名称、项目特征、计量单位、工程量必须与招标工程量清单一致。

（4）投标人可根据工程实际情况结合自己企业的施工组织设计，对招标人所列的措施项目进行增补。

（5）各项费用的填写及格式应符合招标文件及招标工程量清单要求的内容填写，所有招标工程量清单要求填写的单价与合价的项目投标人均应填写且只允许有一个报价，未填写的单价与合价的项目，均视为此项目费用已包含在已标价的工程量清单中其他项目的单价和合价中，竣工结算时不得调整。

（6）投标总价应当与分部分项工程费、措施项目费、其他项目费、规费和税金的合计金额一致。

3. 编制依据

（1）《清单计价规范》。
（2）国家或省级、行业建设主管部门颁发的计价办法。
（3）企业定额，国家或省级、行业建设主管部门颁发的计价定额。
（4）招标文件、工程量清单及其补充通知、答疑纪要。
（5）建设工程设计文件及相关资料。
（6）施工现场情况、工程特点及拟定的投标施工组织设计或施工方案。
（7）与建设项目相关的标准、规范等技术资料。
（8）市场价格信息或工程造价管理机构发布的工程造价信息。
（9）其他的相关资料。

4. 编制方法、步骤、报价文件组成

投标报价的编制方法、步骤与招标控制价一致，所不同的是角度不同导致计价依据略有不同，除国家及建设行政主管部门规定的不得参与竞争的费用外，可以自主报价。

报价文件组成内容及表格均按招标文件和招标工程量清单的要求填写，基本与招标控制价的格式一致，本节不再赘述。

思考与练习题

4.1 简述施工图预算的概念、内容。

4.2 什么是清单计价？包括哪些工作内容？

4.3 简述工程量清单及招标工程量清单的概念。编制招标工程量清单有些什么基本规定？

4.4 招标工程量清单主要组成有哪些？

4.5 工程量清单计价文件包括哪些内容？

4.6 简述招标控制价的概念。编制招标控制价有些什么基本规定？

4.7 招标控制价计价文件主要组成有哪些？

4.8 简述投标报价的概念。招标控制价和投标报价有些什么相同或不同之处？谈谈你的理解。

第二篇

计量计价实务

5 建筑面积

建筑面积是计算各种技术指标的依据，这些指标又起着衡量和评价建设规模、投资效益、工程成本等方面重要尺度的作用。本章根据中华人民共和国住房和城乡建设部颁布的《建筑工程建筑面积计算规范》（GB/T 50353—2013）的规定，介绍建筑面积的计算方法。该规范适用于新建、扩建、改建的工业与民用建筑工程建设全过程的建筑面积计算，主要规定了三个方面的内容：

（1）计算全部建筑面积的范围和规定。

（2）计算部分建筑面积的范围和规定。

（3）不计算建筑面积的范围和规定。

5.1 计算建筑面积的方法

5.1.1 术　语

（1）建筑面积：建筑物（包括墙体）所形成的楼地面面积。

建筑面积包括附属于建筑物的室外阳台、雨篷、檐廊、室外走廊、室外楼梯的面积等。

（2）自然层：按楼地面结构分层的楼层。

（3）结构层高：楼面或地面结构层上表面至上部结构层上表面之间的垂直距离。

（4）围护结构：围合建筑空间的墙体、门、窗。

（5）建筑空间：以建筑界面限定的、供人们生活和活动的场所。

具备可出入、可利用条件（设计中可能标明了使用用途，也可能没有标明使用用途或使用用途不明确）的围合空间，均属于建筑空间。

（6）结构净高：楼面或地面结构层上表面至上部结构层下表面之间的垂直距离。

（7）围护设施：为保障安全而设置的栏杆、栏板等围挡。

（8）地下室：室内地平面低于室外地平面的高度超过室内净高的 1/2 的房间。

（9）半地下室：室内地平面低于室外地平面的高度超过室内净高的 1/3，且不超过 1/2 的房间。见图 5.1。

（10）架空层：仅有结构支撑而无外围护结构的开敞空间层。

（11）走廊：建筑物中的水平交通空间。见图 5.2、图 5.3。

（12）架空走廊：专门设置在建筑物的二层或二层以上，作为不同建筑物之间水平交通的空间。见图 5.4。

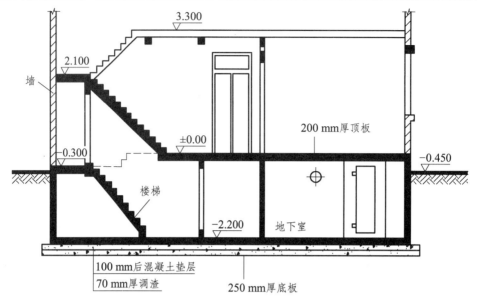

图 5.1　地下室的基本组成

图 5.2　外走廊

图 5.3　内走廊

图 5.4　架空走廊

（13）结构层：整体结构体系中承重的楼板层。

结构层特指整体结构体系中承重的楼层，包括板、梁等构件。结构层承受整个楼层的全部荷载，并对楼层的隔声、防火等起主要作用。

（14）落地橱窗：突出外墙面且根基落地的橱窗。

落地橱窗是指在商业建筑临街面设置的下槛落地、可落在室外地坪也可落在室内首层地板，用来展览各种样品的玻璃窗。见图5.5、图5.6。

图5.5　落地橱窗　　　　　　　　　　　　图5.6　落地橱窗

（15）凸窗（飘窗）：凸出建筑物外墙面的窗户。

凸窗（飘窗）既作为窗，就有别于楼（地）板的延伸，也就是不能把楼（地）板延伸出去的窗称为凸窗（飘窗）。凸窗（飘窗）的窗台应只是墙面的一部分且距（楼）地面应有一定的高度。见图5.7。

（16）檐廊：建筑物挑檐下的水平交通空间，见图5.8。

檐廊是附属于建筑物底层外墙，有屋檐作为顶盖，其下部一般有柱或栏杆、栏板等的水平交通空间。

图5.7　凸（飘）窗　　　　　　　　　　　图5.8　檐廊

（17）挑廊：挑出建筑物外墙的水平交通空间。见图5.9。

（18）门斗：建筑物入口处两道门之间的空间。见图5.10。

图5.9 挑廊

图5.10 门斗

（19）雨篷：建筑出入口上方为遮挡雨水而设置的部件。

雨篷是指建筑物出入口上方、凸出墙面、为遮挡雨水而单独设立的建筑部件。雨篷划分为有柱雨篷（包括独立柱雨篷、多柱雨篷、柱墙混合支撑雨篷、墙支撑雨篷）和无柱雨篷（悬挑雨篷）。如凸出建筑物，且不单独设立顶盖，利用上层结构板（如楼板、阳台底板）进行遮挡，则不视为雨篷，不计算建筑面积。对于无柱雨篷，如顶盖高度达到或超过两个楼层时，也不视为雨篷，不计算建筑面积。见图5.11。

（a）无柱雨篷

（b）有柱雨篷

图5.11 雨篷

（20）门廊：建筑物入口前有顶棚的半围合空间。

门廊是在建筑物出入口，无门、三面或二面有墙，上部有板（或借用上部楼板）围护的部位。见图5.12。

（21）楼梯：由连续行走的梯级、休息平台和维护安全的栏杆（或栏板）、扶手以及相应的支托结构组成的作为楼层之间垂直交通使用的建筑部件。

（22）阳台：附设于建筑物外墙，设有栏杆或栏板，可供人活动的室外空间。

（23）主体结构：接受、承担和传递建设工程所有上部荷载，维持上部结构整体性、稳定性和安全性的有机联系的构造。

图5.12 门廊

（24）变形缝：防止建筑物在某些因素作用下引起开裂甚至破坏而预留的构造缝。

变形缝是指在建筑物因温差、不均匀沉降以及地震而可能引起结构破坏变形的敏感部位或其他必要的部位，预先设缝将建筑物断开，令断开后建筑物的各部分成为独立的单元，或者是划分为简单、规则的段，并令各段之间的缝达到一定的宽度，以能够适应变形的需要。根据外界破坏因素的不同，变形缝一般分为伸缩缝、沉降缝、抗震缝三种。

（25）骑楼：建筑底层沿街面后退且留出公共人行空间的建筑物。

骑楼是指沿街二层以上用承重柱支撑骑跨在公共人行空间之上，其底层沿街面后退的建筑物。见图5.13。

图 5.13 骑楼

（26）过街楼：跨越道路上空并与两边建筑相连接的建筑物。

过街楼是指当有道路在建筑群穿过时，为保证建筑物之间的功能联系，设置跨越道路上空使两边建筑相连接的建筑物。见图5.14。

图 5.14 过街楼

（27）建筑物通道：为穿过建筑物而设置的空间。

（28）露台：设置在屋面、首层地面或雨篷上的供人室外活动的有围护设施的平台。

露台应满足四个条件：一是位置，设置在屋面、地面或雨篷顶；二是可出入；三是有围护设施；四是无盖。这四个条件须同时满足。如果设置在首层并有围护设施的平台，且其上层为同体量阳台，则该平台应视为阳台，按阳台的规则计算建筑面积。见图5.15。

（29）勒脚：在房屋外墙接近地面部位设置的饰面保护构造。

图 5.15 露台

（30）台阶：联系室内外地坪或同楼层不同标高而设置的阶梯形踏步。

台阶是指建筑物出入口不同标高地面或同楼层不同标高处设置的供人行走的阶梯式连接构件。室外台阶还包括与建筑物出入口连接处的平台。

5.1.2　计算建筑面积方法

（1）建筑物的建筑面积应按自然层外墙结构外围水平面积之和计算。结构层高在 2.20 m 及以上的，应计算全面积；结构层高在 2.20 m 以下的，应计算 1/2 面积。

①　建筑面积计算，在主体结构内形成的建筑空间，满足计算面积结构层高要求的均应按本条规定计算建筑面积。主体结构外的室外阳台、雨篷、檐廊、室外走廊、室外楼梯等按相应条款计算建筑面积。当外墙结构本身在一个层高范围内不等厚时，以楼面结构标高处的外围水平面积计算。例如，计算建筑面积时不包括勒脚部分，按勒脚以上结构尺寸进行计算。

②　如图 5.16 所示建筑物建筑面积计算公式如下：

$$建筑高度\ H \geqslant 2.2\ m\ 时 \qquad S = L \times B$$

$$建筑高度\ H < 2.2\ m\ 时 \qquad S = 1/2 \times L \times B$$

式中　S——建筑物建筑面积（m^2）；

　　　　L——两端山墙勒脚以上外表面间水平距离（m）；

　　　　B——两纵墙勒脚以上外表面间水平距离（m）。

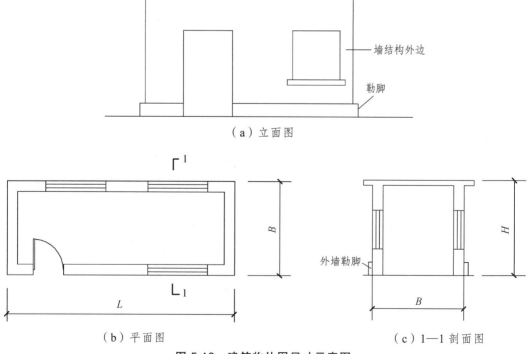

（a）立面图

（b）平面图　　　　　　　　　　　（c）1—1 剖面图

图 5.16　建筑物外围尺寸示意图

（2）建筑物内设有局部楼层时，对于局部楼层的二层及以上楼层，有围护结构的应按其围护结构外围水平面积计算，无围护结构的应按其结构底板水平面积计算。结构层高在2.20 m 及以上的，应计算全面积，结构层高在 2.20 m 以下的，应计算 1/2 面积。

① 建筑物内设有局部楼层见图 5.17，此时局部楼层的墙厚应包括在楼层面积内。

② 局部楼层分两种，一种是有围护结构，另一种是无围护结构，如图 5.17 所示。但需要注意，在无围护结构的情况下，必须要有围护设施。如果既无围护结构也无围护设施，则不属于楼层，不计算建筑面积。

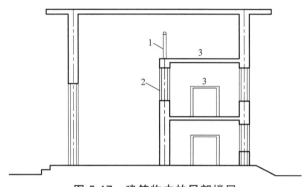

图 5.17　建筑物内的局部楼层

1—围护设施；2—围护结构；3—局部楼层

【例 5.1】　根据图 5.18 计算该建筑的建筑面积（墙厚均为 240 mm，轴线居中）。

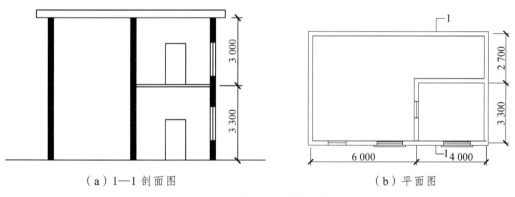

（a）1—1 剖面图　　　　　　　　　　（b）平面图

图 5.18　建筑面积计算示意图

【解】　底层建筑面积 =（6.0 + 4.0 + 0.24）×（3.30 + 2.70 + 0.24）= 10.24 × 6.24 = 63.90（m²）

楼隔层建筑面积 =（4.0 + 0.24）×（3.30 + 0.24）= 4.24 × 3.54 = 15.01（m²）

全部建筑面积 = 63.90 + 15.01 = 78.91（m²）

（3）形成建筑空间的坡屋顶，结构净高在 2.10 m 及以上的部位应计算全面积；结构净高在 1.20 m 及以上至 2.10 m 以下的部位应计算 1/2 面积；结构净高在 1.20 m 以下的部位不应计算建筑面积。见图 5.19。

【例 5.2】　根据图 5.20 计算建筑面积。

【解】　建筑面积 S =（10.2 + 0.24）×（15 + 0.24）+ 3 ×（15 + 0.24）+（1.5 × 15.24）×

1/2 × 2 = 227.69（m²）

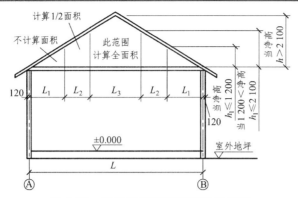

图 5.19　利用坡屋顶建筑面积示意图

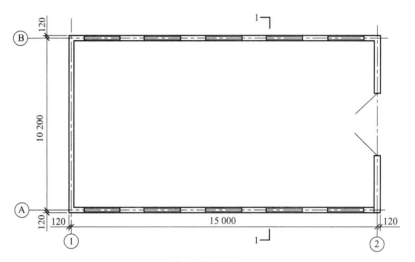

（a）平面图

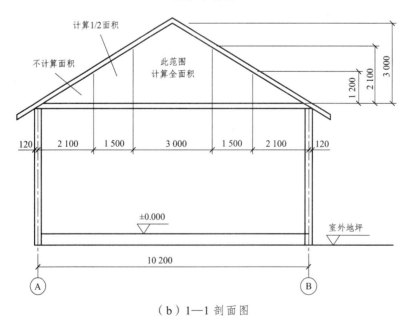

（b）1—1 剖面图

图 5.20　坡屋顶空间建筑面积计算示意图

（4）场馆看台下的建筑空间，结构净高在 2.10 m 及以上的部位应计算全面积；结构净高在 1.20 m 及以上至 2.10 m 以下的部位应计算 1/2 面积；结构净高在 1.20 m 以下的部位不应计算建筑面积。室内单独设置的有围护设施的悬挑看台，应按看台结构底板水平投影面积计算建筑面积。有顶盖无围护结构的场馆看台应按其顶盖水平投影面积的 1/2 计算面积。

① 室内单独设置的有围护设施的悬挑看台，无论是单层还是双层悬挑看台，都按看台结构底板水平投影面积计算建筑面积。有双层看台时，各层分别计算建筑面积，顶盖及上层看台均视为下层看台的盖。

② 看台下的建筑空间，对"场"（顶盖不闭合）和"馆"（顶盖闭合）都适用；室内单独悬挑看台，仅对"馆"适用；有顶盖无围护结构的看台，仅对"场"适用，如体育场、足球场、网球场、带看台的风雨操场等。

③ 看台下的建筑空间计算建筑面积，如图 5.21 所示，当净高 $h_1 \geqslant 2.1$ m 时，计算全面积；当 1.2 m $\leqslant$ 净高 $h_2 < 2.1$ m 时，计算 1/2 面积；当净高 $h_3 < 1.2$ m 时，不算建筑面积。

图中场馆看台建筑面积：$S = L_2 \times L \times 0.5 + L_1 \times L$

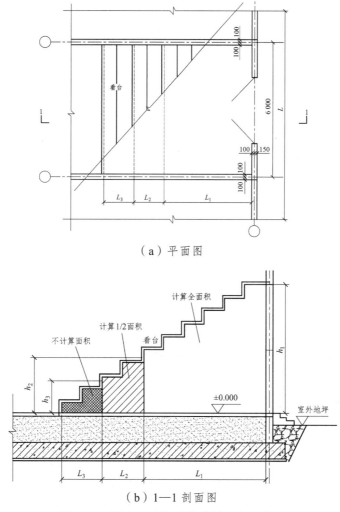

（a）平面图

（b）1—1 剖面图

图 5.21   看台下空间计算建筑面积示意图

（5）地下室、半地下室应按其结构外围水平面积计算。结构层高在 2.20 m 及以上的，应计算全面积；结构层高在 2.20 m 以下的，应计算 1/2 面积。地下室示意图，见图 5.22。

① 地下室的外墙结构不包括找平层、防水（潮）层、保护墙等。

② 地下室未形成建筑空间的，不属于地下室或半地下室，不计算建筑面积。

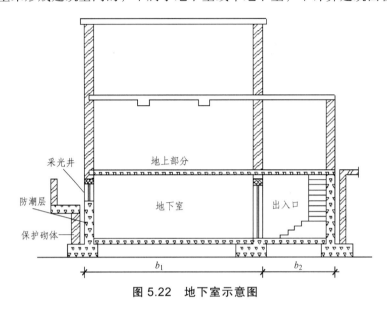

图 5.22　地下室示意图

（6）出入口外墙外侧坡道有顶盖的部位，应按其外墙结构外围水平面积的 1/2 计算面积。

① 出入口坡道，无论结构层高多高，都只计算一半面积。

② 出入口坡道分有顶盖出入口坡道和无顶盖出入口坡道，出入口坡道顶盖的挑出长度，为顶盖结构外边线至外墙结构外边线的长度；顶盖以设计图纸为准，对后增加及建设单位自行增加的顶盖等，不计算建筑面积。顶盖不分材料种类（如钢筋混凝土顶盖、彩钢板顶盖、阳光顶盖等）。见图 5.23。

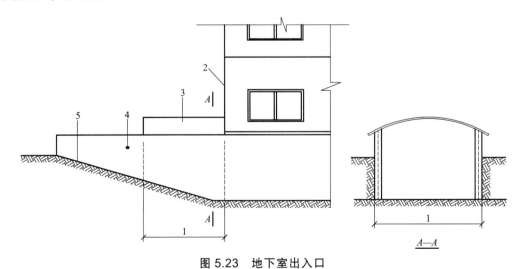

图 5.23　地下室出入口

1—计算 1/2 投影面积部位；2—主体建筑；3—出入口顶盖；
4—封闭出入口侧墙；5—出入楼坡道

（7）建筑物架空层及坡地建筑物吊脚架空层，应按其顶板水平投影计算建筑面积。结构层高在 2.20 m 及以上的，应计算全面积；结构层高在 2.20 m 以下的，应计算 1/2 面积。

① 架空层是指仅有结构支撑而无外围护结构的开敞空间层。

② 建筑物架空层及坡地建筑物吊脚架空层的计算规定，既适用于建筑物吊脚架空层、深基础架空层建筑面积的计算，也适用于目前部分住宅、学校教学楼等工程在底层架空或在二楼或以上某个甚至多个楼层架空，作为公共活动、停车、绿化等空间的建筑面积的计算。见图 5.24。

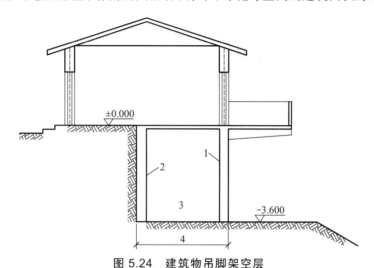

图 5.24　建筑物吊脚架空层

1—柱；2—墙；3—吊脚架空层；4—计算建筑面积部位

（8）建筑物的门厅、大厅应按一层计算建筑面积，门厅、大厅内设置的走廊应按走廊结构底板水平投影面积计算建筑面积。结构层高在 2.20 m 及以上的，应计算全面积；结构层高在 2.20 m 以下的，应计算 1/2 面积。见图 5.25。

图 5.25　建筑物大厅

（9）建筑物间的架空走廊，有顶盖和围护结构的，应按其围护结构外围水平面积计算全面积，如图 5.26 所示；无围护结构、有围护设施的，应按其结构底板水平投影面积计算 1/2 面积。如图 5.27 所示。

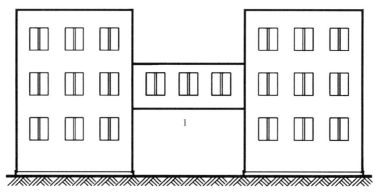

图 5.26　有顶盖和围护结构的架空走廊

1—架空走廊

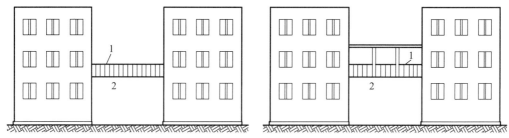

图 5.27　无围护结构、有围护设施的架空走廊

1—栏杆；2—架空走廊

（10）立体书库、立体仓库、立体车库，有围护结构的，应按其围护结构外围水平面积计算建筑面积；无围护结构、有围护设施的，应按其结构底板水平投影面积计算建筑面积。无结构层的应按一层计算，有结构层的应按其结构层面积分别计算。结构层高在 2.20 m 及以上的，应计算全面积；结构层高在 2.20 m 以下的，应计算 1/2 面积。

本条主要规定了图书馆中的立体书库、仓储中心的立体仓库、大型停车场的立体车库等建筑的建筑面积计算规定。起局部分隔、存储等作用的书架层、货架层或可升降的立体钢结构停车层均不属于结构层，故该部分分层不计算建筑面积。立体书库的书架层和结构层，见图 5.28。

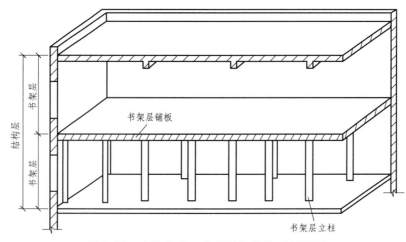

图 5.28　立体书库、书架层和结构层示意图

（11）有围护结构的舞台灯光控制室，应按其围护结构外围水平面积计算。结构层高在 2.20 m 及以上的，应计算全面积；结构层高在 2.20 m 以下的，应计算 1/2 面积。

（12）附属在建筑物外墙的落地橱窗，应按其围护结构外围水平面积计算。结构层高在 2.20 m 及以上的，应计算全面积；结构层高在 2.20 m 以下的，应计算 1/2 面积。

① 橱窗有在建筑物主体结构内的，有在主体结构外的。在建筑物主体结构外的橱窗，属于建筑物的附属结构。

② "落地" 系指该橱窗下设置有基础。如橱窗无基础，为悬挑式时，按凸（飘）窗的规定计算建筑面积。

（13）窗台与室内楼地面高差在 0.45 m 以下且结构净高在 2.10 m 及以上的凸（飘）窗，应按其围护结构外围水平面积计算 1/2 面积。

（14）有围护设施的室外走廊（挑廊），应按其结构底板水平投影面积计算 1/2 面积；有围护设施（或柱）的檐廊，应按其围护设施（或柱）外围水平面积计算 1/2 面积。

① 挑廊：挑出建筑物外墙的水平交通空间。

② 檐廊：设置在建筑物底层出檐下的水平交通空间，见图 5.29。

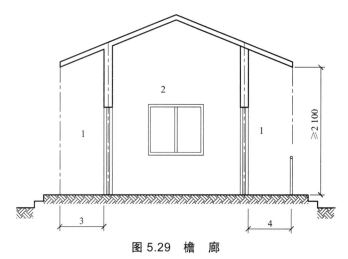

图 5.29 檐 廊

1—檐廊；2—室内；3—不计算建筑面积部位；4—计算 1/2 建筑面积部位

（15）门斗应按其围护结构外围水平面积计算建筑面积。结构层高在 2.20 m 及以上的，应计算全面积；结构层高在 2.20 m 以下的，应计算 1/2 面积。

① 门斗：在建筑物出入口设置的起分隔、挡风、御寒等作用的建筑过渡空间。保温门斗一般有围护结构。见图 5.30。

② 门斗是全围合的，门廊、雨篷至少有一面不围合。

（16）门廊应按其顶板的水平投影面积的 1/2 计算建筑面积；有柱雨篷应按其结构板水平投影面积的 1/2 计算建筑面积；无柱雨篷的结构外边线至外墙结构外边线的宽度在 2.10 m 及以上的，应按雨篷结构板的水平投影面积的 1/2 计算建筑面积。

雨篷分为有柱雨篷和无柱雨篷。有柱雨篷，没有出挑宽度的限制，也不受跨越层数的限制，均计算建筑面积。无柱雨篷，其结构板不能跨层，并受出挑宽度的限制，设计出挑宽度大于或等于 2.10 m 时才计算建筑面积。出挑宽度，系指雨篷结构外边线至外墙结构外边线的宽度，为弧形或异形时，取最大宽度。

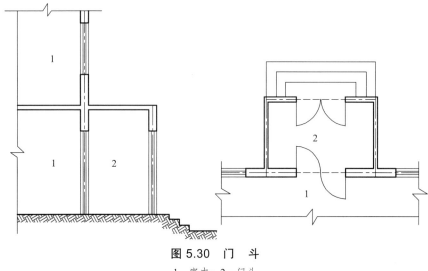

图 5.30　门　斗

1—室内；2—门斗

（17）设在建筑物顶部的，有围护结构的楼梯间、水箱间、电梯机房等，结构层高在 2.20 m 及以上的应计算全面积；结构层高在 2.20 m 以下的，应计算 1/2 面积。

（18）围护结构不垂直于水平面的楼层，应按其底板面的外墙外围水平面积计算。结构净高在 2.10 m 及以上的部位，应计算全面积；结构净高在 1.20 m 及以上至 2.10 m 以下的部位，应计算 1/2 面积；结构净高在 1.20 m 以下的部位，不应计算建筑面积。

高度上，本条使用的是"结构净高"，与其他正常平楼层按层高划分不同，但与斜屋面的划分原则相一致。由于目前很多建筑设计追求新、奇、特，造型越来越复杂，很多时候根本无法明确区分什么是围护结构、什么是屋顶，因此对于斜围护结构与斜屋顶采用相同的计算规则，即只要外壳倾斜，就按结构净高划段，分别计算建筑面积。倾斜结构见图 5.31。

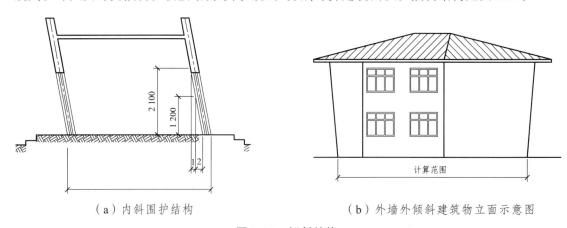

（a）内斜围护结构　　　　　　　　（b）外墙外倾斜建筑物立面示意图

图 5.31　倾斜结构

1—计算 1/2 建筑面积部位；2—不计算建筑面积部位

（19）建筑物的室内楼梯、电梯井、提物井、管道井、通风排气竖井、烟道，应并入建筑物的自然层计算建筑面积。有顶盖的采光井应按一层计算面积，结构净高在 2.10 m 及以上的，应计算全面积；结构净高在 2.10 m 以下的，应计算 1/2 面积。

① 建筑物的电梯间层数按建筑物的层数计算。如图 5.32 所示，自然层是 5 层，电梯井虽然只有一层顶盖，也按 5 层计算建筑面积。

② 有顶盖的采光井包括建筑物中的采光井和地下室采光井。有顶盖的采光井不论多深、采光多少层，均只计算一层建筑面积。地下室采光井，见图 5.33。

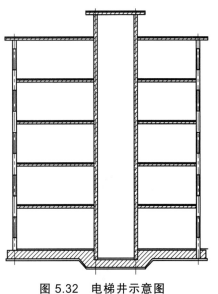

图 5.32 电梯井示意图

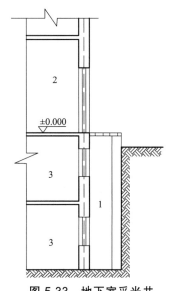

图 5.33 地下室采光井

1—采光井；2—室内；3—地下室

（20）室外楼梯应并入所依附建筑物自然层，并应按其水平投影面积的 1/2 计算建筑面积。

① 室外楼梯作为连接该建筑物层与层之间交通不可缺少的基本部件，无论从其功能，还是工程计价的要求来说，均需计算建筑面积。层数为室外楼梯所依附的楼层数，即梯段部分垂直投影到建筑物范围的层数。如图 5.34 所示，该建筑室外楼梯自然层为 3 层，应按 3 层计算建筑面积。

②利用室外楼梯下部的建筑空间不得重复计算建筑面积；利用地势砌筑的为室外踏步，不计算建筑面积。

【例 5.3】 如图 5.35 所示，假设楼梯水平投影面积 $S = 10 \text{ m}^2$，计算室外楼梯建筑面积。

【解】 室外楼梯无论是否有顶盖，都计算建筑面积，因此两图中的建筑面积是相等的，室外楼梯建筑面积按自然层计算：

$$S = 3 \times 10 = 30 \ (\text{m}^2)$$

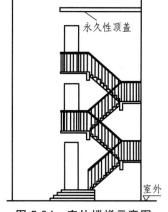

图 5.34 室外楼梯示意图

（21）在主体结构内的阳台，应按其结构外围水平面积计算全面积；在主体结构外的阳台，应按其结构底板水平投影面积计算 1/2 面积。

建筑物的阳台，不论其形式如何，均以建筑物主体结构为界分别计算建筑面积。阳台形式见图 5.36。

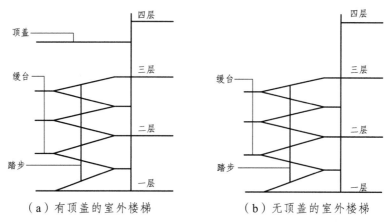

（a）有顶盖的室外楼梯　　　　　　（b）无顶盖的室外楼梯

图 5.35　室外楼梯示意图

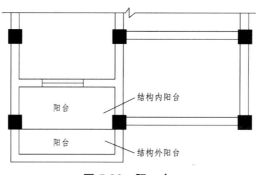

图 5.36　阳　台

（22）有顶盖无围护结构的车棚、货棚、站台、加油站、收费站等，应按其顶盖水平投影面积的 1/2 计算建筑面积。

【例 5.4】　计算图 5.37 所示双排柱站台的建筑面积。

【解】　建筑面积 $S = 19.3 \times 9.3 \times 0.5 = 89.745$（$m^2$）

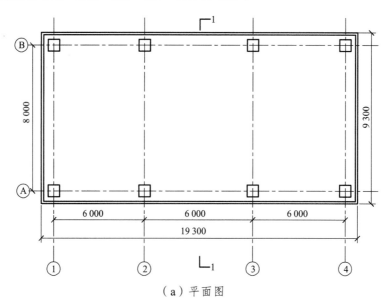

（a）平面图

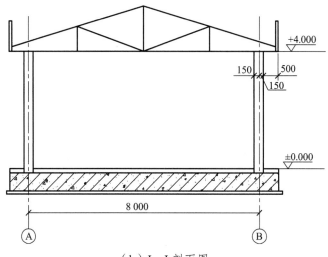

（b）Ⅰ—Ⅰ剖面图

图 5.37　双排柱站台

（23）以幕墙作为围护结构的建筑物，应按幕墙外边线计算建筑面积。

幕墙以其在建筑物中所起的作用和功能来区分，直接作为外墙起围护作用的幕墙，按其外边线计算建筑面积；设置在建筑物墙体外起装饰作用的幕墙，不计算建筑面积。见图 5.38。

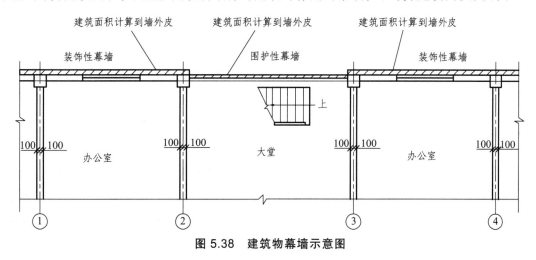

图 5.38　建筑物幕墙示意图

（24）建筑物的外墙外保温层，应按其保温材料的水平截面积计算，并计入自然层建筑面积。

建筑物外墙外侧有保温隔热层的，保温隔热层以保温材料的净厚度乘以外墙结构外边线长度按建筑物的自然层计算建筑面积，其外墙外边线长度不扣除门窗和建筑物外已计算建筑面积构件（如阳台、室外走廊、门斗、落地橱窗等部件）所占长度。当建筑物外已计算建筑面积的构件（如阳台、室外走廊、门斗、落地橱窗等部件）有保温隔热层时，其保温隔热层也不再计算建筑面积。外墙是斜面者按楼面楼板处的外墙外边线长度乘以保温材料的净厚度计算。外墙外保温以沿高度方向满铺为准，某层外墙外保温铺设高度未达到全部高度时（不包括阳台、室外走廊、门斗、落地橱窗、雨篷、飘窗等），不计算建筑面积。保温隔热层的建筑面积是以保温隔热材料的厚度来计算的，不包含抹灰层、防潮层、保护层（墙）的厚度。建筑外墙外保温，见图 5.39。

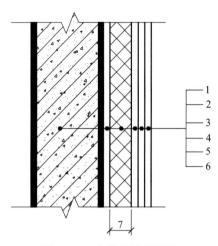

图 5.39　建筑外墙外保温

1—墙体；2—粘结胶浆；3—保温材料；4—标准网；5—加强网；
6—抹面胶浆；7—计算建筑面积部位

（25）与室内相通的变形缝，应按其自然层合并在建筑物建筑面积内计算。对于高低联跨的建筑物，当高低跨内部连通时，其变形缝应计算在低跨面积内。

本规范所指的与室内相通的变形缝，是指暴露在建筑物内，在建筑物内可以看得见的变形缝。

（26）对于建筑物内的设备层、管道层、避难层等有结构层的楼层，结构层高在 2.20 m 及以上的，应计算全面积；结构层高在 2.20 m 以下的，应计算 1/2 面积。

设备层、管道层虽然其具体功能与普通楼层不同，但在结构上及施工消耗上并无本质区别，且本规范定义自然层为"按楼地面结构分层的楼层"，因此设备、管道楼层归为自然层，其计算规则与普通楼层相同。在吊顶空间内设置管道的，则吊顶空间部分不能被视为设备层、管道层。

5.2　不计算建筑面积的范围

（1）与建筑物内不相连通的建筑部件。

（2）骑楼、过街楼底层的开放公共空间和建筑物通道。

① 骑楼是指楼层部分跨在人行道上的临街楼房。见图 5.40。

② 过街楼是指有道路穿过建筑空间的楼房。见图 5.41。

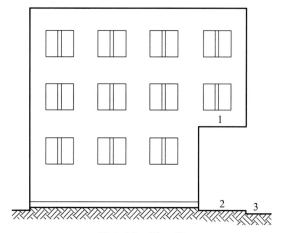

图 5.40 骑 楼

1—骑楼；2—人行道：3—街道

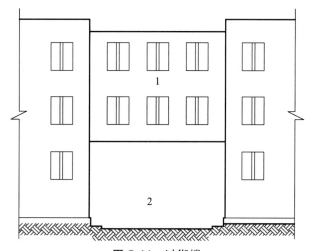

图 5.41 过街楼

1—过街楼；2—建筑物通道

（3）舞台及后台悬挂幕布和布景的天桥、挑台等。

（4）露台、露天游泳池、花架、屋顶的水箱及装饰性结构构件。

（5）建筑物内的操作平台、上料平台、安装箱和罐体的平台。

（6）勒脚、附墙柱、垛、台阶、墙面抹灰、装饰面、镶贴块料面层、装饰性幕墙，主体结构外的空调室外机搁板（箱）、构件、配件，挑出宽度在 2.10 m 以下的无柱雨篷和顶盖高度达到或超过两个楼层的无柱雨篷。

（7）窗台与室内地面高度差在 0.45 m 及以下且结构净高在 2.10 m 以下的凸（飘）窗，窗台与室内高度差在 0.45 m 及以上的凸（飘）窗。

（8）室外爬梯、室外专用消防钢楼梯。

（9）无围护结构的观光电梯。

（10）建筑物以外的地下人防通道，独立的烟囱、烟道、地沟、油（水）罐、气柜、水塔、贮油（水）池、贮仓、栈桥等构筑物。

习　题

5.1　如图 5.42 所示为一栋三层建筑物，每层层高均为 3 m，根据图示尺寸计算建筑面积，墙厚均为 240 mm。轴线与墙中心线重合。

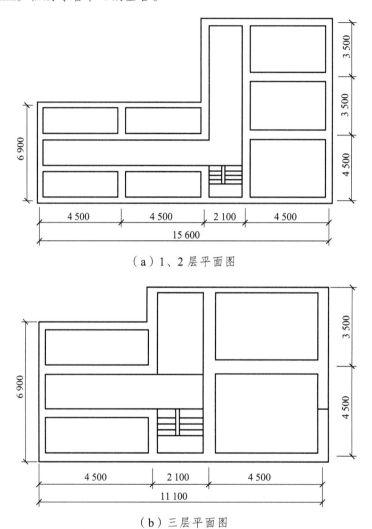

（a）1、2 层平面图

（b）三层平面图

图 5.42　三层建筑物尺寸

5.2　计算如图 5.43 所示地下室的建筑面积。墙中心线与轴线重合。

5.3　单层建筑物的建筑面积计算，下列哪些说法正确？（　　　　）

A. 按外墙勒脚以上结构外围水平面积计算

B. 不论其高度如何，均按一层计算建筑面积

C. 高度在 2.2 m 及以上者应计算全面积

D. 高度不足 2.2 m 者不计算面积

E. 坡屋顶内空间净高超过 2.2 m 的部位应计算全面积

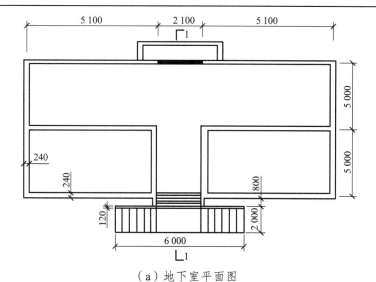

（a）地下室平面图

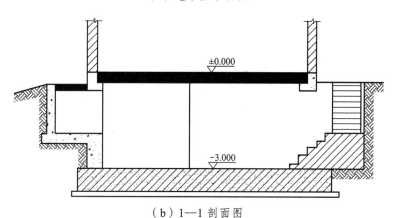

（b）1—1剖面图

图 5.43 地下室尺寸

5.4 某单层厂房，层高 4 m，外墙勒脚以上结构外围尺寸为 10 m×10 m，则该厂房的建筑面积为（　　）m²。

 A. 104.86   B. 107.54   C. 100.00   D. 92.74

5.5 根据图 5.44 所示尺寸，计算架空层面积。

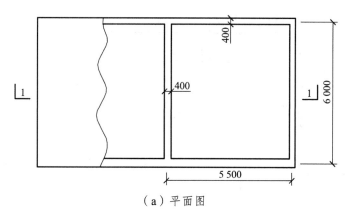

（a）平面图

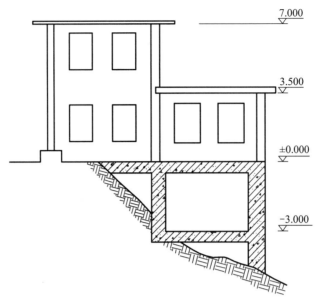

（b）1—1 剖面图

图 5.44 计算架空层面积

5.6 计算图 5.45 所示建筑物的建筑面积。除注明者外，墙厚均为 240 mm，墙中心线与轴线重合。

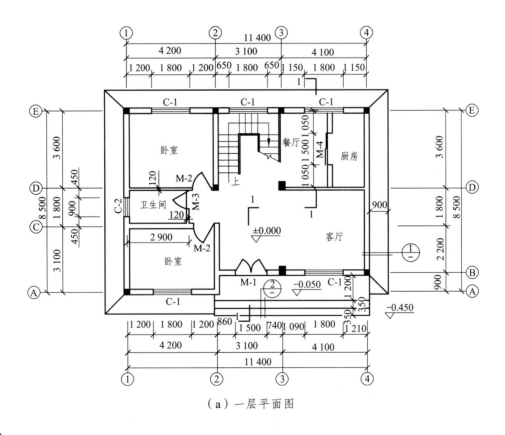

（a）一层平面图

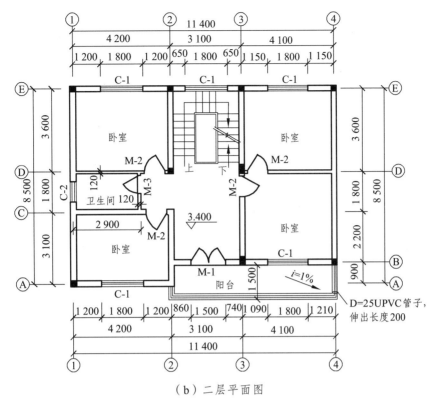

（b）二层平面图

图 5.45 二层建筑物尺寸

5.7 某 2 层民用住宅如图 5.46 所示，雨篷水平投影面积为 3 300 mm×1 500 mm，计算其建筑面积。

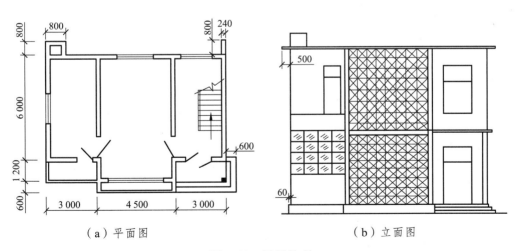

（a）平面图 （b）立面图

图 5.46 民用住宅

5.8 某 4 层办公楼如图 5.47 所示，墙厚均为 240 mm；底层为有柱走廊，楼层设有无围护结构的挑廊，顶层设有永久性的顶盖。计算该办公楼的建筑面积。

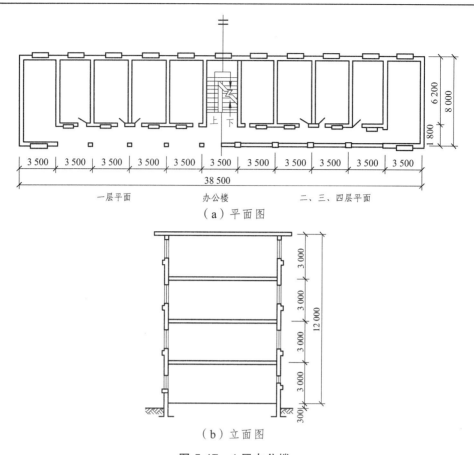

（a）平面图

（b）立面图

图 5.47　4 层办公楼

6 土石方工程

6.1 基础知识

土石方的工程量计算与计价是整个工程预算的重要组成部分，量大面广难度大，一般按施工的顺序进行计算。

6.1.1 土壤及岩石分类

依据《岩土工程勘察规范》（GB 50021—2001）对土壤及岩石作如下分类：

1. 土壤分类（表6.1）

表 6.1 土壤分类表

土壤分类	代表性土壤	开挖方法
一、二类土	粉土、密实度为松散的砂土、粉质黏土、弱中盐渍土、软塑红黏土、冲填土	用锹、少许用镐、条锄开挖。机械能全部直接铲挖满载者
三类土	黏土、密实度为稍密的砂土、密实度为松散或稍密的碎石土（圆砾、角砾）混合土、可塑红黏土、硬塑红黏土、强盐渍土、素填土、压实填土	主要用镐、条锄、少许用锹开挖。机械需部分刨松方能铲挖满载者或可直接铲挖但不能满载者
四类土	密实度为中密以上的碎石土（卵石、碎石、漂石、块石）、密实度为中密以上的砂土、坚硬红黏土、超盐渍土、杂填土	全部用镐、条锄挖掘，少许用撬棍。机械须普遍刨松方能铲挖满载者

2. 岩石分类（表6.2）

表 6.2 岩石分类表

岩石分类		代表性岩石	饱和单轴抗压强度（MPa）	开挖方法
极软岩		1. 全风化的各种岩石 2. 各种半成岩	$f_r \leqslant 5$	部分用镐、条锄、手凿工具，部分用爆破法开挖
软质岩	软岩	1. 强风化的坚硬岩或较硬岩 2. 中等风化—强风化的较软岩 3. 未风化—微风化的页岩、泥岩、泥质砂岩等	$15 \geqslant f_r > 5$	用风镐和爆破法开挖

岩石分类		代表性岩石	饱和单轴抗压强度（MPa）	开挖方法
软质岩	较软岩	1. 中等风化—强风化的坚硬岩或较硬岩 2. 未风化—微风化的凝灰岩、千枚岩、泥灰岩、砂质泥岩等	$30 \geqslant f_r > 15$	用风镐和爆破法开挖
硬质岩	较硬岩	1. 微风化的坚硬岩 2. 未风化—微风化的大理岩、板岩、石灰岩、白云岩、钙质砂岩等	$60 \geqslant f_r > 30$	用爆破法开挖
	坚硬岩	未风化—微风化的花岗岩、闪长岩、辉绿岩、玄武岩、安山岩、片麻岩、石英岩、石英砂岩、硅质砾岩、硅质石灰岩等	$f_r > 60$	用爆破法开挖

3. 综合说明

（1）在土壤分类中代表性土壤的内容描述上，云南省的《云南省建筑工程消耗量定额 2013》（以后章节均简称《定额》）与我国的《房屋建筑与装饰工程工程量计算规范》（GB 50854—2013）（以后章节均简称《计量规范》）有所不同，《计量规范》完全按《岩土工程勘察规范》（GB 50021—2001）只写了土壤的名称，而《定额》把土壤名称改为了代表性土壤，并且详细描述了部分土壤的密实度，使我们做实际工程时可以依据地质勘查报告对土壤类别划分得更准确一些。

（2）《岩土工程勘察规范》（GB 50021—2001）在土壤分类表中对淤泥、流砂未作学术定义，而《建筑地基基础设计规范》（GB 50007—2011）把淤泥定义为在静水或缓慢的流水环境中沉积，并经生物化学作用形成，其天然含水率大于液限、天然空隙比大于或等于 1.5 的黏性土。流砂不是土壤的一种类别，而是土体的一种现象，通常细颗粒、颗粒均匀、松散、饱和的非黏性土容易发生这种现象，当基坑开挖到地下水位以下时，有时坑底土会进入流动状态，随地下水涌入基坑，这种现象称为流砂。此时，基底土完全丧失承载能力，施工条件恶化，严重时会造成边坡塌方，甚至危及邻近建筑物。施工开挖应时根据现场实际情况签证确认淤泥和流砂的存在。

（3）定额中土方工程是以三类土编制的，如实际为一、二类土时，套用土方相应定额，人工费乘以系数 0.6，机械费乘以系数 0.84；如实际为四类土时，套用土方相应定额，人工费乘以系数 1.45，机械费乘以系数 1.18。

6.1.2　干湿土的辨别

划分土方是干土还是湿土，是因为两者的单价不同。土壤中含有土壤颗粒、水和空气。干、湿土的划分应根据地质勘测资料测定，含水率≤25% 为干土，>25% 为湿土；如无规定时，应以地下常水位为准，地下常水位以上为干土，以下为湿土；如采用井点降水或采用止水措施的土方按干土计算。

定额是按天然密实干土编制的，若采用人工挖湿土时，其人工乘以系数 1.18；机械挖湿土时，其人工、机械乘以系数 1.15。

6.1.3 土方、沟槽、基坑的辨别

沟槽：槽底宽在 7 m（不包括加宽工作面）以内，且槽长大于 3 倍槽宽的。

基坑：凡坑底面积在 150 m²（不包括加宽工作面）以内者，且槽长≤3 倍槽宽，按基坑计算。

土方：槽底宽在 7 m（不包括加宽工作面）以上者，按挖土方计算。坑底面积在 150 m²（不包括加宽工作面）以上者，按挖土方计算。平整场地的厚度超过 ±30 cm 以外的竖向布置挖土或山坡切土按挖土方计算。

坑槽群：同时开挖的坑槽群，若单个计算的工程量的总和，小于以坑槽群周边为界的大开挖土方工程量时，以单个计算的工程量总和计算；若单个计算的工程量总和，大于以坑槽群周边为界的大开挖土方工程量时，以坑槽群周边为界的大开挖土方工程量计算，执行沟槽开挖定额。

6.1.4 土方体积折算

挖运土方工程量计算均以挖掘前的天然密实体积为准，回填土按夯实后体积为准。如遇有必要以天然密实体积折算时，可按表 6.3 所示所列数值换算。

表 6.3　土方体积折算系数表

虚方体积	天然密实体积	夯实后体积	松填土体积
1.00	0.77	0.67	0.83
1.20	0.92	0.80	1.00
1.30	1.00	0.87	1.08
1.50	1.15	1.00	1.25

6.1.5 土方中的放坡及工作面

1. 放坡的含义

在槽坑开挖土方施工过程中，当土的挖深超过一定深度时，为了防止土壁坍塌，保持边壁稳定，需加大槽坑上口宽度（放坡宽度），使槽坑壁保持一定坡度，以防止不滑坡、不坍塌，这种施工方法就称为放坡。如图 6.1 所示。

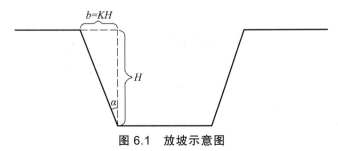

图 6.1　放坡示意图

2. 深度 H 的含义

（1）挖土方平均挖土深度应按自然地面测量标高至设计标高的平均厚度确定。

（2）基础土方开挖深度应按基础垫层底面标高至交付施工场地标高确定，无交付施工场地标高时，应按自然地面标高确定。

3. 放坡起点及放坡系数 K

并不是所有的土方开挖都须要放坡，当开挖深度超过一定的深度时，才会引起土方的坍塌，这个深度就叫作放坡起点，定额规定不同的土壤类别有不同的放坡起点。详见表 6.4。

从图 6.1 中可以看出，放坡宽度（b）与挖深（H）和放坡角度（α）之间存在正切关系，即 $\tan\alpha = b/H$，即为放坡系数 $K = b/H$。计算挖沟槽、基坑、土方工程量须放坡时，应根据施工组织设计规定计算；如无明确规定，放坡系数按表 6.4 的规定计算。

表 6.4　放坡系数表

土类别	放坡起点（m）	人工挖土	机械挖土		
			在坑内作业	在坑上作业	顺沟槽在坑上作业
一、二类土	1.20	1：0.5	1：0.33	1：0.75	1：0.5
三类土	1.50	1：0.33	1：0.25	1：0.67	1：0.33
四类土	2.00	1：0.25	1：0.10	1：0.33	1：0.25

4. 工作面

工作面是指进行基础施工时所需占用的尺度大小，如图 6.2 所示尺寸 C。基础土方施工的工作面增加宽度，应按表 6.5 所给数值确定。管沟土方施工的工作面增加宽度，应按表 6.6 所给数值确定。

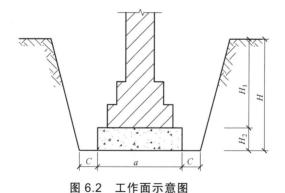

图 6.2　工作面示意图

表 6.5　工作面宽度计算表（C）

基础材料	每边各增加工作面宽度（cm）
砖基础	20
浆砌毛石、条石基础	15

续表

基础材料	每边各增加工作面宽度（cm）
混凝土基础垫层支模板	30
混凝土基础支模板	30
基础垂直面做防水层	80

说明：① 工作面宽度从基础底面起增加，而不是从垫层底面起增加。

② 在同一基础断面内，具备多种增加工作面条件时，只能按本表最大尺寸计算。

表 6.6　管道沟一侧的工作面宽度计算表

管道的外径 D_0（cm）	管道一侧的工作面宽度（cm）		
	接口类型	混凝土类管道	金属类管道、化学建材管道
$D_0 \leqslant 50$	刚性接口	40	30
	柔性接口	30	
$50 < D_0 \leqslant 100$	刚性接口	50	40
	柔性接口	40	
$100 < D_0 \leqslant 150$	刚性接口	60	50
	柔性接口	50	
$150 < D_0 \leqslant 300$	刚性接口	80	70
	柔性接口	60	

注：① 按表 6.6 计算管道沟土方工程量时，管道（不含铸铁排水管）接口等处需加宽增加的土方量不另行计
　　算。铺设铸铁给排水管道时其接口等处土方增加量，可按铸铁给排水管道地沟土方总量的 2.5% 计算。

② 该项目计算规则与《计量规范》不同。

5. 计算规定

（1）沟槽、基坑中土壤类别不同时，分别按其放坡起点、放坡系数，依不同土壤厚度采
用加权平均法计算。

（2）计算放坡时，在交接处的重复工程量不予扣除，放坡起点为沟槽、基坑底（有垫层
的算至垫层地面）。

（3）挖沟槽、基坑土方支挡土板。

挖沟槽、基坑土方需支挡土板时，其宽度按图示底宽，单面加 10 cm，双面加 20 cm 计
算。挡土板面积，按槽、坑垂直支撑面积计算。支挡土板后不得再计算放坡。如图 6.3 所示。

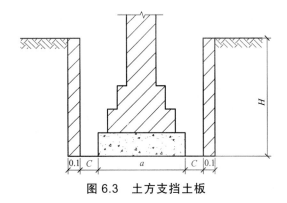

图 6.3　土方支挡土板

6.2 分项及工程量计算规则

6.2.1 土方工程

1. 分 项

《计量规范》将土方开挖项目分为平整场地，挖一般土方，挖沟槽土方，挖基坑土方，冻土开挖，挖淤泥、流砂，管沟土方等7个项目，详见《计量规范》P6表A.1。土方回填项目分为回填方和余方弃置2个项目，详见《计量规范》P10表A.3。

《定额》将土方工程按施工方式不同分为人工土方和机械土方两大类，分项内容大致如下。人工土方包括人工挖土方、淤泥、流砂，人工挖坑槽土方、淤泥、流砂，人工坑槽桩间挖土，人工场地平整、回填土、打夯，人工土方运输等子项目。机械土方根据挖运机械的不同，分为推土机推土方，铲运机铲运土方，挖掘机挖土方，挖掘机挖淤泥、流砂，挖掘机挖坑槽土方，挖掘机挖坑槽淤泥、流砂，挖掘机转堆土方，挖掘机挖带支撑基坑土方，自卸汽车运土方，装载机装运土方，机械场地平整、碾压等子项目。具体分项详《定额》。

从上述分项方式可见，《计量规范》只是根据基础的形式把土方项分开，而定额分项则视基础的形式、具体的施工方法及施工组织设计分，分项更细更具体。实际工程中，进行列项时应根据《计量规范》的项目编码及名称来分项列项，综合单价组价则根据具体的施工方法及施工组织设计套用相应定额后组成综合单价。这对于初学者是较为困难的，要结合施工技术用心学习加以领悟。

2. 计算规则

土方工程在计量中是最难的一部分，由于它没有实际的施工图，故只能根据基础剖面图和基础平面图按照土方工程规定的计算规则计算相应工程量，请读者加以重视！

《计量规范》规定了两种计算规则，在清单项目列项表中的计算规则在实际的施工中并不适用，因此根据表下注解第⑨条也可采用基坑（槽）开挖时加工作面和放坡的规则计量，而《定额》就是采用这种规则计量的。所以，除场地平整项目外，《计量规范》与《定额》在计算规则上统一为定额计算规则。本章以《计量规范》及《定额》分项内容重点介绍土方工程，包括平整场地、开挖基础土方（含运土）、回填土（含运土）等分部分项工程的计量与计价。

（1）平整场地：该分部分项工程工程量按两种规则计算。

① 清单规则：按设计图示尺寸以建筑物首层建筑面积计算。

② 定额规则：按建筑物外墙外边线每边增加2 m以平方米计算。

（2）挖一般土方：按设计图示尺寸以体积计算。

（3）挖沟槽土方：外墙按外墙基础中心线长度，内墙按图示基槽底面净长线长度，乘以沟槽开挖断面积以体积计算。计算放坡时，交接处的重复工程量不予扣除。

（4）挖基坑土方：按设计图示尺寸并增加工作面及放坡工程量，以体积计算。

（5）挖管沟土方：管道沟槽按图示中心线长度计算，乘以沟槽开挖断面积以体积计算。沟底宽度设计有规定的，按设计规定尺寸计算；设计无规定的，可按下式计算确定：$B = D_0 + 2C$，C为表6.6规定的工作面宽度。

（6）回填：按设计图示尺寸以体积计算。

① 场地回填：回填面积乘以平均回填土厚度以体积计算。

② 室内回填：室内填土面积乘以回填土厚度以体积计算。

③ 基础回填：挖方体积减去场地平整后的地表标高以下埋入物的实物体积（包括地下室的外形体积）。

④ 管道沟槽回填：按挖方体积减去管道、管井所占体积计算。管道外径在 50 cm 以下的管道沟槽不扣除管道所占体积，管道外径在 50 cm 以上的管道沟槽按表 6.7 规定扣除垫层、管道基础、管道等所占体积计算。

表 6.7　每米管道扣除土方体积表　　　　　　　　　　　　　　m³

管道名称	管道直径（mm）					
	501～600	601～800	801～1000	1001～1200	1201～1400	1401～1600
钢管、塑料管	0.21	0.44	0.71			
铸铁管	0.24	0.49	0.77			
混凝土管	0.33	0.60	0.92	1.15	1.35	1.55

（7）余方弃置：按挖土方工程总量减回填土工程总量以体积计算。

（8）其他计算规则。

① 建筑场地原土碾压以平方米计算，填土碾压按图示填土厚度以立方米计算。

② 泥浆运输按体积计算。

③ 盖挖法挖土方工程量按室内实际净面积乘以挖土方深度以立方米计算。

④ 回填砂、石屑、级配碎石按设计图示尺寸以立方米计算。

⑤ 水泥稳定土按设计图示尺寸以立方米计算。

⑥ 带支撑基坑工程量按围护结构内围面积乘以围护冠梁底至底板（或垫层）底的高度以立方米计算。

⑦ 土石方运距按下列规定计算：

a. 推土机推土运距：按挖方区重心至回填区重心之间的直线距离计算。

b. 铲运机运土运距：按挖方区重心至卸土区重心加转向距离 45 m 计算。

c. 自卸汽车运土运距：按挖方区重心至填土区（或堆放地点）重心的最短距离计算。

d. 人工运土垂直运距折合水平运距 7 倍计算。

6.2.2　石方工程

1. 分　项

《计量规范》将土方工程项目分为挖一般石方、挖沟槽石方、挖基坑石方、管沟石方等 4 个项目，详见《计量规范》P9 表 A.2。

《定额》将石方工程按施工方式不同分为人工石方和机械石方两大类，分项内容大致如下。

人工石方包括人工平基凿石、基坑凿石、坑槽摊座、平基摊座、修整边坡，人工挑运石方、双轮车运石方等子项目。机械石方根据破碎机械的不同，分为手持凿岩机破碎岩石、机械打眼爆破岩石、机动车运石渣等子项目。具体分项详《定额》。

与土方工程类似，《计量规范》只是根据基础的形式把石方项分开，而定额分项则视基础的形式、具体的施工方法及施工组织设计分，分项更细更具体。实际工程中，进行列项时应根据《计量规范》的项目编码及名称来分项列项，综合单价组价则根据具体的施工方法及施工组织设计套用定额后组成综合单价。

2. 计算规则

石方工程的计量由于不需要放坡，均根据图示尺寸以体积计算，故比较简单，且《计量规范》与《定额》规定的计算规则一致，具体如下：

（1）人工凿岩石及爆破岩石工程量按图示尺寸以立方米计算。

（2）爆破岩石（光面爆破除外）允许超挖量并入岩石挖方量内计算。平基、沟槽、基坑爆破岩石，爆破宽度及深度允许超挖量为：软岩、较软岩、较硬岩 20 cm，坚硬岩 15 cm。

（3）摊座：按平基图示设计面积或坑槽底面积乘以摊座厚度（30 cm 以内）以立方米计算。

（4）石方修整边坡：按修整面积乘以回填土厚度（30 cm 以内）以立方米计算。

（5）管沟石方：按清单项目列项，按图示尺寸以立方米计算。

（6）抛石挤淤工程量按设计抛石量以堆方体积计算。

6.3 定额应用

（1）定额未包括地下水位以下施工的排水费用，发生时另计。

（2）挖地槽、地坑已按比例进行综合，在施工中无论是挖地槽或地坑均执行同一子目，不作调整。

（3）平整场地是指挖填厚度在 ± 30 cm 以内的挖填找平，挖、填土方厚度超过 ± 30 cm 以外时，按场地土方平衡竖向布置图另行计算。场地竖向布置挖填土方及挖管道沟槽，不再计算平整场地的工程量。

（4）石方爆破定额是按炮眼法编制的，不分明炮、闷炮，但闷炮的覆盖材料应另按实计算。

（5）石方爆破定额是按电雷管导电起爆编制的。如采用火雷管爆破时，雷管应换算，数量不变，扣除定额中的胶质导线，换为导火索，导火索的长度按每个雷管 2.12 m 计算。

（6）石方爆破不含石渣清理及运输。

（7）盖挖法套用带支撑土石方开挖相应子目人工乘以系数 1.6，机械乘以系数 1.4。

（8）流砂、淤泥、泥浆运输项目按即挖即运考虑。对没有及时运走的，经晾晒后的淤泥、流砂、泥浆套用一般土方运输相应子目。

（9）定额中挖土和运输均按自然方计算；填土按压实方计算；借土挖方和运输均按自然方计算，体积折算按表 6.3 计算。

（10）带支撑基坑开挖定额适用于有内支撑的深基坑开挖。带支撑基坑土石方项目以第一道支撑下表面为划分界限，界限以上的土石方执行一般土石方相应子目，界限以下的土石方执行带支撑基坑土石方相应子目。挖掘机挖地下室带支撑基坑淤泥、流砂按基坑深度 19 m 以内编制，如基坑深度超过 19 m，按相应定额子目人工、机械乘以系数 1.3。

（11）土石方垂直运输子目适用于无水平运输道路或坡道，并且在土方施工机械施工范围以外的情况。

（12）人工土石方。

① 在有挡土板支撑下挖土方时，定额人工乘以系数 1.43。

② 桩间挖土方时扣除桩径大于 600 mm（或桩身截面与之相当）的桩头体积。不得因打桩挤密土壤而改变土壤的类别。

③ 坑槽内桩间挖土以深度 2 m 为准，超过 2 m 时，深度 3 m 以内人工乘以系数 1.07，深度 4 m 以内人工乘以系数 1.14。

④ 人工挖土方定额以深度 1.5 m 以内编制，开挖深度超过 1.5 m 时，按表 6.8 增加工日。

表 6.8　人工挖土方超深增加工日表

100 m³

深度（以内）	2 m	4 m	6 m
工日	4.72	14.96	22.24

（13）机械土石方。

① 推土机推土、推石渣、铲运机铲运土重车上坡时，坡度大于 5% 时，先按坡度和长度分别折算运距后套用相应的定额，其运距按坡度区段斜长乘以表 6.9 规定的系数计算。

表 6.9　坡度系数表

坡度（%）	5～10	15 以内	20 以内	25 以内
系数	1.75	2.0	2.25	2.50

② 汽车、人力车重车上坡降效因素，已综合在相应的运输定额项目中，不再另行计算。

③ 机械挖土中人工辅助开挖（包括死角、修边、清底等）工程量，可按施工组织设计规定计算。如无规定时，挖土方工程量小于 1 万立方米时，按机械挖土方 90%，人工挖土方 10% 计算；挖土方工程量在 1 万立方米以上时按机械挖土方 95%，人工挖土方 5% 计算。人工挖土部分相应定额项目人工乘以系数 1.5。

④ 推土机推土或铲运机铲土土层平均厚度小于 30 cm 时，推土机台班量乘以系数 1.25；铲运机台班量乘以系数 1.17。

⑤ 挖掘机在垫板上进行作业时，人工、机械乘以系数 1.25，定额内不包括垫板铺设所需的工料、机械消耗量，实际发生时按实计算。

⑥ 推土机、铲运机，推、铲未经压实的堆积土时，按相应定额子目乘以系数 0.73。

⑦ 机械挖桩间土方时，扣除钻（冲）孔桩、人工挖孔桩体积，按挖土方相应定额子目乘以系数 1.15。

⑧ 定额中的爆破材料是按炮孔中无地下渗水、积水编制的，炮孔中若出现地下渗水、积水时，处理渗水或积水发生的费用按实计算。

⑨ 土方机械上下行驶坡道的土方，合并在土方工程量内计算。

⑩ 定额中已考虑了运输过程中道路清理的人工，如需要铺筑材料时，按实计算。

⑪ 定额使用机械除子目内已注明机种规格者外，均按综合机型考虑，不论使用何种机型，均不得调整。

6.4 计算方法及实例

6.4.1 平整场地计算方法

平整场地是指挖填厚度在 ±30 cm 以内的挖填找平，挖、填土方厚度超过 ±30 cm 以外时，按场地土方平衡竖向布置图另行计算，按挖土方项目列项。

平整场地清单工程量是按设计图示尺寸以建筑物首层建筑面积计算，而定额工程量是按建筑物外墙外边线每边各加 2 m 以平方米计算。

【例 6.1】 如图 6.4 所示，图示 $L = 33$ m，$B = 27$ m，计算人工平整场地清单工程量与定额工程量。

【解】（1）清单工程量：

$S_{场清} = 33 \times 27 = 891（m^2）$

（2）定额工程量：

$S_{场定} = (L + 4) \times (B + 4)$
$= (33 + 4) \times (27 + 4) = 1147（m^2）$

【例 6.2】 如图 6.5 所示，根据平面图所给尺寸计算人工平整场地清单工程量与定额工程量。

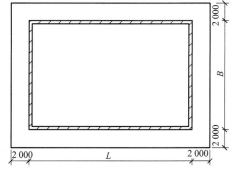

图 6.4 规则四边形的建筑物

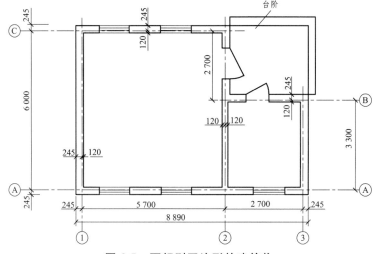

图 6.5 不规则四边形的建筑物

【解】（1）清单工程量：

$S_{场清}=（8.4+0.245×2）×（6.0+0.245×2）-2.7×2.7=50.41（m^2）$

（2）定额工程量：

$S_{场定}=（8.4+0.49+4）×（6.0+0.49+4）-2.7×2.7=127.93（m^2）$

6.4.2　挖土方计算方法

挖土方包括为埋设带形基础、独立基础、满堂基础（包括地下室基础）、设备基础、人工挖孔桩、管道沟槽等的土方开挖。

云南省《定额》选择《计量规范》第二种计量规则，即加工作面和放坡开挖。

1. 挖沟槽土方

1）带形基础及管沟土方

$$V=L×（a+2C+kH）×H \qquad (6.1)$$

式中各字母的含义可参看图 6.1 及图 6.2。

　　V——挖沟槽土方工程量（m^3）；

　　L——沟槽计算长度，外墙为中心线长（$L_{中}$），内墙为沟槽底净长（$L_{槽净}$），管沟按管道沟槽图示中心线计算；

　　a——基础底宽（m），管沟为管道的外径；

　　C——增加工作面宽度（m），设计有规定时按设计规定取，设计无规定时按表 6.5 及表 6.6 的规定值取；

　　H——挖土深度（m）；

　　k——放坡系数，参看表 6.4，不放坡时取 $k=0$。

2）支挡土板的沟槽土方（图 6.6）

$$V=L×（a+2C+2×0.1）×H \qquad (6.2)$$

式中　$2×0.1$——两块挡土板所占宽度；

　　　其他符号意义同前。

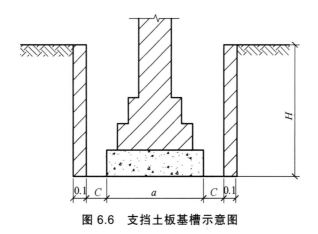

图 6.6　支挡土板基槽示意图

2. 挖基坑土方

1）方形基坑土方

$$V = (a + 2C + kH) \times (b + 2C + kH) \times H + k^2H^3/3 \qquad (6.3)$$

式中各字母的含义可参看图 6.7。

$k^2H^3/3$——四角的角锥体积之和；

其他符号意义同前；

不放坡时，取 $k = 0$。

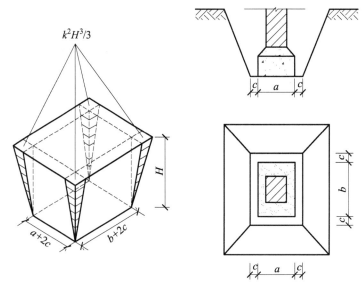

图 6.7 方形基坑示意图

2）圆形基坑土方

$$V = \pi (R_1^2 + R_2^2 + R_1 \times R_2) H/3 \qquad (6.4)$$

式中各字母的含义可参看图 6.8。

R_1——下底半径（m），$R_1 = R + C$；

R_2——上口半径（m），$R_2 = R_1 + kH$；

π——取 3.141 6 计算；

其他符号意义同前。

3）不规则基坑土方

$$V = \frac{h}{3}(S_1 + S_2 + \sqrt{S_1 \cdot S_2}) \qquad (6.5)$$

式中　h——挖土深度（m）；

S_1——基坑下底面积（m^2）；

S_2——基坑上底面积（m^2）；

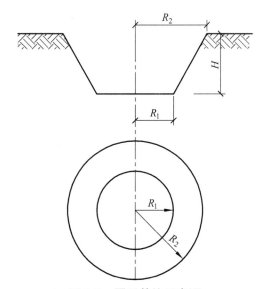

图 6.8 圆形基坑示意图

6.4.3 土方回填计算方法

回填土工程量按设计图示尺寸以体积计算。其中：

$$场地回填土体积 = 回填面积 \times 平均回填厚度 \quad (6.6)$$

$$基础回填土体积 = 挖基础土方体积 - 室外设计地坪以下埋入物体积 \quad (6.7)$$

$$室内回填土体积 = 室内填土面积 \times 回填土厚度 \quad (6.8)$$

$$回填土厚度 = 室内外设计标高差 - 地坪厚度$$

$$管道沟槽回填土体积 = 挖管沟土方体积 - 管道管井所占体积 \quad (6.9)$$

其中管道外径在 50 cm 以下的管道沟槽不扣除管道所占体积，管道外径在 50 cm 以上的管道沟槽按表 6.7 规定确定管道管井所占体积 。

【**例 6.3**】 某工程基础如图 6.9 所示，土壤类别为二类土，地坪总厚度为 150 mm，施工要求混凝土垫层现场支模，试计算平整场地的清单工程量与定额工程量、人工开挖基槽及室内回填土的工程量。

【**解**】（1）平整场地工程量计算。

清单工程量：$S_{场清} = （9.9 + 0.12 \times 2）\times（6 + 0.12 \times 2）= 63.27（m^2）$

定额工程量：$S_{场定} = （9.9 + 0.12 \times 2 + 2 \times 2）\times（6 + 0.12 \times 2 + 2 \times 2）= 144.79（m^2）$

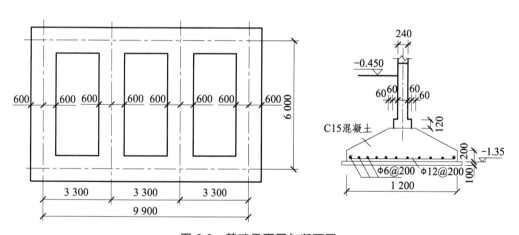

图 6.9 基础平面图与断面图

（2）人工挖基槽土方工程量计算。

挖基槽土方工程量计算公式采用公式（6.4）。

挖土深度 $H = 1.35 + 0.1 - 0.45 = 1（m）$，土壤类别为二类土，<放坡起点深度 1.2 m，故 $K = 0$，$C = 0.3$ m（可查表 6.5 工作面宽度计算表）。

外墙基槽长 $\quad L_中 = （9.9 + 6）\times 2 = 31.8（m）$

内墙基槽长 $\quad L_{槽净} = （6 - 0.6 \times 2 - 0.3 \times 2）\times 2 = 8.4（m）$

代入公式（6.1），计算得

$$V = L \times (a + 2C + kH) \times H$$
$$= (31.8 + 8.4) \times (1.2 + 0.3 \times 2 + 0 \times 1) \times 1 = 72.36 \ (\text{m}^3)$$

（3）室内回填土体积 = 室内填土面积 × 回填土厚度
$$= (3.3 - 0.12 \times 2) \times (6 - 0.12 \times 2) \times 3 \times 0.3$$
$$= 52.88 \times 0.3$$
$$= 15.86 \ (\text{m}^3)$$

6.4.4　余方弃置计算方法

平整场地、挖基础土方、挖管沟土方及土方回填清单项目项目特征中应注明弃土运距或取土运距，工作内容中包含了土方运输，实际施工时，挖土体积和回填体积一般应按挖方总量和回填总量确定，而不是独立计算某一部位。土方运输存在三种情况：

（1）全部运出：基础回填土方须要换填。

$$\text{余方弃置体积} = \text{挖土体积总量} \tag{6.10}$$

（2）运出回填后的余土：挖土体积总量减去回填土体积总量乘以 1.15 大于 0 时。

$$\text{余土外运体积} = \text{挖土体积总量} - \text{回填土体积总量} \times 1.15 \tag{6.11}$$

（3）借土回填：换填或挖土体积总量减去回填土体积总量乘以 1.15 小于 0 时。

$$\text{借土回填体积} = \text{回填土体积总量} \times 1.15 - \text{挖土体积总量} \tag{6.12}$$

所以，平整场地、挖基础土方、挖管沟土方、土方回填及余方弃置在清单列项、项目特征描述土石方运输时应按施工组织设计的情况而定，并不是每个分项都有土方运输的内容。借土回填取已松动的土壤时，只计算取土的运输工程量，取未松动的土壤时，除计算运输工程量外，还需计算挖土工程量。

【例 6.4】　如图 6.10 和图 6.11 所示，地坪总厚度 0.10 m。计算：平整场地、人工挖基槽（二类土）、混凝土条形基础、砖基础、基础回填土等项目工程量，编制土石方工程分部的分项工程量清单，并分析计算土石方分部的分项工程的综合单价。施工方案如下：① 沟槽采用人工开挖；② 内墙基槽边不能堆土，采用双轮车场内运土，运距 50 m 以内；③ 余土采用人工装车自卸汽车外运，运距 3 km。

【解】1）平整场地工程量计算

清单工程量：$S_{场清} = (15 + 0.12 \times 2) \times (5.1 + 0.12 \times 2) - 5.1 \times 1.5 = 73.73 \ (\text{m}^2)$

定额工程量：$S_{场定} = (15 + 0.12 \times 2 + 4) \times (5.1 + 0.12 \times 2 + 4) - 5.1 \times 1.5 = 172.05 \ (\text{m}^2)$

2）人工挖基槽土方工程量计算

挖土深度 $H = 1.7 - 0.15 = 1.55 \ (\text{m})$，土壤类别为二类土，>放坡起点 1.2 m，故 $K = 0.5$，$C = 0.3 \ \text{m}$（可查表 6.5 工作面宽度计算表）。

外墙基槽长　$L_{中} = (15 + 1.5 + 3.6) \times 2 = 40.2 \ (\text{m})$

内墙基槽长　$L_{槽净} = (1.5 + 3.6) \times 2 + 3.6 - (0.6 + 0.3) \times 6 = 8.4 \ (\text{m})$

代入公式（6.1），$V = L \times (a + 2C + kH) \times H$

$V_{外} = 40.2 \times (1.2 + 0.3 \times 2 + 0.5 \times 1.55) \times 1.55 = 160.45（\text{m}^3）$

$V_{内} = 8.4 \times (1.2 + 0.3 \times 2 + 0.5 \times 1.55) \times 1.55 = 33.53（\text{m}^3）$

$V_{总} = 160.45 + 33.53 = 193.98（\text{m}^3）$

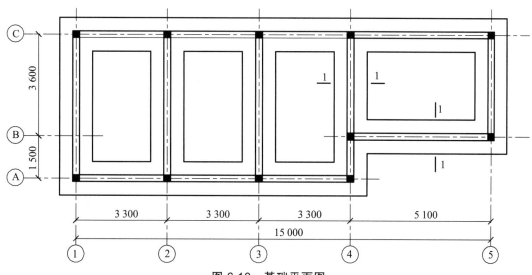

图 6.10 基础平面图

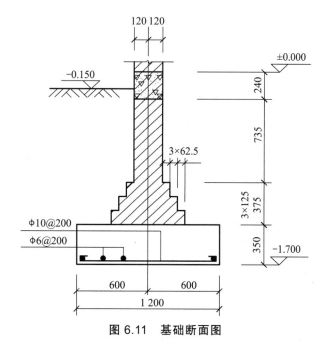

图 6.11 基础断面图

3）室外地坪以下被埋入物工程量计算

（1）350 mm 厚混凝土基础（按实体积计算）：

$$混凝土基础体积 = （外墙基础中心线长 + 内墙基础净长）\times 基础断面积$$

其中：外墙基础中心线长 $L_{中} = 40.2$（m）

内墙基础顶面净长 $L_{基顶净} = （1.5 + 3.6）\times 2 + 3.6 - 0.6 \times 6 = 10.2$（m）

基础断面积 $F_{混凝土基} = 1.2 \times 0.35 = 0.42$（m²）

$$V_{混凝土外基} = （40.2 + 10.2）\times 0.42 = 21.17（m^3）$$

（2）砖基础埋入体积（计算至地圈梁底面）：

$$砖基础埋入体积 = （外墙基础中心线长 + 内墙基础顶面净长）\times 基础断面积$$

其中：外墙基础中心线长 $L_{中} = 40.2$（m）

内墙基础顶面净长 $L_{基顶净} = （1.5 + 3.6）\times 2 + 3.6 - 0.12 \times 6 = 13.08$（m）

基础断面积 $F_{砖基} = （0.615 + 0.24）\times 0.375 \times 0.5 + 0.0625 \times 0.125 \times 0.5 \times 6 + 0.24 \times 0.735$
$= 0.36$（m²）

$$V_{砖基} = （40.2 + 13.08）\times 0.36 = 19.18（m^3）$$

（3）地圈梁被埋入体积（计算至室外地坪）：

$$地圈梁被埋入体积 = （外墙地圈梁中心线长 + 内墙地圈梁净长）\times 地圈梁断面积$$

其中：外墙地圈梁中心线长 $L_{中} = 40.2$（m）

内墙地圈梁净长 $L_{净} = （1.5 + 3.6）\times 2 + 3.6 - 0.12 \times 6 = 13.08$（m）

被埋入地圈梁断面积 $F_{地圈梁} = （0.24 - 0.15）\times 0.24 = 0.0216$（m²）

$$V_{地圈梁} = （40.2 + 13.08）\times 0.0216 = 1.15（m^3）$$

4）回填土工程量计算

（1）基础回填土工程量按公式（6.7）计算：

$$V_{填} = 挖基础土方工程量 - 室外设计地坪以下埋入量$$

$$V_{填1} = 193.98 - 21.17 - 19.18 - 1.15 = 152.48（m^3）$$

（2）室内回填土工程量代入公式（6.8）计算：

$$室内回填土体积 = 室内填土面积 \times 回填土厚度$$

$$V_{填2} = [（3.3 - 0.12 \times 2）\times（1.5 + 3.6 - 0.12 \times 2）\times 3 + （5.1 - 0.12 \times 2）\times$$
$$（3.6 - 0.12 \times 2）] \times（0.15 - 0.1）$$
$$= 3.05（m^3）$$

5）余方弃置工程量计算

余方弃置工程量可用挖土工程总量与填土工程总量比较，若前者大于后者，则有余土须要外运，反之为借土回填。余土外运体积采用式（6.11）计算：

$$V_{运} = V -（V_{填1} + V_{填2}）\times 1.15 = 193.98 -（152.48 + 3.05）\times 1.15$$
$$= 15.12（m^3）> 0$$

余土须采用人工装车自卸汽车外运，运距 3 km，单独按《计量规范》余方弃置项列项。

6）工程量清单编制

工程量清单编制如表 6.10 所示。

表 6.10 分部分项工程量清单

序号	项目编码	项目名称	项目特征	计量单位	工程量
1	010101001001	平整场地	1. 土壤类别：二类土	m²	73.73
2	010101003001	挖沟槽土方	1. 土壤类别：二类土 2. 挖土深度：1.55 m 3. 内墙挖方弃土运距：50 m	m³	193.98
3	010103001001	回填土（基础）	1. 夯填 2. 就地原土回填	m³	152.48
4	010103001002	回填土（室内）	1. 夯填 2. 就地原土回填	m³	3.05
5	010103002001	余方弃置	1. 废弃料品种：二类土 2. 运距：3 km	m³	15.12

7）综合单价计算

（1）选用定额，查《定额》中的相关项目，相关定额子目为：01010121、01010004、01010033、01010124、01010125、01010102、01010103×2。

（2）编制相关子目直接费，见表 6.11。

表 6.11 相关子目直接费表

定额编号	01010121 换	01010004 换	01010033	01010124	01010125	01010102	01010103×2
项目名称	场地平整	人工挖沟槽	双轮车运土方	夯填		人工装车自卸汽车运土方	
		三类土	运距 100 m 以内	地坪	基础	运距（km）	
		深 2 m 以内				1 以内	每增加 1 km
计量单位	100 m²	100 m³				1000 m³	
直接费	181.03	2362.68	1404.10	2025.77	2603.03	24062.83	3364.00
其中 人工费	181.03	2362.68	1404.10	1828.66	2403.93	13539.70	—
材料费	—	—	—	—	—	61.29	—
机械费	—	—	—	197.11	199.10	10461.84	3364.00

注：① 定额以三类土进行编制，如遇一二类土时，人工费乘以系数 0.6。
② 所用到的机械换为云建标〔2016〕207 号文中附件 2 中机械除税台班单价：第 115 项 电动夯实机 夯击能力 20～62 N·m：24.95 元/台班；第 3 项 履带式推土机 75 kW：755.48 元/台班；第 529 项 洒水车 罐容量 4000 L：432.34 元/台班。
③ 人工费按云建标函〔2018〕47 号文上调 28%。

（3）计算综合单价，见表 6.12。

8）计算分部分项工程费

分部分项工程费计价表如表 6.13 所示。

表6.12 工程量清单综合单价分析表

序号	项目编码	项目名称	计量单位	工程量	定额编码	定额名称	定额单位	数量	单价（元）				合价（元）				综合单价（元）
									人工费	材料费	机械费	管理费和利润	人工费	材料费	机械费	管理费和利润	
1	010101001001	平整场地	m²	73.73	010101021换	场地平整	100 m²	1.7205	181.03	—	—	128.97	311.46	—	—	128.97	5.97
2	010101003001	挖沟槽土方	m³	193.98	010100004换	人工挖沟槽	100 m³	1.9398	2362.68	—	—	1897.70	4583.13	—	—	1897.70	36.84
					01010033	双轮车运土方100 m	100 m³	0.3353	1404.10	—	—	194.94	470.79	—	—	194.94	
						小计							5053.92	—	—	2092.64	
3	010103001001	基础回填土	m³	152.48	01010125	夯填基础	100 m³	1.5248	2403.93	—	199.10	1530.62	3665.51	—	303.59	1530.62	36.07
4	010103001002	室内回填土	m³	3.05	01010124	夯填地坪	100 m³	0.0305	1828.66	—	197.11	23.32	55.77	—	6.01	23.32	27.90
5	010103002001	余方弃置	m³	15.12	01010102	运1 km	1000 m³	0.01512	1353970	61.29	1046184	91.47	204.72	0.93	158.18	91.47	33.62
					01010103×2	每增运1 km	1000 m³	0.01512	—	—	3364.00	2.16	—	—	50.86	2.16	
						小计							204.72	0.93	209.04	93.63	

注：① 综合单价，即是以清单工程量为1的价格：综合单价 = $\sum$ 分部分项工程费/清单工程量。套定额是定额工程量，此时综合单价 = $\sum$ 分部分项工程量费/清单工程量，也是可以的。

② 管理费率取33%，利润率取20%。

③ 有的教材将套定额的数量填写为定额工程量/清单工程量。套定额的数量是定额工程量。

表6.13 分部分项工程量清单计价表

序号	项目编码	项目名称	项目特征	计量单位	工程量	综合单价	金额（元）			
							合价	人工费	机械费	暂估价
1	010101001001	平整场地	1.土壤类别：二类土	m²	73.73	5.97	440.17	311.46	0.00	
2	010101003001	挖沟槽土方	1.土壤类别：二类土 2.挖土深度：1.55 m 3.内墙挖方弃土运距：50 m	m³	193.98	36.84	7146.22	5053.92	0.00	
3	010103001001	回填土（基础）	1.夯填 2.就地原土回填	m³	152.48	36.07	5499.95	3665.51	303.59	
4	010103001002	回填土（室内）	1.夯填 2.就地原土回填	m³	3.05	27.90	85.10	55.77	6.01	
5	010103002001	余方弃置	1.废弃料品种：二类土 2.运距：3 km	m³	15.12	33.62	508.33	204.72	209.04	

【例 6.5】 在上例中如果已知地下常水位在 -1 m 处,其他条件不变,试分别计算干、湿土工程量。

【解】 挖土深度 $H = 1.7 - 0.15 = 1.55$(m)

湿土深度 $H_{湿} = 1.7 - 1 = 0.7$(m)

上例已查出 $K = 0.5$,$C = 0.3$ m

并计算出: 外墙基槽长 $L_{中} = (15 + 1.5 + 3.6) \times 2 = 40.2$(m)

内墙基槽长 $L_{槽净} = (1.5 + 3.6) \times 2 + 3.6 - (0.6 + 0.3) \times 6 = 8.4$(m)

代入公式 $V_{湿} = L \times (a + 2C + kH) \times H$

$= (40.2 + 8.4) \times (1.2 + 0.3 \times 2 + 0.5 \times 0.7) \times 0.7 = 73.14$(m³)

$V_{干} = 193.98 - 73.14 = 120.84$(m³)

【例 6.6】 某基础沟槽挖深 4.0 m,其中一、二类土挖深 2.2 m,三类土挖深 1.8 m,求该土方工程的放坡起点深度和放坡系数。

【解】根据定额规定:沟槽土壤类别不同时,分别按其放坡起点深度和放坡系数,依据不同土层厚度加权平均计算。

已知:一、二类土放坡起点深度为 1.2 m,放坡系数为 0.5;三类土放坡起点深度为 1.5 m,放坡系数为 0.33。

则平均放坡起点深度:

$$H = (1.2 \times 2.2 + 1.5 \times 1.8) \div 4.0 = 1.33 \text{(m)}$$

平均放坡系数:

$$K = (0.5 \times 2.2 + 0.33 \times 1.8) \div 4.0 = 0.42$$

由于挖深 4.0 m 大于平均放坡起点深度 1.33 m,所以该土方工程应该放坡。

【例 6.7】 某工程做矩形钢筋混凝土独立基础 30 个,形状如图 6.7 所示。已知挖深为 2.8 m,四类土,基底混凝土底面积为 3.8 m×3.4 m,试求人工挖基坑土方工程量。

【解】人工挖基坑土方工程量计算公式采用式(6.3),即

$$V = (a + 2C + kH) \times (b + 2C + kH) \times H + k^2H^3/3$$

由题给条件挖深 H 为 2.8 m,大于四类土放坡起点深度 2 m,故放坡系数 k 为 0.25。式中,$a = 3.8$ m,$b = 3.4$ m,$C = 0.3$ m,$k = 0.25$,$H = 2.8$ m,代入公式,得单个体积

$V = (3.8 + 2 \times 0.3 + 0.25 \times 2.8) \times (3.4 + 2 \times 0.3 + 0.25 \times 2.8) \times 2.8 + 0.25^2 \times 2.8^3/3$

$= 5.1 \times 4.7 \times 2.8 + 0.46$

$= 67.58$(m³)

人工挖基坑土方工程量:

$$V_{总} = V \times 30 = 67.58 \times 30 = 2\ 027.40 \text{(m}^3\text{)}$$

【例 6.8】 某水厂制作钢筋混凝土圆形储水罐 5 个,外径为 3.6 m,埋深 2.1 m,土壤为三类土,罐体外壁要求做垂直防水层,试求人工挖基坑土方工程量。

【解】查表 6.5,罐体外壁要求做垂直防水层,工作面宽(C 值)应取 800 mm。

圆形坑土方工程量计算公式（6.4）

$$V = \pi H\left(R_1^2 + R_2^2 + R_1 R_2\right)/3$$

式中数据计算或取定为：

$$R_1 = R + C = 1.8 + 0.8 = 2.6（\text{m}）$$

$$R_2 = R_1 + KH = 2.6 + 0.33 \times 2.1 = 3.293（\text{m}）$$

代入公式得（单个体积）：

$$V = 3.1416 \times 2.1 \times\left(2.6^2 + 3.293^2 + 2.6 \times 3.293\right)/3 = 57.54（\text{m}^3）$$

人工挖基坑土方工程量：$57.54 \times 5 = 287.71（\text{m}^3）$

习　题

6.1　某工程基础如图6.12和图6.13所示，土壤类别为二类土，地坪总厚度为120 mm，施工要求混凝土垫层为现场支模，垫层厚100 mm。试求平整场地、人工挖基槽和室内回填土工程量。

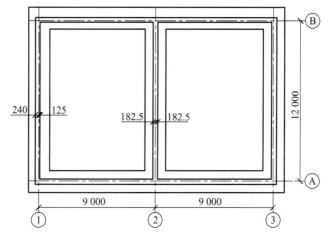

图 6.12　基础平面图

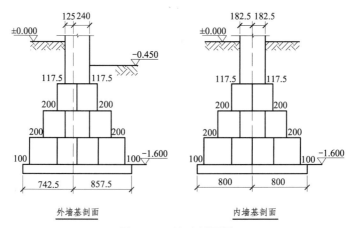

图 6.13　基础断面图

6.2 某工程有钢筋混凝土杯口型独立基础 30 个，基础图如图 6.14 和图 6.15 所示。计算人工挖基础土方（挖深 1.25 m，二类土）工程量，场内双轮车运土 310.09 m³，运距 100 m；弃土土方 109 m³，采用装载机装土，自卸汽车运土运距 5 km。根据题目所给条件编制分部分项工程量清单并计算综合单价。

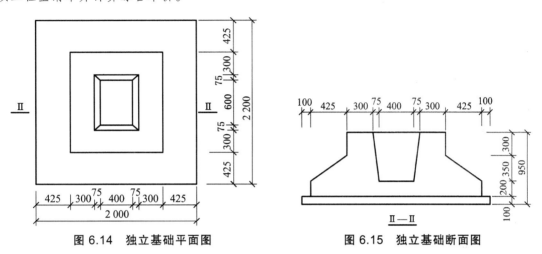

图 6.14 独立基础平面图　　　　　　　图 6.15 独立基础断面图

6.3 根据图 6.16 和图 6.17 所示，计算以下分项工程的工程量：① 场地平整；② 人工挖基础土方；③ 毛石条基；④ 砖基础；⑤ 基础回填土。已知土壤类别为二类土，内墙基础土方不能堆于基槽边。编制①、②、⑤项的分部分项工程量清单并计算综合单价。

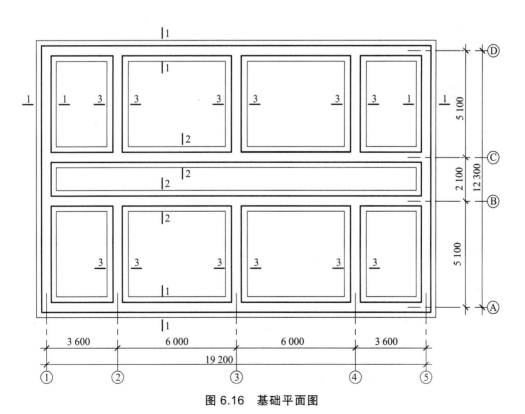

图 6.16 基础平面图

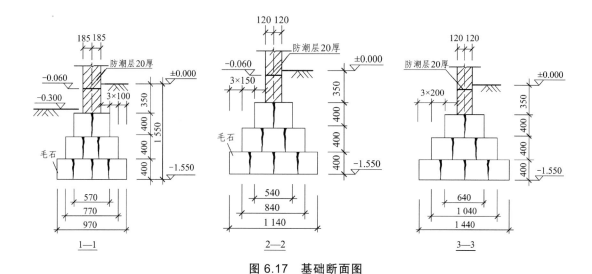

图 6.17　基础断面图

7　地基处理及边坡支护工程

7.1　工程量名词解释

地基处理：提高地基强度，改善其变形性质或渗透性质而实施的分部分项工程。

建筑边坡：在建（构）筑物场地或其周边由于建（构）筑物和市政工程开挖或填筑施工所形成的人工边坡和对建（构）筑物安全或稳定有影响的自然边坡。

边坡支护：为保证边坡及其环境的安全对边坡采取的支挡、加固与防护的分部分项工程。使用年限超过 2 年的称为永久性边坡，使用年限在 2 年以内的称为临时边坡。

换填垫层：挖去表面浅层软弱土层或不均匀土层，回填坚硬、较粗粒径的材料，并夯压密实形成的垫层。换填垫层的厚度应根据置换软弱土的深度以及下卧土层的承载力确定，厚度不宜小于 0.5 m，也不宜大于 3 m。

压实系数：地基土或换填垫层经压实实际达到的干密度与由击实实验得到的试样的最大干密度的比值 K，K 值应 $\geqslant 0.9$。

土工合成材料：工程建设中应用的土工织物、土工膜、土工合成材料、土工特种材料的总称。

土工织物：透水性土工布，分为织造土工布和无纺土工布。见图 7.1。

土工膜：由聚合物或沥青材料制成的相对不透水薄膜。见图 7.2。

图 7.1　土工布施工

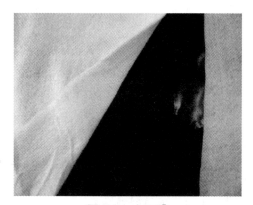

图 7.2　土工膜

土工复合材料：由两种或两种以上材料复合而成的土工材料。

土工格栅：由有规则的网状抗拉条带形成的用于加筋的土工合成材料。见图 7.3。

膨润土垫（毯）：土工织物或土工膜包有膨润土或其他低透水材料，以针刺、缝接或化学剂黏结而成的一种土工防水材料。

图7.3 土工格栅

预压地基：对地基进行堆载预压或真空预压，或联合使用堆载和真空预压，形成的地基土固结压密后的地基。

堆载预压：对地基进行堆载使地基土固结压密的地基处理方法。

真空预压：通过对覆盖于竖井地基表面的不透气薄膜内抽真空排水使地基土固结压密的地基处理方法。

强夯地基处理：反复将夯锤提到高处使其自由落下，给地基以冲击和振动能量，将地基土夯实的地基处理方法。

振冲密实（不填料）：利用振冲器的强力振动和高压水冲加固土体的方法。

振冲密实（填料）：在振冲器的强力振动和高压水冲击作用下，振冲器达到预定土层深度，经过清孔，从地面向孔内加入碎石，使其在振动力作用下达到要求的密实度，并从下至上形成密实的桩体，从而达到加固土体的作用。

砂石桩：将碎石、砂或砂石灌注入已成的孔中，形成密实砂石增强体的桩。

水泥粉煤灰碎石桩：又称为 CFG 桩，由水泥、粉煤灰、碎石等混合料加水、拌合料灌注形成的桩。

水泥搅拌桩：又称深层搅拌桩、粉喷桩，系指以水泥作为固化剂的主要材料，通过深层搅拌机械，将固化剂和地基土强制搅拌形成的桩。在加固对象土体含水率高的情况下，直接用干粉态水泥搅拌的，称为粉喷桩。

夯实水泥土桩：将水泥和土按比例拌和均匀，在孔内分层夯实形成的桩。

旋喷桩：又称为高压喷射注浆桩，系指通过钻杆的旋转、提升运动，水泥浆（单管）、水和水泥浆（二重管）、水和水泥浆及气体（三重管）由水平方向的喷嘴喷出，形成高压喷射流，以此切割置换原位土体形成水泥土竖向增强体并与原地层联合承载的地基，桩体连续咬合成墙后也可作为止水防渗帷幕。

石灰桩、灰土（土）桩：机械成孔后，用素土、灰土或生石灰填入孔内分层夯实形成的桩。

柱锤冲扩桩：用柱锤冲击方法分层夯扩填料形成竖向增强体的桩。

注浆加固：也称注浆地基，将水泥浆或其他化学浆液注入地基土层中，增强土颗粒间的联结，使土体强度提高、变形减少、渗透性降低的加固方法。

褥垫层：采用铺设垫层（一般用级配砂石）来解决当同一建筑地基承载力差别大的问题，如建筑物一边在岩石地基上，一边在黏土地基上时。褥垫层一般厚度为 100 ~ 300 mm 厚。

微型桩：用桩工机械或其他小型设备在土中形成的直径不大于 300 mm 的灌注桩、预制混凝土桩或钢管桩。

锚杆静压桩：通过在已有建筑物基础上，或有配载的反力梁上设置锚杆以固定压桩架，利用已有建筑物或配载提供的反力，用千斤顶将预制桩（混凝土桩或钢管桩）逐段压入土中形成的桩体。

袋装砂井：用透水型土工织物长袋灌装砂砾石，设置在软土地基中形成排水砂柱，以加速软土排水固结和饱和土层中超孔隙水的排水泄压通道。

塑料排水板：塑料排水板别名塑料排水带，有波浪形、口琴型等多种形状，中间是挤出成型的塑料芯板，是排水带的骨架和通道，其断面呈并联十字，两面以非织造土工织物包裹作滤层，芯带起支撑作用并将滤层渗进来的水向上排出。将塑料排水板垂直植入软土层中作为竖向排水通道，也可作为饱和土层中超孔隙水的排水泄压通道。见图 7.4。

图 7.4　塑料排水板

地下连续墙：使用专用机械分段成槽、浇筑钢筋混凝土所形成的连续地下墙体。

全套管成孔咬合灌注桩：钢套管前置下压、钢套管内抓斗（其他机械）取土成孔，后序桩咬合前序桩之后形成的基坑围护结构形式。前序桩一般采用超缓凝混凝土或水泥土。

锚杆：锚杆是一种锚固技术，通过拉力杆将表层不稳定岩土体的荷载传递至岩土体深部稳定位置，从而实现被加固岩土体的稳定。锚杆是由杆体（精轧螺纹钢筋、普通钢筋或钢管）、注浆固结体、锚具、端承板、套管等组成的一端与支护结构构件连接，另一端锚固在稳定岩土体内的受拉杆件。

预应力锚杆（索）：由外锚头、内锚头、钢绞线、精轧螺纹钢筋、普通钢筋或钢管、锚固体组成，利用杆（索）体自由段（张拉段）的弹性伸长，对锚杆（索）施加预应力，以提供所需的主动支护拉力的锚杆（索）。

内支撑：设置在基坑内的由钢筋混凝土或钢构件（钢管或型钢组合）组成的用于支撑挡土构件的结构部件。

冠梁：设置在挡土构件顶部的将挡土构件连为整体的钢筋混凝土梁。

腰梁：设置在挡土构件侧面的连接锚杆（索）或内支撑的钢筋混凝土梁或钢梁。

土钉：土钉是一种土体加筋技术，以密集排列的加筋体作为土体补强手段，提高被加固土体的强度与自稳能力，采用钻孔或直接冲击植入土中并注浆形成的承受拉力与剪力的杆件（钢筋或钢管），与土体共同受力形成土钉墙结构体系。

可拆式锚杆（索）：在达到锚杆（索）的设计使用期后可拆除杆体的锚杆（索）。一般为无黏结钢绞线（钢筋）构成的压力型或压力分散型锚杆（索），也称可回收式锚杆（索）。

拉力型锚杆（索）：锚杆（索）受力时，锚固段注浆体处于受拉状态的锚杆（索），索体采用有黏结钢绞线。

压力型锚杆（索）：锚杆（索）受力时，锚固段注浆体处于受压状态的锚杆（索），索体采用无黏结钢绞线。

二次高压注浆：为提高锚杆（索）承载力，对锚固段注浆体周边地层进行的二次高压劈裂注浆。

高压喷射扩大头锚杆（索）：采用高压流体在锚孔底部按设计长度对土体进行喷射切割扩孔并灌注水泥浆，形成直径较大的圆柱状注浆体后，跟管钻进二次成孔注浆施工的锚杆（索）。

抗浮锚杆（索）：设置于建（构）筑物基础底部，用以抵抗地下水对建（构）筑物基础上浮力的锚杆（索），也称抗拔锚杆（索）。

自进式锚杆：一种将钻孔、注浆、杆体制安合而为一的锚杆。

板式承载体：在压力分散型锚杆（索）中，置于各承载单元端部作为直接承受杆（索）体压力的部件。

合页夹型承载体：置于锚孔扩大头后可使其两翼张开增大承压面积的承载体。

拉森钢板桩：钢板桩的一种，是拉森公司设计（有具体的形状、尺寸和钢板厚度）的一种钢板桩。其规格型号，详见表 7.1。

表 7.1　拉森钢板桩规格型号表

型号	尺寸			每块钢板桩				壁宽每米			
	有效幅宽 W（mm）	有效高度 h（mm）	厚度 t（mm）	截面面积（cm^2）	截面二次力矩（cm^4）	截面系数（cm^3）	单位净重（kg/m）	截面面积（cm^2/m）	截面二次力矩（cm^4/m）	截面系数（cm^3/m）	单位净重（kg/m^2）
FSP-Ⅱ	400	100	10.5	61.18	1240	152	48.0	153.0	8740	874	120
FSP-Ⅲ	400	125	13.0	76.42	2220	223	60.0	191.0	16800	1340	150
FSP-Ⅳ	400	170	15.5	96.99	4670	362	76.1	242.5	38600	2270	190
FSP-Ⅴ$_L$	500	200	24.3	133.8	7960	520	105	267.6	63000	3150	210
FSP-Ⅵ$_L$	500	225	27.6	153.0	11400	680	120	306.0	86000	3820	240
NSP-Ⅱ$_W$	600	130	10.3	78.70	2110	203	61.8	131.2	13000	1000	103
NSP-Ⅲ$_W$	600	180	13.4	103.9	5220	376	81.6	173.2	32400	1800	136
NSP-Ⅳ$_W$	600	210	18.0	135.3	8630	539	106	225.2	56700	2700	177

喷射混凝土：利用压缩空气或其他动力，将按一定比例拌制的混凝土混合物沿管路输送至喷头处，以较高速度垂直喷射于受喷面而形成的一种混凝土。

SMW 工法：利用专门的多轴搅拌机就地钻进切削土体，同时在钻头端部将水泥浆液注入土体，经充分搅拌混合后，再将 H 型钢或其他型材插入搅拌桩体内，形成地下连续墙体，利用该墙体直接作为挡土和止水结构。

7.2 分项及工程量计算规则

7.2.1 地基处理

1. 分 项

《计量规范》将地基处理按处理方式分为换填垫层、铺设土工合成材料、预压地基、强夯地基、振冲密实（不填料）、振冲桩（填料）、砂石桩、水泥粉煤灰碎石桩、深沉搅拌桩、粉喷桩、夯实水泥土桩、高压喷射注浆桩、石灰桩、灰土（土）挤密桩、柱锤冲扩桩、注浆地基和褥垫层等 17 个项目，详见《计量规范》P11 表 B.1；《定额》将地基处理按处理方式分为褥垫层，铺设土工合成材料，预压地基，地基强夯，振冲密实（不填料），振冲密实（填料），振动沉管打拔桩基打孔灌注砂、碎石、砂石桩，水泥粉煤灰碎石桩，深沉搅拌桩，粉喷桩，夯实水泥土桩，高压旋喷桩，石灰桩，灰土挤密桩和注浆地基共 15 大项若干子项目。具体分项详《定额》。

从上述分项方式可见，《计量规范》和《定额》分项基本相同，《定额》分项根据具体的处理方法和材料再细分，分项更细更具体。实际工程中，进行列项时应根据《计量规范》的项目编码及名称来分项列项，项目特征描述按《计量规范》规定应描述的内容根据具体的施工工艺和方法描述，综合单价组价则根据项目特征描述的具体的地基处理或边坡支护方法套用定额后组成综合单价。这对于初学者是较为困难的，要结合施工技术用心学习加以领悟。

2. 计算规则

地基处理的计算规则，《计量规范》和《定额》基本是一致的，《计量规范》在有的项目上给出了两种不同的计量单位，计量规则的描述也十分笼统。在实际工程计量时，可以尽量按《定额》的计量单位和计算规则进行计量，并让《计量规范》的计量单位与《定额》保持一致，以便于列项及综合单价计价。

（1）换填垫层：按图示尺寸以体积计算。

一般建筑工程中"垫层"的概念，厚度均在 300 mm 以内，但是，换填垫层的概念出自《建筑地基处理技术规范》（JGJ 79—2012），其厚度不低于 500 mm，不超过 3 m，所以，在列项和计价时与普通"垫层"的差别主要在于设计的厚度。

定额套用应按《云南省房屋建筑与装饰工程消耗量定额》第一章土石方工程中的"填土碾压或换填、抛石挤淤"小节内的定额子目套用。

（2）褥垫层：按设计图示面积（设计无规定时，边长按基础垫层每边外扩 300 mm）乘以褥垫层相应厚度以体积计算。

褥垫层的概念见本书 7.1 节，其与换填垫层的主要差别在于厚度，褥垫层的厚度一般为 100 ~ 300 mm。

（3）铺设土工合成材料：按图示尺寸以面积计算。土工合成材料的搭接，已经包含在定额消耗量中。

（4）预压地基：按设计图示处理范围以面积计算。袋装砂井与塑料排水板按设计图示尺寸以延长米计算。

本分项的项目特征描述，《计量规范》有如下要求，这里具体说明一下应该怎么描述。

① 排水井种类、断面尺寸、排列方式、间距、深度。

排水井的种类一般有：袋装沙袋井、塑料排水板。根据施工方法的不同又分为：带门架的沙袋井机施工、不带门架的沙袋井机施工、振动沉拔桩机施工三种。断面尺寸：只是针对沙袋井，定额中专用袋装砂井机施工的袋装砂井直径按 70 mm 考虑，振动沉管桩机施工的沙袋井直径按 110 mm 考虑。排列方式、间距、深度应按设计要求描述。

② 预压方式：按设计描述，预压方式有堆载预压、真空预压两种方式。

③ 预压荷载、时间：按设计要求描述。

④ 砂垫层厚度：设计要求铺设砂垫层时，应按设计要求描述。

关于综合单价计算，应根据项目特征描述的施工方式对应着多个定额套用：

① 排水井：按《云南省房屋建筑与装饰工程消耗量定额》第二章中"袋装砂井、塑料排水板"小节中子目套用，其工程量按设计图示尺寸长度以延长米计算。

② 预压：按《云南省房屋建筑与装饰工程消耗量定额》第二章中"预压"小节中子目计价，其工程量按图示尺寸以平方米计算。

③ 砂垫层：按《云南省房屋建筑与装饰工程消耗量定额》第九章中地面垫层相关子目套用，工程量也按相应子目的工程量计算规则计算。

④ 设计预压时间与定额综合不同，应按定额规定调整消耗量。

（5）强夯地基：按设计图示处理范围以面积计算，填土夯实按夯实体积计算。

（6）振冲密实（不填料）：该分项工程量的《计量规范》计算规则与《定额》计算规则不一致。

① 清单规则：按设计图示处理范围以面积计算。

② 定额规则：按设计桩截面面积乘以桩长以立方米计算。

振冲密实（不填料）与振冲桩（填料）的工艺相类似，使用机械一样，差别只是在于是否填料，考虑到我国现行地质勘查规范的局限性，如果按平方米计量不便于施工期间支付计量及变更的计量计价，所以，编者建议，实际使用中该清单项目的计量单位宜采用立方米，更改后应在工程清单编制说明中做出特别说明，同时应配套更改该清单项目的工程量计算规则。

关于综合单价计算，其工作内容中含有泥浆运输，因此在定额套用时振冲密实按《云南省房屋建筑与装饰工程消耗量定额》第二章中"振冲密实（不填料）"小节中子目套用，同时还应计算泥浆运输工程量，泥浆运输按《云南省房屋建筑与装饰工程消耗量定额》第一章中泥浆运输子目套价。泥浆外运的工程量可按试桩的技术数据取定。

（7）振冲桩（填料）：该分项清单给出了两种工程量计算规则。

① 以米计算，按图示尺寸以桩长计算。

② 以立方米计算，按设计桩截面乘以桩长以体积计算。

定额工程量计算规则与清单的第二种计算规则一致，为了便于施工过程计价及便于竣工结算，编者建议计量单位尽可能选用立方米，即按定额工程量计算规则计算。

关于综合单价计算，其工作内容中含有泥浆运输，因此在定额套用时振冲密实按《云南省房屋建筑与装饰工程消耗量定额》第二章中"振冲密实（填料）"小节中子目套用，同时还应计算泥浆运输工程量，泥浆运输按《云南省房屋建筑与装饰工程消耗量定额》第一章中泥浆运输子目套价。泥浆外运的工程量可按试桩的技术数据取定。

（8）碎石桩：该项目清单给出了两种工程量计算规则。

① 以米计算，按图示尺寸以桩长（包括桩尖）计算。

② 以立方米计算，按设计桩截面乘以桩长（包括桩尖）以体积计算。

定额工程量计算规则与清单的第二种计算规则一致，为了便于施工过程计价及便于竣工结算，编者建议计量单位尽可能选用立方米，即按定额工程量计算规则计算。

关于综合单价计算，应注意以下几点：

① 振动沉管碎石桩应按《云南省房屋建筑与装饰工程消耗量定额》第二章中"振动沉管打拔桩机打孔灌注砂、碎石、砂石桩"小节中子目套价，其工程量按"在桩位上先埋设预制混凝土桩尖，再打孔灌注的砂、碎石、砂石、石灰、灰土、水泥土与混凝土的单打、复打灌注桩工程量，按设计桩长减去桩尖长度再加 0.5 m，乘以设计桩径断面面积以体积计算"。"复打桩每复打一次，增加预制桩尖一个。预制桩尖另行计算。"

② 如设计有空桩段时，可按相同子目计价扣除主材消耗量计价。

③ 注意桩间距的系数调整。

（9）水泥粉煤灰碎石桩：此分项清单工程量计算规则与定额规定的工程量计算规则是有差别的。

① 清单规则：按图示尺寸以桩长（包括桩尖）计算。

② 定额规则：按桩长乘以设计截面面积以立方米计算。桩长按设计桩长加超灌高度。长螺旋钻孔 CFG 桩、沉管灌注 CFG 桩施工超灌高度为施工操作面至设计桩顶距离，不足 0.5 m 时按 0.5 m 计算。

关于综合单价计算，应注意以下几点：

① 水泥粉煤灰碎石桩应按《云南省房屋建筑与装饰工程消耗量定额》第二章中"水泥粉煤灰碎石桩"小节中子目套价。

② 注意桩间距的系数调整的使用，在采用长螺旋成孔工艺时，不得计算桩间距的系数。

③ 长螺旋钻孔工艺的定额子目没有包含充盈系数，振动沉管工艺的定额子目已经包含了部分充盈系数。

（10）深层搅拌桩：此分项清单工程量计算规则与定额规定的工程量计算规则是有差别的。

① 清单规则：按图示尺寸以桩长计算。

② 定额规则：对不同的桩型定额给出了不同的计算规则。

a. 单管机深层搅拌桩、长螺旋水泥置换桩、三轴水泥搅拌桩：按桩长（桩长 = 设计桩长 + 超灌高度，超灌高度设计无规定时取 0.5 m）乘以成桩截面面积以立方米计算，不扣除相互咬合及重叠部分体积。

b. 深搅加芯方桩按图示设计长度以延长米计算。

c. 插拔型钢桩按设计图示尺寸以吨计算，型钢租赁费以"元/（t·d）"计算。

说明：在该清单项目的特征描述中没有成桩工艺要求，因不同工艺费用有一定差异，编者建议补充描述"成桩工艺"。云南省常见的工艺是单轴深层搅拌、三轴深搅。单轴深层搅拌桩不适用于地层中包含胶结层、圆砾层、岩石的岩土情况，一般处理极限深度在 15 m 以内，个别机型能达到 25 m；三轴深搅只是不适用于地层中包含岩石的情况，可处理深度为 35 ～ 40 m，相比单轴深层搅拌，经济性差，但是，施工质量稳定性高，见图 7.5。

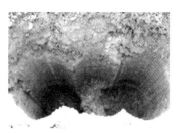

图 7.5　三轴深搅桩机

关于列项及计价，应注意以下几点：

① 水泥的消耗量均可按设计要求进行调整，水泥损耗率为 4%。

② 深搅加芯方桩应按《计量规范》附录 C 清单项目另行编码列项计算，套用《云南省房屋建筑与装饰工程消耗量定额》第二章中"深层搅拌桩"小节中子目计价。

③ 深搅加芯型钢应按《计量规范》附录 B.2 "型钢桩"清单项目另行编码列项计算，套用《云南省房屋建筑与装饰工程消耗量定额》第二章中"深层搅拌桩"小节中子目计价。

④ 三轴深搅子目名称的说明："一喷两搅"的工法系指：三轴钻杆下钻搅拌地基土，提升搅拌地基土称为"两搅"，下钻或提升时喷浆称为"一喷"。同理推知"二喷两搅"工法系指：三轴钻杆下钻搅拌地基土，提升搅拌地基土称为"两搅"，下钻时喷浆，提升时也喷浆称为"二喷"。

⑤ 深层搅拌桩设计要求有导墙时，应按《计量规范》附录 E.7 其他构件另行列项计算，套用《云南省房屋建筑与装饰工程消耗量定额》第二章中"地下连续墙"小节中导墙子目计价。

（11）粉喷桩：此分项清单工程量计算规则与定额规定的工程量计算规则是有差别的。

① 清单规则：按图示尺寸以桩长计算。

② 定额规则：按桩长（桩长 = 设计桩长 + 超灌高度，超灌高度设计无规定时取 0.5 m）乘以成桩截面面积以立方米计算，不扣除相互咬合及重叠部分体积。

综合单价计算时定额套用应按《云南省房屋建筑与装饰工程消耗量定额》第二章中"粉喷桩"小节中子目套价。

（12）夯实水泥土桩：此分项《计量规范》工程量计算规则与《定额》工程量计算规则是有差别的。

① 清单规则：按图示尺寸以桩长（包括桩尖）计算。

② 定额规则：按设计桩长乘以桩截面面积以立方米计算。

（13）高压喷射注浆桩：此分项清单工程量计算规则与定额规定的工程量计算规则是有差别的。

① 清单规则：按图示尺寸以桩长计算。

② 定额规则：按桩长（桩长 = 设计桩长 + 超灌高度，超灌高度设计无规定时取 0.5 m）乘以成桩截面面积以立方米计算，不扣除相互咬合及重叠部分体积。

该分项项目特征描述时注浆类型、方法按设计要求描述。高压喷射注浆桩在《建筑地基处理技术规范》（JGJ 79—2012）中又称为"旋喷桩复合地基"，注浆方法有单管、二重管、三重管三种，注浆的类型有水泥浆、水玻璃浆两种。

综合单价计算时定额套用应按《云南省房屋建筑与装饰工程消耗量定额》第二章中"高压旋喷桩"小节中子目套价，高压喷射注浆桩设计水泥用量与定额综合不同时，应按设计调整，损耗按 4% 计算。

（14）石灰桩：此分项清单工程量计算规则与定额规定的工程量计算规则是有差别的。

① 清单规则：按图示尺寸以桩长（包括桩尖）计算。

② 定额规则：按设计桩长乘以桩截面面积以立方米计算。

综合单价计算时定额套用应按《云南省房屋建筑与装饰工程消耗量定额》第二章中"石灰桩"小节中子目套价。

（15）灰土挤密桩：此分项清单工程量计算规则与定额规定的工程量计算规则是有差别的。

① 清单规则：按图示尺寸以桩长（包括桩尖）计算。

② 定额规则：按设计桩长乘以桩截面面积以立方米计算。

灰土挤密桩在我国华中地区常见，西南地区很少使用。综合单价计算时定额套用应按《云南省房屋建筑与装饰工程消耗量定额》第二章中"灰土挤密桩"小节中子目套价。

（16）柱锤冲扩桩：按图示尺寸以桩长计算。

柱锤冲扩桩在我国华中地区常见，主要用于处理对挤土效应影响要求不高的空旷施工场地条件下的松散人工回填土及中原地区、西部地区的湿陷性黄土等地基土的加固。《云南省房屋建筑与装饰工程消耗量定额》未编制相关计价子目，计价时建议参照其他省份定额消耗量计价。

（17）注浆地基：该分项清单给出了两种工程量计算规则。

① 以米计算，按图示尺寸以钻孔深度计算。

② 以立方米计算，按设计图示尺寸以加固体积计算。

为了便于施工过程计价以及竣工结算，编者建议清单计量单位尽可能选用立方米，并配以对应的工程量计算规则。综合单价计算时，根据项目特征给出的描述及《云南省房屋建筑与装饰工程消耗量定额》的子目列项方式，该清单项应按不同的注浆方式套用定额第二章中"注浆地基"中钻孔和注浆两个子目，定额工程量的计算规则分别是：

① 分层注浆、压密注浆钻孔按设计深度以延长米计算。

② 注浆工程量计算：设计图纸注明加固土体体积的，按注明的加固体积以立方米计算；设计图纸按布点形式图示土体加固的，则按两孔间距离的一半作为扩散半径，以布点边线各加扩散半径，形成计算平面计算注浆体积；如果设计图纸上注浆点位于钻孔灌注桩之间，按两注浆孔孔距的一半作为每孔的扩散半径，以此圆柱体体积计算。

7.2.2 基坑与边坡支护

1. 分 项

《计量规范》将边坡支护工程按施工方式分为地下连续墙、咬合灌注桩、圆木桩、预制钢筋混凝土板桩、型钢桩、钢板桩、锚杆（锚索）、土钉、喷射混凝土（水泥砂浆）、钢筋混凝土支撑、钢支撑等 11 个项目，详见《计量规范》P14 表 B.2。《定额》将基坑及边坡支护工程根据支护方式的不同，分为钢筋混凝土板桩、钢板桩、圆木桩、地下连续墙、钻孔咬合灌注桩、杆（索）、土钉、喷射混凝土面层、钢筋混凝土支撑、钢支撑工 10 大项若干子项目。具体分项详《定额》。

从上述分项方式可见，《计量规范》和《定额》分项基本相同，《定额》分项根据具体的处理方法和材料再细分，分项更细更具体。实际工程中，进行列项时应根据《计量规范》的项目编码及名称来分项列项，项目特征描述按《计量规范》规定应描述的内容根据具体的施工工艺和方法描述，综合单价组价则根据项目特征描述的具体支护方式套用定额后组成综合单价。这对于初学者是较为困难的，要结合施工技术用心学习加以领悟。

2. 计算规则

基坑及边坡支护的计算规则，《计量规范》和《定额》基本是一致的，《计量规范》在有的项目上给出了两种不同的计量单位，计量规则的描述也十分笼统，在实际工程计量时，可以按《定额》的计量单位和计算规则进行计量，并让《计量规范》的计量单位与《定额》保持一致，以便于列项及综合单价计价。

（1）地下连续墙：按设计图示墙中心线长乘以厚度乘以槽深以体积计算。

该分项项目特征《计量规范》要求描述地层情况，导墙类型、截面，墙体厚度，成槽深度，混凝土种类、强度等级，接头形式等六项内容，考虑到广大初学者对地下连续墙施工工艺比较陌生，这里解释一下各特征应怎样描述。

① 地层情况：可引用地质勘查报告描述。

② 导墙类型、截面：按设计要求描述或引用设计大样图例描述，除此外还应描述导墙混凝土种类、强度等级要求。地下连续墙导墙截面形式和导墙施工见图 7.6 和图 7.7。

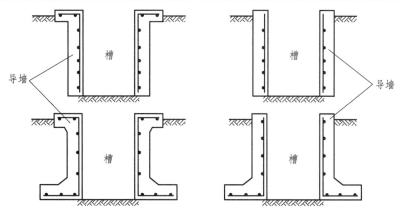

图 7.6　地下连续墙导墙截面形式

图 7.7　地下连续墙导墙施工

③ 墙体厚度：地下连续墙的厚度，按设计要求描述。

④ 成槽深度：按设计要求描述。

⑤ 混凝土种类、强度等级：地下连续墙使用的混凝土种类，一般情况下只有商品水下混凝土；强度等级按设计设计要求描述。

⑥ 接头形式：按设计描述或引用设计大样图例描述。

地下连续墙的施工不可能是整面墙连续施工，一般会分段，通常 6 m 一段，段与段之间有接头，常见的接头形式有接缝桩接头、工字钢接头、接头箱接头、锁口管接头等。

要完成该清单项目项目特征描述全部内容，必须要做的工作有：导墙挖填、制作、安装、拆除；挖土成槽、固壁、清底置换；混凝土制作、运输、灌注、养护；接头处理；土方泥浆外运；打桩场地硬化及泥浆池、泥浆沟等。《云南省房屋建筑与装饰工程消耗量定额》把这些工作内容分为了若干子项目，因此，就存在需套用若干个定额子目才能完成清单项所包含的工作内容。

综合单价计算时定额套用应按《云南省房屋建筑与装饰工程消耗量定额》第二章中"地下连续墙"小节中子目套价。定额套用时还须计算各定额子目的定额工程量，根据地下连续墙施工的工作内容，一般来说应套用以下几个子目：

① 导墙：导墙开挖定额工程量按设计图示开挖断面乘以图示导墙基槽中心线长度以体积计算，不计算工作面及放坡；导墙混凝土按图示尺寸以体积计算，其模板按措施项目列项计算，钢筋按附录 E15 钢筋工程列项计算，导墙的拆除应按《云南省房屋修缮及仿古建筑工程消耗量定额》中相关规定计算，拆除计价时，应计算钢筋的回收价值。

② 挖土成槽、浇注混凝土：定额工程量按"成槽土方量及浇注混凝土工程量按连续墙设计断面面积（设计长度乘以宽度）乘以槽深（设计槽深 + 超灌高度，超灌高度设计无规定时取 0.5 m）以立方米计算。"说明：挖土成槽的工程量计算时的槽深应扣除导墙开挖深度，也不能加超灌高度，挖土成槽的定额子目工作内容已经包含泥浆制作、循环等固壁内容。

③ 清底置换、接头处理：定额工程量按"锁扣管、接头箱吊拔及清底置换按设计图示的单元以段计算，其中清底置换按连续墙设计段数计算，锁扣管、接头箱吊拔按连续墙段数加 1 计算。"锁扣管、接头箱吊拔是否加 1，要结合设计来看，如果设计的地下连续墙是闭合的，就不能加 1。

④ 土方及泥浆外运：应按《云南省房屋建筑与装饰工程消耗量定额》第一章中"机械土石方运输"小节中子目套用。定额工程量：土方外运工程量 = 导墙开挖工程量 + 挖土成槽工程量；泥浆外运工程量 = 挖土成槽工程量 × 0.3。

⑤ 导墙拆除后的建筑垃圾运输应按《计量规范》附录 R 规定，另行单独列项计算。

⑥ 地下连续墙的挖土成槽如需做入岩处理，应按《云南省房屋建筑与装饰工程消耗量定额》中"挖土成槽入岩增加费"子目套用，定额工程量按实际入岩体积计算，同时，计算挖土成槽时，不扣除入岩部分体积。

⑦ 打桩场地硬化及泥浆池、泥浆沟：打桩场地硬化按《云南省房屋建筑与装饰工程消耗量定额》规定计入措施项目费；泥浆池、泥浆沟应按施工组织设计计算计入措施项目费。

编者建议：地下连续墙清单项目综合的工作内容太多，实际工作中是不便于工程造价的动态管理的，因为只要构成其综合单价的任何一项因素变更，整个综合单价就没有用了，所以，编者建议编制时把这个清单项目拆分为导墙开挖、导墙、挖土成槽、混凝土浇灌、地连墙接头、清底置换、入岩增加 7 个清单项目，分别列项计算，在相应的编制说明中定义各个项目的特征、计量单位、工程量计算规则及工作内容，特别是入岩增加，必须单独列项计算。

（2）咬合灌注桩：该项目清单给出了两种工程量计算规则。

① 以米计算，按设计图示尺寸以桩长计算。

② 以根计算，按图示数量计算。

实际工程中，咬合桩的施工工艺如图 7.8 所示，其成桩情况见图 7.9。

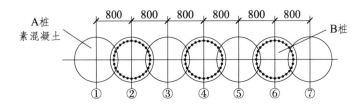

图 7.8　咬合桩施工工艺示意图

图 7.9　咬合桩成桩情况

所以，清单计量单位无论用"m"还是"根"都不太恰当。《云南省房屋建筑与装饰工程消耗量定额》给出的计算规则和计量单位比较恰当，编者建议在编制该分项清单时，按定额给出的计量单位和计算规则列项和计量，并在编制说明中说明该分项的计算规则和计量单位。

定额计算规则：钻孔咬合桩（分硬切割与软切割）按桩长（设计桩长＋超灌高度，超灌高度设计无规定时取 0.5 m）乘以设计截面面积以立方米计算，不扣除咬合部分体积。

综合单价计算时还应注意以下几点：

① 定额套用应按《云南省房屋建筑与装饰工程消耗量定额》第二章中"钻孔咬合灌注桩"小节中子目套价。

② 定额中的咬合灌注桩系按全套管冲抓咬合桩机施工工艺编制，该工艺不需要泥浆护壁，所以，不包含泥浆费用；如实际采用旋挖桩机施工，可按第三章旋挖钻机相关子目套价，也不扣除咬合部分。

③ 土方及泥浆外运：应按《云南省房屋建筑与装饰工程消耗量定额》第一章中"机械土石方运输"小节中子目套用。套价的定额工程量：土方外运工程量 =（设计桩长＋超灌高度，超灌高度 = 施工场地标高 – 设计桩顶标高）×设计桩径，不扣除咬合部分体积；如果采用旋挖工艺成桩，则泥浆外运工程量 = 土方外运工程量 × 0.3。

④ 打桩场地硬化及泥浆池、泥浆沟：打桩场地硬化按《云南省房屋建筑与装饰工程消耗量定额》规定计入措施项目费；泥浆池、泥浆沟，发生时应按施工组织设计计算计入措施项目费。

⑤ 咬合桩如果设计有导墙时，应另列清单计算。

（3）圆木桩：该项目清单给出了两种工程量计算规则，定额给了一种工程量计算规则，且与清单规则不同。

① 清单规则：a. 以米计算，按设计图示尺寸以桩长计算。

　　　　　　　b. 以根计算，按图示数量计算。

② 定额规则：按图示尺寸以立方米计算。

列项时建议按"根"计量，综合单价计算时定额子目按《云南省房屋建筑与装饰工程消耗量定额》第二章中"圆木桩"小节中子目套价，套定额所用工程量按定额工程量计量。

（4）预制钢筋混凝土板桩：该项目清单给出了两种工程量计算规则，定额给了一种工程量计算规则，且与清单规则不同。

① 清单规则：a. 以米计算，按设计图示尺寸以桩长计算。

　　　　　　　b. 以根计算，按图示数量计算。

② 定额规则：按图示尺寸以立方米计算。

列项时建议区分桩长按米计量，综合单价计算时定额子目按《云南省房屋建筑与装饰工程消耗量定额》第二章中"预制钢筋混凝土板桩"小节中子目套价，套定额所用工程量按定额工程量计量。

该分项在列项及综合单价编制时还应注意以下几点：

① 预制钢筋混凝土板桩的制作运输，应按附录 E14 编码列项计算，其钢筋应按附录 E15 编码列项计算，也可按市场价购置计算，在清单编制说明中必须做出书面说明。

②《云南省房屋建筑与装饰工程消耗量定额》第二章中"预制钢筋混凝土板桩"小节中子目是按履带式柴油打桩机打桩工艺编制，套价时，不区分土质级别；如果采用压桩方式，应按《云南省房屋建筑与装饰工程消耗量定额》第三章中相关子目套价。

③ 预制钢筋混凝土板桩发生送桩、接桩，应按《云南省房屋建筑与装饰工程消耗量定额》第三章中相关子目套价。

④ 如果在支架或平台上打桩，搭设支架或平台相关费用计入措施费项目中。

（5）型钢桩：该分项清单给出了两种工程量计算规则。

① 以吨计算，按设计图示尺寸以质量计算。

② 以根计算，按设计图示数量计算。

实际工程中，该清单项目适用于两种情况：SMW 工法（图 7.10）和型钢桩。

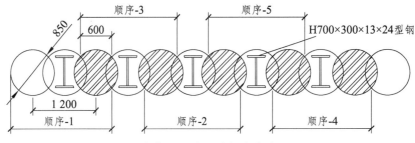

正常情况下采用跳打方式施工

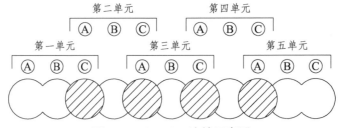

图 7.10　SMW 工法桩示意图

用于 SMW 工法时，列项时建议按吨计量，综合单价计算时定额子目按《云南省房屋建筑与装饰工程消耗量定额》第二章中"01020077 插拔型钢桩（SMW 工法桩）"子目套价。

定额工程量：拔插型钢桩按设计图示质量以吨计算，租赁按时间与质量以"元/（t·d）"计算。

用于型钢桩时，列项时建议按吨计量，综合单价计算时定额子目按《云南省房屋建筑与装饰工程消耗量定额》第二章中"钢板桩"子目套用，换算未计价材，机械台班消耗量乘以系数 0.77 计价。

定额工程量：按设计图示尺寸以吨计算。

关于项目特征描述，型钢桩应按《计量规范》描述应描述的特征，但因施工工艺不同，描述时应注意以下几点：

① 地层情况或部位：可引用地质勘查报告描述，部位可引用设计图描述，一般都是基坑周边。

② 送桩深度、桩长：按设计要求描述，送桩深度是指设计桩顶标高到打桩场地标高之间的距离。

③ 规格型号：按设计要求描述，指型钢的规格型号。

④ 桩倾斜度：按设计要求描述。

⑤ 防护材料种类：按设计要求描述，支护用的型钢桩因使用周期短，设计一般不做防护，如果有防护，大多会使用沥青防护。

⑥ 是否拔出：临时支护，都要求拔出，这种情况时还必须描述使用周期；永久支护则不拔出；实际施工中会因变形太大无法拔出。

（6）钢板桩：该分项清单给出了两种工程量计算规则。定额给出了一种工程量计算规则。

① 清单规则：

a. 以吨计算，按设计图示尺寸以质量计算。

b. 以平方米计算，按设计图示墙中心线长乘以桩长以面积计算。

② 定额规则：按设计图示尺寸以吨计算。

列项时建议按吨计量，综合单价计算时定额子目按《云南省房屋建筑与装饰工程消耗量定额》第二章中钢板桩中子目套价，本项目计价时除套用上述子目外，还应套用安、拆导向夹具定额子目，其工程量按设计图示尺寸长度以延长米计算。钢板桩中的导向夹具指围檩支架，其作用为保护钢板桩垂直打入和打入后板桩墙面平直，其工程量应按图示墙的中心线长度计算。

（7）锚杆（锚索）。

① 清单规则：该分项《计量规范》给出了两种计量规则。

a. 以米计算，按设计图示尺寸以钻孔深度计算。

b. 以根计算，按设计图示数量计算。

在实际工程中，锚杆（锚索）的截面形状非常多，很多锚杆的长度也不等同于钻孔深度，如桩板挡墙用的锚杆（索），钻孔前有很长一段不需要钻孔，桩身也预留一段锚杆（索）。定额工程量计算规则是根据施工的全部工序细分的，每个工序有其相应计算规则。

要完成该清单项目项目特征描述全部内容，必须要做的工作有：钻孔、浆液制作、运输、压浆；锚杆（锚索）制作、安装；张拉锚固；锚杆（锚索）施工平台搭设、拆除等。《云南省房屋建筑与装饰工程消耗量定额》把这些工作内容根据锚杆（锚索）施工时的不同工艺，分别套用不同的子目项。综合单价计算时定额套用应按《云南省房屋建筑与装饰工程消耗量定额》第二章中"锚杆（索）"小节中子目套价。定额套用时还须计算各定额子目的定额工程量。

② 定额规则。

a. 锚杆制作按设计图示尺寸以吨计算；

b. 钢管锚杆制作及注浆按质量以吨计算；

c. 锚杆（索）钻孔注浆按设计图示尺寸以延长米计算；

d. 预应力锚索钻孔扩孔增加费按设计图示扩孔长度以延长米计算；

e. 预应力锚索钻孔二次高压注浆按设计图示尺寸以延长米计算；

f. 预应力锚索制作安装及张拉以[图示长度＋预留长度（20 m 以内增加 1.0 m，20 m 以外增加 1.8 m；可回收式预应力锚索 20 m 以内增加 1.5 m，20 m 以外增加 1.8 m）]×锚索索数、索体单位质量以吨计算。锚索的理论质量见《预应力混凝土用钢绞线》（GB/T 5224—2014）中表 1～表 4；

g. 预应力锚索锚具、承压垫板与锚头锚墩等制作均以套（孔）计算，锚索张拉用钢筋混凝土锚墩按设计图示尺寸以延长米计算；

h. 锚杆（索）入岩增加费按设计图纸要求或现场签证以米计算。

根据锚杆（索）施工的工作内容，一般来说可套用以下几个子目：

a. 钢管锚杆，应套钢管锚杆制安、钢管锚杆内喷浆，单根锚杆长度大于 6 m，还应计算"6 m 以上锚杆接头"，接头数量＝Rounddown[单根锚杆长度（m）÷6（m）]，Rounddown 函数的意思是向下取整数，如 Rounddown（1.6）＝1。如果设计要求钻孔的，孔径小于 50 mm 的，按"土钉成孔灌浆"子目套用，孔径大于 50 mm 的，区别不同孔径按"锚杆（索）钻孔、压浆"子目套用。

b. 钢筋锚杆，应套钢筋锚杆制作安装，如果设计要求钻孔的，孔径小于 50 mm 的，按"土钉成孔灌浆"子目套用，孔径大于 50 mm 的，区别不同孔径按"锚杆（索）钻孔、压浆"子目套用。

c. 自进式锚杆，区别不同规格按自进式锚杆子目套用。

d. 预应力钢筋（管）锚杆应区别不同规格套预应力钢筋锚杆制作安装，钻孔灌浆费用区别不同孔径按"锚杆（索）钻孔、压浆"子目套用。定额中每增减一个孔的含义举例如下：某工程 ϕ25 锚杆计算质量为 36 t，设计图示有 200 个孔，则每吨孔数为：200÷36＝5.56 孔/t。对比"01020174"子目，每吨增加 5.56－5.17＝0.39 孔，该锚杆的费用计算就按 36 t 工程量套用"01020174"子目计算后，再按 36×0.39＝14.04（孔/t）的工程量套用"01020175"子目。

e. 预应力锚杆（索），钻孔压浆应区别不同孔径按"锚杆（索）钻孔、压浆"子目套用，设计要求二次注浆的还应按"锚杆（索）钻孔二次高压注浆"子目套用，设计要求进行扩孔的，还应按"扩孔增加费"子目套用，钻孔如需入岩，还需按"锚杆（索）钻孔、压浆入岩增加费"子目套用，预应力锚索的制作、安装应按"预应力锚索"子目套用，预应力锚索的锚具，应按"预应力锚具"子目套用。

f. 锚杆（锚索）施工平台搭设、拆除费用计价：基坑支护及新建边坡，合理的施工顺序是每向下开挖 1.5 m 左右深度后，就施工基坑护壁或边坡的锚杆、锚索，所以，不需要搭设施工平台，可回收锚索回收时，也是分层回填土后，分层回收锚索，也不需要搭设施工平台；只有在加固已有边坡时，需要搭设施工平台，发生时，按相应省规定应在措施项目中列项计算，详见第 20 章。

（8）土钉：该项目《计量规范》给出了两种计量规则。

① 以米计算，按设计图示尺寸以钻孔深度计算。

② 以根计算，按设计图示数量计算。

要完成该清单项目项目特征描述全部内容，必须要做的工作有：钻孔、浆液制作、运输、压浆；土钉制作、安装；土钉施工平台搭设、拆除等。《云南省房屋建筑与装饰工程消耗量定额》把这些工作内容根据土钉施工时的不同工艺，分别套用不同的子目项。综合单价计算时一般来说可套用以下几个子目：

① 成孔灌浆土钉应按《云南省房屋建筑与装饰工程消耗量定额》第二章中"7. 土钉"中子目计价，土钉钻孔灌浆其计价工程量"锚杆（索）、土钉钻孔注浆按设计图示尺寸以延长米计算"。土钉制安其计价工程量按"锚杆、土钉制作安装按设计图示尺寸以吨计算"。

② 自进式锚杆土钉，区别不同规格按《云南省房屋建筑与装饰工程消耗量定额》第二章中"6. 锚杆（索）（3）自进式锚杆"中子目计价，其计价工程量按设计图示尺寸以延长米计算。

③ 直接顶进式钢管土钉，只按《云南省房屋建筑与装饰工程消耗量定额》第二章中"土钉制安 钢管"子目计价；设计要求管内喷浆的，应再按"钢管锚杆内喷浆"子目计价。

④ 直接顶进式钢筋锚杆，只按"土钉制安 钢筋"子目计价。

⑤ 土钉施工平台搭设、拆除计价：同锚杆（锚索）清单项目，在措施项目中列项。

（9）喷射混凝土、水泥砂浆：该分项清单及定额给出了相同的工程量计算规则，按设计图示尺寸以面积计算。

要完成该清单项目项目特征描述全部内容，必须要做的工作有：修整边坡；混凝土（砂浆）制作、运输、喷射、养护；钻排水孔、安装排水管；喷射平台搭设、拆除等。《云南省房屋建筑与装饰工程消耗量定额》把这些工作内容分为若干子项目，因此，就存在需套用若干个定额子目才能完成清单项所包含的工作内容。综合单价计算时一般来说应注意以下几点：

① 喷射混凝土、水泥砂浆应按《云南省房屋建筑与装饰工程消耗量定额》第二章中"8. 喷射混凝土面层"小节中子目套价。网喷子目适用于边坡上按设计要求制作安装了钢筋网片的边坡，素喷子目就适用于没有钢筋网片的边坡。

② 钻排水孔、安装排水管计价：基坑边坡支护因大多都设计了止水帷幕，不需要钻排水孔、安装排水管；永久边坡，设计需做排水管的，按《云南省房屋建筑与装饰工程消耗量定额》第八章中相关子目套价。

③ 喷射平台搭设、拆除计价：同锚杆（索）清单项目，在措施项目中列项。

喷射混凝土施工示意，见图 7.11。

图 7.11 喷射混凝土施工

（10）钢筋混凝土支撑：该分项清单及定额给出了相同的工程量计算规则，按设计图示尺寸以体积计算。

要完成该清单项目项目特征描述全部内容，必须要做的工作有：模板（支架或支撑）制作、安装、拆除、堆放、运输及清理模内杂物、刷隔离剂等；混凝土制作、运输、浇筑、振捣、养护。计价时一般来说应注意以下几点：

① 模板列项：按我省规定，模板应在单价措施费用列项计算，详见本书第 20 章。

② 钢筋混凝土支撑混凝土应按《云南省房屋建筑与装饰工程消耗量定额》第二章"钢筋混凝土支撑"小节中子目套价，其套价工程量计算规则为"桩顶冠梁、桩间腰梁、钢筋混凝土支撑梁按设计图示尺寸以立方米计算，支护桩与腰梁间空隙混凝土并入腰梁计算，加腋角混凝土工程量并入钢筋混凝土内支撑梁计算。"

③ 支撑构件的概念：冠梁是指在基坑维护桩（或地下连续墙）顶的带形梁状构件；弧形支撑梁是指为了方便基坑出土在支撑梁井格中预留的圆形孔洞周边的弧形支撑梁；腰梁是指在基坑维护桩边低于冠梁标高设计的围檩状的支撑梁；以上情况以外的就是支撑梁。以上这些支撑构件都是在大基坑取土到梁底标高时实施的，所以，不需要底模。基坑挖土完成后，地下室底板施工时布置施工的第一道换撑梁，连接支撑坑底维护桩与地下室底板；地下室施工到倒数第一层楼面时，拆除该层混凝土支撑，实施换撑梁连接支撑维护桩与该层楼板，所以，地下室底板标高的换撑梁没有底模，以上各层换撑梁需要计算侧模和底模。

④ 不同支撑构件应分别列清单项。

⑤ 钢筋混凝土支撑的拆除及建筑垃圾外运需另列清单项。

钢筋混凝土支撑，见图 7.12。

图 7.12　钢筋混凝土支撑

（11）钢支撑：该分项清单及定额给出了相同的工程量计算规则，按设计图示尺寸以质量计算。不扣除孔眼质量，焊条、铆钉、螺栓等不另行增加质量。

计价时一般注意以下几点：

①《云南省房屋建筑与装饰工程消耗量定额》中钢支撑子目是按租赁编制的，租赁周期为 90 d，实际不同时，按规定调整。钢管（型钢）租赁按"时间乘以质量"以"元/（t·d）"计算。"

② 支撑系统中的钢立柱，应按《计量规范》附录 F3 规定另行列项计算。

钢支撑施工及其构件示意图，见图 7.13、图 7.14。

图 7.13 钢支撑施工

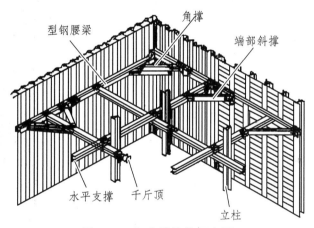

图 7.14 钢支撑构件示意图

7.3 定额应用

1. 地基处理及边坡支护和桩基工程的土质级别

地基处理及边坡支护和桩基工程的施工对象为地基土，地基土的性状如含砂层厚度、物理性能及力学性能决定了施工的难易程度，也就影响了施工的效率，所以，结合云南省的地基土的性状情况，《云南省房屋建筑与装饰工程消耗量定额》对土质级别做了划分。土壤级别划分原则为：

（1）根据工程地质资料中的土层构造和土壤物理、力学性能有关指标确定。

（2）凡土壤中有砂夹层者，优先按砂层情况确定土级；无砂层者，则按土壤的物理力学性能指标确定。

（3）采用土壤力学性能指标进行鉴别时，其桩长在 12 m 以内者，相当于桩长三分之一的土壤厚度，应达到所规定的指标。12 m 以外者，则按 5 m 厚度确定。

土质鉴别，见表 7.2。

表 7.2　土质鉴别表

内容		土壤级别	
		一级土	二级土
夹砂层	砂层连续厚度	≤1 m	>1 m
物理性能	卵石含量	–	–
	压缩系数	>0.02	>0.02
	空隙比	>0.7	>0.7
力学性能	动力触探击数	≤12	≤12

2．试桩的计价规定

按照相关设计规范规定，在项目地质勘查完成后，初步设计前应进行试桩，为初步设计的结构设计提供技术参数。由于试桩的数量少、周期长，影响施工效率，所以，《云南省房屋建筑与装饰工程消耗量定额》做出以下规定：

打试验桩（简称打试桩）或做试验锚索按相应定额项目的人工、机械消耗量乘以系数 2 计算。

3．小规模桩基计价调整系数的规定

由于定额消耗量的是按正常的施工条件下测定编制的，单位工程的地基处理或工程桩，如果设计施工数量低于一定规模时，将会客观上降低施工效率，造成实际消耗量高于正常的消耗量，因此，《云南省房屋建筑与装饰工程消耗量定额》作出以下规定：

工程量小于或等于表 7.3 规定的数量时，其人工、机械消耗量按相应定额项目乘以系数 1.25 计算。在实际应用中应注意：试桩的调整系数与小规模桩基调整系数不能同时使用。

表 7.3　小规模桩工程量调整系数表

项目	单位工程的工程量
打孔灌注砂、石桩	460 m³
钢板桩	50 t
深层搅拌水泥桩	200 m³
高压旋喷桩	1000 m
圆木桩	20 m³

4．混凝土搅拌或供应方式不同时的计价规定

地基处理及边坡支护和桩基工程施工项目中使用的混凝土，由于市场供应条件或城市建设管理规定不同，尽管各省大部分的在建项目都在使用商品混凝土，但是，在云南省范围内

还没能实现商品全覆盖。因此，地基处理及边坡支护和桩基工程施工项目中使用的混凝土系按商品混凝土编制，如果实际是现场搅拌的，按如下规定：

定额中混凝土灌注桩（墙）及钢筋混凝土支撑、冠梁、腰梁定额子目均按商品混凝土浇灌施工工艺编制，如采用现场搅拌施工工艺，另外套用《云南省房屋建筑与装饰工程消耗量定额》第三章中混凝土现场搅拌、运输或泵送定额子目。

5. 设计规范对基桩布置的要求及相关计价的规定

按《建筑桩基础技术规范》（JGJ 94—2008）的要求，桩基的布置应符合以下规定：

基桩的最小中心距应符合表 7.4 的规定；当施工中采取减小挤土效应的可靠措施时，可根据当地经验适当减小。

表 7.4　桩的最小中心距表

土类与成桩工艺		排数不少于 3 排且桩数不少于 9 根的摩擦型桩桩基	其他情况
非挤土灌注桩		3.0d	3.0d
部分挤土桩		3.5d	3.0d
挤土桩	非饱和土	4.0d	3.5d
	饱和黏性土	4.5d	4.0d
钻、挖孔扩底桩		2D 或 D + 2.0 m（当 D>2 m）	1.5D 或 D + 1.5 m（当 D>2 m）
沉管夯扩、钻孔挤扩桩	非饱和土	2.2D 且 4.0d	2.0D 且 3.5d
	饱和黏性土	2.5D 且 4.5d	2.2D 且 4.0d

注：① d——圆桩直径或方桩边长；D——扩大端设计直径。
　　② 当纵横向桩距不相等时，其最小中心距应满足"其他情况"一栏的规定。
　　③ 当为端承型桩时，非挤土灌注桩的"其他情况"一栏可减小至 $2.5d$。

其中挤土桩的类型，在定额子目中涉及打桩子目、压桩子目、沉管灌注桩子目，这些类型的桩当桩距少于 4 倍桩径（或方桩边长）时，受挤土效应的影响，会影响到打桩的施工效率，所以，《云南省房屋建筑与装饰工程消耗量定额》作出以下规定：

打桩、压桩、沉管灌注桩，桩间净距≤4 倍桩径（桩边距）的，按相应定额项目中的人工、机械消耗量乘以系数 1.13。

6. 打斜桩的系数调整规定

定额以打垂直桩为准编制，如设计要求打斜桩，其斜度≤1∶6 时，按相应定额项目人工、机械消耗量乘以系数 1.25；当斜度 >1∶6 者，按相应定额项目人工、机械消耗量乘以系数 1.43。

7. 坡地、坑槽内打桩的系数调整规定

本分部定额以平地（坡度≤15°）打桩为准，若在坡度 >15° 的堤坡上打桩时，按相应定额项目人工、机械定额量乘以系数 1.15；若在深度 >1.5 m 的基坑内打桩或在地坪上打坑槽深度 >1 m 的坑槽内桩时，按相应定额人工、机械消耗量乘以系数 1.11。

8. 混凝土灌注桩、地下连续墙超量混凝土的计价规定

本分部定额中混凝土灌注桩、地下连续墙均不包括充盈系数。实际灌入量与定额含量不同时，按现场签证计算超量混凝土，超量混凝土只计混凝土材料费，人工、机械不变。

超量混凝土 =（实际灌入量 - 图示工程量）×（1 + 损耗率）

充盈系数 = [实际灌入量 - 图示工程量）×（1 + 损耗率）] ÷（图示工程量 × 定额消耗量）

9. 地基处理及边坡支护、桩基的施工场地条件的计价规定

定额未包括施工场地和桩机行驶地面的平整铺垫与压实，实际发生时按相应的措施项目另行计算。在桩间补桩或在强夯后的地基上打桩时，按相应定额项目人工、机械乘以系数1.15。

定额不包括清除地下障碍物，发生时按实计算。

10. 地基处理及边坡支护入岩的计价规定

地下连续墙、钻孔咬合桩、锚杆（索）等入岩的岩层划分为强风化岩、中风化岩和微风化岩三类。强风化岩不作入岩计算，中风化岩和微风化岩要作入岩计算。

岩石风化程度划分，见表7.5。

表 7.5　岩石风化程度划分表

风化程度	特　征
微风化	岩石新鲜，表面稍有风化迹象。
中等风化	1. 结构和构造层理清晰
	2. 岩体被节理、裂隙分割成块状（200～500 mm），裂隙中填充少量风化物，锤击声脆，且不易击碎
	3. 用镐难挖掘，用岩心钻可钻进
强风化	1. 结构和构造层理不甚清晰，矿物层分显著变化
	2.岩质被节理、裂隙分割成碎状（20～200 mm），碎石用手可折断
	3.用镐可以挖掘，手摇钻不易钻进

11. 真空预压的施工时间及超期的计价规定

真空预压定额抽真空时间以3个月为准。抽真空时间每增减0.5个月，人工增减2工日、ϕ100电动单级离心水泵增减5.48台班、真空泵增减5.48台班。

12. 砂袋井的直径及材料消耗量的计价规定

专用袋装砂井机施工的袋装砂井直径按70 mm考虑，振动沉管桩机施工的砂袋井直径按110 mm考虑，设计直径不同时按砂井截面面积等比例换算出砂含量，其他不得调整。

13. 振动沉管打桩机打孔灌注砂、碎石、砂石桩土质级别的计价规定

振动沉管打拨桩机打孔灌注砂、碎石、砂石桩定额按一级土编制，当土质类别为二级土时，人工机械乘以1.23的系数。

14. 长螺旋钻孔水泥土置换桩的计价规定

长螺旋钻孔水泥土置换桩定额子目中，水泥土按现场搅拌泵送施工工艺编制，水泥土配合比可按设计调整。

15. 高压旋喷桩的计价规定

（1）高压旋喷桩水泥及粉煤灰用量可以按设计要求调整。

（2）高压旋喷桩钻孔深度与高压旋喷桩加固深度不一致时（即上部出现空孔），超出的钻孔深度单独计算钻孔及回灌费用，按相应子目扣除材料费及灰浆搅拌机台班用量。

（3）三重管高压摆喷的人材机综合为三重管高压旋喷的 80%，三重管高压定喷的人材机综合为三重管高压旋喷的 60%。

（4）高压旋喷桩泥浆槽按地下连续墙导墙开挖子目执行，置换泥浆外运工程量按实计算。

16. 地基注浆的计价规定

分层注浆、压密注浆的浆体材料用量可按设计含量调整。

17. 地下连续墙、钻孔咬合桩的计价规定

地下连续墙、钻孔咬合桩定额子目，已含 50 m 以内场内运土，运距超过 50 m 时另行计算土方运输。

地下连续墙成槽的护壁泥浆，是按普通泥浆编制的，若采用其他泥浆时，可进行调整。定额中未包括泥浆池的制作、拆除、废泥浆外运及处置费用。

钻孔咬合桩导墙按地下连续墙导墙相应子目计算，入岩按旋挖钻孔桩入岩相应子目执行。

18. 圆木桩的计价规定

圆木桩未包括防腐费用，发生时按实计算，人工打圆木桩工具包括手绞锤和三星锤。

19. 钢板桩、型钢桩的计价规定

钢板桩子目未包括钢板桩的制作、除锈与刷油漆。如打槽钢或钢轨，套用钢板桩子目，机械台班消耗量乘以系数 0.77。

定额子目未包含钢板桩、拉森钢板桩与型钢桩拔出后桩孔回填工作内容，发生时另行计算。

20. 锚杆（索）土钉的计价规定

（1）预应力锚杆（索）中设计锚具型号与定额用量不同时可调整，其他不变。

（2）压力分散型锚索中设计 P 锚数量与定额用量不同时可调整，其他不变。

（3）可回收锚索中设计回收装置数量与定额用量不同时可调整，其他不变。

（4）注浆水泥用量与设计用量不同时可调整，其他不变。

（5）预应力锚杆（索）均按水平斜向成孔注浆计算，垂直抗浮（抗拔）锚杆（索）执行相应水平斜向定额子目乘以系数 1.5。

（6）采用钻机或其他方式成孔且成孔直径不小于 50 mm 的杆体（含管壁开孔注浆且管头扩大部分大于 50 mm 的钢管）按锚杆子目执行；采用气腿式凿岩机成孔且成孔直径小于 50 mm，与土体形成重力式挡墙的杆体按土钉子目执行。

（7）预应力锚索注浆按常压注浆、二次高压（劈裂）注浆、高压喷射扩孔注浆分别计算，预应力锚索制作安装按锚索构造分为拉力型锚索、压力分散型锚索与可回收式锚索分别计算。

（8）锚杆（索）及土钉钻孔、注浆、布筋、安装、张拉、混凝土喷射等搭设的脚手架，另行计算。

21. 腰梁相关的计价规定

腰梁水平植筋和垂直混凝土面凿毛套用其他章节相应定额子目。

22. 桩孔回填的计价规定

除长螺旋钻孔灌注桩、沉管灌注桩全长浇灌外，其余桩型本定额未包括钻孔空桩回填费用，发生时按实计算。

7.4　计算方法及实例

【例 7.1】　某地基处理工程采用 CFG 置换桩，工艺为长螺旋钻机成孔。桩径 500 mm，设计桩长为 10 m，拌合料为水泥粉煤灰碎石拌合料，超灌高度（操作面至设计桩顶的距离）为 0.8 m，总数量为 100 棵。试编制工程量清单并计算综合单价。

根据地勘报告，地质条件自上而下描述如为：

1. 填土，结构复杂，成分松散，平均厚度 2 m；

2. 软塑红黏土，厚度 3~4 m；

3. 粉土，厚度约 3 m；

4. 砂土，厚度 3~4 m。

已知未计价材料的除税预算价格：水泥粉煤灰碎石拌合料 175 元/m³。

【解】　1. 工程量计算

（1）清单工程量计算规则：按设计图示尺寸以桩长（包括桩尖）计算。

$$清单工程量：L = 10 \times 100 = 1000（m）$$

（2）定额工程量计算规则：按桩长乘以设计截面面积以立方米计算，桩长 = 设计桩长 + 超灌高度。

$$定额工程量：V = 3.1416 \times 0.25 \times 0.25 \times（10 \times 100 + 0.8 \times 100）= 212.06（m^3）$$

2. 编制工程量清单（表 7.6）

表 7.6 地基处理工程工程量清单

序号	项目编码	项目名称	项目特征描述	计量单位	工程量
1	010201008001	水泥粉煤灰碎石桩	1. 地层情况：投标人根据地勘报告自行决定报价。 2. 空桩长度、桩长：10 m。 3. 桩径：500 mm。 4. 成孔方法：长螺旋钻机成孔。 5. 混合料：水泥粉煤灰碎石	m	1000

3. 综合单价计算

（1）选用定额，查《定额》中的相关项目，相关定额子目为 01020060。

（2）计算综合单价。

该清单项目组价内容单一，可用列式方法计算如下：

人工费：212.06/10×401.42×1.28 = 10896.02（元）

材料费：212.06/10×（81.80×0.912 + 10.15×175）= 39249.16（元）

机械费：212.06/10×（1.571×1450.81）= 48333.19（元）

管理费和利润：（10896.02/1.28 + 48333.19×8%）×（33% + 20%）= 6560.96（元）

综合单价：（10896.02 + 39249.16 + 48333.19 + 6560.96）/1000 = 105.39（元/m）

注：① 所用到的机械换为云建标〔2016〕207 号文中附件 2 中机械除税台班单价 第 304 项 长螺旋钻机（综合）600 mm 以内：1450.81 元/台班。

② 综合单价，即是以清单工程量为 1 的价格：综合单价 = ∑分部分项工程费/清单工程量。套定额的数量是定额工程量。

③ 人工费按云建标函〔2018〕47 号文上调 28%。

【例 7.2】 某封闭基坑采用咬合灌注桩支护（图 7.15）。地层情况为粉土，桩径 700 mm，间距 606 mm，设计桩长为 40 m，混凝土采用 C30 商品混凝土，基坑支护长度为 45 m，试计算工程量，编制工程量清单并找出清单项下应套用的相应定额子目。

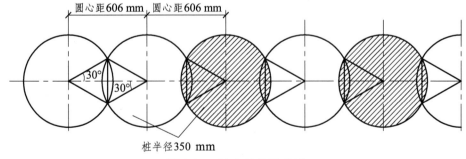

图 7.15 咬合桩位示意图

【解】 1. 工程量计算

本分项清单计量单位无论用"m"还是"根"都不太恰当。《云南省房屋建筑与装饰工程消耗量定额》给出的计算规则和计量单位比较恰当，编者建议在编制该项目清单时，按定额给出的计量单位和计算规则列项和计量，并在编制说明中说明该分项的计算规则和计量单位。

定额计算规则：钻孔咬合桩（分硬切割与软切割）按桩长（设计桩长＋超灌高度，超灌高度设计无规定时取0.5 m）乘以设计截面面积以立方米计算，不扣除咬合部分体积。

工程量：$V = 3.1416 \times 0.35 \times 0.35 \times （40 + 0.5） \times （45/0.606） = 1153.38$ m³

2. 编制工程量清单并找出清单项下应套用的相应定额子目（表7.7）

表7.7　基坑支护工程量清单及应套定额表

序号	项目编码	项目名称	项目特征	计量单位	工程数量	应套定额编码
1	010202002001	咬合灌注桩	1. 地层情况：粉土 2. 桩长：40 m 3. 桩径：700 mm 4. 混凝土种类、强度等级：C30商品混凝土 5. 部位：基坑支护	m³	1153.38	01020163

【例7.3】　某地基处理采用高压喷射注浆桩复合地基，施工工艺为双重管高压旋喷水泥浆。地层情况为粉土，桩径800 mm，间距600 mm，设计桩长为22 m，水泥采用普通硅酸盐水泥P·O 42.5，水泥掺量320 kg/m。桩棵数为86棵。试计算工程量，编制工程量清单并找出清单项下应套用的相应定额子目；10 m³高压旋喷水泥桩的水泥消耗量。

【解】　1. 工程量计算

（1）清单规则：按图示尺寸以桩长计算。

清单工程量：$L = 22 \times 86 = 1892.00$（m）

（2）定额规则：按桩长（桩长＝设计桩长＋超灌高度，超灌高度设计无规定时取0.5 m）乘以成桩截面面积以立方米计算，不扣除相互咬合及重叠部分体积。

定额工程量：$V = 3.1416 \times 0.4 \times 0.4 \times （22 + 0.5） \times 86 = 972.64$（m³）

2. 编制工程量清单并找出清单项下应套用的相应定额子目（表7.8）

表7.8　深层搅拌桩工程量清单及应套定额表

序号	项目编码	项目名称	项目特征	计量单位	工程数量	应套定额编码
1	010201012001	高压喷射注浆桩	1. 地层情况：粉土 2. 空桩长度、桩长：0.5、22 m 3. 桩径：ϕ800 mm 4. 注浆类型、方法：双重管高压旋喷水泥浆 5. 水泥强度等级：普通硅酸盐水泥P·O 42.5，水泥掺量320 kg/m	m	1892.00	01020084

3. 计算10 m³高压旋喷水泥桩的水泥消耗量

水泥净用量＝$1892.00 \times 320 \div 972.64 = 622.47$（kg/m³）

水泥损耗率为4%，则10 m³高压旋喷水泥桩的水泥消耗量为：

$622.47 \times （1 + 4\%） \times 10 = 6474$（kg/10 m³）$= 6.474$（t/10 m³）

【例 7.4】 某基坑边坡支护采用可回收式压力分散型锚索，用于边坡水平斜向锚索。锚具后锚索长度为 31 m，锚索采用 4 束 15.24 mm 强度等级 1860 级的低松弛无黏结性钢绞线，预应力 300 kN。钻孔总深度（含扩孔深度）32 m，直径为 180 mm，端部扩孔，孔径为 200 mm，扩孔长度 20 m。注浆采用二次压力注浆工艺施工，锚索注浆浆体采用纯水泥浆，水泥强度等级为 42.5 的普通硅酸盐水泥，水灰比为 0.5～0.60，注浆水泥用量≥100 kg/m。锚索共 100 根，每根索一套锚具。试计算工程量，编制工程量清单并找出清单项下应套用的相应定额子目。

【解】 1. 工程量计算

（1）清单工程量计算规则：以米计算，按设计图示尺寸以钻孔深度计算。

清单工程量：$L = 32 \times 100 = 3200$（m）

（2）定额工程量计算：

① 锚索钻孔、压浆：按设计图示尺寸以延长米计算。

定额工程量：$L_1 = （32 - 20）\times 100 = 1200$（m），应套定额 01020179

② 预应力锚索钻孔二次高压注浆：按设计尺寸以延长米计算。

定额工程量：$L_2 = 20 \times 100 = 2000$（m），应套定额 01020182

③ 预应力锚索钻孔注浆扩孔增加费：按设计图示扩孔长度以延长米计算。

定额工程量：$L_3 = 20 \times 100 = 2000$（m），应套定额 01020183

④ 预应力锚索制作安装及张拉：以图示长度＋预留长度（可回收式预应力锚索 20 m 以外增加 1.8 m）乘以锚索索数、索体单位质量以吨计算。

查钢绞线理论质量表，15.24 mm：1.101 kg/m

定额工程量：$G = （31 + 1.8）\times 100 \times 4 \times 1.101 = 14445.12$（kg）

$= 14.405$（t），应套定额 01020186

⑤ 锚具：按套计算。

定额工程量：$N = 100 \times 1 = 100$（套），应套定额 01020189

2. 编制工程量清单并找出清单项下应套用的相应定额子目（表 7.9）

表 7.9 可回收式压力分散型锚索工程量清单及应套定额表

序号	项目编码	项目名称	项目特征	计量单位	工程数量	应套定额编码
1	010202007001	可回收式压力分散型锚索	1. 地层情况：查地勘报告 2. 锚杆（索）类型、部位：可回收式压力分散型锚索、边坡水平斜向锚索 3. 钻孔深度：32 m 4. 钻孔直径：180 mm，端部扩孔，扩孔孔径为 200 mm，扩孔长度 10 m 5. 杆体材料品种、规格、数量：4 束 S15.24 mm 强度等级 1860 级的低松弛无黏结性钢绞线 6. 预应力：按设计要求 7. 浆液种类、强度等级：锚索注浆浆体采用纯水泥浆，水泥使用强度等级为 42.5 的普通硅酸盐水泥，水灰比为 0.5～0.60，注浆水泥用量≥100 kg/m	m	3200	01020179 01020182 01020183 01020186 01020189

【**例 7.5**】　某工程地基为软黏土，为防止不均匀沉降，采用分层劈裂注水泥浆加固土体，水泥使用强度等级为 42.5 的普通硅酸盐水泥，水泥浆的水灰比为 0.5，注浆深度为 6 m，空钻深度为 1 m，注浆管分布详见图 7.16。试计算工程量，编制工程量清单并找出清单项下应套用的相应定额子目。

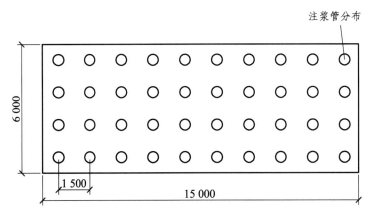

图 7.16　地基处理范围示意图

【**解**】　1. 工程量计算

（1）清单工程量计算规则：按设计图示尺寸以加固体积计算。

$$清单工程量：V = 15 \times 6 \times 6 = 540（m^3）$$

（2）定额工程量。

① 钻孔：按设计深度以延长米计算。

$$定额工程量：L = 10 \times 4 \times（6 + 1）= 280（m）$$

② 注浆：按注明的加固体积以立方米计算。

$$定额工程量：V = 15 \times 6 \times 6 = 540（m^3）$$

2. 编制工程量清单并找出清单项下应套用的相应定额子目（表 7.10）

表 7.10　注浆地基工程量清单及应套定额表

序号	项目编码	项目名称	项目特征	计量单位	工程数量	应套定额编码
1	010201016001	注浆地基	1. 地层情况：查地勘报告 2. 空钻深度、注浆深度：空钻深度 1 m，注浆深度 6 m 3. 注浆间距：1.5 m 4. 注浆方法：分层注浆 5. 浆液种类及配比：水泥浆，水灰比为 0.5	m³	540.00	01020101 01020102

8   桩基工程

8.1   基础知识

8.1.1   桩基础的概念

1. 桩基础

桩基础是由设置于岩土中的桩与桩顶连接的承台共同组成的基础或由柱与桩直接连接的单桩基础，在工程造价中特指桩身部分。

桩基础是常用的一种深基础形式。若桩身全部埋于土中，承台底面与土体接触，称为低承台桩基；若桩身上部露出地面而承台底位于地面以上，则称为高承台桩基。建筑桩基通常采用低承台基础。

2. 桩基础的组成

桩基础由承台和桩身两部分组成（图 8.1）。承台：承受全部上部结构的重量，并把连同自身重量在内的全部荷载传递给桩。桩身是基础中的柱状结构，作用在于穿过软弱土层，把承台传来的荷载传递到达到设计要求的地基承载力的土层或岩层上（端承桩）或者通过桩身侧壁与土体的摩擦力承担承台传来的荷载（摩擦桩）。

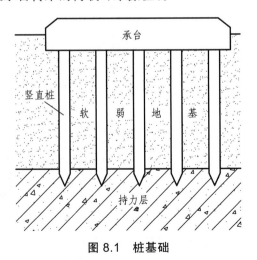

图 8.1   桩基础

3. 桩基础的分类

根据不同目的，桩基的分类一般可按以下方法进行：

（1）按成桩方式对土层的影响划分为挤土桩、部分挤土桩、非挤土桩。

（2）按桩身使用材料划分为木桩、混凝土或钢筋混凝土桩、钢桩、碎石桩。

（3）按作用性质及传力特点划分为端承桩、摩擦桩、摩擦端承桩。

（4）按施工方法或成桩工艺划分为打入桩和灌注桩。

《计量规范》及《定额》均按施工方法即第（4）种分类方法划分桩基工程的清单项目及定额子目。

8.1.2 名词解释

人工挖孔灌注桩：采用人工挖掘方法进行成孔，然后安放钢筋笼，浇注混凝土而成的桩。

锤击桩：利用各种桩锤（包括落锤、蒸汽锤、柴油锤、液压锤和振动锤等）的反复跳动冲击力和桩体的自重，克服桩身的侧壁摩阻力和桩端土层的阻力，将桩体沉到设计标高形成的桩。

静压桩（管桩或方桩）：通过静力压桩机的压桩机构以压桩机自重和机架上的配重提供反力而将预制管（方）桩压入土中的沉桩工艺形成的桩。

送桩：打桩时因打桩架底盘离地坪有一段距离或打桩架底盘离设计桩顶有一段距离，从而不能继续将桩打入地坪以下的设计深度位置，采用送桩器继续锤击（施压）桩，将桩送入到设计深度位置的工作内容，见图 8.2。

接桩：由于一根桩的长度达不到设计规定的深度，所以需要将预制桩一根一根地连接起来继续向下打，直至打入设计的深度为止。将已打入的前一根桩顶端与后一根桩的下端相连接在一块的过程。接桩方法有焊接法、法兰螺栓连接法、硫磺胶泥锚接法，见图 8.3。

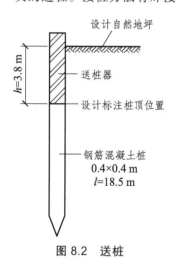

图 8.2 送桩

图 8.3 接桩

试桩：大范围的沉桩作业前测定桩的技术参数，包括有效桩长、入岩深度、沉渣、贯入度、桩焊接、承载力，以便选定桩型及单桩竖向承载力特征值；全面施工后随机抽取一定桩数进行动测及静载荷试验，验证桩身质量即单桩竖向承载力特征值满足设计要求。试桩分设计试桩、施工前试桩和施工结束后试桩。

锚杆静压桩：通过在基础上埋设锚杆固定压桩反力架，以建筑物所能发挥的自重荷载作为压桩反力，用千斤顶将桩段从基础中预留或开凿的压桩孔内逐段压入土体中，然后将桩与基础连接在一起，从而达到提高地基承载力和控制沉降的目的。

泥浆护壁成孔灌注桩：泥浆护壁成孔灌注桩是利用泥浆保护稳定孔壁成孔的机械钻孔灌注桩。其工艺特点是：通过循环泥浆将切削碎的泥石渣、屑悬浮后排出孔外，该工艺适用于有地下水和无地下水的土层。

长螺旋钻孔灌注桩：采用长螺旋钻机成孔，通过空心螺旋钻杆泵送超流态混凝土，使用振动导管后植钢筋笼成桩。

旋挖钻孔桩：旋挖钻机借钻具自重和钻机加压力，耙齿切入土层，在回转力矩的作用下钻头同时回转配合不同钻具，适应于干式（短螺旋）、湿式（回转斗）及岩层（岩心钻）的成孔作业。一般适用黏土、粉土、砂土、淤泥质土、人工回填土及含有部分卵石、碎石的地层。

灌注桩后注浆：灌注桩成桩后一定时间，通过预设于桩身内的注浆导管高压注浆，使与之相连的桩端、桩侧土体（包括沉渣和泥皮）得到加固，从而提高单桩承载力，减小沉降。

沉管灌注混凝土桩：利用沉桩设备（锤击打桩机或振动打桩机），将带有钢筋混凝土桩靴（又称桩尖）或活瓣式钢质桩靴的钢管沉入土中，形成桩孔，然后放入钢筋骨架并浇筑混凝土，随之拔出套管，利用拔管时的振动将混凝土捣实，便形成所需要的灌注桩。

引孔：为了减少挤土效应或为了穿越较硬土层或较厚砂层，在打桩（或静压）桩前，采用长螺旋桩机提前钻孔的工艺。

8.2 分项及工程量计算规则

8.2.1 打桩工程

1. 分 项

《计量规范》将打桩工程项目分为预制钢筋混凝土方桩、预制钢筋混凝土管桩、钢管桩、截（凿）桩头4个项目，详见《计量规范》P17表C.1。

《定额》将打桩工程按分为方桩、管桩、长螺旋引孔、钢管桩四大项，每项按成桩工艺、桩截面形状和尺寸细分为打（压）钢筋混凝土方（管）桩、接方（管）桩、送方（管）桩、管桩填芯、钢桩尖、长螺旋引孔、打（压）钢管桩、钢管桩接桩、钢管桩取土填芯等子项目。具体分项详见《定额》。

从上述分项方式可见，《计量规范》只是根据成桩材料把打桩项分开，而定额分项则视具体的成桩方法、施工工艺、桩截面形状及尺寸大小细分，分项更细更具体。实际工程中，进行列项时应根据《计量规范》的项目编码及名称来分项列项，综合单价组价则根据具体的施工方法及施工组织设计套用相应定额后组成综合单价。这对于初学者是较为困难的，要结合施工技术用心学习加以领悟。

2. 计算规则

打桩工程的工程量计算规则，《计量规范》在有的项目上给出了几种不同的计量单位，计量规则的描述也十分笼统，在实际工程计量时，可以尽量按《定额》的计量单位和计算规则进行计量，并让《计量规范》的计量单位与《定额》保持一致，以便于列项及综合单价计价。

1）预制钢筋混凝土方桩

（1）清单工程量：此项目《计量规范》给出了三种工程量计算规则。

① 以米计算，按设计图示尺寸以桩长（包括桩尖）计算。

② 以立方米计量，按设计图示截面乘以桩长（包括桩尖）以实体积计算。

③ 以根计量，按设计图示数量计算。

编者建议：按米计算。

此项目按《计量规范》要求项目特征内容，描述起来较烦琐，实际工程中，除了送桩深度、桩倾斜度、沉桩方法、混凝土强度等级需要描述外，其他的内容按图集《预制钢筋混凝土方桩》（04G361）的规定直接用预制钢筋混凝土方桩的编号就全部包括了，建议项目特征描述时按图纸所选桩型加上方桩编号一并描述。具体的编号及表示意义规定：

整桩的编号规定：

a. 锤击桩	ZH	— ××	— ××	A、B 或 C	G
b. 静压桩	AZH	— ××	— ××	A、B 或 C	G
表示意义	整根桩	边长	长度	组别	钢靴
单位		cm	m		

接桩的编号规定：

a. 锤击桩	JZHb	— ×	××—×	× ×	A、B 或 C	G
b. 静压桩	JAZHb（或 a）— ×	××—×	× ×	A、B 或 C	G	

表示意义：接桩 焊接桩 锚接桩 分段数 边长 上段长 中段长 下段长 组别 钢靴

单位：cm m（L_1） m（L_2） m（L_3）

表 8.1 所列为预制钢筋混凝土方桩分组。

表 8.1　预制钢筋混凝土方桩分组表

桩种类			设防烈度		
			小于 7 度	7 度	8 度
锤击桩	整根桩（ZH）		A、B、C 组	B、C 组	C 组
	接桩	焊接法（JZHb）	A、B、C 组	B、C 组	C 组
静压桩	整根桩（AZH）		A、B、C 组	B、C 组	C 组
	接桩	焊接法（JAZHb）	A、B、C 组	B、C 组	C 组
		锚接法（JAZHa）	A、B 组		

注：表中（　）内为桩的代号。

A 组用 C30，B 组用 C30 ~ C40，C 组用 C40 ~ C50。

如：锤击桩设计采用桩截面为 450×450，总长为 27 m，按 B 组桩配筋的整根桩时，则编号为 ZH—45—27B；如果用焊接法两段接桩，分段长度上段为 13 m，下段为 14 m，按 C 组桩配筋带钢靴，则编号为 JZHb—245—1314CG。

又如：静压桩设计采用桩截面为 400×400，总长为 22 m，采用锚接法两段接桩，分段长度上段为 10 m，下段为 12 m，按 A 组桩配筋时，编号为 JAZHa—240—1012A，如采用焊接法三段接桩，分段长度上段为 7 m，中段为 7 m，下段为 8 m，按 B 组桩配筋时，编号为 JAZHb—340—778B。

要完成该清单项目项目特征描述全部内容，必须要做的工作有：工作平台搭拆、桩机安拆、移位、沉桩、接桩、送桩等。《定额》把这些工作内容分为了若干子项目，因此，就存在需套用若干个定额子目才能完成清单项所包含的工作内容。综合单价计算时定额套用还需计算各定额子目的定额工程量。

（2）定额工程量计算规则。

① 打（锤击）、压（静压）方桩：打、压预制钢筋混凝土方桩按设计桩长（包括桩尖、不扣除桩尖虚体积）以延长米计算。

② 设计要求有长螺旋钻孔引孔的，引孔深度部分只能按一级土套价。引孔还应另计"长螺旋引孔"增加费，引孔深度按经审定批准的施工组织设计确定。

③ 设计有要求接桩的应计算接桩。工程量：接桩按设计接头以个数计算。

④ 方桩打桩送桩按《定额》第三章中"送方桩"小节中子目套价，压桩送桩按相应的压桩定额子目套用，人工、机械乘以《定额》所规定的系数，套价工程量均为"送桩长度以桩顶面至自然地坪面另加 0.5 m 计算"。

⑤ 套价时的未计价材"钢筋混凝土方桩"应按市场除税价计入。设计规定必须现场预制的，应另行编码列项计算，打（压）桩时未计价材"钢筋混凝土方桩"则不计价格。

2）预制钢筋混凝土管桩

（1）清单工程量：此项目《计量规范》给出了三种工程量计算规则。

① 以米计算，按设计图示尺寸以桩长（包括桩尖）计算。

② 以立方米计量，按设计图示截面乘以桩长（包括桩尖）以实体积计算。

③ 以根计量，按设计图示数量计算。

编者建议：按米计算。

此项目按《计量规范》要求项目特征内容，描述起来较烦琐，实际工程中，除了送桩深度、桩倾斜度需要描述外，其他的按国标《先张法预应力混凝土管桩》（GB 13476—2009）直接描述管桩编号就全部包括了。管桩按混凝土强度等级分为预应力混凝土管桩和预应力高强混凝土管桩。预应力混凝土管桩的代号为 PC，预应力高强混凝土管桩的代号为 PHC，预应力混凝土管桩用混凝土强度等级不得低于 C60，预应力高强混凝土管桩用混凝土强度等级不得低于 C80。管桩按混凝土有效预压应力值分为 A 型、AB 型、B 型和 C 型。

编号规定：

桩代号	PHC	—	××	A、B 或 C	××	—	××
	管桩等级		外径	型号	壁厚		长度
单位			mm		mm		m

例如：外径 500 mm、壁厚 100 mm、长 12 m 的 A 型预应力高强混凝土管桩的标记为：PHC 500 A 100 – 12

要完成该清单项目项目特征描述全部内容，必须要做的工作有：工作平台搭拆、桩机安拆、移位、沉桩、接桩、送桩、桩尖制作安装、填充材料、刷防护材料等。《定额》把这些工作内容分为了若干子项目，因此，就存在需套用若干个定额子目才能完成清单项所包含的工作内容。综合单价计算时定额套用还需计算各定额子目的定额工程量。

（2）定额工程量计算规则。

① 打（锤击）、压（静压）管桩：按设计桩长以延长米计算。

② 设计要求有长螺旋钻孔引孔的，引孔深度部分只能按一级土套价。引孔还应另计"长螺旋引孔"增加费，引孔深度按经审定批准的施工组织设计确定。

③ 除设计另有要求外，设计单桩长度超过 15 m 时应计算接桩，接桩按设计接头以个数计算。单根桩接桩数量 = Rounddown[单根桩设计长度（m）÷ 15（m）] – 1。

④ 管桩打桩送桩按《定额》第三章中"送管桩" 小节中子目套价，压桩送桩按相应的压桩定额子目套用，人工、机械乘以《定额》所规定的系数，工程量按送桩长度以延长米计算，送桩长度以桩顶面至自然地坪面另加 0.5 m 计算。

⑤ 套价时的未计价材"钢筋混凝土管桩"应按市场除税价计入。设计规定必须现场预制的，应另行编码列项计算，打（压）桩时未计价材"钢筋混凝土管桩"则不计价格。

⑥ 云南省设计的管桩多采用无桩尖（或桩靴）沉桩，如设计规定采用桩尖的，工程量按设计数量以个计算。

⑦ 管设计要求填芯的，按图示尺寸计算填芯体积。

⑧ 关于刷防护材料：预应力钢筋混凝土管桩按规范，不需要刷防护材料。

⑨ 施工中如果出现桩长还没达到设计要求,管桩的贯入度或承载力已经达到设计要求或者管桩打到一定深度后无法再打入或压入了，这时，就需要把标高以上部分切除。切割费用在结算按合同约定计取。

3）钢管桩

（1）清单工程量：此项目《计量规范》给出了两种工程量计算规则。

① 以吨计算，按设计图示尺寸以质量计算。

② 以根计量，按设计图示数量计算。

编者建议：按吨计算。

钢管桩一般用于港口码头，水中高桩平台、桥梁围堰、高层建筑及特重型工业产房，除了以上特征描述外，按设计要求，还应补充描述：接桩要求、盖帽要求、管内取土要求。

要完成该清单项目项目特征描述全部内容，必须要做的工作有：工作平台搭拆、桩机安拆、移位、沉桩、接桩、送桩、切割钢管、精割盖帽、管内取土、填充材料、刷防护材料等。《定额》把这些工作内容分为了若干子项目，因此，就存在需套用若干个定额子目才能完成清单项所包含的工作内容。综合单价计算时定额套用还需计算各定额子目的定额工程量。

（2）定额工程量计算规则。

① 钢管桩按图示尺寸以质量计算。

② 设计要求接桩的，接桩工程量按图示数量以个数计算。

③ 钢管桩送桩，按送桩长度以延长米计算，送桩长度以桩顶面至自然地坪面另加 0.5 m 计算。套用相应的打（压）桩定额子目，人工、机械乘以系数 1.5。

④ 钢管桩内切割，实际施工中可能发生，也可能不发生。施工中会出现桩长还没达到设计要求，钢管桩的贯入度或承载力就已经达到设计要求或者钢管桩达到一定深度后，无法再打入或压入了，这时就需要把标高以上部分切除。切割费用应按"钢管桩内切割"子目套价，套价工程量按实际发生根数计算，结算按合同约定分担。

⑤ 钢管桩设计要求做盖帽的，工程量按设计数量以只计算。

⑥ 设计要求钢管桩管内取土的，取土工程量按设计尺寸按体积计算。

⑦ 钢管桩内设计需要填充混凝土的，填芯工程量按设计尺寸按体积计算 。

⑧ 设计需要刷防护材料的，应按《云南省通用安装工程消耗量定额公共篇》中第二篇"刷油防腐绝热工程"规定套价。

4）截（凿）桩头

（1）清单工程量：此项目《计量规范》给出了两种工程量计算规则。

① 以立方米计量，按设计桩截面乘以桩头长度以体积计算。

② 以根计量，按设计图示数量计算。

编者建议：锚杆静压桩截桩按根计算，其他按立方米计算。

（2）定额工程量计算规则。

《定额》中的"桩承台"定额子目中已经包含了长度在 0.5 m 以内的打凿桩头人工，在使用该清单项目时应注意避免重复计算。该清单项目适用于打凿或截除长度大于 0.5 m 以外部分的桩头。截桩头是把多余的桩头切割或凿断去除；凿桩头是指在设计的桩身钢筋锚入承台的长度范围内，将附着于桩身钢筋笼上的混凝土凿除，便于桩身钢筋笼锚入承台。

根据截（凿）桩头桩类型的不同，定额套用时应区分桩类型套用定额，按各定额子目规定的工程量计算规则计算工程量。凿除长度在 0.5 m 以内时不计算。

① 泥浆护壁成孔灌注桩截（凿）桩头按设计数量以个计算。

② 人工凿桩头工程量，除另有规定外，按设计图纸要求的长度乘以截面面积以立方米计算，设计没有要求的，其长度从桩头顶面标高算至桩承台顶以上 100 mm，实际与设计要求不一致时按实际调整。

③ 凿钻（冲）孔桩灌注桩的工程量，按凿桩头长度乘以桩设计截面面积再乘以系数 1.2 计算。

④ 凿人工挖孔桩护壁的工程量应扣除桩芯体积计算。

⑤ 人工凿深层搅拌桩以个数计算。

⑥ 锚杆静压桩孔内截桩工程量以个数计算。

⑦ 废料外运应按《计量规范》附录 A 中"余方弃置"另列清单项，计价按《定额》第一章中相关规定计算。

8.2.2 灌注桩工程

1. 分　项

《计量规范》将打桩工程项目分为泥浆护壁成孔灌注桩、沉管灌注桩、干作业成孔灌注桩、挖孔桩土（石）方、人工挖孔灌注桩、钻孔压浆桩、灌注桩后压降 7 个项目，详见《计量规范》P19 表 C.2。

《定额》将打桩工程分为泥浆护壁成孔灌注桩、沉管灌注桩、长螺旋钻孔灌注桩、人工挖孔桩、钻孔压浆桩、灌注桩后注浆、微型树根桩 7 大项，每项按成桩工艺、桩截面形状和尺寸细分为打（压）钢筋混凝土方（管）桩、接方（管）桩、送方（管）桩、管桩填芯、钢桩尖、长螺旋引孔、打（压）钢管桩、钢管桩接桩、钢管桩取土填芯等子项目。具体分项详《定额》。

从上述分项方式可见，《计量规范》只是根据成桩方法把桩项分开，而定额分项则视具体的成桩方法、施工工艺、桩截面尺寸大小、土壤级别等细分，分项更细更具体。实际工程中，进行列项时应根据《计量规范》的项目编码及名称来分项列项，综合单价组价则根据具体的施工方法及施工组织设计套用相应定额后组成综合单价。这对于初学者是较为困难的，要结合施工技术用心学习加以领悟。

2. 计算规则

灌注桩工程的工程量计算规则，《计量规范》和《定额》基本是一致的，《计量规范》在有的项目上给出了几种不同的计量单位，计量规则的描述也十分笼统，在实际工程计量时，尽量按《定额》的桩主体的计量单位和计算规则进行计量，并让《计量规范》的计量单位与《定额》保持一致，以便于列项及综合单价计价。

1）泥浆护壁成孔灌注桩

（1）清单工程量：此项目《计量规范》给出了三种工程量计算规则。

① 以米计量，按设计图示尺寸以桩长（包括桩尖）计算。

② 以立方米计量，按不同截面在桩上范围内以体积计算。

③ 以根计量，按设计图示数量计算。

泥浆护壁成孔灌注桩的成孔方式有：回旋钻机成孔、冲击式钻机成孔、旋挖钻机成孔三种方式。《定额》对于三种成孔方式的计量单位有所不同，清单列项时建议按与具体成孔方式一致的《定额》相应子目的计量单位列项。就经济性而言，回旋钻机最经济，其次是旋挖钻机成孔，费用最高的是冲击式钻机成孔；从效率角度考虑，效率最高的是旋挖钻机成孔，冲击式钻机成孔及回旋钻机成孔效率都很低；从工艺对岩土情况的适应性，冲击式钻机成孔最好，其次是回旋钻机成孔，再次是旋挖钻机成孔。对成孔工艺的选择首先要考虑地层情况，按工艺可实施性优先，其次考虑效率，最后考虑经济性。

要完成该清单项目项目特征描述全部内容，必须要做的工作有：护筒埋设；成孔、固壁；混凝土制作、运输、灌注、养护；土方、废泥浆外运；打桩场地硬化及施作泥浆池、泥浆沟等。《定额》把这些工作内容分为了若干子项目，因此，就存在需套用若干个定额子目才能完成清单项所包含的工作内容。综合单价计算时定额套用还需计算各定额子目的定额工程量。

（2）定额工程量计算规则。

① 回旋钻机、旋挖钻机成孔：区分不同桩径按打桩自然地坪标高至设计桩底标高之间深度以米计算。

② 回旋钻机、旋挖钻机成孔后灌注混凝土：按设计桩长加上超灌高度乘以桩截面积以体

积计算。设计桩长包括桩尖，超灌高度（不论有无地下室）按不同设计桩长确定：20 m 以内按 0.5 m、35 m 以内按 0.8 m、35 m 以上按 1.2 m 计算。

③ 冲击式钻机成孔及灌注混凝土定额工程量：按设计桩长加上超灌高度乘以桩截面面积以体积计算。设计桩长包括桩尖，超灌高度（不论有无地下室）按不同设计桩长确定：20 m 以内按 0.5 m、35 m 以内按 0.8 m、35 m 以上按 1.2 m 计算。冲击式钻机成孔空桩段按空桩长乘以桩截面面积以体积计算，套用定额时扣减相应子目的混凝土消耗量。

④ 钢护筒定额工程量：钢护筒的高度、直径按审定的施工组织设计确定，无具体规定时高度按 3 m 计算，直径按设计桩身直径加 20 cm 计算。这里指的高度是指每根桩的钢护筒高度。

⑤ 泥浆的费用计算：旋挖钻孔桩、回旋钻孔桩、冲击式钻孔灌注桩的成孔定额子目中已经包含了护壁泥浆的制作费用，未包括泥浆池的制作、拆除、废泥浆外运及处置费用。泥浆池、沟的制作、拆除应按施工组织设计内容另列清单项，废泥浆外运费另列清单项，外运工程量应按"运输排放工程量按按钻孔体积 × 0.3（试桩 0.6）系数以立方米计算"。

⑥ 旋挖钻机成孔灌注桩施工必须安置声测管，声测管按《计量规范》附录 E 另列清单项，声测管制作安装清单、定额工程量为按设计图示尺寸以质量计算。

⑦ 钻孔土石方外运的工程量并入土石方分部总量平衡后另列清单项。

2）沉管灌注桩（图 8.4）

（1）清单工程量：此项目《计量规范》给出了三种工程量计算规则。

① 以米计量，按设计图示尺寸以桩长（包括桩尖）计算。

② 以立方米计量，按不同截面在桩上范围内以体积计算。

③ 以根计量，按设计图示数量计算。

编者建议按立方米计量列项。

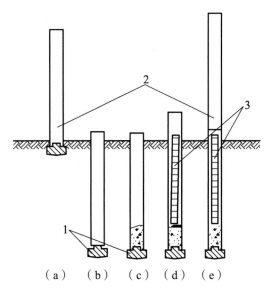

图 8.4 沉管灌注桩施工过程示意图

（a）就位；（b）沉钢管；（c）开始灌注混凝土；

（d）安放钢筋笼继续浇灌混；（e）拔管成形

1—桩尖；2—钢管；3—钢筋笼

（2）定额工程量计算规则。

① 单打、复打灌注桩工程量按设计桩长减去桩尖长度再加 0.5 m，乘以设计桩径断面面积以立方米计算。

② 沉管灌注桩子目中不包含桩尖消耗量，桩尖应另计。工程量按个数计算，单打算 1 个，复打桩每复打一次，增计预制桩尖一个。桩尖若现场预制，可按《计量规范》附录 E.14 中项目另列清单项。桩尖若为成品桩尖，按运至施工现场的除税市场价格计入未计价材即可。

3）干作业成孔灌注桩

（1）清单工程量：此项目《计量规范》给出了三种工程量计算规则。

① 以米计量，按设计图示尺寸以桩长（包括桩尖）计算。

② 以立方米计量，按不同截面在桩上范围内以体积计算。

③ 以根计量，按设计图示数量计算。

编者建议按立方米计量列项。

（2）定额工程量计算规则。

① 长螺旋钻孔灌注桩灌注混凝土：按计算长度乘以设计桩径截面面积以立方米计算。长螺旋钻孔灌注桩按设计桩长增加 0.5 m 计算。

② 长螺旋钻孔灌注桩空桩段可按长螺旋引孔增加费子目计算。

③ 干作业的旋挖成孔区分不同桩径按打桩自然地坪标高至设计桩底标高之间深度以米计算；灌注混凝土工程量按"钻孔灌注混凝土桩桩长 = 设计桩长 + 超灌高度，如设计无规定，超灌高度（不论有无地下室）按不同设计桩长确定：20 m 以内按 0.5 m、35 m 以内按 0.8 m、35 m 以上按 1.2 m"，乘以设计桩截面面积以立方米计算。计价时，泥浆制作子目扣减泥浆制作消耗量。

④ 桩身土方运输、弃置，应按《计量规范》A1 附表编码列项计算，其计价按《云南省房屋建筑与装饰工程消耗量定额》第一章中相关规定计算。

4）挖孔桩土（石）方

（1）清单工程量计算规则：按设计图示尺寸（含护壁）截面面积乘以挖孔深度以立方米计算。

（2）定额工程量计算规则。

① 挖孔桩土方：人工挖孔桩挖土按图示尺寸（包括桩芯、护壁及扩大头）以立方米计算。

② 人工挖孔桩挖淤泥、流砂工程量按施工签证以体积计算。

③ 入岩工程量按图示尺寸以体积计算，设计不明确按施工签证计算。

④ 桩身土方运输应按《云南省房屋建筑与装饰工程消耗量定额》第一章中相关规定计算。

⑤ 排地表水已经包含在人工挖孔桩挖孔定额子目的工作内容中，不再计价。

5）人工挖孔灌注桩

人工挖孔灌注桩是指桩孔采用人工挖掘方法进行成孔，然后安放钢筋笼，浇注混凝土而成的桩（图 8.5）。人工挖孔桩一般直径较粗，最细的也在 800 mm 以上，能够承载楼层较少且压力较大的结构主体，桩的上面设置承台，再用承台梁拉结、连系起来，使各个桩的受力均匀分布，用以支承整个建筑物。

图 8.5 人工挖孔桩

本项目在实际工作中，要注意：从 2012 年 1 月 1 日起，按昆建通〔2011〕364 号《昆明市住房和城乡建设局关于限制使用人工挖孔桩的通知》的规定，昆明市已经限制设计使用人工挖孔桩，我国大部分行政区也出台了类似的规定，编制该清单项目前需要得到设计或业主出示相应的行政许可。

（1）清单工程量：此项目《计量规范》给出了两种工程量计算规则。

① 以立方米计量，按桩芯混凝土体积计算。

② 以根计量，按设计图示数量计算。

（2）定额工程量计算规则。

① 人工挖孔灌注桩护壁：按护壁平均厚度乘以长度以立方米计算，区别预制、现浇，护壁长度按打桩前的自然地坪标高至设计桩底标高（不含入岩长度）另加 20 cm 计算。

② 桩芯混凝土：按设计桩芯图示尺寸以立方米计算。

人工挖孔桩由护壁、桩芯、钢筋笼三部分组成。挖孔桩的桩芯如图 8.6，由圆柱体、圆台、球冠三部分构成。护壁结构形式见图 8.7。

计算方法：

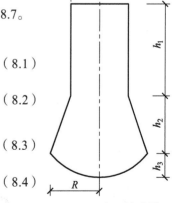

圆柱： $V_1 = \pi r^2 h_1$ （8.1）

圆台： $V_2 = \dfrac{1}{3}\pi h_2 \left(r^2 + Rr + R^2 \right)$ （8.2）

球冠： $V_3 = \dfrac{h_3}{6}\pi\left[\dfrac{3}{4}(2R)^2 + h_3^2 \right]$ （8.3）

汇总， $V_{桩芯} = V_1 + V_2 + V_3$ （8.4）

图 8.6 人工挖孔桩桩芯计算图

式中各字母含义，见图 8.6。

计算方法：

护壁： $V_{护壁} = \pi \left(R^2 - r^2 \right) h$ （8.5）

式中 R——桩身直径；

r——桩芯直径；

h——护壁高度，按打桩前的自然地坪标高至设计护壁底标高另加 20 cm 计算。

土方体积 $V = V_{护壁} + V_{桩芯}$

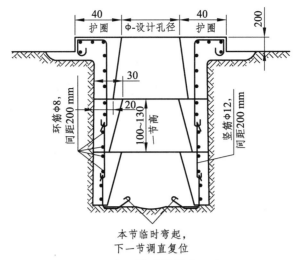

图 8.7　人工挖孔桩桩芯示意图

6）钻孔压浆桩（图 8.8）

1. 成孔　　2. 吊钢筋笼　　3. 投放碎石　　4. 注浆　　5. 成桩

图 8.8　钻孔压浆桩施工示意图

（1）清单工程量：此项目《计量规范》给出了两种工程量计算规则。

① 以米计量，按设计图示尺寸以桩长计算。

② 以根计量，按设计图示数量计算。

（2）定额工程量计算规则。

① 钻孔压浆桩区分桩长、桩径按设计桩长（包括桩尖）加超灌高度乘以设计桩径截面积以立方米计算。超灌高度，如设计无规定，超灌高度（不论有无地下室）按不同设计桩长确定：20 m 以内按 0.5 m、35 m 以内按 0.8 m、35 m 以上按 1.2 m 计算。

② 桩身土方运输、弃置，应按《计量规范》A1 附表编码列项计算，其计价按《云南省房屋建筑与装饰工程消耗量定额》第一章中相关规定计算。

7）灌注桩后压浆

（1）清单工程量：按设计图示以注浆孔数计算。

（2）定额工程量计算规则。

① 注浆管埋设按桩底设计标高至地面标高另加 20 cm 以延长米计算。

② 注浆按设计要求注浆的水泥质量以吨计算。

8.2.3 本节清单项目特征描述要点

（1）地层情况按《计量规范》表 A.1 - 1 和表 A.2 - 1 的规定，并根据岩土工程勘查报告按单位工程各地层所占比例（包括范围值）进行描述。对无法准确描述的地层情况，可注明由投标人根据岩土工程勘查报告自行决定报价。

（2）项目特征中的桩长包括桩尖，空桩长度 = 孔深 - 桩长，孔深为自然地面至设计桩底的深度。

（3）项目特征中的桩截面（桩径）、混凝土强度等级、桩类型等可直接用标准图代号或设计桩型进行描述。

（4）泥浆护壁成孔灌注桩是指在泥浆护壁条件下成孔，采用水下灌注混凝土的桩。其成孔方法包括冲击钻成孔、冲抓锥成孔、回旋钻成孔、潜水钻成孔、泥浆护壁的旋挖成孔等。

（5）沉管灌注桩的沉管方法包括锤击沉管法、振动沉管法、振动冲击沉管法、内夯沉管法等。

（6）干作业成孔灌注桩是指在不用泥浆护壁和套管护壁的情况下，用钻机成孔后，下钢筋笼，灌注混凝土的桩，适用于地下水位以上的土层使用。其成孔方法包括螺旋钻成孔、螺旋钻成孔扩底、干作业的旋挖成孔等。

（7）混凝土种类：清水混凝土、彩色混凝土、水下混凝土等，如在同一地区既使用预拌（商品）混凝土，又允许现场搅拌混凝土时，也应注明（下同）。

（8）混凝土灌注桩的钢筋笼制作、安装，按本规范附录 E 中相关项目编码列项。

8.3 定额应用

（1）与地基处理及边坡支护分部工程相同的规定。

① 土质级别的划分。

② 试桩系数的调整。

③ 混凝土搅拌和供应方式不同的计价规定。

④ 打桩间距系数调整。但是，打入（静压）预制桩、闭口预应力混凝土空心桩和闭口钢管桩，如果设计要求引孔的，引孔部分深度不得调整系数，引孔以下部分才可调整系数。

⑤ 灌注桩超量混凝土的计价规定。

（2）桩基工程中的小规模桩基施工，《云南省房屋建筑与装饰工程消耗量定额》做出以下规定：工程量小于或等于表 8.2 规定的数量时，其人工、机械消耗量按相应定额项目乘以系数 1.25 计算。

表 8.2 小规模桩人工、机械调整系数表

项目	单位工程的工程量
预制钢筋混凝土管桩	1000 m
预制钢筋混凝土方桩	800 m
沉管灌注混凝土桩	60 m³
钻、冲孔灌注混凝土桩	100 m³
钢管桩	30 t

在实际应用中应注意：试桩的调整系数与小规模桩基调整系数不能同时使用。

（3）送桩的计价规定。

在《云南省房屋建筑与装饰工程消耗量定额》第三章中各类型的桩，有送桩子目的，按其送桩子目消耗量计价，无送桩子目的按打桩子目乘以以下系数计价：

① 静压预制桩送桩按相应压桩定额的人工、机械乘以表 8.3 中系数计算。

表 8.3　送桩人工、机械调整系数表

送桩深度	系数
2 m 以内	1.25
4 m 以内	1.43
4 m 以上	1.67

② 打送预制桩定额按送 4 m 为界，如实际超过 4 m 时，人工及机械消耗量按相应定额乘以下列调整系数：

送桩 5 m 以内乘以系数 1.2；

送桩 6 m 以内乘以系数 1.5；

送桩 7 m 以内乘以系数 2.0；

送桩 7 m 以上，以调整后 7 m 为基础，每超过 1 m，递增 0.75 系数。

③ 钢管桩送桩，套用相应打（压）桩定额子目，人工机械台班消耗量乘以系数 1.5。

计价时注意：送桩不计主材费用。

（4）接桩的计价规定。

按《先张法预应力混凝土管桩》（GB 13476—2009），桩直径大于 700 mm，设计桩长超过 15 m 时，就必须接桩；预制方桩按《预制钢筋混凝土方桩》（04G361）要求，由设计确定接桩深度及接桩方式。对此，《云南省房屋建筑与装饰工程消耗量定额》第三章说明中做出计价规定如下：

打、压预制桩，不包括接桩，若需接桩，按接桩定额执行，本定额均考虑在已搭置的支架平台上操作，但不包括支架平台的搭设与拆除，实际发生时按有关定额计算。

（5）桩基工程定额子目中不包含的工作内容的规定。

① 定额子目中均不包括桩的桩帽制作、墩台制作、抽芯检查、荷载试验、动检测等的费用，发生时另行计算。

② 定额未包括施工场地和桩机行驶地面的平整铺垫与压实，未包括送桩后孔内回填和隆起土壤的处理费用，如发生时另行计算。

③ 定额不包括清除地下障碍物，发生时按实计算。

④ 打桩定额均未包括运桩。

⑤ 定额未包括钻孔或挖孔的空桩回填费用，发生时按实计算。

（6）冲击（抓）成孔桩、旋挖钻孔桩、回旋钻孔桩入岩的岩层划分为强风化岩、中风化岩层和微风化岩三类。强风化岩不作入岩计算，中风化岩和微风化岩要作入岩计算。岩石风化程度详见地基处理与边坡支护章节说明。

（7）回旋钻孔桩、冲击（抓）成孔桩、旋挖钻孔桩定额子目，已含 50 m 以内场内运土，超过时另行计算土方运输。

（8）定额中钢管桩按成品考虑，不包含防腐处理费用，如发生时可根据设计要求按实计算。

（9）锚杆静压桩计价的说明。

① 锚杆静压桩定额按成品预制桩计算。

② 锚杆（反力架）制作、安装定额中锚杆按照 M27 钢筋锚杆考虑，锚固深度为 300 mm。设计锚杆直径和锚入基础深度与定额不同时，除锚杆（反力架）按设计规格调整外，人工、机械及硫磺胶泥含量按比例调整。锚杆交叉连接钢筋的制作、安装费用已包括在封桩定额内，不得另行计算。

③ 锚杆静压桩混凝土基础开凿压桩孔按设计注明的桩芯直径及基础厚度套用定额。基础厚度指压桩孔穿透部分基础混凝土的厚度，不包括各类垫层厚度。基础凿除后废渣外运费用另计。

④ 遇开凿压桩孔后原基础钢筋割断需要复原的，复原费用另行计算。

⑤ 锚杆静压桩的压桩、送桩按桩径不同套用相应定额，压桩定额中已综合了接桩所需的压桩机台班。当设计桩长在 12 m 以内时，压桩定额人工和机械乘以系数 1.25；设计桩长在 30 m 以上时，压桩定额人工和机械乘以系数 0.85。

⑥ 锚杆静压桩接桩，按桩径不同套用相应定额。

⑦ 由于设计要求或地质条件原因导致锚杆静压桩需截桩时，截除部分桩体压桩费用不计，但桩体材料费用不扣。

⑧ 锚杆静压桩设计采用预加载封桩时，按桩径不同分别套用相应定额。封桩孔基础厚度按 800 mm 编制，设计与定额不同时，混凝土及相应机械含量按比例调整。

⑨ 封桩中突出基础部分的桩帽梁套用 "混凝土加固" 定额子目。

说明：所谓预加载封桩指在千斤顶不卸载条件下进行封桩，当封桩混凝土达到设计强度后，方可卸载。

（10）人工挖孔桩计价的说明。

① 人工挖孔桩有地下水时，抽水机台班按实计算。护壁混凝土已包括相关规范规定突出土面的 200 mm 高度在内，并与护壁混凝土及模板合并计算。

② 挖淤泥、流砂不包含堵漏、防塌措施费用，实际发生按实计算。

③ 全风化、强风化不作入岩计算，微风化岩做入岩计算，中风化岩按入岩相应子目乘以系数 0.7。

（11）振动沉管灌注桩施工中确需空管扰土时，工程量须经签认确认，其费用按打桩相应项目的人工及打桩机费用之和的 25%计算。

（12）灌注桩中的钢筋笼接头吊焊子目适用于钢筋笼设计长度大于 10 m 进行的吊焊。

（13）定额中旋挖钻孔桩、回旋钻孔桩、冲击（抓）桩的护壁泥浆，是按普通泥浆编制的，若采用其他泥浆时，可进行调整，且未包括泥浆池的制作、拆除、废泥浆外运及处置费用。

（14）定额中的金属周转材料包括桩帽、送桩器、桩帽盖、钢管及料斗等。

（15）灌注桩后注浆管埋设本定额按桩底注浆考虑，如设计采用侧向注浆时，则人工、机械乘以系数 1.2。

8.4　计算方法及实例

【例 8.1】　某桩基工程采用预制钢筋混凝土方桩，沉桩方法为静压沉桩。整桩编号 AZH－30－16CG，接桩编号 JAZHb－430－444CG，桩顶至自然地坪高度为 3 m，总数量为 40 棵，接桩采用电焊接桩，构件运输距离考虑 10 km。试编制工程量清单并计算综合单价。

根据地勘报告，地质条件自上而下描述如为：① 填土，结构复杂，成分松散，平均厚度 5 m；② 软塑红黏土，厚度 8～10 m；③ 粉土，厚度约 9 m；④ 砂土，厚 3～4 m。

已知未计价材料除税单价为：① 已知钢筋混凝土方桩 300 mm×300 mm：150 元/m；② 二等板枋材：1500 元/m³；③ 型钢：3500 元/t；④ 热轧厚钢板：3500 元/t。

【解】　1. 工程量计算

（1）清单工程量计算规则：按设计图示尺寸以桩长（包括桩尖）计算。

$$清单工程量：L = 16×40 = 640（m）$$

（2）定额工程量计算规则。

① 压桩：按设计桩长（包括桩尖，不扣除桩尖虚体积）以延长米计算。该规则与清单计量规则相同。

$$定额工程量：L = 16×40 = 640（m）$$

② 接桩：按设计接头以个计算。定额工程量：$N = 3×40 = 120$（个）

③ 送桩：按送桩长度（以桩顶面至自然地坪面另加 0.5 m）以延长米计算。

$$定额工程量：L_1 = （3+0.5）×40 = 140（m）$$

④ 运输工程量 = 图纸工程量×（1+运输堆放损耗耗率+打桩损耗率）

$$定额工程量：V = 3.14×0.3×0.3×16×40×（1+0.4\%+1.5\%） = 184.39（m^3）$$

2. 编制工程量清单（表 8.4）

表 8.4　预制钢筋混凝土方桩工程量清单

序号	项目编码	项目名称	项目特征描述	计量单位	工程量
1	010301001001	预制钢筋混凝土方桩	1. 方桩编号：AZH－30－16CG 2. 地层情况：一级土 3. 送桩深度、桩长：3.5 m、16.0 m 4. 桩截面：300 mm×300 mm 5. 桩倾斜度：斜桩倾斜度的偏差，不得大于倾斜角正切值的 15% 6. 沉桩方法：静压沉桩 7. 接桩方式：焊接 8. 混凝土强度等级：C45 9. 构件运输：10 km	m	640.00

3. 综合单价计算

（1）选用定额，查《定额》中的相关项目，相关定额子目为 01030010、01030029、01030010 换（静压预制桩送桩按相应的压桩定额送桩 4 m 以内，人工、机械×1.43）、01050214、01050215×9。

（2）编制相关子目直接费。

加入未计价材材料费，相关子目直接费表，见表 8.5。

表 8.5 相关定额子目直接费表

定额编号	01030010	01030029	01030010换	01050214	01050215×9
项目名称	静力压桩机压预制钢筋混凝土方桩300×300（mm）以内 $L \le 18$ m 一级土	方桩接桩焊接桩	送桩 4 m 以内桩断面300×300 mm	预制混凝土构件运输 1 类构件运距 1 km 以内	预制混凝土构件运输 1 类构件运距每增加 1 km
计量单位	100 m	个	10 m	10 m³	10 m³
直接费（元）	17334.86	192.18	2770.51	980.49	588.84
其中 人工费（元）	512.18	8.67	732.42	222.40	235.47
其中 材料费（元）	15404.27	108.28	9.77	26.48	0.00
其中 机械费（元）	1418.41	75.23	2028.33	731.60	353.37

注：① 所用到的机械换为云建标〔2016〕207 号文中附件 2 中机械除税台班单价：第 264 项 静力压桩机 压力（kN）4000：2774.44 元/台班；第 352 项 履带式起重机 提升质量 15 t：555.16 元/台班；第 221 项 履带式柴油打桩机冲击质量 5 t：940.43 元/台班；第 232 项 轨道式柴油打桩机 4 t：1268.89 元/台班；第 1149 项 二氧化碳气体保护焊机 YM－350KR：108.69 元/台班；第 1075 项 高压油泵压力 80 MPa：209.29 元/台班；第 623 项 单速电动葫芦 2 t：29.32 元/台班；第 470 项 载重汽车 装载质量 4 t：318.3 元/台班；第 1495 项 液压压桩器 100 t 千斤顶：112.79 元/台班；第 375 项 汽车式起重机 8 t：536.93 元/台班；第 472 项 载重汽车 装载质量 6 t：377.21 元/台班。

② 人工费按云建标函〔2018〕47 号文上调 28%。

（3）计算综合单价，见表 8.6。

【例 8.2】 某桩基工程采用预制钢筋混凝土管桩，沉桩方法为锤击沉桩。管桩选自国标《先张法预应力混凝土管桩》（GB 13476—2009），桩编号为 PHC 600 A 130 －30，桩顶至自然地坪标高为 5 m，总数量为 30 棵，接桩采用电焊接桩，构件运输距离考虑 12 km。管桩内要求钻孔取土并填 C20 混凝土。试计算工程量，编制工程量清单并找出清单项下应套用的相应定额子目。

根据地勘报告，地质条件自上而下描述如为：① 填土，结构复杂，成分松散，平均厚度 5 m；② 软塑红黏土，厚度 13～14 m；③ 粉土，厚度约 13 m；④ 砂土，厚 8～10 m。

【解】 1. 工程量计算

（1）清单工程量计算规则：按设计图示尺寸以桩长（包括桩尖）计算。

清单工程量：$L = 30 \times 30 = 900$（m）

（2）定额工程量计算规则：

① 压桩：按设计桩长（包括桩尖，不扣除桩尖虚体积）以延长米计算。该规则与清单计量规则相同。

定额工程量：$L = 30 \times 30 = 900$（m）

应套定额 01030038。

② 接桩：按设计接头以个计算。定额工程量：$N = 1 \times 30 = 30$（个），应套定额 01030062

③ 送桩：按送桩长度（以桩顶面至自然地坪面另加 0.5 m）以延长米计算。

定额工程量：$L_1 = （5 + 0.5） \times 30 = 165$（m）

应套定额 01030067，送桩 6 m 以内人工、机械×1.5。

④ 运输工程量＝图纸工程量×（1＋运输堆放损耗耗率＋打桩损耗率）

定额工程量：$V = （3.1416 \times 0.3 \times 0.3 - 3.1416 \times 0.17 \times 0.17） \times 30 \times 30 \times （1 + 0.4\% + 1.5\%） = 176.04$（m³）

应套定额 01050216、01050217×11。

⑤ 预制管桩桩芯填混凝土：按管内体积计算。

定额工程量：$V_1 = 3.1416 \times 0.17 \times 0.17 \times 30 \times 30 = 81.71$（m³），01030071

表 8.6 工程量清单综合单价分析表

序号	项目编码	项目名称	计量单位	工程量	定额编码	定额名称	定额单位	数量	清单综合单价组成明细							综合单价（元）
									单价（元）			合价（元）				
									人工费	材料费	机械费	人工费	材料费	机械费	管理费和利润	
1	010301001001	预制钢筋混凝土方桩	m	640.00	01030010	静力压桩机压预制钢筋混凝土方桩 300×300（mm）以内 L≤18 m 一级土	100 m	6.400	512.18	15404.27	1418.41	3277.95	98587.31	9077.82	1742.17	273.68
					01030029	方桩接桩焊接桩	个	120.00	8.67	108.28	75.23	1039.87	12993.89	9027.32	813.33	
					01030010换	送桩 4 m 以内桩断面 300×300 mm	100 m	1.400	732.42	9.77	2028.33	1025.38	13.67	2839.66	544.97	
					01050214	预制混凝土构件运输 1 类构件运距 1 km 内	10 m³	18.934	222.40	26.48	731.60	4210.92	501.46	13852.13	2330.92	
					0105021 5×9	预制混凝土构件运输 1 类构件运距 每增加 1 km 以内	10 m³	18.934	235.47	0.00	353.37	4458.37	0.00	6690.79	2129.73	
						小 计						14012.49	112096.33	41487.72	7561.13	

注：① 综合单价，即是以清单工程量为 1 的价格；综合单价 = ∑ 分部分项工程费 / 清单工程量。套定额的数量 = 定额工程量 / 清单工程量。
② 管理费率取 33%，利润率取 20%。
③ 有的教材将套定额的数量填写为定额工程量，也是可以的，此时综合单价 = ∑ 分部分项工程费。

2. 编制工程量清单

编制工程量清单，并找出清单项下应套用的相应定额子目，见表 8.7。

表 8.7 预制钢筋混凝土管桩工程量清单及应套定额表

序号	项目编码	项目名称	项目特征	计量单位	工程数量	应套定额编码
1	010301002001	预制钢筋混凝土管桩	1. 管桩编号：PHC600A130－30（GB 13476） 2. 地层情况：一级土 3. 送桩深度、桩长：5.5 m、30 m 4. 桩外径、壁厚：600 mm、130 mm 5. 桩倾斜度：斜桩倾斜度的偏差，不得大于倾斜角正切值的 15% 6. 沉桩方法：捶击沉桩 7. 桩尖类型：无 8. 混凝土强度等级：C80 9. 填充材料种类：C20 商品混凝土	m	900.00	01030038 01030067 01030071 01030062 01050216 01050217×9

【例 8.3】 某桩基工程采用泥浆护壁，旋挖钻机成孔灌注桩，桩径 800 mm，桩长 70 m，充盈系数为 1.2，桩顶标高至打桩地自然地坪标高为 8 m，桩身混凝土：C50 水下混凝土，孔口埋设钢护筒，泥浆运距 1 km 以内，桩身弃土用装卸机装土，自卸汽车全部外运 20 km，试计算工程量，编制工程量清单并找出清单项下应套用的相应定额子目。土壤级别为二级土。

【解】 1. 工程量计算

（1）清单工程量计算规则：按不同截面在桩上范围内以体积计算。

$$清单工程量：V = 3.1416 \times 0.4 \times 0.4 \times 70 = 35.19（m^3）$$

（2）定额工程量计算规则：

① 旋挖钻机成孔：区分不同桩径按打桩自然地坪标高至设计桩底标高之间深度以米计算。

$$定额工程量：L = 70 + 8 = 78（m），应套定额 01030164。$$

② 灌注桩混凝土：按设计桩长加上超灌高度乘以桩截面面积以体积计算。设计桩长包括桩尖，超灌高度（不论有无地下室）按不同设计桩长确定：20 m 以内按 0.5 m、35 m 以内按 0.8 m、35 m 以上按 1.2 m 计算。

$$定额工程量：V_1 = （70 + 1.2）\times 3.1416 \times 0.4 \times 0.4 = 35.79（m^3），$$
$$应套定额 01030178。$$

$$超量混凝土工程量：V_2 = 35.79 \times 20\% = 7.16（m^3），只计材料费$$

③ 埋设钢护筒：钢护筒的高度、直径按审定的施工组织设计确定，无具体规定时高度按 3 m 计算，直径按设计桩身直径加 20 cm 计算。

$$定额工程量：L_1 = 3 m。直径 D = 800 + 200 = 1000（mm），应套定额 01030183。$$

④ 泥浆运输：运输排放工程量按钻孔体积×0.3 系数以立方米计算。应按《计量规范》附录 A.3 单列清单项。

清单工程量＝定额工程量：$V_3 = 3.1416 \times 0.4 \times 0.4 \times 78 \times 0.3 = 11.76$（m³），
应套定额 01010115。

⑤ 余方弃置：按桩体积计算，包括空桩段。应按《计量规范》附录 A.3 单列清单项。

定额工程量：$V_4 = 3.1416 \times 0.4 \times 0.4 \times (70 + 8) = 39.21$（m³）
应套定额 01010104、01010105×19。

2. 编制工程量清单，并找出清单项下应套用的相应定额子目（表 8.8）

表 8.8　预制钢筋混凝土管桩工程量清单及应套定额表

序号	项目编码	项目名称	项目特征	计量单位	工程数量	应套定额编码
1	010302001001	泥浆护壁成孔灌注桩	1. 地层情况：二级土 2. 空桩长度、桩长：8 m、70 m 3. 桩径：φ800 mm 4. 成孔方法：泥浆护壁，旋挖钻机成孔 5. 护筒类型、长度：钢护筒，3 m 6. 混凝土种类、强度等级：C50 水下商品混凝土	m³	35.19	01030164 01030178 （加计 7.16 m³ 混凝土材料费） 01030183
3	010103002001	余方弃置	1. 废弃料品种：泥浆 2. 运距：1 km	m³	11.76	01010115
4	010103002002	余方弃置	1. 废弃料品种：桩身弃土 2. 运距：20 km	m³	39.21	01010104 01010105×19

【例 8.4】　某桩基工程采用人工挖孔桩，如图 8.9 所示，护壁采用 C20 商品混凝土，桩芯采用 C30 商品混凝土，桩身弃土（石）全部用装卸机装土，自卸汽车外运 20 km，试计算 1 棵桩的工程量，编制工程量清单并找出清单项下应套用的定额子目。

【解】　1. 工程量计算

1）挖土（石）方工程量

挖土（石）方工程量计算规则：按设计图示尺寸（含护壁）截面面积乘以挖孔深度以立方米计算。

挖土方清单工程量＝定额工程量

$V_土 = 3.1416 \times 1 \times 1 \times 11.7 = 31.42$（m³）

挖石方清单工程量＝定额工程量

V_1（圆柱）$= 3.1416 \times (1 - 0.15)^2 \times 3.5 = 7.94$（m³）

V_2（圆台）$= 1/3 \times \{3.1416 \times (1 - 0.15)^2 + 3.1416 \times 1.5^2 +$
$\sqrt{[3.1416 \times (1 - 0.15) \times (1 - 0.15)] \times (3.1416 \times 1.5 \times 1.5)}\} \times 2.8$
$= 12.46$（m³）

V_3（球冠）$= 0.5/6 \times 3.1416 \times [3/4(2 \times 1.5)^2 + 0.5^2] = 1.83$（m³）

$V_石 = 7.94 + 12.46 + 1.83 = 22.24$（m³）

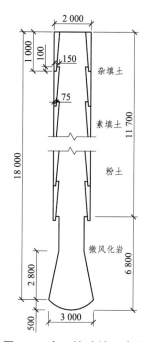

图 8.9　人工挖孔桩示意图

2）人工挖孔灌注桩工程量

（1）清单工程量：按桩芯混凝土体积计算。

$$V_{桩芯} = 3.1416 \times [1 - （0.15 + 0.075）/2]^2 \times 15.2 + 12.46 + 1.83 = 51.90（m^3）$$

（2）定额工程量。

① 护壁：按护壁平均厚度乘以长度以立方米计算，区别预制、现浇、护壁长度按打桩前的自然地坪标高至设计桩底标高（不含入岩长度）另加 20 cm 计算。

$$V_{护壁} = 3.1416 \times \{1^2 - [1 - （0.15 + 0.075）/2]^2\} \times （11.7 + 0.2） = 7.94（m^3）$$

② 桩芯：按桩芯混凝土体积计算。

$$V_{桩芯} = 51.90（m^3）$$

3）措施项目：护壁模板

护壁模板：按模板与现浇混凝土构件的接触面积计算。

$$清单工程量 = 定额工程量：S = 3.1416 \times [2 - （0.075 + 0.15）/2 \times 2] \times$$
$$\sqrt{1 \times 1 + 0.075 \times 0.075} \times （11.7/0.9）$$
$$= 72.70（m^2）$$

2. 编制工程量清单，并找出清单项下应套用的相应定额子目，见表 8.9 和表 8.10

表 8.9 人工挖孔桩工程量清单及应套定额表

序号	项目编码	项目名称	项目特征	计量单位	工程数量	应套定额编码
1	010302004001	挖孔桩土方	1. 地层情况：二类土 2. 挖孔深度：11.7 m 3. 弃土运距：20 km	m³	31.42	01030213 01010104 01010105×19
2	010302004002	挖孔桩石方	1. 地层情况：高微风化岩 2. 挖孔深度：6.8 m 3. 弃石运距：20 km	m³	22.24	01030222 01010113 01010114×19
3	010302005001	人工挖孔灌注桩	1. 桩芯长度：18.5 m 2. 桩芯直径、扩底直径、扩底高度：详见图 8.9 3. 护壁厚度、高度：护壁长度：112.5 mm、11.9 m 4. 护壁混凝土种类、强度等级：C20 商品混凝土 5. 桩芯混凝土种类、强度等级：C30 商品混凝土	m³	51.90	01030226

表 8.10 人工挖孔桩措施工程量清单及应套定额表

序号	项目编码	项目名称	项目特征	计量单位	工程数量	应套定额编码
1	011702001001	护壁模板	1. 基础类型：人工挖孔桩护壁 2. 护壁深度：11.9 m	m²	72.70	01150334

【例 8.5】 某长螺旋钻孔灌注桩，桩长 30 m，钢筋笼通长设置，经计算，钢筋工程量为：HPB300 Φ 8 mm9（t），HRB400 ⊕ 14 mm 6（t），HRB400 ⊕ 25 mm85（t）。试编制钢筋笼工程量清单并计算综合单价。

已知未计价材料除税单价为：① HPB300 Φ 8 mm：4000 元/t；② HRB400 ⊕ 14 mm：4100 元/t；③ HPB300 Φ 10 以外：4000 元/t；④ HRB400 ⊕ 25 mm：3950 元/t。

【解】 1. 工程量计算

工程量计算规则：按设计图示钢筋长度乘单位理论质量计算。与定额工程量计算规则相同。

$$G = 9 + 6 + 85 = 100（t）$$

2. 编制工程量清单，见表 8.11

表 8.11　钢筋笼工程量清单

序号	项目编码	项目名称	项目特征描述	计量单位	工程量
1	010515004001	钢筋笼	1. 钢筋种类、规格：Φ 8 mm、⊕ 14 mm、⊕ 25 mm	t	100.00

3. 综合单价计算

（1）选用定额，查《定额》中的相关项目，相关定额子目为 01030187、01030188。

（2）编制相关子目直接费。

加入未计价材料材料费，相关子目直接费表见表 8.12。

表 8.12　相关定额子目直接费表

定额编号		01030187	01030188
项目名称		灌注桩钢筋笼制安	灌注桩钢筋笼接头吊焊
计量单位		t	
直接费（元）		5663.64	803.34
其中	人工费（元）	762.73 + 762.73 × 28% = 976.29	163.53 + 163.53 × 28% = 209.32
	材料费（元）	89.69 × 0.912 + 9/100 × 1.02 × 4000 + 6/100 × 1.02 × 4100 + 85/100 × 1.02 × 3950 = 4124.57	57.18 × 0.912 + 0.028 × 4000 = 164.15
	机械费（元）	2.24 × 158.58 + 1.26 × 151.22 + 17.02 = 562.78	1.28 × 158.58 + 0.357 × 635.53 = 429.87

注：① 所用到的机械换为云建标〔2016〕207 号文中附件 2 中机械除税台班单价：第 1094 项交流弧焊机容量 42 kV·A（kN）：158.58 元/台班；第 1129 项 对焊机 75 kV·A：151.22 元/台班；第 377 项 汽车式起重机 12 t：635.53 元/台班。

② 材料费中未计价材钢筋材料费按实际计算工程量加入，灌注桩钢筋笼制安钢筋损耗量为 2%。

③ 人工费按云建标函〔2018〕47 号文上调 28%。

（3）计算综合单价，见表 8.13。

表 8.13 工程量清单综合单价分析表

清单综合单价组成明细

项目编码	项目名称	计量单位	工程量	定额编码	定额名称	定额单位	数量	单价（元）				合价（元）				综合单价（元）
								人工费	材料费	机械费	管理费和利润	人工费	材料费	机械费	管理费和利润	
010515004001	钢筋笼	t	100	01030187	灌注桩钢筋笼制安	t	100.00	976.29	4124.57	562.78		97629.44	412456.73	56277.64	42810.86	6999.98
				01030188	灌注桩钢筋笼接头吊焊	t	100.00	209.32	164.15	429.87		20931.84	16414.82	42986.66	10489.72	
							小 计					118561.28	428871.54	99264.30	53300.59	

序号 1

注：① 综合单价，即是以清单工程量为1的价格：综合单价＝∑分部分项工程量费/清单工程量。套定额的数量是定额工程量。
② 管理费费率取33%，利润率取20%。
③ 有的教材将套定额定额工程量填写为定额工程量，也是可以的，此时综合单价＝∑分部分项工程量清单工程量。综合单价＝∑分部分项工程费。

9　砌筑工程

9.1　基础知识

9.1.1　概　念

由块体和砂浆砌筑而成的墙、柱作为建筑物主要受力构件的结构称为砌体结构。砌体结构是砖砌体、砌块砌体、石砌体的统称。砌筑工程是指对砖砌体、砌块砌体、石砌体的砌筑。在一般的工程建筑中，砌体占整个建筑物自重约1/2，用工量和造价约各占1/3，是建筑工程的重要材料。长期以来，我国占主导地位的砌体材料烧结黏土砖已有2 000多年的历史，与黏土瓦并称为"秦砖汉瓦"。但是，这种砌体材料需要大量黏土作原材料，为有效地保护耕地，国家要求尽量不用黏土砖。砌体材料正朝着充分利用各种工业废料，轻质、高强、空心、大块、多功能的方向发展。常用的砖砌体有：烧结普通砖、烧结多孔砖、蒸压灰砂普通砖、蒸压粉煤灰普通砖、混凝土普通砖、混凝土多孔砖的无筋和配筋砌体；砌块砌体有混凝土砌块、轻集料混凝土砌块的无筋和配筋砌体；石砌体包括各种料石和毛石的砌体。

优点：就地取材、造价低、耐久性、耐火性好、施工方便且具有良好的保温隔热性能。

缺点：强度较低、抗震性能差、自重大、操作劳动强度大、生产效率低、施工进度慢。

9.1.2　材　料

1. 块体材料

1）烧结砖

（1）烧结普通砖。

原料：黏土、煤矸石、页岩或粉煤灰。

标准砖尺寸：240 mm×115 mm×53 mm。

墙体尺寸：120，240，365，490，615…（mm）。

适用范围：房屋上部及地下基础等部位。

（2）烧结多孔砖。

原料同烧结砖，但孔洞率不小于25%。

承重多孔砖目前主要采用P型砖（240×115×90）和M型砖（190×190×90）。

多孔砖优点：可节约黏土、减少砂浆用量、提高工效、节省墙体造价；可减轻块体自重、增强墙体抗震性能。

适用范围：房屋上部结构（不宜用于冻胀地区地下部位）。

2）蒸压硅酸盐砖

（1）蒸压灰砂砖。

原料：石灰和砂。

尺寸：240 mm × 115 mm × 53 mm。

适用范围：不得用于长期受热 200 ℃ 以上、受急冷急热和有酸性介质侵蚀的建筑部位，MU15 和 MU15 以上的蒸压灰砂砖可用于基础及其他建筑部位。

（2）蒸压粉煤灰砖。

原料：粉煤灰和石灰加适量石膏及集料。

尺寸：240 mm × 115 mm × 53 mm。

适用范围：不得用于长期受热 200 ℃ 以上、受急冷急热和有酸性介质侵蚀的建筑部位，蒸压粉煤灰砖用于基础或用于受冻融和干湿交替作用的建筑部位必须使用一等砖。

3）混凝土小型空心砌块

原料：普通混凝土或轻骨料混凝土。

主规格尺寸：390 mm × 190 mm × 190 mm。

空心率：25% ~ 50%。

4）混凝土砖

原料：以水泥为胶结材料，以砂、石等为主要集料，浇水搅拌、成型、养护制成的一种多孔混凝土半盲孔砖或实心砖。

多孔砖主规格尺寸：240 mm × 115 mm × 90 mm、240 mm × 190 mm × 90 mm、190 mm × 190 mm × 90 mm。

实心砖主规格尺寸：240 mm × 115 mm × 53 mm、240 mm × 115 mm × 90 mm。

5）蒸压加气混凝土砌块

原料：以水泥为胶结材料，以砂、石等为主要集料，加入发气剂（发气剂大多选用脱脂铝粉）浇水搅拌、成型、养护制成。

常用规格尺寸为：

长度：600 mm。

宽度：100、120、125、150、180、200、240、250、300（mm）。

高度：200、240、250、300（mm）。

适用范围：蒸压加气混凝土砌块不得使用在下列部位：

① 建筑物 ± 0.000 以下（地下室的室内填充墙除外）部位。

② 长期浸水或经常干湿交替的部位。

③ 受化学侵蚀的环境，如强酸、强碱或高浓度二氧化碳等的环境。

④ 砌体表面经常处于 80 ℃ 以上的高温环境。

⑤ 屋面女儿墙。

6）石　材

按容重分为重质岩石、轻质岩石（按其加工后的外形规则程度）可分为料石和毛石。

2. 砌筑砂浆

砂浆作用：（1）将单个的块体黏结成整体、促使构件应力分布均匀。（2）填实块体之间的缝隙，提高砌体的保温和防水性能，增强墙体抗冻性能。

砂浆分类：水泥砂浆、混合砂浆、砌筑专用砂浆、非水泥砂浆。

砂浆性能：强度、流动性（可塑性）、保水性。

3. 块体和砂浆的强度等级

（1）块体：符号 MU，砖强度等级一般为 MU5 ~ MU30；石材强度等级一般为 MU20 ~ MU100。

（2）普通砂浆：符号 M，强度等级一般为 M2.5 ~ M15。

（3）蒸压加气混凝土砌块：A1.0，A2.0，A2.5，A3.5，A5.0，A7.5，A10 七个级别。

9.1.3　砌体抗震措施

砌体结构房屋的抗震性能差，《建筑抗震设计规范》（GB 50011—2010）除对多层砌体结构房屋的总层数和总高度有要求外，为了增强砌体结构的稳定性和抗震性能，在砌体内会设置一定数量的构造柱和圈梁。一般在结构设计说明中或建筑设计说明的墙体工程部分有构造柱和圈梁布置的位置、截面尺寸、配筋要求的详细说明，做建筑工程计价时，按说明要求计算圈梁、构造柱（含马牙槎）的混凝土工程量和钢筋工程量，按《计量规范》附录 E 中项目列项。表 9.1 和表 9.2 分别是《建筑抗震设计规范》（GB 50011—2010）对多层砖砌体房屋圈梁和构造柱的位置设置要求，供参考。

表 9.1　多层砖砌体房屋现浇钢筋混凝土圈梁设置要求

墙　类	烈　度		
	6、7	8	9
外墙和内纵墙	屋盖处及每层楼盖处	屋盖处及每层楼盖处	屋盖处及每层楼盖处
内横墙	同上； 屋盖处间距不应大于 4.5 m； 楼盖处间距不应大于 7.2 m； 构造柱对应部位	同上； 各层所有横墙，且间距不应大于 4.5 m； 构造柱对应部位	同上； 各层所有横墙

砌体结构房屋，除了设置圈梁和构造柱外，还规定了构造柱与砌体连接处应砌成马牙槎、纵横墙交接部位沿墙高设置墙体拉结钢筋或钢筋网片等构造措施，一般在结构设计说明中或建筑设计说明的墙体工程部分有详细说明，做建筑工程计价时，也必须按说明计算墙体拉结钢筋或钢筋网片工程量，按《计量规范》附录 E 中项目列项。

表 9.2　砖砌体房屋构造柱设置要求

房屋层数				设 置 部 位	
6 度	7 度	8 度	9 度		
四、五	三、四	二、三		楼、电梯间四角，楼梯斜梯段上下端对应的墙体处； 外墙四角和对应转角；错层部位横墙与外纵墙交接处； 大房间内外墙交接处；较大洞口两侧	隔 12 m 或单元横墙与外纵墙交接处； 楼梯间对应的另一侧内横墙与外纵墙交接处
六	五	四	二		隔开间横墙（轴线）与外墙交接处； 山墙与内纵墙交接处
七	≥六	≥五	≥三		内墙（轴线）与外墙交接处； 内墙的局部较小墙垛处； 内纵墙与横墙（轴线）交接处

注：较大洞口，内墙指不小于 2.1 m 的洞口；外墙在内外墙交接处已设置构造柱时应允许适当放宽，但洞侧墙体应加强。

9.2　分项及工程量计算规则

1. 分　项

《计量规范》按砌筑材料的不同将砌筑工程分为砖砌体、砌块砌体、石砌体、垫层等项目，其中砖砌体 14 项，砌块砌体 2 项，石砌体 10 项，垫层 1 项，详见《计量规范》P20～P28 表 D.1～D.4。

《定额》根据工程部位、构件种类划分分项工程，每一分项工程又按不同材料或不同厚度细分，其中：基础项目分为砖基础、乱毛石基础、平毛石基础、粗料石基础等子目；砖墙项目分为单面清水砖墙、混水空砖墙、弧形砖墙、多孔砖墙、空心砖墙、空斗墙、空花墙、填充墙、贴砌砖、砌块墙、围墙等子项目，墙体再按厚度分为 1/2 砖、3/4 砖、1 砖、1 砖半、2 砖等子目；砖柱项目分为清水方砖柱、混水方砖柱、异形砖柱等子项目，每分项又按施工方法分清水方砖柱、混水方砖柱并按断面周长细分为 1.2 m 以内、1.8 m 以内、1.8 m 以外等子项目；石墙身、石砌挡土墙按石材加工的不同分为乱毛石、平毛石、整毛石、粗料石、细料石等子项目；石柱分为粗料石柱、细料石柱等子目；砌石地沟按石材加工的不同分为乱毛石、平毛石、粗料石等子目；GRC 轻质墙按厚度分为 60 厚、90 厚、120 厚等子目；彩钢板分为单层墙板、外墙夹芯板、内墙夹芯板等子目。

从上述分项内容可见，《计量规范》分项较少，而定额分项更细更具体。在实际工程中，清单列项应根据《计量规范》的项目编码及名称来分项列项，按项目特征应描述的内容描述项目特征，综合单价组价则根据项目特征内容套用定额后组成综合单价。

2. 工程量计算规则

该分部工程量计算规则中，《计量规范》按材料种类叙述构件的计算规则，《定额》按部位叙述构件的计算规则，文字描述上略有不同，实质规则基本一致且计量单位一致，因此在工程量计算时因套用定额的需要，均按《定额》计量规则计量，可在编制工程量清单时的编制说明中注明。

1）基 础

该分项工程，《计量规范》计量规则与《定额》计量规则是有所不同的，主要体现在内墙墙基长度计算的理解上。横纵墙基交接的T形接头处所产生的重叠部分是否扣除，便会产生两种计算结果。砖基础中，两种规则都写明T形接头处的重叠部分不扣除，则清单工程量和定额工程量都以"内墙基顶净长度（$L_{基顶净}$）"计算。

石基础中，《定额》计量规则写明T形接头处的重叠部分不扣除，定额工程量以"内墙基顶净长度（$L_{基顶}$）"计算。而《计量规范》计量规则没有写明T形接头处的重叠部分不扣除，则清单工程量按每一层的净长计算。

考虑到计价定额套用时应按《定额》计量规则计算工程量，清单工程量我们也统一为按《定额》计量规则计算并在编制工程量清单时在编制说明中注明。

计量规则为：按设计图示尺寸以体积计算。不扣除基础大放脚T形接头处的重叠部分及嵌入基础的钢筋、铁件、管道、基础防潮层及单个面积在 0.3 m² 以内的孔洞所占体积，靠墙暖气沟的挑檐亦不增加体积，附墙垛基础宽出部分体积应并入基础工程量内。

基础长度：外墙墙基按基础中心线长度计算，内墙墙基按内墙基顶净长计算。

基础高度：

（1）基础与墙（柱）身使用同一种材料时，以设计室内地面（即 ± 0.000）为界（有地下室者，以地下室室内设计地面为界），以下为基础，以上为墙（柱）身。

（2）基础与墙（柱）身使用不同材料时，位于设计室内地面 ± 300 mm 以内时，以不同材料为分界线，超过 ± 300 mm 时，以设计室内地面为分界线。

（3）砖、石围墙，以设计室外地坪为分界线，以下为基础，以上为墙身。

（4）石砌挡土墙基础与墙身以大放脚上表面为界，上表面以下为基础，以上为墙身。

2）墙 体

墙体工程量按设计图示尺寸以体积计算。扣除门窗、洞口、空圈、嵌入墙内的钢筋混凝土柱、梁（包括过梁、圈梁、挑梁）、凹进墙内的壁龛、管槽、暖气槽、消火栓箱、内墙板头所占体积；不扣除梁头、外墙板头、檩木、垫木、木楞头、沿椽木、木砖、门窗走头、砖墙内的加固钢筋、木筋、铁件、钢管以及每个面积 ≤ 0.3 m² 的孔洞所占的体积。突出墙面的窗台虎头砖、压顶线、山墙泛水、门窗套及三皮砖以内的腰线和挑檐等体积亦不增加。

（1）墙的长度。

① 砖混结构：外墙长度按外墙中心线长度计算，内墙按内墙净长线长度计算。

② 框架结构：框架柱间的净长度。

（2）墙身高度。

① 外墙墙身高度：斜（坡）屋面无檐口天棚者算至屋面板底，如图 9.1 所示。有屋架，且室内外均有天棚者，算至屋架下弦底面再加 200 mm，如图 9.2 所示。无天棚者算至屋架下弦底面再加 300 mm，如图 9.3 所示。平屋面算至钢筋混凝土板底面。

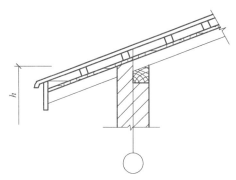

图 9.1 斜（坡）屋面无檐口天棚的外墙高度

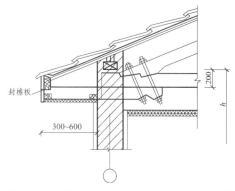

图 9.2 有屋架且室内外有天棚的外墙高度

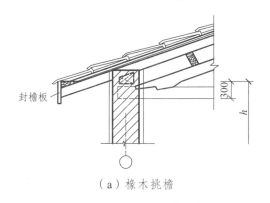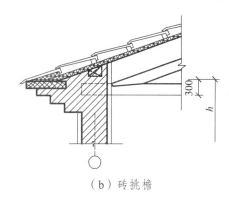

（a）椽木挑檐 （b）砖挑檐

图 9.3 有屋架无天棚的外墙高度

② 内墙墙身高度：位于屋架下弦者，其高度算至屋架底，如图 9.4 所示。无屋架者算至天棚底面再加 100 mm，如图 9.5 所示。有钢筋混凝土楼板隔层者算至板底，如图 9.6 所示。

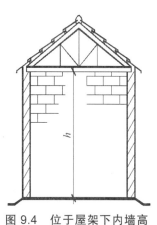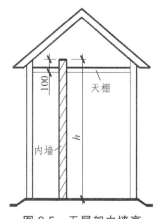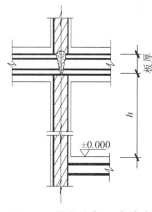

图 9.4 位于屋架下内墙高 图 9.5 无屋架内墙高 图 9.6 混凝土板下内墙高

③ 内、外山墙高度，按其平均高度计算。

④ 框架间砌体，不分内外墙均算至梁底。

⑤ 女儿墙的高度，自外墙顶面算至图示女儿墙顶面高度。

⑥ 围墙：自设计室外地坪算至墙顶面，有钢筋混凝土压顶时算至压顶下表面。

（3）砌体厚度，按如下规定计算：

① 标准砖以 240 mm×115 mm×53 mm 为准，其砌体计算厚度按表 9.3 规定。

表 9.3　标准砖砌体计算厚度（ δ ）

砖数	1/4	1/2	3/4	1	1.5	2	2.5	3
计算厚度（mm）	53	115	180	240	365	490	615	740

② 使用非标准砖时，其砌体厚度应按砖实际规格和砂浆设计厚度计算。

③ 多孔砖、空花墙、混凝土小型空心砌块按图示厚度以立方米计算。不扣除其孔、空心部分的体积。

（4）砖垛、三皮砖以上的腰线和挑檐等体积，并入墙身体积内计算。

（5）附墙烟囱（包括附墙通风道、垃圾道）按其外形体积计算，并入所依附的墙体体积内，不扣除每一个孔洞横截面面积在 0.1 m² 以下的体积。

3）其　他

（1）平砌砖过梁按图示尺寸以立方米计算。如设计无规定时，平砌砖过梁按门窗洞口宽度两端共加 500 mm，高度按 440 mm 计算。如实际高度不足规定高度时，按实际高度计算。

（2）砖柱按设计图示尺寸以体积计算，扣除混凝土及钢筋混凝土梁垫、梁头、板头所占体积。

（3）砖砌台阶（不包括梯带）按水平投影面积（包括最上层踏步边沿加 300 mm）以平方米计算。

（4）厕所蹲台、小便池、水槽、灯箱、垃圾箱、台阶挡墙或梯带、花台、花池、地垄墙及支撑地楞的砖墩、房上烟囱、屋面架空隔热层砖墩及毛石墙的门窗立边、窗台虎头砖等及单件体积在 0.3 m³ 以内的实砌体积以立方米计算，套用零星砌体定额项目。

（5）砖、毛石砌地沟不分沟底、沟壁合并以立方米计算。

（6）砌体与混凝土结构结合部分防裂构造（钢丝网片）按设计尺寸以平方米计算。

（7）砌筑沟、井、池按设计图示尺寸以立方米计算。不扣除单个面积 0.3 m² 以内孔洞所占体积。

（8）砖地坪按设计图示主墙间净空面积计算，不扣除独立柱、垛及 0.3 m² 以内孔洞所占面积。

（9）轻质墙板按设计图示尺寸以平方米计算。不扣除 0.3 m² 以内孔洞所占面积。

9.3　定额应用

（1）《定额》按标准砖规格（240 mm×115 mm×53 mm）编制；多孔砖、砌块按常用规格编制。当实际用砖规格不同时，按下式换算砖（砌块）和砂浆用量。砂浆压实系数按 7% 取定，砂浆损耗率按 2% 计算、加气混凝土砌块损耗率按 7% 计算。

① 砖墙：

$$砖 \qquad A = \frac{1}{墙厚 \times (砖长 + 灰缝) \times (砖厚 + 灰缝)} \times K$$

式中　A——每立方米砖砌体砖净用量（损耗另计）；

　　　K——墙厚的砖数 ×2（砖数：如 0.5 砖、1 砖、1.5 砖……）。

$$砂浆 \qquad B = (1 - 每一块砖的体积 \times A) \times 压实系数1.07$$

式中　B——每立方米砖砌体砂浆的净用量（损耗另计）。

② 方形砖柱：

$$砖 \qquad A = \frac{一层砖的块数}{柱横断面积 \times (一层砖厚 + 灰缝)}$$

$$砂浆 \qquad B = (1 - 每一块砖的体积 \times A) \times 压实系数1.07 （A、B 的含义同上）$$

③ 砖墙、砖柱主要材料的换算方法，也适用于其他规则的六面体砖块的换算。

（2）砌墙定额中已包括先立门窗框的调直用工，以及腰线、窗台线、挑檐等一般出线用工。

（3）砖砌体均包括了原浆勾缝用工。加浆勾缝时，另按相应定额计算。

（4）弧形砖基础套用砖基础定额，其人工乘以系数 1.10。

（5）砖砌挡土墙，墙体厚度在 2 砖以上套用砖基础定额，墙体厚度在 2 砖以内套用砖墙定额。

（6）各种类型的砌块墙，是按混合砂浆编制的，如设计使用水玻璃矿渣等黏结剂胶合料时，应按设计要求另行换算。

（7）沟篦子中的不锈钢、塑料、铸铁篦子按成品考虑，钢筋篦子按现场制作编制。

（8）项目中砂浆标号按常用品种、强度等级列出。如与设计不同时，可以换算。

（9）毛石指爆破后直接得到的，或经粗凿加工得到的形状不规则块石。毛石砌体按其平整程度分类：

乱毛石：以不规则的毛石错缝砌筑。

平毛石：以毛石上下面大致凿平、分层找平、错缝砌筑、露面拼缝。

整毛石：以砌筑前先将毛石加工为大致五面体，大面为自然不加工的面。分层找平、错缝砌筑、露面拼缝、逗口崭齐、无缺棱掉角。

（10）料石为具有规则六面体的石块，多为经人工凿琢而成，按表面加工的平整分类：

料石：稍加整修所得。

粗料石：表面凹凸深度（Δh）不大于 2 cm。

细料石：表面凹凸深度（Δh）不大于 0.2 cm。

（11）定额中粗、细料石（砌体）墙按 400 mm×220 mm×200 mm，柱按 450 mm×220 mm×200 mm，踏步石按 400 mm×300 mm×120 mm 规格编制的，实际规格不同，不允许换算。

（12）毛石护坡高度超过 4 m 时，人工乘以系数 1.15。

（13）砌筑圆弧形石砌体基础、墙（含砖石混合砌体）按定额项目人工乘以系数 1.10。

（14）毛石地下室墙，按相应定额执行。

（15）条石踏步基础按不同材料套用相应定额；毛石踏步按平毛石基础定额执行。

（16）定额中轻质墙板厚度是按常用厚度编制的，若实际厚度与定额不同时，可以换算。

（17）钢丝网架聚苯乙烯夹芯墙板是按双面网板编制的，墙厚包括双面钢丝架厚度。

（18）除各定额子目表头注明的工作内容外，本分部定额工作内容还包括准备工具、挂线、吊直、校正皮数杆、选砖（石）、原材料场内运输、浇砖、淋化石灰膏、调制砂浆、清扫墙面及清理落地砖（石）灰，并运至指定地点、堆放等操作过程。

9.4 计算方法及实例

9.4.1 砌体基础工程量计算方法

砖混结构房屋墙体下如果是砌体基础，则多为条形砖基础或条形毛石基础，根据统一后的计算规则，其计算公式可表达为：

$$砌体条基工程量 = 基础计算长度 \times 基础断面面积 - 应扣体积 + 应增加体积$$

$$V_{砌体} = （L_{中}或L_{基顶净}） \times F_{基} - V_{扣} + V_{增} \tag{9.1}$$

式中　　$L_{中}$——外墙基础中心线长度；

　　　　$L_{基顶净}$——内墙基顶净长线长度（图9.7）；

　　　　$F_{基}$——基础断面面积，按基础断面图尺寸计算；

　　　　$V_{扣}$——砌筑基础中地圈梁、构造柱等应扣除的体积；

　　　　$V_{增}$——附墙垛基础等应并入基础工程量内的体积。

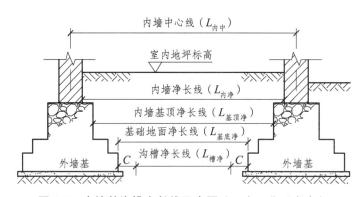

图 9.7　内墙基沟槽净长线示意图（C 为工作面宽度）

【**例 9.1**】　某工程基础如图9.8和图9.9所示，基础为M7.5砌筑水泥砂浆砌MU10烧结普通砖，防潮层为1：2抹灰水泥防水砂浆。计算砖基础、防潮层工程量，编制分部分项工程量清单并计算综合单价。已知未计价材料除税单价为：① 烧结普通砖：340元/千块；② 矿渣硅酸盐水泥 P·S32.5：395元/t；③ 细砂：86元/m³；④ 水：5.11元/m³。

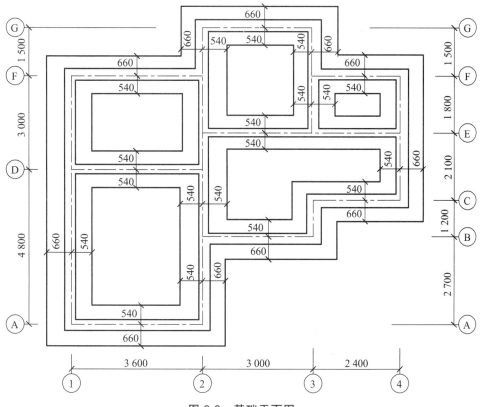

图 9.8 基础平面图

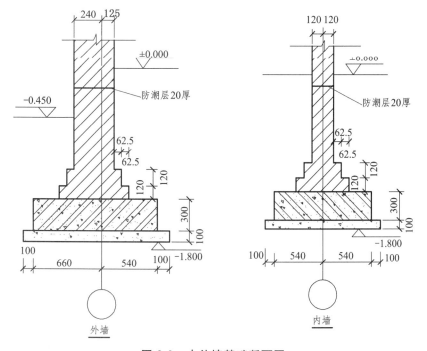

图 9.9 内外墙基础断面图

【解】 1）工程量计算

（1）砖基础工程量。

外墙中心线长：

$$\delta = 365 \div 2 - 125 = 57.5 \ (\text{mm}) = 0.0575 \ (\text{m})$$

$$L_{\text{中}} = (9 + 9.3) \times 2 + 0.0575 \times 8 = 37.06 \ (\text{m})$$

外墙砖基础断面面积：

$$\begin{aligned} F_{\text{外}} &= 0.365 \times (1.8 - 0.1 - 0.3 - 0.12 \times 2) + \\ &\quad (0.365 + 0.062\,5 \times 2 + 0.365 + 0.0625 \times 4) \times 0.12 \\ &= 0.556 \ (\text{m}^2) \end{aligned}$$

内墙砖基础顶面净长线：

$$L_{\text{基顶净}} = 9 + 1.8 + 2.1 + 1.2 + 1.8 - 5 \times 0.125 - 3 \times 0.12 = 14.92 \ (\text{m})$$

内墙砖基础断面面积：

$$\begin{aligned} F_{\text{内}} &= 0.24 \times (1.8 - 0.1 - 0.3 - 0.12 \times 2) + \\ &\quad (0.24 + 0.0625 \times 2 + 0.24 + 0.0625 \times 4) \times 0.12 \\ &= 0.381 \ (\text{m}^2) \end{aligned}$$

砖基础工程量：

$$\begin{aligned} V_{\text{砖}} &= L_{\text{中}} \times F_{\text{外}} + L_{\text{基顶净}} \times F_{\text{内}} \\ &= 37.06 \times 0.556 + 14.92 \times 0.381 = 26.29 \ (\text{m}^3) \end{aligned}$$

（2）防潮层工程量计算。

$$F_{\text{防潮}} = 37.06 \times 0.365 + 14.92 \times 0.24 = 17.11 \ (\text{m}^2)$$

2）编制工程量清单

分部分项工程量清单，如表 9.4 所示。

表 9.4 分部分项工程量清单

序号	项目编码	项目名称	项目特征	计量单位	工程量
1	010401001001	砖基础	1. 砖品种、规格、强度等级：烧结普通砖、240×115×53、MU10 2. 基础类型：条形基础 3. 砂浆强度等级：M7.5 砌筑水泥砂浆 4. 防潮层：1:2 抹灰水泥防水砂浆	m³	26.29

注：本清单项目中防潮层也可不写在项目特征中，防潮层按《计量规范》附录 J 单独列项。

3）综合单价计算

（1）选用定额，查《定额》中的相关项目，相关定额子目为：01040001、01080120。

（2）编制相关子目直接费。

查《定额》附表 P392 第 246 项，M7.5 砌筑水泥砂浆预算价格为：

$$0.268 \times 395 + 1.23 \times 86 + 0.35 \times 5.11 = 213.43（元/m^3）$$

查《定额》附表 P394 第 279 项，1：2 抹灰水泥砂浆预算价格为：

$$0.571 \times 395 + 1.079 \times 86 + 0.3 \times 5.11 = 319.87（元/m^3）$$

加入未计价材材料费，相关子目直接费表，见表 9.5。

表 9.5 相关子目直接费表

定额编号		01040001	01080120
项目名称		砖基础	防水砂浆 平面 20 mm
计量单位		10 m³	100 m²
直接费（元）		3349.38	1476.08
其中	人工费（元）	995.92	753.88
	材料费（元）	2318.40	693.47
	机械费（元）	35.06	28.72

注：① 所用到的机械换为云建标〔2016〕207 号文中附件 2 中机械除税台班单价：第 719 项 灰浆搅拌机 200 L：
　　 84.48 元/台班。
　　② 人工费按云建标函〔2018〕47 号文上调 28%。

（3）计算综合单价，见表 9.6。

【例 9.2】 某工程一层平面图如图 9.10 和图 9.11 所示，基础为 M5 水泥砂浆砌筑 MU30 平毛石条形基础，每层高度为 350 mm，垫层为 C15 商品混凝土，厚 100 mm，墙身为 M5 水泥砂浆砌筑 MU10 烧结普通砖，在 ±0.000 以下 60 mm 的位置设置 20 mm 厚 1：2.5 水泥砂浆（加防水粉）水平防潮层一道；试计算内外墙毛石基础、砖基础、混凝土垫层、防潮层工程量，编制分部分项工程量清单并计算综合单价。已知未计价材料除税单价为：① 烧结普通砖：340 元/千块；② 矿渣硅酸盐水泥 P·S32.5：395 元/t；③ 细砂：86 元/m³；④ 水：5.11 元/m³；⑤ C15 商品混凝土：255 元/m³；⑥ 毛石：70 元/m³。

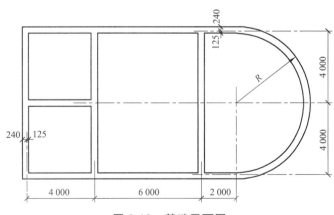

图 9.10 基础平面图

表 9.6　工程量清单综合单价分析表

序号	项目编码	项目名称	计量单位	工程量	定额编码	定额名称	定额单位	数量	清单综合单价组成明细							综合单价（元）
									单价（元）			合价（元）				
									人工费	材料费	机械费	人工费	材料费	机械费	管理费和利润	
1	010401001001	砖基础	m³	26.29	010040001	砖基础	10 m³	2.629	995.92	2318.40	35.06	2618.27	6095.08	92.17	1088.03	387.97
					010080120	防水砂浆 平面 20 mm	100 m²	0.1711	753.88	693.47	28.72	128.99	118.65	4.91	53.62	
						小计						2747.25	6213.73	97.09	1141.65	

注：① 综合单价，即是以清单工程量为1的价格：综合单价＝∑分部分项工程费/清单工程量。套定额的数量是定额工程量。
　　② 管理费费率取33%，利润率取20%。
　　③ 有的教材将套定额的数量填写为定额工程量清单工程量/清单工程量，也是可以的，此时综合单价＝∑分部工程费。

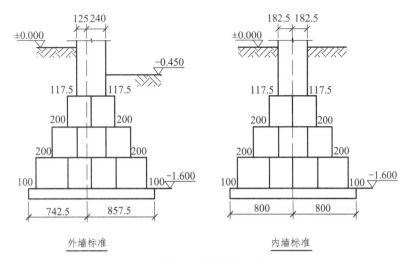

图 9.11 基础断面图

【解】 1）工程量计算

（1）毛石基础工程量。

外墙基中心线：$\delta = 365 \div 2 - 125 = 57.5$（mm）$= 0.0575$（m）

$$L_{直中} = （4 + 6 + 2）\times 2 + 8 + 0.0575 \times 4 = 32.23（m）$$

$$L_{弧中} = 3.1416 \times （4 + 0.0575）= 12.747（m）$$

内墙基顶净长线：$L_{基顶净} = 8 \times 2 + 4 - （0.125 + 0.1175）\times 5 - （0.1825 + 0.1175）= 18.488$（m）

基础断面面积：$F = [（0.7425 + 0.8575）- 0.1 \times 2）\times 3 - 0.2 \times 6] \times 0.35 = 1.05$（m²）

毛石基础工程量（直形与弧形分开）：

$$V_{直} = （L_{直中} + L_{基顶净}）\times F = （32.23 + 18.488）\times 1.05 = 53.25（m^3）$$

$$V_{弧} = L_{弧中} \times F = 12.747 \times 1.05 = 13.38（m^3）$$

（2）砖基础工程量。

砖砌体在毛石基础之上，其高度：

$$H = 1.6 - 0.35 \times 3 = 0.55（m）> 0.3 m，应按砖基础列项计算$$

外墙砖基中心线：$L_{直中} = （4 + 6 + 2）\times 2 + 8 + 0.0575 \times 4 = 32.23$（m）

$$L_{弧中} = 3.1416 \times （4 + 0.0575）= 12.747（m）$$

内墙基净长线：$L_{基顶净} = 8 \times 2 + 4 - 0.125 \times 5 - 0.1825 = 19.193$（m）

基础断面面积：$F = 0.55 \times 0.365 = 0.20$（m²）

砖基础工程量（直形与弧形分开）：

$$V_{直} = （L_{直中} + L_{基顶净}）\times F = （32.23 + 19.193）\times 0.20 = 10.28（m^3）$$

$$V_{弧} = L_{弧} \times F = 12.747 \times 0.2 = 2.55（m^3）$$

（3）混凝土垫层工程量。

按实际体积计算，即：外墙长度按中心线，内墙长度按垫层净长乘以垫层断面积以立方米计算。

外墙垫层中心线：

$$L_{中} = （4 + 6 + 2）\times 2 + 8 + 0.0575 \times 4 + 3.1416 \times （4 + 0.0575）= 44.977（m）$$

内墙垫层净长线：$L_{净} = 8 \times 2 + 4 - 0.7425 \times 5 - 0.8 = 15.488$（m）

垫层断面面积：$F = 1.6 \times 0.1 = 0.16$（m²）

垫层工程量：$V_{垫} = (44.977 + 15.488) \times 0.16 = 9.67$（m³）

（4）墙基防潮层计算。

墙基水平防潮层工程量按面积计算，即：外墙长度按中心线，内墙按净长，乘以墙厚以平方米计算。

防潮层工程量（直形与弧形分开）：

$$S_{直} = (32.23 + 19.193) \times 0.365 = 18.77 （m²）$$

$$S_{弧} = 12.747 \times 0.365 = 4.65 （m²）$$

2）编制工程量清单（表9.7）

表9.7　砌体基础工程量清单

序号	项目编码	项目名称	项目特征	计量单位	工程数量
1	010401001001	砖基础	1. 砖品种、规格、强度等级：烧结普通砖、240 mm×115 mm×53 mm、MU10 2. 基础类型：直条形基础 3. 砂浆强度等级：M5水泥砂浆 4. 防潮层：1:2.5水泥砂浆（加防水粉）	m³	10.28
2	010401001002	砖基础	1. 砖品种、规格、强度等级：标准砖、240 mm×115 mm×53 mm、MU10 2. 基础类型：弧条形基础 3. 砂浆强度等级：M5水泥砂浆 4. 防潮层：1:2.5水泥砂浆（加防水粉）	m³	2.55
3	010403001001	石基础	1. 石料种类：平毛石 2. 基础类型：直条形基础 3. 砂浆强度等级：M5水泥砂浆	m³	53.25
4	010403001002	石基础	1. 石料种类：平毛石 2. 基础类型：弧条形基础 3. 砂浆强度等级：M5水泥砂浆	m³	13.38
5	010501001001	垫层	1. 混凝土种类：商品混凝土 2. 混凝土强度等级：C15	m³	9.67

3）综合单价计算

（1）选用定额，查《定额》中的相关项目，相关定额子目为：01040001、01040040、01050068、01080120。

（2）编制相关子目直接费。

查《定额》附表P392第245项，M5砌筑水泥砂浆预算价格为：

$$0.236 \times 395 + 1.23 \times 86 + 0.35 \times 5.11 = 200.79 （元/m³）$$

查《定额》附表 P394 第 280 项，1∶2.5 抹灰水泥砂浆预算价格为：

$$0.467 \times 395 + 1.156 \times 86 + 0.3 \times 5.11 = 284.41 \text{（元/m}^3\text{）}$$

加入未计价材材料费，相关子目直接费表，见表 9.8。

表 9.8 相关子目直接费表

定额编号	01040001	01040040	01050068	01080120
项目名称	砖基础	石基础　平毛石	基础垫层　混凝土	防水砂浆　平面 20 mm
计量单位		10 m³		100 m²
直接费（元）	3317.91	2562.79	3188.71	1455.64
其中　人工费（元）	995.92	1116.93	560.10	753.88
材料费（元）	2286.93	1408.01	2615.19	673.03
机械费（元）	35.06	37.85	13.42	28.72

注：① 所用到的机械换为云建标〔2016〕207 号文中附件 2 中机械除税台班单价：第 719 项 灰浆搅拌机 200 L：
84.48 元/台班；第 1405 项 混凝土振捣器 平板式：16.99 元/台班。
② 人工费按云建标函〔2018〕47 号文上调 28%。

（3）计算综合单价，见表 9.9。

9.4.2 砌体墙的计算方法及计算技巧

1. 工程量计算方法

砖墙工程量按扣除门窗洞口后的面积乘以墙体计算厚度以立方米计算。其计算公式可表达为：

砖墙工程量 =（计算长度 × 计算墙高 − 门窗洞口面积）× 墙计算厚度 + $V_{应增}$ − $V_{应扣}$

$$V_{墙} =（L_{计} \times H - F_{门窗}）\times \delta + V_{应增} - V_{应扣} \tag{9.2}$$

式中　$L_{计}$——墙体计算长度，砖混结构外墙长度按外墙中心线（$L_{中}$）计算，内墙长度按内墙净长线（$L_{内净}$）计算，框架结构按框架柱之间净长线（$L_{净}$）计算。

　　H——墙体计算高度，按计算规则规定计算；

　　$F_{门窗}$——门窗洞口面积，按门窗表尺寸计算，或按平面图与立面图的门窗尺寸计算；

　　δ——墙体计算厚度，按计算规则规定计算；

　　$V_{应增}$——墙体应增加计算的体积；

　　$V_{应扣}$——墙体应扣减计算的体积。

2. 计算技巧

在计算工程量中有许多的技巧可以应用，不仅提高了计算速度，也提高了计算的准确性。在砖墙计算中：圈梁高度可在墙体计算高度中扣除。

表 9.9　工程量清单综合单价分析表

序号	项目编码	项目名称	计量单位	工程量	定额编码	定额名称	定额单位	数量	清单综合单价组成明细（元）人工费	材料费	机械费	合价（元）人工费	材料费	机械费	管理费和利润	综合单价（元）
1	010401001001	砖基础	m³	10.28	01040001	砖基础	10 m³	1.028	995.92	2286.93	35.06	1023.80	2350.96	36.04	425.45	
					01080120	防水砂浆平面 20 mm	100 m²	0.1877	753.88	673.03	28.72	141.50	126.33	5.39	58.82	
						小计			1165.31	2477.29	41.43				484.27	405.48
2	010401001002	砖基础	m³	2.55	01040001	砖基础	10 m³	0.255	1095.51	2286.93	35.06	279.36	583.17	8.94	116.05	
					01080120※	防水砂浆平面 20 mm	100 m²	0.0465	753.88	673.03	28.72	35.06	31.30	1.34	14.57	
						小计			314.41	614.46	10.28				130.62	419.52
3	010403001001	石基础	m³	53.25	01040040	毛石基础	10 m³	5.325	1116.93	1408.01	37.85	5947.64	7497.65	201.55	2471.24	302.69
4	010403001002	石基础	m³	13.38	01040040※	毛石基础	10 m³	1.338	1228.62	1408.01	37.85	1643.90	1883.92	50.64	682.82	318.48
5	010501001001	基层	m³	9.67	01050068	混凝土基层	10 m³	0.967	560.10	2615.19	13.42	541.62	2528.89	12.98	224.82	344.74

注：①弧形砖（石）基础套用砖（石）基础定额，其人工乘以系数 1.10。
②综合单价，即是以清单工程量为 1 的价格；综合单价＝∑分部分项工程费/清单工程量。套定额的数量＝定额的数量/清单工程量。
③管理费取 33%，利润率取 20%。
④有的教材将套定额的数量填写为定额工程量／清单工程量，也是可以的，此时综合单价＝∑分部分项工程费。

【**例 9.3**】 某工程一层平面图及剖面图如图 9.12 和图 9.13 所示，内外墙体均为 M5.0 砌筑混合砂浆砌筑一砖 MU10 实心砖墙，试计算一砖厚内外墙工程量。图中：M－1 为 900×2100，M－2 为 1500×2700，M－3 为 5100×3000，C－1 为 1800×1 800，C－2 为 1500×1800。钢筋混凝土预制过梁断面为 240×180。每层设圈梁断面为 240×300，M－3 上圈梁高增大为 600，±0.000 以下为混凝土基础，楼板、楼梯均为现浇混凝土。M－2 和 M－3 只在首层才有，M－2 位于 2 层以上换为 C－2，2 层以上 M－3 的位置换为 C－1，C－1 在 2 层的离地高度为 300。（以上数字计量单位均为 mm）。

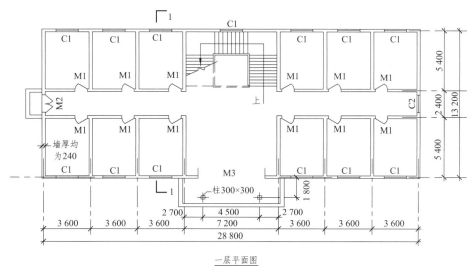

图 9.12 一层平面图

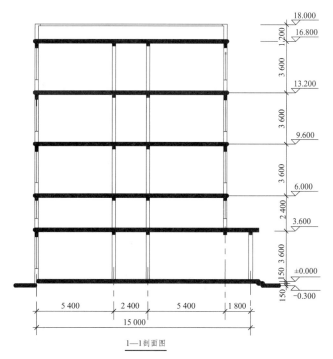

图 9.13 剖面图

【解】 外墙中心线：

$$L_{中} = (28.8 + 13.2) \times 2 = 84 \, (\text{m})$$

内墙净长线：

$$L_{内} = (3.6 \times 3 + 5.4 \times 3 - 0.12 \times 6) \times 4 = 105.12 \, (\text{m})$$

外墙高（扣圈梁高）：

$$H_{外} = 18 - 0.3 \times 5 = 16.5 \, (\text{m})$$

内墙高（扣圈梁高）：

$$H_{内} = 16.8 - 0.3 \times 5 = 15.3 \, (\text{m})$$

$$S_{门窗} = 0.9 \times 2.1 \times 12 \times 5 + 1.5 \times 2.7 + 5.1 \times 3 + 1.8 \times 1.8 \times 13 \times 5 +$$
$$1.8 \times 1.8 \times 4 + 1.5 \times 1.8 \times 9$$
$$= 380.61 \, (\text{m}^2)$$

内外墙体厚度：一砖墙 $\delta = 0.24 \, (\text{m})$

应扣除门窗洞口预制混凝土过梁体积：

$$V_{M1} = (0.9 + 0.5) \times 0.24 \times 0.18 \times 12 \times 4 = 2.903 \, (\text{m}^3)$$

$$V_{M2} = (1.5 + 0.5) \times 0.24 \times 0.18 \times 1 = 0.086 \, (\text{m}^3)$$

$$V_{C1} = (1.8 + 0.5) \times 0.24 \times 0.18 \times (13 \times 4 + 3) = 5.465 \, (\text{m}^3)$$

$$V_{C2} = (1.5 + 0.5) \times 0.24 \times 0.18 \times 7 = 0.605 \, (\text{m}^3)$$

M-3 上的圈梁增大部分的体积：

$$V_{M3} = (5.1 + 0.25 \times 2) \times 0.24 \times (0.6 - 0.3) = 0.403 \, (\text{m}^3)$$

以上合计 $V_{应扣} = 2.903 + 0.086 + 5.465 + 0.605 + 0.403 = 9.462 \, (\text{m}^3)$

则内外墙体工程量：

$$V_{墙} = (L_{计} \times H - F_{门窗}) \times \delta + V_{应增} - V_{应扣}$$
$$= (84 \times 16.5 + 105.12 \times 15.3 - 380.61) \times 0.24 - 9.462$$
$$= 617.83 \, (\text{m}^3)$$

【例9.4】 针对例9.3计算出的工程量，编制工程量清单并计算该分项工程的综合单价。已知未计价材料除税单价为：① 烧结普通砖：340元/千块；② 矿渣硅酸盐水泥 P·S32.5：395元/t；③ 细砂：86元/m³；④ 石灰膏：0.42元/m³；⑤ 水：5.11元/m³。

【解】 1）编制工程量清单（表9.10）

表9.10 分部分项工程量清单

序号	项目编码	项目名称	项目特征	计量单位	工程数量
1	010401003001	实心砖墙	1. 砖品种：标准砖 MU10 2. 墙体类型：一砖混水砖墙 3. 砂浆强度等级：M5 混合砂浆	m³	617.83

2）综合单价计算

（1）选用定额，查《定额》中的相关项目，相关定额子目为：01040009。

（2）编制相关子目直接费。

查《定额》附表 P392 第254项，M5 砌筑混合砂浆重新组价，除税价格为：

$$0.245 \times 395 + 1.23 \times 86 + 107 \times 0.42 + 0.32 \times 5.11 = 249.13 \ (\text{元}/\text{m}^3)$$

加入未计价材材料费，相关子目直接费表，见表 9.11。

表 9.11　相关子目直接费表

定额编号	01040009
项目名称	1 砖混水砖墙
计量单位	10 m^3
直接费	3611.09

其中	人工费	1167.63
	材料费	2409.75
	机械费	33.71

注：所用到的机械换为云建标〔2016〕207 号文中附件 2 中机械除税台班单价：第 719 项 灰浆搅拌机 200 L：84.48 元/台班；

3）计算综合单价

该清单项目组价内容单一，可用列式方法计算如下：

人工费：$617.83/10 \times 1167.63 = 72139.61$（元）

材料费：$617.83/10 \times 2409.75 = 148881.54$（元）

机械费：$617.83/10 \times 33.71 = 2082.55$（元）

管理费和利润：$(72139.61/1.28 + 2082.55 \times 8\%) \times (33\% + 20\%) = 29958.61$（元）

综合单价：$(72139.61 + 148881.54 + 2082.70 + 29958.61)/617.83 = 409.60$（元/m^3）

<h1 align="center">习　题</h1>

9.1　按图 9.14 所示基础平面图与立面图所给尺寸，并设防水砂浆防潮层的位置在 -0.06 m 处，试计算砖基础、防水砂浆防潮层和基础垫层的工程量。

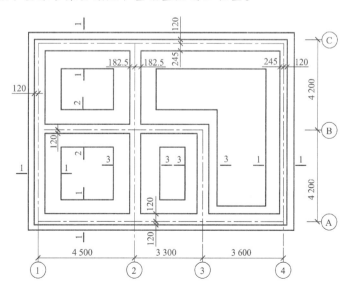

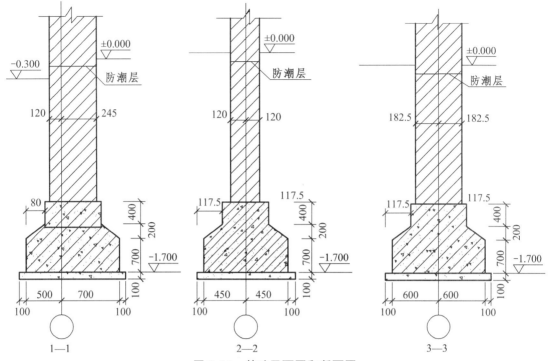

图 9.14　基础平面图和断面图

9.2　按图 9.15、图 9.16 所给尺寸计算以下分项工程的工程量、编制工程量清单、计算综合单价：① 场地平整；② 人工挖基础土方；③ 毛石条基；④ 砖基础；⑤ 基础回填土。已知毛石基础为 M7.5 水泥砂浆砌筑 MU20 毛石，砖基础为 M7.5 水泥砂浆砌筑 MU10 烧结普通砖，在砖基础 −0.06 m 处设 1∶2 防水砂浆防潮层。（材料价格只调整未计价材，未计价材料价格由任课教师给定。）

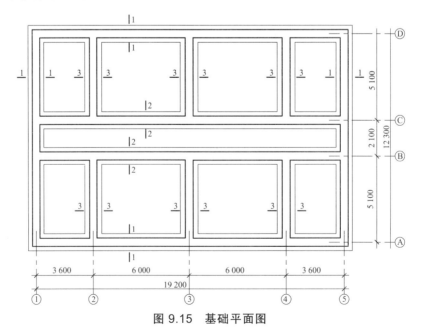

图 9.15　基础平面图

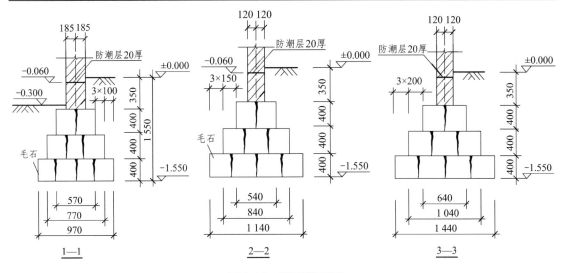

图 9.16 基础断面图

9.3 某单层建筑物如图 9.17、图 9.18 所示,墙体为 M5 混合砂浆砌筑 MU10 烧结普通砖,厚度均为 240 mm,门窗如表 9.12 所示,试根据图示尺寸计算一砖内外墙工程量和综合单价。图中涂黑部位为 C20 钢筋混凝土构造柱,截面尺寸为 240 mm×240 mm;标高 2.7 处设 C20 钢筋混凝土圈梁,梁宽同墙厚,高度为 300 mm;屋顶女儿墙顶部设置 C20 钢筋混凝土压顶,压顶宽混凝土墙厚,高度为 200 mm。(材料价格只调整未计价材,未计价材料价格由任课教师给定。)

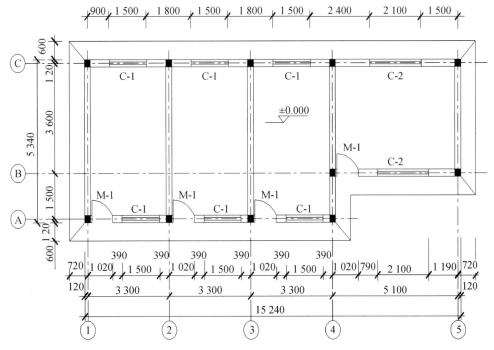

图 9.17 某单层建筑物平面图

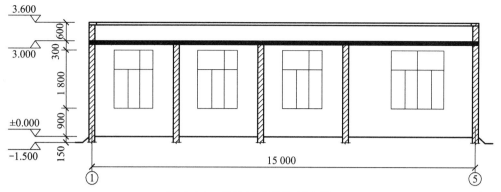

图 9.18　某单层建筑物剖面图

表 9.12　门窗统计表

门窗名称	代号	洞口尺寸 （mm×mm）	数量（樘）	单樘面积 （m²）	合计面积 （m²）
单扇无亮无砂镶板门	M1	900×2000	4	1.8	7.2
双扇铝合金推拉窗	C₁	1500×1800	6	2.7	16.2
双扇铝合金推拉窗	C₂	2100×1800	2	3.78	7.56

　　9.4　某一框架结构建筑物一层平面图如图 9.19 所示，一层层高为 4.2 m，墙体上方所有框架梁截面尺寸均为 250 mm×600 mm，框架柱截面尺寸均为 400 mm×600 mm。门窗表如表 9.13 所示。门窗洞口上方未抵框架梁处均应设置钢筋混凝土过梁，过梁截面尺寸为 200 mm ×300 mm。试根据图示尺寸计算一层内外墙体的工程量，编制工程量清单并计算综合单价。已知墙体为 M5 混合砂浆砌筑 A3.5 蒸压加气混凝土砌块，墙体厚度均为 200 mm，本建筑未设构造柱和圈梁。（材料价格只调整未计价材，未计价材料价格由任课教师给定。）

表 9.13　门窗表

门窗代号	门窗名称	洞口尺寸（mm×mm）	数量/樘	立樘高度/mm
FM 乙 1021	乙级防火门	1000×2100	1	0
JLM3036	卷帘门	3000×3600	3	0
M1021	实木门	1000×2100	2	0
C1815	铝合金玻璃窗	1 800×1500	2	900
C1027	铝合金百叶窗	1000×2700	1	900
C1827	铝合金百叶窗	1800×2700	2	9000
C3027	铝合金百叶窗	3000×2700	2	900
DK1524	洞口	1500×2400	1	0

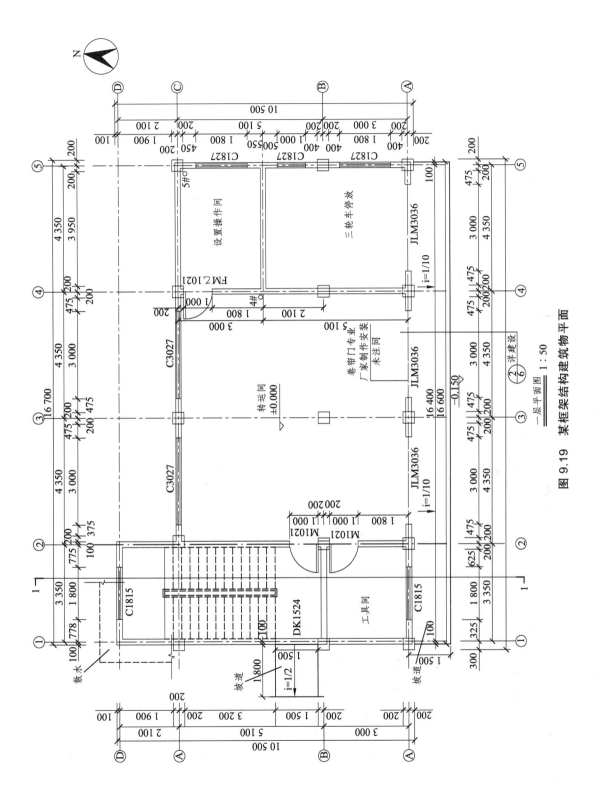

图 9.19 某框架结构建筑物平面

10　混凝土及钢筋工程

10.1　混凝土工程

混凝土结构是指以混凝土为主要材料制成的结构，包括素混凝土结构、钢筋混凝土结构和预应力混凝土结构，按施工方法可分为现浇混凝土结构和装配式混凝土结构。19世纪后，钢筋混凝土结构广泛地应用在建筑工程中。混凝土是由胶凝材料水泥、砂子、石子、水及掺合材料、外加剂等按一定的比例拌和而成的，凝固后坚硬如石，受压能力好，建筑中的主要受力构件如基础、梁、板、柱、剪刀墙和楼梯都用混凝土浇筑。混凝土工程在建筑工程造价中占了很大的比例，混凝土构件的准确计量与计价，对合理、有效控制工程造价意义重大。

10.1.1　分项及工程量计算规则

1. 分　项

《计量规范》将混凝土工程按现浇和预制构件分开，再按基础、柱、梁、墙、板、楼梯、其他构件、后浇带、屋架等项目划分，共分为63项。详见《计量规范》P10表E.1～E.14。其中表E.1～表E.8为现浇混凝土构件，表E.9～表E.14为预制混凝土构件。

上述构件为混凝土结构中的基本构件，不作详述，仅解释一下后浇带的概念。

《混凝土结构工程施工规范》（GB 50666—2011）把后浇带定义为：为适应环境、温度变化、结构不均匀沉降等因素影响，在梁、板（包括基础底板）、墙等结构中预留的具有一定宽度且经过一定时间后再浇筑的混凝土带。

《定额》按施工方法将混凝土工程分为现场搅拌混凝土、商品混凝土、预制混凝土、预应力混凝土四大分项，每一分项又按构件部位分基础、柱、梁、墙、板、楼梯、其他构件、后浇带、屋架等子项目，现浇混凝土的内容还配有泵送到构件位置的子目，预制混凝土配有构件运输、安装及接头灌缝的子目。具体分项详《定额》。

从上述分项方式可见，《计量规范》只是按浇筑方式把混凝土工程分项，而定额分项则视具体的施工方法及构件部位分项，还包括了构件运输及安装项，分项更细更具体。实际工程中，进行列项时应根据《计量规范》的项目编码及名称来分项列项，按《计量规范》要求的内容描述项目特征，综合单价组价则根据项目特征描述的具体内容套用定额后组成综合单价。

2. 工程量计算规则

混凝土工程各构件工程量计算规则中，《计量规范》和《定额》在计算规则描述上略有不同，实质规则基本一致且计量单位一致，因此在工程量计算时因套用定额的需要，均按《定额》计量规则计量。

（1）现浇、预制混凝土除注明者外，均按设计图示尺寸以立方米计算，不扣除钢筋、铁件、螺栓所占体积，扣除型钢混凝土中型钢所占体积。

（2）现浇构件的墙、板及预制构件中的板类构件，不扣除面积小于 0.3 m² 孔洞的混凝土体积，面积超过 0.3 m² 的孔洞，其混凝土体积应扣除。

（3）后浇带工程量按设计图示尺寸以立方米计算。

（4）基础：

① 框架式设备基础、箱形基础、地下室，分别按基础、柱、墙、梁、板相应定额计算。楼层上的设备基础按有梁板定额执行。箱形基础，如图 10.1 所示。

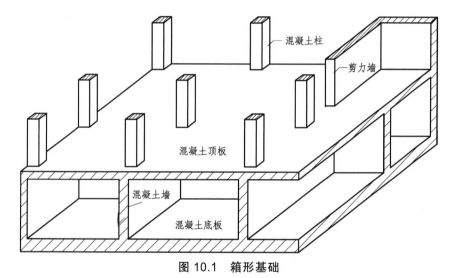

图 10.1 箱形基础

② 有梁式带形基础梁的高度（基础扩大面至梁顶面高度）不大于 1.2 m 时，基础底板、梁合并计算执行带形基础定额；有梁式带形基础的梁的高度大于 1.2 m 时，带形基础底板按执行带形基础定额执行，基础扩大面以上按墙相应定额执行。如图 10.2、图 10.3 所示。

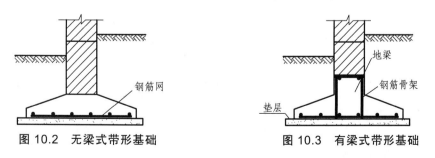

图 10.2 无梁式带形基础   **图 10.3 有梁式带形基础**

③ 无梁式满堂基础有扩大或角锥形柱墩时，扩大或角锥形柱墩体积并入无梁式满堂基础计算。有梁式满堂基础梁高度（凸出基础底板上或下表面至梁顶面或底面高度）不大于 1.2 m

时，基础底板、梁合并计算执行有梁式满堂基础定额；有梁式满堂基础梁高度大于 1.2 m 时，底板按无梁式满堂基础定额执行，凸出基础底板梁的体积执行墙的相应定额。如图 10.4、图 10.5 所示。

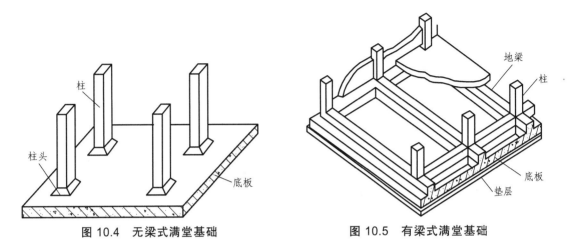

图 10.4　无梁式满堂基础　　　　　图 10.5　有梁式满堂基础

④ 不扣除伸入承台基础的桩头所占体积。如图 10.6 所示。

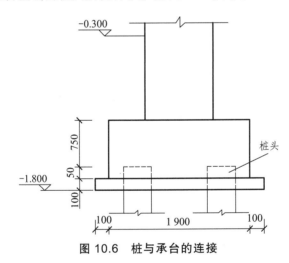

图 10.6　桩与承台的连接

⑤ 基础垫层按设计图示尺寸以体积计算。

（5）柱。

① 有梁板柱按柱基上表面或楼板上表面至上一层楼板上表面之间的高度计算。如图 10.7 所示。

② 无梁板的柱高，应自柱基上表面（或楼板上表面）至柱帽下表面之间的高度计算。如图 10.8 所示。

③ 框架柱楼隔层者按柱基上表面（或楼板上表面）至上一层楼板上表面之间的高度计算，无楼隔层者按柱基上表面至柱顶面之间的高度计算。

④ 构造柱按柱基上表面或地（圈梁）上表面至柱顶计算，与砌体嵌接部分（马牙槎）并入柱身体积。如图 10.9 所示。

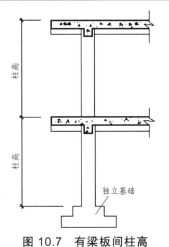

图 10.7   有梁板间柱高

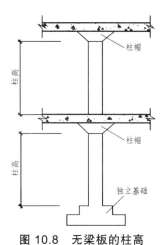

图 10.8   无梁板的柱高

图 10.9   构造柱与马牙槎

⑤ 依附柱上的牛腿并入柱身体积计算。如图 10.10 所示。

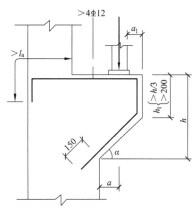

图 10.10   依附柱上的牛腿

（6）梁：

① 梁长：主梁、次梁与柱连接时，主梁长算至柱侧面，次梁长算至柱或主梁侧面。伸入墙内的梁头和梁垫，其体积并入梁体积计算。如图 10.11、图 10.12 所示。

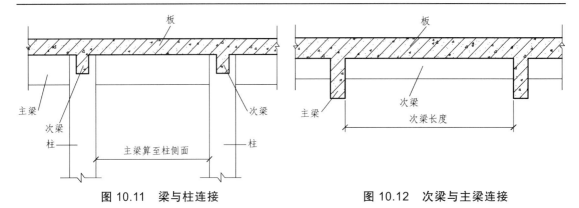

图 10.11　梁与柱连接　　　　　图 10.12　次梁与主梁连接

② 圈梁与过梁连接者，分别套用圈梁、过梁定额，其过梁长度按门窗洞口宽度每边加 25 cm 计算。如图 10.13 所示。

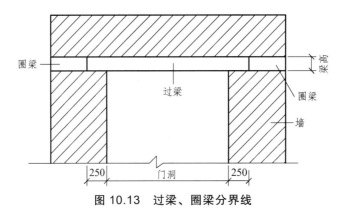

图 10.13　过梁、圈梁分界线

（7）板：

① 有梁板指现浇带梁（包括主、次梁但不包括圈梁、过梁）的钢筋混凝土板，按梁（主、次梁）、板体积合并计算。有梁板中的带有弧形梁时，弧形梁单独分出执行弧形梁定额，板执行相应的有梁板定额。如图 10.14 所示。

② 无梁板（指现浇不带梁，直接由柱支撑承重的板）按板与柱帽体积之和计算。如图 10.15 所示。

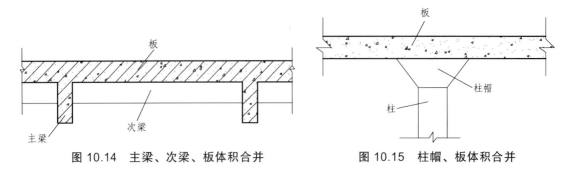

图 10.14　主梁、次梁、板体积合并　　　　图 10.15　柱帽、板体积合并

③ 平板（指不带梁由墙或预制梁承重的板）按体积计算。

④ 现浇空心板按扣除空心部分所占体积后的混凝土体积计算。

⑤ 现浇空心板中的芯管区别不同直径按图示尺寸以延长米计算。

⑥ 压型钢板混凝土组合楼板按梁板合并以体积计算，扣除构件内压型钢板所占体积。

⑦ 有多种板连接时，以墙的中心线为界，伸入墙内的板头并入板内计算。

⑧ 现浇挑檐、天沟与板（楼、屋面板）连接时，按外墙皮为分界线；与梁连接时，按梁外皮为分界线，外边线以外为挑檐、天沟。如图 10.16 所示。

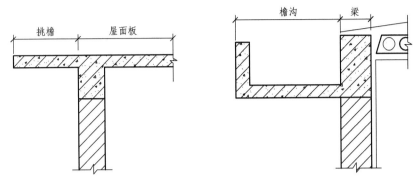

图 10.16　挑檐、檐沟（天沟）、板分界线

（8）墙：

① 墙、电梯井壁，按图示尺寸以立方米计算，扣除门窗洞口及单个面积大于 0.3 m² 孔洞所占体积。混凝土墙中的圈梁、过梁及外墙八字脚处的混凝土并入墙内计算，执行相应的墙体定额。

> 注：严格说，混凝土墙中无圈梁、过梁，定额的说法有错误，这里的"圈梁、过梁"应该是指混凝土墙中的"暗梁"和"连梁"。

② 突出墙面的柱按相应柱定额执行。

③ 断面为 T 形、十字形、L 形的剪力墙，当各肢伸出总净长度与墙体厚度之比不大于 4 时，按异形柱定额执行，反之执行墙体定额。若伸出部分墙体厚度不同时，按与较厚墙体厚度之比划分。

图 10.17（a）中，当 $(L_1 + L_2)/\delta_2 \leqslant 4$，图（b）中，当 $(L_1 + L_2 + L_3)/\delta_2 \leqslant 4$，图（c）中，当 $(L_1 + L_2 + L_3 + L_4)/\delta_2 \leqslant 4$ 时，执行异形柱定额，反之则执行墙定额。

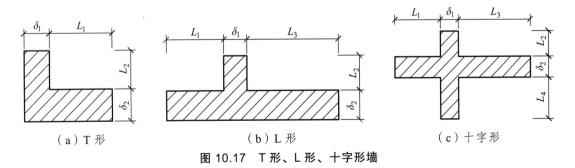

（a）T 形　　　　　（b）L 形　　　　　（c）十字形

图 10.17　T 形、L 形、十字形墙

（9）其他：

① 整体楼梯：按包括休息平台、平台梁、斜梁、楼层板的连接梁的水平投影面积计算，不扣除宽度不大于 500 mm 的楼梯井，伸入墙内的板头、梁头亦不增加。若整体楼梯与现浇

楼板无梯梁连接时，以楼梯的最后一个踏步边缘加 300 mm 计算。整体楼梯不包括基础，楼梯基础另按相应定额计算。如图 10.18 所示。

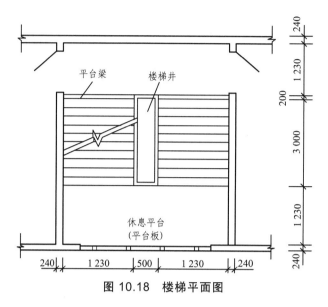

图 10.18　楼梯平面图

② 台阶：混凝土台阶按图示混凝土水平投影面积以平方米计算，若图示不明确时，以台阶的最后一个踏步边缘加 300 mm 计算。架空式混凝土台阶按楼梯计算。如图 10.19 所示。

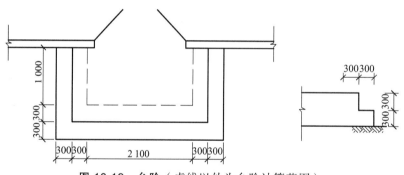

图 10.19　台阶（虚线以外为台阶计算范围）

③ 栏板、栏杆：按包括伸入墙内部分的长度以延长米计算。楼梯的栏板、栏杆的长度，如图纸无规定时，按水平投影长度乘以系数 1.15 计算。

④ 整体屋顶水箱按包括底、壁、盖的混凝土体积按体积以立方米计算。

⑤ 池槽、门窗框、混凝土线条、挑檐天沟、压顶按体积以立方米计算。

⑥ 板式雨篷按伸出墙外的水平投影面积以平方米计算，伸入墙内的梁按相应定额执行。

⑦ 预制钢筋混凝土板间补现浇板时，按相应的现浇平板定额执行。

⑧ 预制镂空花格按洞口面积以平方米计算。

⑨ 预制钢筋混凝土框架梁、柱接头按图示尺寸以立方米计算，执行框架梁柱接头定额。

（10）预制桩按设计桩长（包括桩尖、不扣除桩尖虚体积）乘以桩的截面面积以立方米计算。

（11）商品混凝土泵送工程量按设计图示尺寸的混凝土体积以立方米计算。

（12）预制混凝土构件运输及安装工程工程量计算规则：

① 预制混凝土构件安装均按图示尺寸，按实体体积以立方米计算。

② 加气混凝土板（砌块）运输每立方米折合钢筋混凝土构件 0.4 m³ 按一类构件运输计算。

③ 焊接形成的预制钢筋混凝土框架结构，其柱安装按框架柱计算，梁安装按框架梁计算，节点浇注成形的框架按连体框架梁、柱计算。

④ 预制钢筋混凝土工字型柱、矩形柱、空腹柱、双支柱、空心柱、管道支架等安装，均按柱安装计算。

⑤ 组合屋架安装，按混凝土部分实体以立方米计算，钢杆件部分不另计算。

⑥ 预制钢筋混凝土多层柱安装，首层柱按柱安装计算，二层及二层以上按柱接柱计算。

⑦ 钢筋混凝土构件接头灌缝：包括构件坐浆、灌缝、堵板孔、塞板梁缝等，均按预制钢筋混凝土构件实体体积以立方米计算。螺栓洞及零星灌浆以实灌体积以立方米计算。

⑧ 柱与柱基的灌缝，按首层柱体积计算，首层以上柱灌缝按各层柱体积计算。

接头灌缝工程量 = 图示构件实体工程量

10.1.2 列项相关问题说明及定额应用

对比《计量规范》与《定额》混凝土工程分部中的分项划分及工程量计算规则，大原则上基本一致，均是按构件部位进行分项划分，定额子目更细一些，在具体工程编制清单或招标控制价（投标报价）时工程量清单项目设置、项目特征描述的内容、计量单位均应按《计量规范》规定执行，综合单价组价时定额套用则可根据项目特征的具体描述结合定额子目内容套用即可。

1. 列项相关问题说明

1）现浇混凝土构件

（1）现浇混凝土构件列项时按《计量规范》附录 E 表 E.1～表 E.8 执行，定额套用时根据混凝土使用情况按"现场搅拌混凝土浇捣"及"商品混凝土浇捣"两种不同工作内容分别套用。

（2）如图 10.1 所示的箱形基础，其底板、墙、柱、顶板分别按《计量规范》附录 E 表 E.1～表 E.5 中满堂基础、柱、梁、墙、板中的列项。

（3）《计量规范》表 E.3 中的矩形梁是指不与现浇板连为一体的梁，定额套用时套单梁、连续梁项目。

（4）有梁（不含圈、过梁）式的整体阳台、雨篷，列项时按《计量规范》附录 E 表 E.5 有梁板项目列项，定额套用亦执行有梁板定额。

（5）现浇钢筋混凝土竖向遮阳板按《计量规范》附录 E 表 E.4 中墙体项目列项，水平遮阳板、飘窗板按《计量规范》附录 E 表 E.5 中"天沟（檐沟）、挑檐板"列项。

（6）《计量规范》附录 E 表 E.7 中"其他构件"项目指未列出项目名称的一些混凝土构件，如混凝土线条（凸出并依附于柱、墙、梁的横截面外露展开长度不大于 600 mm 的混凝土构件）、单构件体积在 0.05 m³ 以内且未列出定额项目的构件等，定额套用时按混凝土线条或零星构件项目。

2）预制混凝土构件、预应力混凝土构件

预制混凝土构件、预应力混凝土构件按《计量规范》附录 E 表 E.9 ~ 表 E.14 列项，定额套用时据实际情况按"工厂制作"及"现场加工"两种不同工作内容分别在清单项目特征中注明，预应力混凝土构件还须注明预应力施加时的张拉方法。

预制混凝土构件及预应力混凝土构件若为"工厂制作"，列项时不单独列，但须在清单项目特征中注明运输距离，定额套用组价时应组合制作、运输、安装、接头灌缝的价格，"现场加工"组价时应组合制作、安装、接头灌缝的价格。

2. 定额应用

（1）所有混凝土构件项目未含模板，模板另按单价措施项目模板工程分部相应规定计算。

（2）定额中毛石混凝土的掺量按 20% 计算，设计要求不同时，可按设计要求调整换算。

（3）定额中的构造柱适用于先砌墙后浇捣的柱，若构造柱须先浇捣后砌墙，执行相应的柱定额。空心砌体内的填芯柱执行构造柱定额。

（4）整体楼梯、台阶、雨篷、栏板、栏杆的混凝土用量与设计用量与定额取定的混凝土用量不同时，混凝土每增（或减）1 m³，按以下规定另行计算：

① 现场搅拌混凝土。人工 2.61 工日；混凝土 1.015 m³；机械：混凝土搅拌机：0.1 台班，插入式振捣器 0.2 台班。

② 商品混凝土。人工 1.60 工日；混凝土 1.015 m³；机械：混凝土搅拌机 0.1 台班。

（5）商品混凝土泵送按建筑物檐高计算。

（6）定额中综合了普通混凝土的养护费用，大体积混凝土及特殊混凝土的养护可根据批准的施工组织设计或施工方案另行计算。

（7）预制混凝土构件、预应力混凝土构件的定额中不包括构件的制作废品率、运输堆放损耗及打桩、安装损耗。构件净用量按施工图示尺寸计算，制作、运输、安装（打桩）工程量则按下列公式计算（表 10.1、表 10.2）：

① 制作工程量 = 图示构件实体工程量 ×（1 + 总损耗率）

② 运输工程量 = 图示构件实体工程量 ×（1 + 运输损耗率 + 安装损耗率）

③ 安装工程量 = 图示构件实体工程量

表 10.1　各类预制预应力混凝土构件损耗率表

构件名称	制作废品率（%）	运输堆放损耗率（%）	安装（打桩）损耗率（%）	总计（%）
预制钢筋混凝土桩	0.1	0.4	1.5	2
其他各类预制预应力混凝土构件	0.2	0.8	0.5	1.5

表 10.2 预制混凝土构件分类

构件分类	构件名称
1 类	6 m 以内的桩、空心板、实心板、基础梁、吊车梁、梁、楼梯休息板、楼梯段、阳台板、门框及单体积在 0.1 m³ 以内的小构件
2 类	6 m 以上的梁、板、柱、桩、各类屋架、桁架、托架
3 类	天窗架、挡风架、侧板、端壁板、天窗上下档
4 类	装配式内、外墙板，大楼板，厕所板，隔墙板

注：预制钢筋混凝土屋架、桁架、托架及长度在 9 m 以上的梁、板、柱不计算损耗。

（8）关于构件运输及安装。

① 构件运输包括预制混凝土构件运输及半成品钢筋运输，适用于由构件堆放场地或构件加工厂至施工现场的运输。

② 构件运输过程中，如遇路桥限载（限高）而发生的加固、拓宽等费用，及公安、交通管理部门的保安护送费用，另行处理。

③ 各类构件运输采用 1 km 以内及 1 km 以外每增加 1 km（至 50 km）两个子目计算；总运距超过 50 km 者，以施工方案自零千米起按长途运输的有关规定计算。

④ 预制构件安装是按机械回转半径 15 m 以内计算的，机械回转半径超过 15 m 时，应另按构件 1 km 运输定额项目执行。

⑤ 定额是按单机作业制定的，若特殊情况需多机作业时，另行计算。每一循环中，均包括机械的必要位移。

⑥ 定额不包括起重机械、运输机械行驶道路的修整、铺垫工作的人工、材料和机械。

⑦ 定额的混凝土构件吊装部分根据《全国统一建筑工程基础定额》对移动式吊装机械按不同吨位的履带式起重机、轮胎式起重机、汽车式起重机进行了综合。现场施工中不论采用何种移动式吊装机械均不得调整。

⑧ 升板预制柱加固系指预制柱安装后，至楼板提升完成期间，所需的加固搭设费。

⑨ 预制混凝土构件若采用砖模制作时，其安装定额中的人工、机械乘以系数 1.1。

⑩ 预制混凝土构件的安装，定额中均不包括为安装工程所搭设的临时性脚手架，若发生应按有关规定计算。

⑪ 预制混凝土构件若需在跨外安装时，其人工、机械乘以系数 1.18。

⑫ 构件运输及安装中的小型构件系指单体小于 0.1 m³ 的构件。

⑬ 单层屋盖系统预制混凝土构件必须在跨外安装时，按相应的构件安装定额的人工、机械（用塔式起重机、卷扬机者除外）乘以系数 1.18。

⑭ 定额中的"半成品钢筋运输"字目，仅适用于确因施工场地受限并经批准的施工组织设计确认后的钢筋异地加工所发生的运输。

⑮ 现浇混凝土阶梯形（锯齿形、折线形）楼板梯步宽度大于 300 mm 时，按斜板定额执行，人工乘以系数 1.4。

⑯ 预制混凝土构件若需跨外安装时，其人工、机械乘以系数 1.18。

⑰ 空心板堵孔的人工材料，已包括在定额内，如不堵孔时每 10 m³ 空心板体积应扣除 0.23 m³ 预制混凝土块和 2.2 工日。

10.1.3 常用构件的计算方法及计算实例

1. 现浇混凝土杯形基础

杯形基础如图 10.20 所示，其形体可分解为一个立方体底座，加一个四棱台中台，再加一个立方体上座，扣减一个倒四棱台杯口。其中，四棱台的计算公式为：

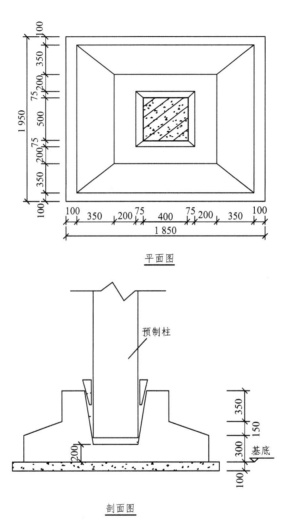

平面图

剖面图

图 10.20 杯形基础示意图

$$V = \frac{1}{3} \times (S_{\perp} + S_{\mathrm{F}} + \sqrt{S_{\perp} \times S_{\mathrm{F}}}) \times h \qquad (10.1)$$

式中 V——四棱台体积；

$S_{\perp}$——四棱台上表面积；

S_{F}——四棱台下底面积；

h——四棱台计算高度。

【例 10.1】　计算图 10.20 杯形基础混凝土工程量。

【解】　$V_1 = 1.75 \times 1.65 \times 0.3 = 0.866 （\mathrm{m}^3）$

$$V_2 = \frac{1}{3} \times （S_上 + S_下 + \sqrt{S_上 \times S_下}） \times h$$

$$= \frac{1}{3} \times （1.05 \times 0.95 + 1.75 \times 1.65 + \sqrt{1.05 \times 0.95 \times 1.75 \times 1.65}） \times 0.15 = 0.279 （\mathrm{m}^3）$$

$$V_3 = 1.05 \times 0.95 \times 0.35 = 0.349 （\mathrm{m}^3）$$

$$V_4 = \frac{1}{3} \times （0.5 \times 0.4 + 0.65 \times 0.55 + \sqrt{0.5 \times 0.4 \times 0.65 \times 0.55}） \times 0.6 = 0.165 （\mathrm{m}^3）$$

$$V = V_1 + V_2 + V_3 - V_4 = 0.866 + 0.279 + 0.349 - 0.165 = 1.33 （\mathrm{m}^3）$$

2. 带形基础

带形基础混凝土体积可按计算长度乘以断面面积计算，其计算式表达为：

$$V = L \times F \tag{10.2}$$

式中　V——带形基础体积；

L——带形基础计算长度，外墙按外墙中心线长度，内墙按净长度计算；

F——带形基础断面积，按图示尺寸计算。

带形基础计算时可能有下面三种情况：

（1）矩形断面［图 10.21（a）］，带形基础混凝土体积计算式表达为：

$$V = L_{外中} \times F_外 + L_{内净} \times F_内 \tag{10.3}$$

式中　V——带形基础体积；

$L_{外中}$——带形基础外墙中心线长度；

$F_外$——带形基础外墙基础断面积，按图示尺寸计算；

$L_{内净}$——带形基础内墙基础之间净长度；

$F_内$——带形基础内墙基础断面积，按图示尺寸计算。

（2）锥形断面［图 10.21（b）］，此时，基础的下半部分是个长方体，而上半部分则变成了一个长方体加两个楔形搭头。带形基础混凝土体积计算式表达为：

$$V = L_{外中} \times F_外 + L_{内净} \times F_内 + nV_搭 \tag{10.4}$$

式中　V——带形基础体积；

$L_{外中}$——带形基础外墙中心线长度；

$F_外$——带形基础外墙基础断面积，按图示尺寸计算；

$L_{内净}$——带形基础内墙基础底面之间净长度；

$F_内$——带形基础内墙基础断面积，按图示尺寸计算；

n——带形基础相交的搭头数量；

$V_搭$——带形基础相交处一个搭头（楔形）的体积，如图 10.22 所示。

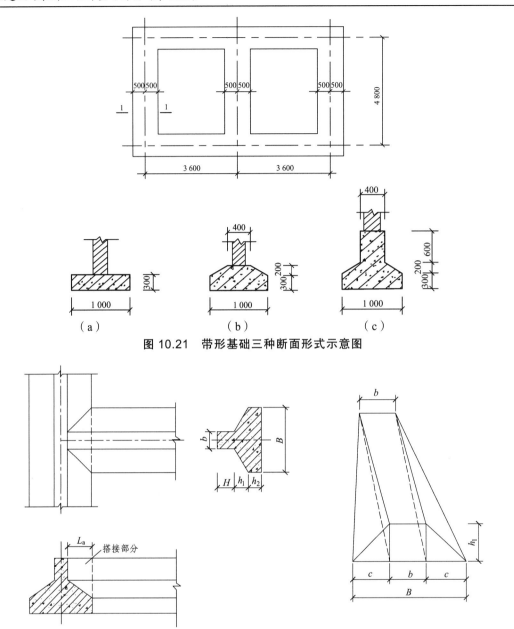

图 10.21　带形基础三种断面形式示意图

图 10.22　带形基础相交处搭头示意图

$$V_{搭} = L_a \times h_1 \times \frac{B+2b}{6} \qquad (10.5)$$

式中　L_a——搭头长，内墙基在 T 形搭头处斜面的水平投影长。

（3）断面为带肋锥形［图 10.21（c）］，此时，基础的上下两部分是两个长方体，而中间部分仍然是一个长方体加两个楔形搭头。带形基础混凝土体积计算式表达为：

$$V = L_{外中} \times F_{外} + L_{内底净} \times F_{内底} + L_{内顶净} \times F_{内顶} + nV_{搭} \qquad (10.6)$$

式中　V——带形基础体积；

$L_{外中}$——带形基础外墙中心线长度；

$F_{外}$——带形基础外墙基础断面积（矩形＋梯形），按图示尺寸计算；

$L_{内底净}$——带形基础内墙基础底部之间净长度；

$F_{内底}$——带形基础内墙基础底部断面积，按图示尺寸计算；

$L_{内顶净}$——带形基础内墙基础顶部之间净长度；

$F_{内顶}$——带形基础内墙基础顶部断面积，按图示尺寸计算；

n——带形基础相交的搭头数量；

$V_{搭}$——带形基础相交处一个搭头（楔形）的体积，如图 10.22 所示。

【例 10.2】　计算如图 10.21 所示的带形混凝土基础在三种不同断面情况下的工程量。

【解】　（1）a 断面：

外墙中心线：$L_{外中} = （3.6 + 3.6 + 4.8）\times 2 = 24（m）$

内墙基础之间净长度：$L_{内净} = 4.8 - 0.5 \times 2 = 3.8（m）$

基础断面积：$F_1 = 1.0 \times 0.3 = 0.30（m^2）$

带形基础工程量：$V_a = （24 + 3.8）\times 0.30 = 8.34（m^3）$

（2）b 断面：

外墙中心线：$L_{外中} = 24（m）$

内墙基础之间净长度：$L_{内净} = 3.8（m）$

基础断面积：$F_2 = （1.0 + 0.4）/2 \times 0.2 + 1.0 \times 0.3 = 0.44（m^2）$

搭头体积：$V_{搭1} = （1.0 - 0.4）/2 \times 0.2 \times （1.0 + 2 \times 0.4）/6 = 0.3 \times 0.2 \times 0.3 = 0.018（m^3）$

带形基础工程量：$V_b = （24 + 3.8）\times 0.44 + 2 \times 0.018 = 12.27（m^3）$

（3）c 断面：

分析 c 断面，它是在 b 断面上再加一个矩形断面，按这个矩形断面的尺寸，外墙中心线：$L_{外中} = 24（m）$

内墙基础之间净长度：$L_{内顶净} = 4.8 - 0.2 \times 2 = 4.4（m）$

基础断面积：$F_{内顶} = 0.6 \times 0.4 = 0.24（m^2）$

带形基础工程量：$V_c = V_b + （24 + 4.4）\times 0.24 = 12.27 + 6.82 = 19.09（m^3）$

【例 10.3】　计算图 10.18 所示的现浇混凝土楼梯工程量。

【解】　$S = （1.23 + 3.0 + 0.2）\times （1.23 + 0.5 + 1.23）= 13.11（m^2）$

【例 10.4】　已知上例现浇混凝土楼梯工程量混凝土的设计净用量为 2.89 m^3，楼梯采用 C25 商品混凝土浇筑，材料除税价格为 285 元/m^3（不含泵送费），该项目檐高为 27 m。为该项目编制工程量清单并计算综合单价。

【解】　1）编制工程量清单

根据上例计算结果，可列分部分项工程量清单表（表 10.3）。

表 10.3　分部分项工程量清单表

序号	项目编码	项目名称	项目特征	计量单位	工程量
1	010506001001	直形楼梯	1. 混凝土种类：商品混凝土 2. 混凝土强度等级：C25 3. 楼梯类型：板式直形楼梯	m^2	13.11

2）综合单价计算

（1）选用定额，查《定额》中的相关项目，相关定额子目为：01050121 和 01050205。

（2）编制相关子目直接费

本项目所需套用定额子目 01050121 因计量单位是 m^3，存在人材机消耗量的调整，即定额应用第 4 条单位规定：整体楼梯、台阶、雨篷、栏板、栏杆的混凝土用量与设计用量与定额取定的混凝土用量不同时，混凝土每增（或减）1 m^3，按以下规定另行计算：

① 现场搅拌混凝土。人工 2.61 工日；混凝土 1.015 m^3；机械：混凝土搅拌机：0.1 台班，插入式振捣器 0.2 台班。

② 商品混凝土。人工 1.60 工日；混凝土 1.015 m^3；机械：混凝土搅拌机 0.1 台班。

具体计算如下：

本工程混凝土设计净用量 = 2.89/13.11 = 0.2204（m^3/m^2）= 2.204（$m^3/10\ m^2$）

查定额 01050121 可知混凝土定额净用量 = 1.98/1.015 = 1.951（$m^3/10\ m^2$）

混凝土净用量增加量 = 2.204 − 1.951 = 0.253（$m^3/10\ m^2$）

则应增加人工消耗量 0.253×1.6 = 0.405（工日）

增加混凝土消耗量 = 0.253×1.015 = 0.257（m^3）

增加机械消耗量（混凝土振捣器 插入式）= 0.253×0.1 = 0.025（台班）

人工费 = （180.78 + 0.405×63.88）×1.28 = 264.51（元）

（商）混凝土 C20 消耗量 = 1.98 + 0.257 = 2.237（m^3）

材料费 = 12.66×0.912 + 2.237×285 = 649.09（元）

混凝土振捣器插入式消耗量 = 0.39 + 0.025 = 0.415（台班）

机械费 = 0.415×14.09 = 5.85（元）

直接费 = 237.65 + 649.09 + 5.85 = 892.59（元）

加入未计价材材料费，相关子目直接费见表 10.4。

表 10.4　相关子目直接费表

定额编号		01050121	01050205
项目名称		板式楼梯	混凝土输送泵檐高 40 m 以内
计量单位		10 m^2	10 m^3
直接费（元）		919.45	145.59
其中	人工费（元）	264.51	17.16
	材料费（元）	649.09	41.56
	机械费（元）	5.85	86.86

注：① 所用到的机械换为云建标〔2016〕207 号文中附件 2 中机械除税台班单价：第 1404 项 混凝土振捣器 插入式：14.09 元/台班；第 709 项 混凝土输送泵 输送量 45 m^3/h 泵送高度 50 m：1155.21 元/台班；第 1389 项 对讲机 C15：5.54 元/台班。

　　② 人工费按云建标函〔2018〕47 号文上调 28%。

（3）计算综合单价，见表 10.5。

【例 10.5】　如图 10.23 所示某建筑 4.2 m 楼面结构平面布置图，已知所有框架柱截面尺寸均为 400 mm×400 mm，梁板混凝土强度等级均为 C30，本工程使用现浇商品混凝土施工。试计算本层混凝土构件工程量及编制工程量清单（表 10.6、表 10.7）。

表10.5 工程量清单综合单价分析表

清单综合单价组成明细

序号	项目编码	项目名称	计量单位	工程量	定额编码	定额名称	定额单位	数量	单价（元）			合价（元）			管理费和利润	综合单价（元）
									人工费	材料费	机械费	人工费	材料费	机械费		
1	010506001001	直形楼梯	m²	13.11	01050121	板式楼梯	10 m²	1.311	264.51	649.09	5.85	346.78	850.96	7.67	143.91	106.37
					01050205	混凝土输送 泵槽高40 m以内	10 m³	0.289	17.16	41.56	86.86	4.96	12.01	25.10	3.12	
						小　计						351.74	862.97	32.77	147.03	

注：①综合单价，即是以清单工程量为1的价格：综合单价＝∑分部分项工程费/清单工程量，套定额的数量是定额工程量。

②管理费费率取33%，利润率取20%。

③有的教材将套定额的数量填写为定额工程量/清单工程量，此时综合单价＝∑分部分项工程费。

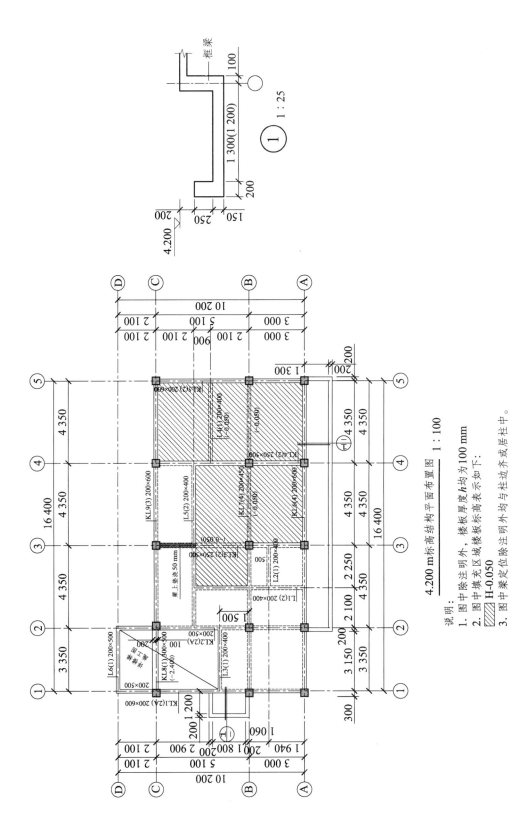

图 10.23　某建筑物楼面结构平面布置图

【解】　1）计算工程量（表 10.6）

表 10.6　工程量计算表

序号	项目名称	单位	工程量	计算式	备注
一	有梁板	m³	20.43	7.884 + 12.542	1 + 2
1	梁	m³	7.884	$\sum$（1.1～1.12）	
1.1	KL1	m³	0.380	0.2×0.5×（3 − 0.2 + 1.5 − 0.4 − 0.1）	算至梯口梁外侧
1.2	KL2	m³	0.304	0.2×0.4×（3 − 0.2 + 1.5 − 0.4 − 0.1）	
1.3	KL3	m³	0.834	0.25×0.4×（3 + 5.1 − 0.4 + 0.2×2）+ 0.25×0.05×（2.1 − 0.1×2）	含梁上垫高 50 mm
1.4	KL4	m³	0.730	0.25×0.4×（3 + 5.1 − 0.4 − 0.2×2）	
1.5	KL5	m³	0.730	0.2×0.5×（3 − 0.4 + 5.1 − 0.2×2）	
1.6	KL6	m³	1.490	0.2×0.5×[（3.35 − 0.1 − 0.2）+（4.35 − 0.2×2）×3]	
1.7	KL7	m³	1.043	0.2×0.35×[（3.35 − 0.1 − 0.2）+（4.35 − 0.2×2）×3]	
1.8	KL9	m³	1.175	0.2×0.5×[（4.35 − 0.3 − 0.2）+（4.35 − 0.2×2）×2]	
1.9	L1	m³	0.336	0.2×0.3×（3 + 2.1 + 0.9 − 0.1×2 − 0.2）	
1.10	L2	m³	0.122	0.2×0.3×（2.25 − 0.1 − 0.125）	
1.11	L4	m³	0.248	0.2×0.3×（4.35 − 0.125 − 0.1）	
1.12	L5	m³	0.494	0.2×0.3×（4.35×2 − 0.1 − 0.125 − 0.25）	
2	板	m³	12.542	[（16.4 + 0.1×2）×（3 + 5.1 + 0.1×2）− 3.35×（3 + 0.1×2）− 0.4×0.4×3 − 0.4×0.3×7 − 0.2×0.3 − 0.3×0.3×2 − 0.4×0.2]×0.1	扣楼梯间、扣柱
二	矩形梁	m³	1.53	（5.1 + 2.1 − 1.5 + 0.1×2 − 0.4）×0.2×0.6 +（5.1 + 2.1 − 1.5 + 0.1×2 − 0.4）×0.2×0.5 +（3.35 − 0.1×2）×0.2×0.5	楼梯间部位 KL1、KL2、L6
三	板式雨篷	m²	21.69	（4.35×3 + 0.2×2）×（1.3 + 0.2 − 0.1）+（1.8 + 0.2×2）×（1.2 − 0.1 + 0.2）	
四	板式楼梯	m²	17.96	（5.1 − 1.5 + 0.1 + 2.1 − 0.1）×（3.35 − 0.1×2）	算至 L3 外侧

2）编制工程量清单（表 10.7）

表 10.7　分部分项工程量清单表

序号	项目编码	项目名称	项目特征	计量单位	工程量
1	010505001001	有梁板	1. 混凝土种类：商品混凝土 2. 混凝土强度等级：C30	m³	20.43
2	010503002001	矩形梁	1. 混凝土种类：商品混凝土 2. 混凝土强度等级：C30	m³	1.53
3	010505008001	雨篷	1. 混凝土种类：商品混凝土 2. 混凝土强度等级：C30	m²	21.69
4	010506001001	直形楼梯	1. 混凝土种类：商品混凝土 2. 混凝土强度等级：C30	m²	17.96

10.2　钢筋工程

钢筋是构成钢筋混凝土的重要组成部分，钢筋混凝土因其经济性和施工方便性，现阶段是我国建筑物和构筑物建造广泛使用的建筑材料。建（构）筑物中的主要受力构件如基础、梁、板、柱、剪力墙和楼梯都是由钢筋混凝土构成的，另外，一些非受力构件如遮阳板、刚性防水屋面、女儿墙压顶等也是由钢筋混凝土构成的。钢筋是建筑工程中用量较大的一种必不可少的材料，而且它在建筑材料中属单价较高的材料，钢筋的准确计量与计价，对合理、有效确定和控制工程造价有着重大的意义。

钢筋工程量采用手工计算，繁杂量大，耗时费力，统计难度大，随着软件技术的发展，可以利用计算机软件来使我们算得更快更准，但这一切必须建立在人们能对计算过程和结果有效控制的基础上。因此，手工计算是基础，不可偏废。

10.2.1　钢筋工程基本知识

1. 钢筋的分类及其表示方法

1）按力学性能分

普通钢筋按照屈服强度标准值分为 8 个牌号，预应力钢丝、钢绞线和螺纹钢筋也按屈服强度标准值分为 3 个等级，见表 10.8、表 10.9。

表 10.8　普通钢筋强度标准值　　　　　　　　　　　　　　　　N/mm²

牌号	符号	公称直径 d（mm）	屈服强度标准值 f_{yk}	极限强度标准值 f_{stk}
HPB300	Φ	6～22	300	420
HRB335 HRBF335	Φ Φ^F	6～50	335	455
HRB400 HRBF400 RRB400	Φ Φ^F Φ^R	6～50	400	540
HRB500 HRBF500	Φ Φ^F	6～50	500	630

表 10.9 预应力筋强度标准值   N/mm^2

种类		符号	公称直径 d（mm）	屈服强度标准值 f_{pyk}	极限强度标准值 f_{ptk}
中强度预应力钢丝	光面	ϕ^{PM}	5、7、9	620	800
	螺旋肋	ϕ^{HM}		780	970
				980	1270
消除应力钢丝	光面	ϕ^{P}	5	—	1570
				—	1860
			7	—	1570
	螺旋肋	ϕ^{H}	9	—	1470
					1570
钢绞线	1×3（三股）	ϕ^{S}	8.6、10.8、12.9	—	1570
				—	1860
				—	1960
	1×7（七股）		9.5、12.7、15.2、17.8	—	1720
				—	1860
				—	1960
			21.6		1860

2）按轧制外形分

（1）光面钢筋：钢筋表面轧制为光面圆形截面。

（2）带肋钢筋：有螺旋形、人字形和月牙形三种。

（3）钢线（分低碳钢丝和碳素钢丝两种）及钢绞线。

（4）冷轧扭钢筋：经冷轧并冷扭成型。

2. 常用混凝土构件中的钢筋形式

（1）受力钢筋：又叫主筋或纵筋，配置在构件的受弯、受拉、偏心受压部位以承受拉力或压力。

（2）架立钢筋：又叫构造筋，一般不需要计算而按构造要求配置，用来固定箍筋以形成钢筋骨架，一般在梁上部或外侧中部。

（3）箍筋：箍筋形状如一个箍，在梁和柱子中使用，它一方面起着抵抗剪力的作用，另一方面起固定主筋和架立钢筋位置的作用。它垂直于主筋设置，在梁和柱子中与受力筋、架立筋组成钢筋骨架。

（4）分布筋：在板或者墙中垂直于受力筋，以保证受力钢筋位置并传递内力。它能将构件所受的外力分布于较广的范围，以改善受力情况。

（5）附加钢筋：因构件几何形状或受力情况变化而增加的附加筋，如吊筋等。

钢筋形式如图 10.24、图 10.25 所示。

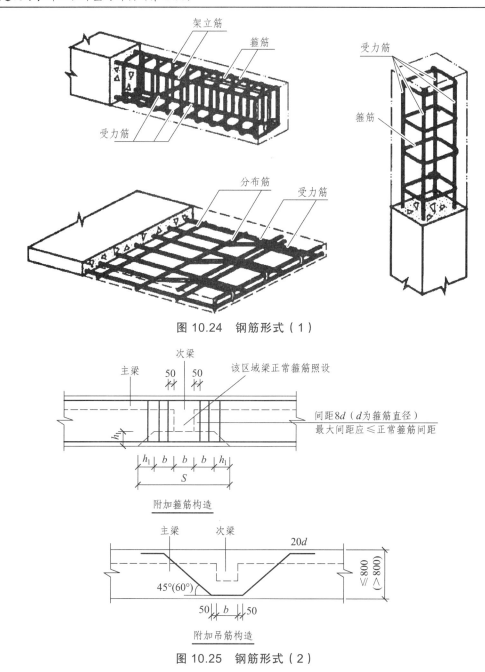

图 10.24　钢筋形式（1）

图 10.25　钢筋形式（2）

3.钢筋的混凝土保护层

（1）概念：钢筋在混凝土中，应有一定厚度的混凝土将其包住，以防钢筋锈蚀。最外层钢筋外边缘至混凝土表面之间的距离就叫混凝土保护层厚度。

（2）一般情况，钢筋的混凝土保护层厚度会在结构设计说明中标明，如果没有标，按规范规定取值。

（3）《混凝土结构设计规范》（GB 50010—2010）规定：构件中普通钢筋及预应力筋的混凝土保护层厚度应满足下列要求：

① 构件中受力钢筋的保护层厚度不应小于钢筋的公称直径 d。

② 设计使用年限为 50 年的混凝土结构，最外层钢筋的保护层厚度应符合表 10.10 规定；设计使用年限为 100 年的混凝土结构，最外层钢筋的保护层厚度不应小于表 10.10 数值的 1.4 倍。

表 10.10　混凝土保护层厚度最小值

环境类别	板、墙、壳	梁、柱、杆
一	15	20
二 a	20	25
二 b	25	35
三 a	30	40
三 b	40	50

注：① 混凝土强度等级不大于 C25 时，表中保护层厚度数值应增加 5 mm。
　　② 钢筋混凝土基础宜设置混凝土垫层，基础中钢筋的混凝土保护层厚度应从垫层顶面算起，且不应小于 40 mm。
　　③ 表中的环境类别是指混凝土结构构件所处的环境，按表 10.11 分类。

表 10.11　混凝土结构的环境类别

环境类别	条　件
一	室内干燥环境； 无侵蚀性静水浸没环境
二 a	室内潮湿环境； 非严寒和非寒冷地区的露天环境； 非严寒和非寒冷地区与无侵蚀性的水或土壤直接接触的环境； 严寒和寒冷地区的冰冻线以下与无侵蚀性的水或土壤直接接触的环境
二 b	干湿交替环境； 水位频繁变动环境； 严寒和寒冷地区的露天环境； 严寒和寒冷地区冰冻线以上与无侵蚀性的水或土壤直接接触的环境
三 a	严寒和寒冷地区冬季水位变动区环境； 受除冰盐影响环境； 海风环境
三 b	盐渍土环境； 受除冰盐作用环境； 海岸环境
四	海水环境
五	受人为或自然的侵蚀物质影响的环境

4. 钢筋的锚固

（1）概念：为了使钢筋混凝土受力构件与支座（支撑该构件的另一混凝土受力构件）之间有牢靠的连接，受力构件钢筋必须伸入支座，称为锚固。受力钢筋依靠其表面与混凝土的黏结作用或端部构造的挤压作用而达到设计承受应力所需的长度称为锚固长度。

（2）受力钢筋的锚固长度在《混凝土结构设计规范》（GB 50010—2010）中有一系列的规定。受力钢筋的基本锚固长度与被锚固钢筋的外形（光圆、带肋）、混凝土结构的抗震等级、混凝土结构构件的强度等级、钢筋的种类及直径有关。详见国家建筑标准设计图集 16G101—1《混凝土结构施工图平面整体表示方法制图规则和构造详图》（现浇混凝土框架、剪力墙、梁、板）P57～P58。

（3）混凝土结构的抗震等级：我国现行国家标准《建筑工程抗震设防分类标准》（GB 50223—2008）将建筑工程的大部分建筑物按标准设防类设防，称为丙类建筑。丙类建筑的抗震等级按表 10.12 确定。

表 10.12　混凝土结构的抗震等级

结构类型	项目	设防烈度 6	设防烈度 7	设防烈度 8	设防烈度 9
框架结构	高度（m）	≤24, >24	≤24, >24	≤24, >24	≤24
	普通框架	四, 三	三, 二	二, 一	一
	大跨度框架	三	二	一	一
框架－剪力墙结构	高度（m）	≤60, >60	<24, >24且≤60, >60	<24, >24且≤60, >60	≥24, >24且≤50
	框架	四, 三	四, 三, 二	三, 二, 一	二, 一
	剪力墙	三	三, 二	二, 一	一
剪力墙结构	高度（m）	≤80, >80	≤24, >24且≤80, >80	≤24, >24且≤80, >80	≤24, 24～60
	剪力墙	四, 三	四, 三, 二	三, 二, 一	一, 一
部分框支剪力墙结构	高度（m）	≤80, >80	≤24, >24且≤80, >80	≤24, >24且≤80	—
	剪力墙 一般部位	四, 三	四, 三, 二	三, 二	—
	剪力墙 加强部位	三, 二	三, 二, 一	二, 一	—
	框支层框架	二	二	一	—
筒体结构	框架-核心筒 框架	三	二	一	—
	框架-核心筒 核心筒	二	二	一	—
	筒中筒 内筒	三	二	一	—
	筒中筒 外筒	三	二	一	—
板柱－剪力墙结构	高度（m）	≤35, >35	≤35, >35	≤35, >35	—
	板柱及周边框架	三, 二	二, 二	二, 一	—
	剪力墙	二, 二	二, 一	一, 一	—
单层厂房结构	铰接排架	四	三	二	—

（4）当纵向受拉普通钢筋末端采用弯钩或机械锚固措施时，包括弯钩或锚固端头在内的锚固长度（投影长度）可取为基本锚固长度 l_{ab} 的 60%。纵向钢筋弯钩与机械锚固的形式应按图 10.26 的要求确定。

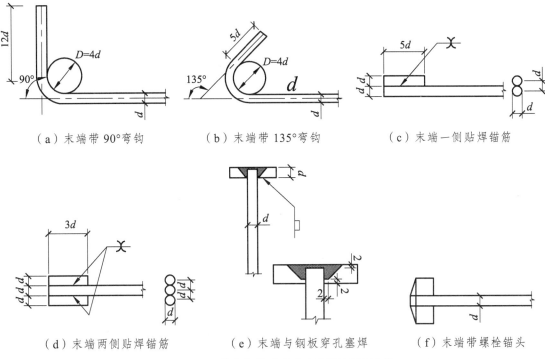

（a）末端带 90°弯钩　　（b）末端带 135°弯钩　　（c）末端一侧贴焊锚筋

（d）末端两侧贴焊锚筋　　（e）末端与钢板穿孔塞焊　　（f）末端带螺栓锚头

图 10.26　纵向钢筋弯钩与机械锚固的形式

5. 钢筋的连接

（1）概念：在混凝土结构构件中，当钢筋的长度不够长的时候，就必须进行钢筋连接。钢筋连接可采用绑扎搭接、机械连接或焊接。

（2）绑扎搭接的搭接长度一般会在结构设计说明中标明，如果没有标，按《混凝土结构设计规范》（GB 50010—2010）规定取值。详见国家建筑标准设计图集 16G101－1《混凝土结构施工图平面整体表示方法制图规则和构造详图》（现浇混凝土框架、剪力墙、梁、板）P60～P61。在有抗震设防要求的房屋建筑中很少使用绑扎搭接形式。

（3）钢筋焊接接头常见的方式有电渣压力焊、帮条焊、搭接焊（单、双面）、槽焊、剖口焊、闪光对焊、气压焊等。

（4）钢筋机械连接常见的接头形式有挤压连接、套筒（直螺纹、锥螺纹）连接。

6. 预应力混凝土构件钢筋加工的方法

《混凝土结构工程施工规范》（GB 50666—2011）有如下定义：

（1）先张法：在台座或模板上先张拉预应力筋并夹临时锚固，在浇筑混凝土并达到规定强度后，放张预应力筋而建立预应力的施工方法。

（2）后张法：结构构件混凝土达到规定强度后，张拉预应力筋并用锚具永久锚固而建立预应力筋的施工方法。

10.2.2　分项及计算规则

1．分　项

《计量规范》将钢筋工程按施工方法及其在构件中的作用划分项目，共分为 10 项，螺栓、铁件、钢筋连接方式另列 3 项归并于本分部分项工程中。具体分项见《计量规范》附录 E 表 E.15 ~ 表 E.16，其中表 E.15 为钢筋工程，表 E.16 为螺栓、铁件。

《定额》将钢筋制安分为现浇、预制构件钢筋制安，预应力构件钢筋、钢丝束制安，预埋铁件、钢筋网片制安，钢筋接头和植筋几个大类。现浇、预制构件钢筋制安又按钢筋外形（光圆、带肋）、直径（10 以内、10 以外）分列项；预应力构件钢筋制安施工方法（先张法、后张法）、直径（钢绞线、10 以内、10 以外）等分列项；钢筋接头按接头形式（电渣压力焊、套筒连接、气压力焊接、冷挤压连接）分列项。

1）列项要点

（1）从钢筋工程分项来看，《计量规范》与《定额》分项差异并不大，但是列项时要注意由于不同种类、规格（直径）的钢筋在钢材市场上的价格是不一样的，定额套用时相同施工工艺的钢筋又按外钢筋外形（光圆、带肋）区分直径 10 以内（HPB300Φ6.5 ~ Φ8 mm、HRB400Φ6 mm、HRB400Φ8 ~ Φ10 mm 分开）、10 以外分开（HPB300Φ10 ~ Φ12 mm、HPB300Φ14 ~ Φ16 mm、HRB335Φ12 mm ~ Φ14 mm、HRB335Φ16 mm ~ Φ25 mm、HRB335Φ28 mm、HRB335Φ32 mm、HRB400Φ12 ~ Φ14 mm、HRB400Φ16 ~ Φ25 mm、HRB400Φ28 mm、HRB400Φ32 mm、HRB500Φ12 ~ Φ14 mm、HRB500Φ16 ~ Φ25 mm、HRB500Φ28 mm、HRB500Φ32 mm 分开），所以计量时应按构件逐一计算，计算时区分钢筋种类（级别）、规格（直径），列项时要根据钢筋的施工工艺按《计量规范》项目区分钢筋外形、种类（级别）、规格（直径）分列为若干项，项目特征按《计量规范》要求的内容描述。

（2）螺栓、预埋铁件、机械接头单列清单项。

（3）灌注桩、地下连续墙钢筋笼单独列项。

（4）砌体内加筋、墙体拉结钢筋按现浇构件钢筋单独列项。

（5）砌块墙钢丝网加固、抹灰钢丝网加固、后浇带金属网按《房屋建筑与装饰工程工程量计算规范》（GB 50854—2013）附表 F 的相应内容列项。

2）钢筋工程计算要点

（1）在钢筋混凝土结构中，各混凝土构件（垫层及素混凝土除外）均有钢筋，钢筋计算一般按施工顺序逐一计算各构件中所有钢筋工程量，汇总时把该工程各构件所有钢筋区分施工工艺、种类（级别）和规格（直径）对应列项要点（1）的规定汇总钢筋工程量，分别列出清单项，再对应相应定额套用。

（2）钢筋工程量计算时除配筋图中标明的钢筋（受力钢筋和构造钢筋），还要按考虑施工时的支撑钢筋计算，并单独列项。

2．计算规则

各构件钢筋工程工程量计算规则中，《计量规范》和《定额》在计算规则描述上略有不同，实质规则基本一致且计量单位一致，因此在工程量计算时因套用定额的需要，均按《定额》计量规则计量。

（1）现浇、预制构件钢筋制安：按图示尺寸（中心线长度，以下同）（包括图纸有关说明）乘以钢筋的线密度，以吨计算。

（2）先张法预应力钢筋制安：按构件外形尺寸计算长度，乘以钢筋的线密度，以吨计算。

（3）后张法预应力钢筋制安：按设计图规定的预留孔道长度加不同锚具类型的规定长度，乘以钢筋的线密度，以吨计算。不同锚具类型的具体规定长度如下：

① 低合金钢筋两端采用螺杆锚具时，预应力钢筋按预留孔道长度减 0.35 m，螺杆另行计算。

② 低合金钢筋一端采用镦头插片，另一端采用帮条锚具时，预应力钢筋增加 0.15 m，两端均采用帮条锚具时，预应力钢筋共增加 0.3 m 计算。

③ 低合金钢筋一端采用镦头插片，另一端采用螺杆锚具时，预应力钢筋按预留孔道长度计算，螺杆另行计算。

④ 低合金钢筋采用后张混凝土自锚时，预应力钢筋长度增加 0.35 m 计算。

⑤ 低合金钢筋或钢绞线采用 JM、XM、QM 型锚具，孔道长度在 20 m 以内时，预应力钢筋长度增加 1.8 m 计算。

⑥ 碳素钢丝采用锥形锚具、孔道长度在 20 m 以内时，预应力钢筋长度增加 1 m 计算；孔道长度在 20 m 以上时，预应力钢筋长度增加 1.8 m 计算。

⑦ 碳素钢丝两端采用镦粗头时，预应力钢丝长度增加 0.35 m 计算。

（4）现浇钢筋混凝土中用于固定钢筋位置的支撑钢筋、双层钢筋用的"铁马"，按钢筋长度乘以钢筋的线密度，以吨计算，单独列项（010515009），套用现浇构件钢筋制安相应子目。

（5）预埋螺栓、预埋铁件按设计图示尺寸质量以吨计算，单独列项（010516001、010516002）钢牛腿执行铁件定额，均不计算焊条质量。

（6）钢筋的电渣压力焊、锥螺纹连接、直螺纹连接、冷挤压接头、钢筋气压力焊接头以个计算，单独列项（010516003）。

（7）植筋区别不同规格以根计算，补充清单项目列项，项目特征应注明钢筋直径及孔深，设计孔深不同时定额套用按基本项孔深 15 mm 和每增减 10 mm 定额调整项套用。

10.2.3　定额应用

（1）定额中的钢筋制安已按常规的对焊、电弧焊、点焊、机制手绑施工方法综合，实际施工与定额不符时，除采用埋弧压力焊外均不作调整。

（2）现浇构件中设计未注明搭接的通长钢筋，按以下规定计算钢筋的搭接数量，搭接长度按设计或规范计算。

① 通长钢筋长度超过 12 m，钢筋直径大于 8 mm，不大于 12 mm 时，按 12 m 长计算一个搭接。

② 通长钢筋长度超过 9 m，钢筋直径大于 12 mm 时，按 9 m 长计算一个搭接。

设计采用全部焊接、电渣压力焊、机械连接的钢筋以及预制构件（含预应力构件）钢筋、钢丝束、钢绞线、冷拔低碳钢丝，不计算搭接数量。

（3）型钢混凝土中钢筋规格在Φ14以内者，人工乘以系数 1.15，每吨钢筋增加电焊条 4.34 kg。

（4）预应力钢筋的张拉设备已综合考虑，但预应力钢筋的人工时效未计入定额，如设计要求人工时效处理时，每吨钢筋增加人工 7 工日。

（5）预应力钢筋锚具锥形锚按每吨 19 个计入，镦形锚按每吨 23 个计入，如设计要求不同时，可按设计要求按实调整。

（6）以半成品出现的预埋螺栓按预埋铁件安装子目执行。

10.2.4 钢筋工程量的计算方法

1. 钢筋工程量计算式

钢筋工程量（kg）= 钢筋图示长度（m）× 钢筋单位理论质量（kg/m）　（10.7）

钢筋单位理论质量 = $0.617D^2$　　　　　　　　　　　　　　　　　（10.8）

式中　D——钢筋直径（cm）。

钢筋单位理论质量还可以通过查表 10.13 得到。

表 10.13　钢筋的单位理论质量表　　　　　　　　　　　　　　kg/m

直径	光圆钢筋		带肋钢筋	
	截面积	单位理论质量	截面面积	单位理论质量
6	1.283	0.222		
6.5	0.332	0.26		
8	0.503	0.395		
10	0.785	0.617	0.785	0.617
12	1.131	0.888	1.131	0.888
14	1.539	1.21	1.539	1.209
16	2.011	1.58	2.011	1.580
18	2.545	2	2.545	2.000
20	3.142	2.47	3.142	2.468
22	3.801	2.98	3.801	2.986
25		3.85	4.909	3.856
28		4.83	6.158	4.837
30		5.55	7.069	5.553
32		6.31	8.042	6.318
40			12.570	9.872

2. 纵向受力钢筋计算

计算钢筋工程量，关键就是算出钢筋的长度。钢筋长度，就是把钢筋的各部分的长度按图示尺寸加起来。各部分的长度包括构件支座间的净长、锚固长度、弯钩长度、搭接长度等。

1）支座间的净长

支座边到支座边的净距离。

2）锚固长度

钢筋的锚固长度是设计人员根据《混凝土结构设计规范》计算出来的，一般施工图上均会注明。如果设计图纸没有特别标明钢筋的锚固长度，我们就要遵循国家建筑标准设计图集（16G101—1～3）中关于锚固长度的规定来计算锚固长度。

3）弯钩增加长度

（1）《钢筋混凝土结构工程质量验收规范》（GB 50204—2002，2011 年修订版）规定光圆钢筋（HPB300 末端应作 180°弯钩，其弯弧内直径不应小于钢筋直径的 2.5 倍，平直段按设计图纸或规范要求，一般不小于钢筋直径的 3 倍。如图 10.27 所示。

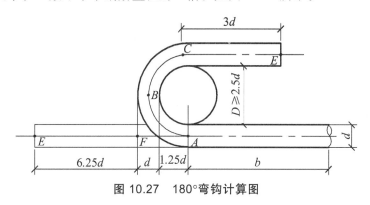

图 10.27　180°弯钩计算图

$$180°弯钩增加长度 = ABC 弧长 - AF + 3d$$
$$= \pi \times (0.5D + 0.5d) - 2.25d + 3d = 6.25d$$

（2）带肋钢筋要求钢筋末端做 135°弯钩时，HRB335 级、HRB400 级钢筋的弯弧内直径不应小于钢筋直径的 4 倍，弯钩的弯后平直部分长度应符合设计图纸或规范要求。一般非抗震设计的直段长为 5d，抗震设计的直段长取 10d 或 75 mm 中较大值。如图 10.28 所示。

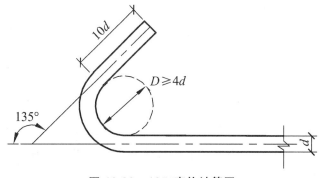

图 10.28　135°弯钩计算图

$$135°弯钩增加长度 = 135°弧长 - (d + 0.5D) + \max(10d, 0.075)$$
$$= \pi \times (0.5D + 0.5d) \times 135°/180° - (d + 0.5D) + \max(10d, 0.075)$$
$$= \pi \times 2.5d \times 135°/180° - 3d + \max(10d, 0.075)$$
$$= 2.89d + \max(10d, 0.075)$$

（3）弯钩增加长度通用公式：

$$L_{弯钩} = \pi \times (D/2 + d/2) \times 弯起弧度/180° - (d + 0.5D) + \max(10d, 0.075) \qquad (10.9)$$

式中　D——钢筋的弯弧内直径（按规范要求）；

　　　d——钢筋直径。

（4）关于弯钩弯弧内径，《混凝土结构工程施工规范》（GB 50666—2011）有如下规定：

① 光圆钢筋，不应小于钢筋直径的 2.5 倍。

② 335 MPa 级、400 MPa 级带肋钢筋，不应小于钢筋直径的 4 倍。

③ 500 MPa 级带肋钢筋，当 $d \leqslant 25$ mm 时，不应小于钢筋直径的 6 倍；当 $d > 25$ mm 时，不应小于钢筋直径的 7 倍。

④ 位于框架结构顶层端节点处的梁上部纵向钢筋，在节点角部弯折处，当 $d \leqslant 25$ mm 时，不宜小于钢筋直径的 12 倍；当 $d > 25$ mm 时，不宜小于钢筋直径的 16 倍。

⑤ 钢筋弯折处尚不应小于纵向受力钢筋直径，箍筋弯折处纵向受力钢筋直径为搭接钢筋或并筋时，应按钢筋实际排布情况确定箍筋弯钩弯弧内直径。

具体计算时应根据钢筋直径及以上规定确定弯钩弯弧内直径并根据通用公式（10.9）计算弯钩增加长度。

4）搭接长度及接头个数

（1）设计图纸已注明的搭接长度的，按图纸规定计算。

（2）设计图纸未注明搭接长度且通常钢筋的长度超过 12 m 或 8 m，按《云南省房屋建筑与装饰工程消耗量定额》（DBJ53/T-61—2013）规定计算：φ12 以内的钢筋，通长钢筋超过 12 m，按 12 m 长计算一个搭接；φ12 以外的钢筋，通长钢筋超过 9 m，按 9 m 长计算一个搭接。每个纵向受拉钢筋的搭接长度，一般在结构设计说明上有标注，结构设计说明无注明时按《混凝土结构设计规范》（GB 50010—2010）规定取定（或参《混凝土结构施工图平面整体表示方法制图规则和构造详图（16G101—1）》P60、P61）。

3. 箍筋计算

1）计算原理

$$箍筋长度 = 单根箍筋的长度 \times 肢数 \qquad (10.10)$$

2）箍筋形式

单根箍筋的长度与箍筋设置的形式有关系，常见的梁箍筋形式有单肢箍、双肢箍、四肢箍；常见的柱箍筋多为矩形复合箍筋；在圆形柱或灌注桩里还有圆形箍及螺旋箍等。如图 10.29 ~ 图 10.31 所示。

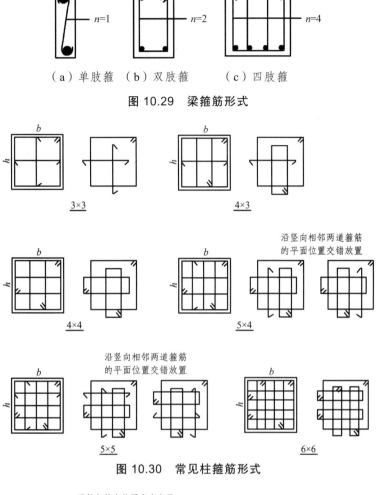

（a）单肢箍　　（b）双肢箍　　　（c）四肢箍

图 10.29　梁箍筋形式

3×3　　　　　　　　4×3

4×4　　　　　　　　5×4

沿竖向相邻两道箍筋
的平面位置交错放置

5×5　　　　　　　　6×6

图 10.30　常见柱箍筋形式

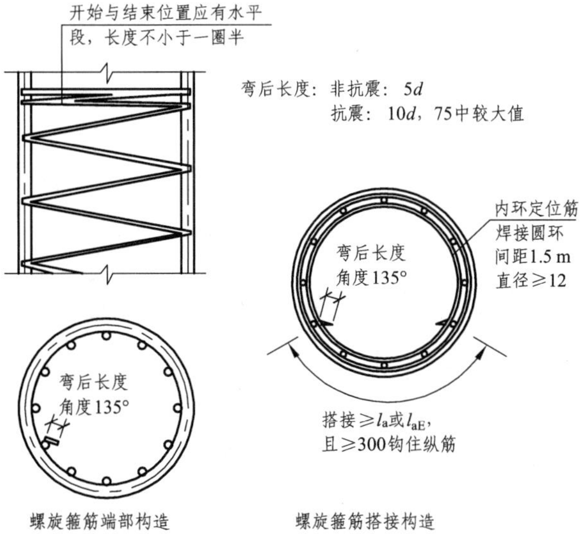

开始与结束位置应有水平
段，长度不小于一圈半

弯后长度：非抗震：5d
抗震：10d，75中较大值

内环定位筋
焊接圆环
间距1.5 m
直径≥12

弯后长度
角度135°

弯后长度
角度135°

搭接≥l_a或l_{aE}，
且≥300钩住纵筋

螺旋箍筋端部构造　　　　螺旋箍筋搭接构造

图 10.31　常见螺旋箍筋形式

（圆柱圆形箍筋搭接构造同螺旋箍）

3）计算方法

箍筋长度，计算时应扣混凝土保护层厚度，增加弯钩的长度。表达式为：

（1）单肢箍：

$$L = H - 2a + 弯钩增加长 \times 2 \tag{10.11}$$

（2）双肢箍：

$$L = （B + H）\times 2 - 8a + 弯钩增加长 \times 2 \tag{10.12}$$

式中　L——单根箍筋长度；

　　　B——构件断面宽；

　　　H——构件断面高；

　　　a——混凝土保护层厚度。

通常，箍筋封闭部位做成两个135°的弯钩，一个135°弯钩增加长为 $2.89d + \max（10d, 0.075）$（d 为钢筋直径）。

（3）复合箍筋：理解了单肢箍和双肢箍单根箍筋长度的计算方法，根据复合箍筋的复合方式，按类似单肢箍和双肢箍单根箍筋长度的计算方法，即可计算出复合箍筋单根箍筋长度。

（4）圆形箍筋：

$$L = （D - 2a）\times \pi + l_a（或 l_{aE}）+ 弯钩增加长 \times 2 \tag{10.13}$$

式中　L——圆形箍单支长度；

　　　D——构件断面直径；

　　　a——混凝土保护层厚度；

　　　l_a（或 l_{aE}）——搭接长度，按图纸或规范规定计算，非抗震为 l_a，抗震为 l_{aE}。

（5）箍筋肢数：

$$箍筋肢数 = \text{ROUNDUP}\left(\frac{L}{@}\right) + 1 \tag{10.14}$$

式中　$\text{ROUNDUP}（\ ）$——括号内的数向上取整；

　　　L——箍筋设置区域的长度；

　　　$@$——箍筋间距。

注：此公式不是一成不变的，箍筋的根数与设计布置范围有密切的关系。+1是在某一区间设置箍筋才加，如果箍筋是环状布置的，则不加，关键是要理解箍筋布置的范围。如图10.32、图10.33所示。

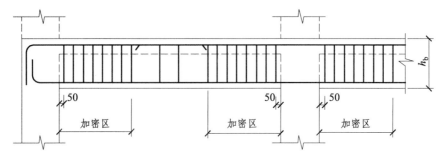

加密区：抗震等级为一级：$\geq 2.0h_b$ 且 ≥ 500
　　　　抗震等级为二~四级：$\geq 1.5h_b$ 且 ≥ 500

图 10.32　抗震框架梁箍筋布筋范围

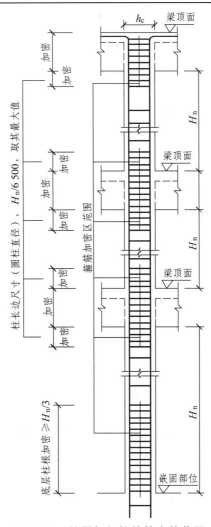

图 10.33　抗震框架柱箍筋布筋范围

（6）螺旋箍筋：螺旋箍筋的长度是连续不断的，可按以下公式一次计算出螺旋箍总长度。

$$L = [（H - 2a）/S] \times \sqrt{S^2 + (D - 2a)^2 \pi^2} + 弯钩增加长 \times 2 \qquad （10.15）$$

式中　H——需配置螺旋箍的构件长或高；

　　　S——螺旋箍螺距；

　　　D——需配置螺旋箍的构件断面直径；

　　　a——混凝土保护层厚度。

上式中，当单根钢筋的长度不够长螺旋箍筋需要搭接时，螺旋箍筋总长还要加 nl_a（或 l_{aE}）。l_a（l_{aE}）为受拉钢筋基本锚固长度（抗震锚固长度），按表取定，n 为接头数量。

10.2.5　常用构件钢筋的计算实例

在钢筋混凝土结构设计中，配筋图的表达方式是多样的。1996 年以前，配筋图需要把构件从结构平面布置图中索引出来，再逐个绘制配筋详图，表达方式很直观，通常把每个结构构件的钢筋通过剖开的方式表达出来，钢筋的锚固长度、搭接长度、断点位置均在图上标注清楚，作为预算人员或施工人员，只要照图计算或施工即可。1995年，山东大学陈青来教授发明了"混凝土结构施工图平面整体表示方法"，这种方法是把结构构件的尺寸和配筋等，按照平面整体表示方法制图规则，整体直接表达在各类构件的结构平面布置图上，再与标准构造详图相配合，即构成一套新型完整的结构设计图纸。这种方法与传统方法相比可使图纸量减少65%～80%；若以工程数量计，这相当于使绘图仪的寿命提高三四倍，而设计质量通病也大幅度减少，以往施工中逐层验收梁的钢筋时需反复查阅大量图纸，现在只要一张图就包括了一层梁的全部数据。这是结构设计的一次飞跃。但是，这种结构制图方法对施工人员和预算人员素质的要求也提高了，施工人员和预算人员必须理解构件中钢筋究竟是怎样配置的，在哪里锚固、在哪里截断、长度是多少等等，所以，在做钢筋工程量计算之前，读者应先掌握一些平面整体表示方法制图规则及构造知识，学习大量的节点构造知识甚至是力学知识、配筋原理，否则很难清楚地计算钢筋工程量。本书在编写时，只能以少量的、常见的构件作为讲解对象，教会原理及计算方法，大量构件的钢筋计算还得靠读者举一反三、融会贯通，慢慢去学习掌握。

1. 抗震楼层框架梁钢筋

【例10.6】 计算如图10.34所示某建筑某楼层框架梁的钢筋工程量，编制工程量清单并找出应套用的定额子目。已知该框架抗震等级为三级，柱、梁混凝土强度等级均为C30，框架柱截面尺寸均为 600 mm×600 mm，柱外侧纵筋直径为 22 mm，与梁弯下纵筋的净距为 25 mm。梁受力纵筋采用直螺纹连接，构造纵筋采用绑扎搭接连接，梁柱混凝土保护层厚度均为 25 mm。

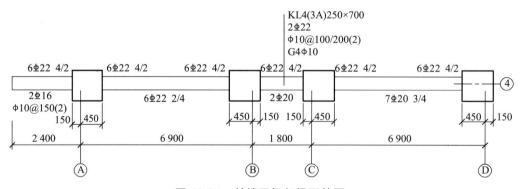

图 10.34 某楼层框架梁配筋图

【解】1）工程量计算

（1）上部通长钢筋 2Φ22：

$L = (2.4 + 6.9 + 1.8 + 6.9 + 0.15 - 0.025 \times 2 - 0.022 - 0.025 + 15 \times 0.022 + 12 \times 0.022) \times 2 = 37.29$（m）

（2）Ⓐ支座左侧悬臂梁上部第一排钢筋 2Φ22：

$L = [2.4 - 0.025 + 12 \times 0.022 + 0.45 + (6.9 - 0.45 \times 2)/3] \times 2 = 10.18$（m）

（3）Ⓑ～Ⓒ支座梁上部第一排钢筋 2⧸22：

$L = [1.8 + 0.45 \times 2 + （6.9 - 0.45 \times 2）/3 \times 2] \times 2 = 13.40$（m）

（4）Ⓓ支座梁上部第一排钢筋 2⧸22：

$L = [（6.9 - 0.45 \times 2）/3 + 0.6 - 0.025 - 0.022 - 0.025 + 15 \times 0.022] \times 2 = 5.72$（m）

（5）Ⓐ支座左侧悬臂梁上部第二排钢筋 2⧸22：

$L = [2.4 - 0.025 + 0.414 \times （0.7 - 0.025 \times 2 - 0.022 - 0.025）+ 0.45 + （6.9 - 0.45 \times 2）/4] \times 2 = 9.15$（m）

（6）Ⓑ～Ⓒ支座梁上部第二排钢筋 2⧸22：

$L = [1.8 + 0.45 \times 2 + （6.9 - 0.45 \times 2）/4 \times 2] \times 2 = 11.40$（m）

（7）Ⓓ支座梁上部第二排钢筋 2⧸22：

$L = [（6.9 - 0.45 \times 2）/4 + 0.6 - 0.025 - 0.022 - 0.025 - 0.022 - 0.025 + 15 \times 0.022] \times 2 = 4.62$（m）

（8）Ⓐ支座左侧悬臂梁下部钢筋：2⧸16：

$L = （2.4 - 0.025 - 0.15 + 15 \times 0.016）\times 2 = 4.93$（m）

（9）Ⓐ～Ⓑ跨下部第一排钢筋 4⧸22，查得受拉钢筋抗震锚固长度 $l_{aE} = 37d$

$L = [0.6 - 0.025 - 0.022 - 0.025 + 15 \times 0.022 + （6.9 - 0.45 \times 2）+ 37 \times 0.022] \times 4 = 30.69$（m）

（10）Ⓐ～Ⓑ跨下部第二排钢筋 2⧸22，查得受拉钢筋抗震锚固长度 $l_{aE} = 37d$

$L = [0.6 - 0.025 - 0.022 - 0.025 + 15 \times 0.022 + （6.9 - 0.45 \times 2）+ 37 \times 0.022] \times 2 = 15.35$（m）

（11）Ⓑ～Ⓒ跨下部第一排钢筋 2⧸20，查得受拉钢筋抗震锚固长度 $l_{aE} = 37d$

$L = （1.8 - 0.15 \times 2 + 37 \times 0.020 \times 2）\times 2 = 5.96$（m）

（12）Ⓒ～Ⓓ跨下部第一排钢筋 4⧸20，查得受拉钢筋抗震锚固长度 $l_{aE} = 37d$

$L = [0.6 - 0.025 - 0.022 - 0.025 + 15 \times 0.020 + （6.9 - 0.45 \times 2）+ 37 \times 0.020] \times 4 = 30.27$（m）

（13）Ⓒ～Ⓓ跨下部第二排钢筋 3⧸20，查得受拉钢筋抗震锚固长度 $l_{aE} = 37d$

$L = [0.6 - 0.025 - 0.022 - 0.025 + 15 \times 0.020 + （6.9 - 0.45 \times 2）+ 37 \times 0.020] \times 3 = 22.70$（m）

（14）梁侧纵向构造钢筋 G4⧸10：

$L = （2.4 + 6.9 + 1.8 + 6.9 - 0.025 - 0.45 - 0.6 \times 3 + 15 \times 0.01 \times 7）\times 4 = 67.10$（m）

（15）箍筋 Φ10@100/200（2），Φ10@150（2）：

HPB300 钢筋 135°弯钩弯弧内直径为 2.5d，则 135°弯钩长度（含直段长 10d）为 11.9d。

箍筋单根长度 $= （0.25 + 0.7）\times 2 - 0.025 \times 8 + 11.9 \times 0.01 \times 2 = 1.94$（m）

箍筋肢数 $=$ ROUNDUP[（1.5 × 0.7 - 0.05）/0.1] × 2 × 2 + {ROUNDUP[（6.9 - 0.45 × 2 - 1.5 × 0.7 × 2）/0.2] + 1} × 2 + {ROUNDUP[（1.8 - 0.15 × 2 - 0.05 × 2）/0.1] + 1} + {ROUNDUP[（2.4 - 0.15 - 0.025 - 0.05）/0.15] + 1}

$= 40 + 21 \times 2 + 15 + 16 = 113$（肢）

箍筋总长 $= 1.94 \times 113 = 219.22$（m）

（16）拉筋 Φ6@400，Φ6@300：

单根长度 $= 0.25 - 0.025 \times 2 + 6.25 \times 0.006 \times 2 = 0.275$（m）

拉筋肢数 $=$ {ROUNDUP[（6.9 - 0.045 × 2 - 0.05 × 2）/0.4] + 1} × 2 × 2 + {ROUNDUP[（1.8 - 0.15 × 2 - 0.05 × 2）/0.4] + 1} × 2 + {ROUNDUP[（2.4 - 0.15 - 0.025 - 0.05）/0.3] + 1} × 2

$= 18 \times 2 \times 2 + 5 \times 2 + 9 \times 2 = 100$（肢）

拉筋总长 $= 0.275 \times 100 = 27.50$（m）

（17）上部通长钢筋接头数量 $=$ {ROUNDUP[（37.29/2）/9] - 1} × 2 = 4（个）

2）工程量汇总

（1）$\Phi22$：（$37.29+10.18+13.40+5.72+9.15+11.4+4.62+30.69+15.35$）$\times2.986=411$（kg）

$\Phi20$：（$5.96+30.27+22.70$）$\times2.468=145$（kg）

$\Phi16$：$4.93\times1.58=8$（kg）

合计：$411+145+8=564$（kg）$=0.564$（t）

（2）$\Phi10$：$219.22\times0.617=135$（kg）

$\Phi6$：$27.50\times0.222=6$（kg）

合计：$135+6=141$（kg）$=0.141$（t）

3）编制工程量清单及应套用定额子目表（表 10.14）

表 10.14　分部分项工程量清单及应套用定额子目表

序号	项目编码	项目名称	项目特征	计量单位	工程量	应套用定额子目
1	010515001001	现浇构件钢筋	1. 钢筋种类、规格：$\Phi16$、$\Phi20$、$\Phi22$	t	0.564	01050355
2	010515001001	现浇构件钢筋	2. 钢筋种类、规格：$\Phi6$、$\Phi10$	t	0.141	01050352

2. 独立基础底板钢筋

【例 10.7】　某工程基础为钢筋混凝土独立杯形基础，配筋图如 10.35 所示，保护层厚度为 40 mm，计算现浇 C25 混凝土杯形基础底板配筋工程量。

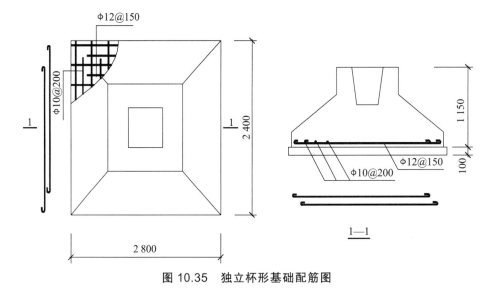

图 10.35　独立杯形基础配筋图

【解】　① 号筋 $\Phi12@150$（沿长边方向）：

外侧钢筋单肢长 $=2.8-2\times0.04+12.5\times0.012=2.87$（m）

肢数 $=2$（肢）

内侧钢筋单肢长 $=2.8\times0.9+12.5\times0.012=2.67$（m）

肢数 $=\text{ROUNDUP}[（2.4-2\times0.04）/0.15]+1-2=14.47$（肢）$=15$（肢）（向上取整）

总长 $=2.87\times2+2.67\times15=45.79$（m）

查表知，Φ12 钢筋单位理论质量为 0.888（kg/m）

钢筋质量为 45.79×0.888＝41（kg）

② 号筋 Φ10@200（沿短边方向）：

外侧钢筋单肢长＝2.4－2×0.04＋12.5×0.010＝2.45（m）

肢数＝2（肢）

内侧钢筋单肢长＝2.4×0.9＋12.5×0.010＝2.29（m）

肢数＝ROUNDUP[（2.8－2×0.04）/0.20]＋1－2＝12.6（肢）＝13（肢）

总长＝2.45×2＋2.29×13＝34.67（m）

查表知，Φ10 钢筋每米理论质量为 0.617（kg/m）

钢筋质量为 34.67×0.617＝23（kg）

3. 条形基础底板钢筋

【例 10.8】 按图 10.36 计算现浇条形混凝土基础底板配筋工程量。

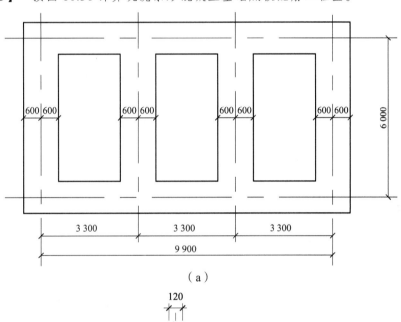

（a）

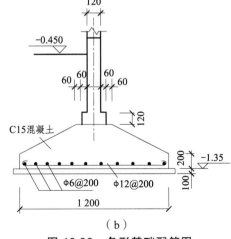

（b）

图 10.36　条形基础配筋图

【解】 ① 号筋受力主筋 Φ12@200：

单肢长 = 1.2 - 2 × 0.04 + 12.5 × 0.012 = 1.27（m）

肢数：纵墙 = （ROUNDUP $\frac{9.9+0.6×2-2×0.04}{0.2}$ + 1）× 2 = 57 × 2 = 114（肢）

横墙（T 接头）= （ROUNDUP $\frac{6.0-0.6×2+0.3×2}{0.2}$ + 1）× 2 = 28 × 2 = 56（肢）

横墙（L 接头）= （ROUNDUP $\frac{6.0+0.6×2-0.04×2}{0.2}$ + 1）× 2 = 40 × 2 = 80（肢）

总长度 = 1.27 × （114 + 56 + 80）= 317.5（m）

钢筋质量 = 317.5 × 0.888 = 282（kg）= 0.282（t）

② 号分布筋 Φ6@200：

横墙单肢长 = 6.0 - 0.6 × 2 + 2 × 0.15 + 12.5 × 0.006 = 5.175（m）

钢筋肢数 = $\frac{1.2-2×0.04}{0.2}$ + 1 = 7（肢）

纵墙单肢长（长钢筋）= 9.9 - 0.6 × 2 + 0.15 × 2 + 12.5 × 0.006 = 9.075（m）

钢筋肢数 = $\frac{1.2-0.04-0.3}{0.2}$ + 1 = 6（肢）

纵墙单肢长（短钢筋）= 3.3 - 0.6 × 2 + 0.15 × 2 + 12.5 × 0.006 = 2.475（m）

钢筋肢数 = 1（肢）

总长度 = 5.175 × 7 × 4 + 9.075 × 6 × 2 + 2.475 × 6 = 268.65（m）

钢筋质量 = 268.65 × 0.222 = 60（kg）= 0.060（t）

4. 板钢筋

【例 10.9】 计算如图 10.37 所示结构①、③、⑤号钢筋及③的分布钢筋工程量。受力筋均为 Φ8@200，分布筋为 Φ6@200。未注明边梁截面为 250 mm × 550 mm，板厚为 100 mm，保护层厚度为 15 mm。轴线均对齐梁中，梁保护层厚度为 25 mm，梁纵筋均为 Φ20，梁箍筋均为 Φ10。

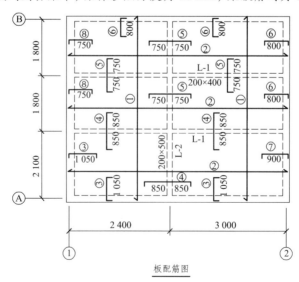

板配筋图

图 10.37 计算钢筋工程量

【解】 ①号筋单肢长 $= 2.1 + 1.8 \times 2 = 5.7$（m）

肢数 $= \mathrm{ROUNDUP} \dfrac{2.4 - 0.125 - 0.1 - 0.2}{0.2} + 1 + \mathrm{ROUNDUP} \dfrac{3 - 0.1 - 0.125 - 0.2}{0.2} + 1 = 24$（肢）

总长 $= 5.7 \times 24 = 136.8$（m）

③号筋单肢长 $= 1.05 + 0.125 - 0.025 - 0.01 - 0.02 + 15 \times 0.008 + （0.1 - 0.015 \times 2）= 1.31$（m）

肢数 $= \mathrm{ROUNDUP} \dfrac{2.4 - 0.125 - 0.1 - 0.2}{0.2} + 1 + \mathrm{ROUNDUP} \dfrac{3 - 0.1 - 0.125 - 0.2}{0.2} + 1 +$

$\qquad \mathrm{ROUNDUP} \dfrac{2.1 - 0.1 - 0.125 - 0.2}{0.2} + 1$

$\qquad = 10 + 14 + 10 = 34$（肢）

总长 $= 1.31 \times 34 = 44.54$（m）

⑤号筋单肢长 $= 0.75 \times 2 + （0.1 - 0.015 \times 2）\times 2 = 1.64$（m）

肢数 $= \mathrm{ROUNDUP} \dfrac{1.8 - 0.125 - 0.1 - 0.2}{0.2} + 1 + \mathrm{ROUNDUP} \dfrac{1.8 - 0.2 - 0.2}{0.2} + 1 +$

$\qquad \mathrm{ROUNDUP} \dfrac{2.4 - 0.125 - 0.1 - 0.2}{0.2} + 1 + \mathrm{ROUNDUP} \dfrac{3 - 0.1 - 0.125 - 0.2}{0.2} + 1$

$\qquad = 8 + 8 + 10 + 14 = 40$（肢）

总长 $= 1.64 \times 40 = 65.60$（m）

①、③、⑤钢筋合计 $= （136.8 + 44.54 + 65.60）\times 0.395 = 98$（kg）$= 0.098$（t）

③号筋分布筋（A 轴边）$= 2.4 - 0.85 - 1.05 + 3 - 0.85 - 0.9 + 0.15 \times 4 + 6.25 \times 0.006 \times 4 = 2.50$（m）

③号筋分布筋（①轴边）$= 2.1 - 1.05 - 0.85 + 0.15 \times 2 + 6.25 \times 0.006 \times 2 = 0.58$（m）

肢数 $= \mathrm{ROUNDUP} \dfrac{1.05 + 0.125 - 0.025 - 0.01 - 0.02}{0.2} + 1 = 7$（肢）

总长 $= （2.50 + 0.58）\times 7 = 21.56$（m）

分布筋合计 $= 21.56 \times 0.222 = 5$（kg）$= 0.005$（t）

5. 灌注桩钢筋

【例 10.10】 按图 10.38 计算 C30 现浇混凝土灌注桩钢筋工程量，混凝土保护层厚度为 30 mm，箍筋为螺旋箍。

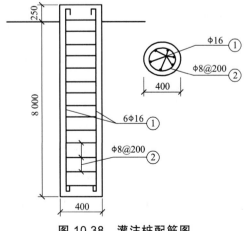

图 10.38 灌注桩配筋图

【解】　①号筋 6Φ16（主筋）

单肢长 = $8.0 + 0.25 - 2 \times 0.03 + 12.5 \times 0.016 = 8.39$（m）

质量 = $8.39 \times 6 \times 1.58 = 80$（kg）

②号筋 Φ8@200（螺旋箍筋）

$L = （8 - 2 \times 0.03）/0.2 \times \sqrt{（0.2^2 + (0.4 - 2 \times 0.03)^2 \times 3.1416^2）} + 12.5 \times 0.008$

质量 = $43.24 \times 0.395 = 17$（kg）

钢筋笼总质量 = $80 + 17 = 97$（kg）= 0.097（t）

综上例题可以看出，钢筋的计算必须结合我们所学过的建筑力学、结构力学、钢筋混凝土结构工程计算和构造要求的知识才能算得好，如果不懂力学、不懂构造，看不懂配筋图，则无法计算出钢筋的工程量。

习　题

10.1　计算如图 10.39 所示的混凝土工程量及钢筋工程量，编制工程量清单并找出应套用的定额。

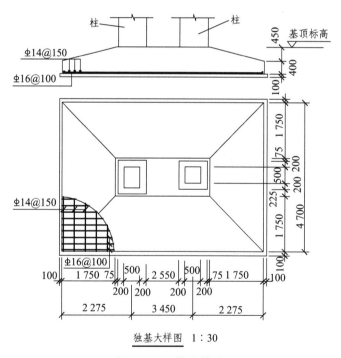

独基大样图　1∶30

图 10.39　独立基础

10.2　计算如图 10.40 所示某建筑某楼层框架梁的钢筋工程量，编制工程量清单并找出应套用的定额。已知该框架抗震等级为二级，柱、梁混凝土强度等级均为 C30，框架柱截面尺寸均为 400 mm×400 mm，柱外侧纵筋直径为 22 mm，与梁弯下纵筋的净距为 25 mm。梁附加箍筋级别直径同梁箍筋，间距为@50，梁受力纵筋采用直螺纹连接，构造纵筋采用绑扎搭接连接，梁柱混凝土保护层厚度均为 25 mm。

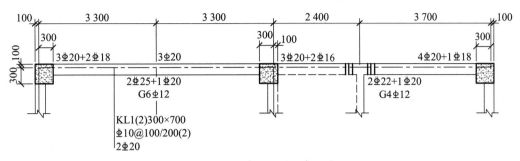

图 10.40　某建筑楼层框架梁

11 木结构工程

11.1 基础知识

11.1.1 木材的种类

1. 建筑用木材分类

一般树木划分为针叶树与阔叶树两大类，建筑工程中的木材相应分为针叶树材和阔叶树材。

针叶树材高大通直、纹理平顺、材质较软、加工容易，大部分是常绿树，如鱼鳞云杉、红松、樟子松、马尾松、落叶松、杉树、水杉、柏木等，是建筑工程中的主要用材。

阔叶树材材质较硬、加工难度大，大部分是冬季落叶树，如水曲柳、核桃柳、柞木、槐木、楠木、桦木、毛白杨、柚木、柳桉等，加工后表面光滑、纹理美丽、耐磨，主要用于装修工程。

2. 定额木材种类分类

1）按木材加工难易程度不同分

（1）一类：红松、水桐木、樟子松。

（2）二类：白松（方杉、冷杉）、杉木、杨木、柳木、椴木。

（3）三类：青松、黄花松、秋子木、马尾松、东北榆木、柏木、苦楝木、梓木、黄菠萝、椿木、楠木、柚木、樟木。

（4）四类：栎木（柞木）、檀木、色木、槐木、荔木、麻栗木（麻栎、青冈）、桦木、荷木、水曲柳、华北榆木。

2）按木材加工与用途不同分

木材按加工与用途不同可以分为板材、枋材。具体规格及用途见表11.1。

表 11.1 板、枋材规格及用途表

木材种类	品种	规格	用途
板材 （宽≥3×厚）	薄板	厚度≤18 mm	门芯板、木隔断、装饰板
	中板	厚度19～35 mm	屋面板、模板、木装饰、木地板
板材 （宽≥3×厚）	厚板	厚度36～65 mm	木门窗、脚手架板
	特厚板	厚度≥66 mm	特殊用途
枋材 （宽<3×厚）	小枋	截面面积≤54 cm²	檩条、模板板带、隔断木筋、吊顶搁栅
	中枋	截面面积55～100 cm²	支撑、搁栅、檩条、木扶手
	大枋	截面面积101～225 cm²	木屋架、檩条
	特大枋	截面面积≥226 cm²	木或钢木屋架

11.1.2 木材在建筑中的应用

我国数千年来一直保留着使用木材建筑房屋的传统。木结构建筑不但是我国传统建筑的主要形式，而且在我国有着非常悠久的历史，最早可追溯到西安半坡仰韶文化时期用木柱和茅草建成的茅草房。在之后的历朝历代中，如木塔、庙宇等很多古建筑也都采用了木结构。其中，很多建筑经历了上千年历史的演变，一直留传至今，成为我国古建筑的代表作和古代精湛建筑工艺的见证者。

作为传统的建筑材料，木材有很多优点，比如抗地震能力强，能适应多种地势环境，取材简单，容易加工等。时至今日，在发达国家，70%的住房为轻型木结构，在北美这一比例更是高达90%。但是，由于我国森林覆盖率较低，木材形成的周期又长，我国传统木结构建筑逐步被大量的钢筋水泥所替代，钢筋混凝土建筑在建筑中占领了主导地位，木结构建筑在我国已经很少应用了，成为罕稀之物。本章我们仅作简略介绍。

11.2 分项及工程量计算规则

1. 分 项

《计量规范》）设置了木屋架、木构件、屋面木基层三个大项共8个分项目，适用于建筑物的木结构工程。详见《计量规范》P49附录G表G.1~G.3。

《定额》设置了木屋架、木柱、木梁、檩木、椽子、屋面木基层、木楼梯等项目，共27个子目。在实际工程中，清单列项应根据《计量规范》的项目编码及名称来分项列项，按项目特征应描述的内容描述项目特征，综合单价组价则根据项目特征内容套用定额后组成综合单价。

2. 工程量计算规则

该分部工程量计算规则中，《计量规范》及《定额》对不同构件计算规则基本一致且计量单位一致，《定额》叙述的规则更具体清晰，因此在工程量计算时因套用定额的需要，均按《定额》计量规则计量。

（1）木屋架按竣工材体积以立方米计算。附属于屋架的木夹板、接件板、垫木、与屋架连接的挑檐木和支撑均并入相应的屋架体积内计算。

（2）木柱、木梁工程量，按设计图示尺寸以立方米计算。

（3）单独的挑檐木和木过梁按方檩木定额执行。

（4）檩木按竣工材体积以立方米计算。檩垫、檩托木已包括在定额内，不另计算。简支檩长度按设计规定计算，如设计未规定，按搁置檩木的屋架或墙的中心线增加200 mm接头计算，两端出山檩木算至搏风板。连续檩的檩头长度按设计规定计算，如设计未规定，按全部连续檩的总长度的5%计算。

（5）钉椽子、挂瓦条、屋面板（也称望板），按屋面的斜面积以平方米计算。天窗挑檐重叠部分按设计增加。如图11.1所示。

（6）封檐板按檐口外围长度以延长米计算；搏风板按斜长以延长米计算。

（7）木楼梯（包括休息平台）按设计图示尺寸以延长米水平投影面积以平方米计算，楼梯井小于 300 mm 时不扣除。定额内已包括踢脚板、平台和伸入墙内部分的工料；但不包括楼梯及平台底面的天棚，其工程量以楼梯的水平投影面积乘以系数 1.15，按相应的天棚面层执行。

（8）搏风板按斜长以延长米计算，每个大刀头增加长度 500 mm。如图 11.2 所示。

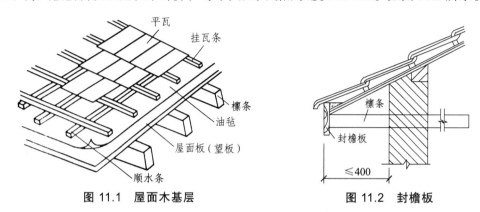

图 11.1　屋面木基层　　　　　　　　图 11.2　封檐板

11.3　定额应用

（1）《定额》中木材木种均以三类为准，如采用一、二类木种时人工、机械乘以系数 0.83，采用四类木种时人工、机械乘以系数 1.25。

（2）《定额》中木材是以自然干燥条件下含水率为准编制的，需人工干燥时，其费用计入木材材料价格内。（干燥费用包括干燥时发生的人工费、燃料费、设备费及干燥损耗等费用。）

（3）《定额》中所标注明的木材断面或厚度均以毛料为准。如设计图注明的断面或厚度为净料时，应增加刨光损耗；板、枋材一面刨光增加 3 mm；两面刨光增加 5 mm；圆木每立方米材积增加 0.05 m^3。

11.4　计算方法及实例

1. 计算公式

钢木屋架工程量 = $\sum$ 屋架木杆件轴线长度 × 杆件竣工断面面积　　　　　　（11.1）

檩木工程量 = 檩木杆件计算长度 × 竣工木料断面面积　　　　　　　　　　（11.2）

屋面望板斜面积 = 屋面水平投影面积 × 延迟系数　　　　　　　　　　　　（11.3）

封檐板工程量 = 封檐板计算长度　　　　　　　　　　　　　　　　　　　　（11.4）

搏风板工程量 = （山尖屋面水平投影长度 × 屋面坡度系数 + 0.5 × 2）× 山墙端数　（11.5）

【例 11.1】　某仓库设计方木钢屋架如图 11.3 所示，共 5 榀，现场制作，不抛光，铁件刷防锈漆 1 遍，轮胎式起重机安装，安装高度 6 m。编制钢木屋架工程量清单，并计算综合单价（不调整钢拉杆用量）。已知未计价材料除税单价为：① 预制混凝土块：316 元/m^3；

② 一等板枋材：1461 元/m³；③ 角钢（综合）：3148.28 元/t；④ 钢拉杆：2.94 元/kg；⑤ 钢垫板夹板 2.94 元/kg。

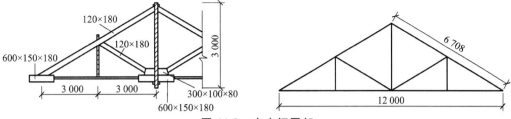

图 11.3　方木钢屋架

【解】　1. 计算工程量

（1）$V_{下弦} = 0.15 \times 0.18 \times 0.60 \times 3 \times 5 = 0.243$（m³）

（2）$V_{上弦} = 0.12 \times 0.18 \times 6.708 \times 2 \times 5 = 1.449$（m³）

（3）$V_{斜撑} = 0.12 \times 0.18 \times 3.354 \times 2 \times 5 = 0.724$（m³）

（4）$V_{元宝垫木} = 0.30 \times 0.10 \times 0.08 \times 5 = 0.012$（m³）

$V = 0.243 + 1.449 + 0.724 + 0.012 = 2.428$（m³）

2. 编制工程量清单（表 11.2）

表 11.2　分部分项工程量清单

序号	项目编码	项目名称	项目特征	计量单位	工程量
1	010701002001	钢木屋架	1. 跨度：12 m 2. 木材品种、规格：详图 3. 刨光要求：不抛光 4. 防护材料种类：铁件刷防锈漆 1 遍	榀	5

3. 综合单价计算

（1）选用定额，查《定额》中的相关项目，相关定额子目为：01060008。

（2）编制相关子目直接费。

加入未计价材材料费，相关子目直接费见表 11.3。

表 11.3　相关子目直接费表

定额编号		01060008
项目名称		方木钢屋架
计量单位		m³
直接费（元）		4386.52
其中	人工费（元）	792.32
	材料费（元）	3007.72
	机械费（元）	586.48

注：① 所用到的机械换为云建标〔2016〕207 号文中附件 2 中机械除税台班单价：第 375 项 汽车式起重机 8 t：536.93 元/台班；第 762 项 木工圆锯机 500 mm：23.39 元/台班；第 1191 项 交流弧焊机 21 kV·A：105.09 元/台班。

② 人工费按云建标函〔2018〕47 号文上调 28%。

（3）计算综合单价。

项目组价内容单一，可用列式方法计算如下：

人工费：$2.428 \times 792.32 = 1923.75$（元）

材料费：$2.428 \times 3007.72 = 7302.74$ 元）

机械费：$2.428 \times 586.48 = 1423.97$（元）

管理费和利润：（$1923.75/1.28 + 1423.97 \times 8\%$）$\times$（$33\% + 20\%$）$= 856.93$（元）

综合单价：（$1923.75 + 7302.74 + 1423.97 + 856.93$）$/5 = 2301.48$（元/榀）

【例 11.2】 某建筑屋面采用木结构，如图 11.4 所示，屋面坡度系数为 1.118，木板净厚 30 mm，双面刨光，底漆刷磁漆 1 遍，面漆为灰色调和漆 2 遍。试计算封檐板、搏风板的工程量，并编制工程量清单及综合单价分析表。已知未计价材料除税单价为：① 青松中枋：1 461 元/m³；② 灰色调和漆 20 元/kg；③ 磁漆 24 元/kg。

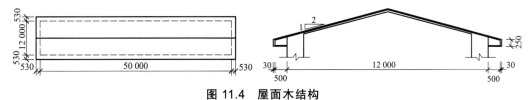

图 11.4 屋面木结构

【解】 1. 计算工程量

封檐板工程量 = 封檐板计算长度

搏风板工程量 =（山尖屋面水平投影长度 $\times$ 屋面坡度系数 + 大刀头 $\times$ 2）$\times$ 山墙端数

搏风板带大刀头时，每个大刀头增加长度 50 cm。

封檐板工程量 $L =$（$30 + 0.5 \times 2$）$\times 2 = 62$（m）

搏风板工程量 $L = [12 +$（$0.5 + 0.03$）$\times 2] \times 1.118 \times 2 + 0.5 \times 4 = 31.2$（m）

2. 编制工程量清单（表 11.4）

表 11.4 分部分项工程量清单

序号	项目编码	项目名称	项目特征	计量单位	工程量
1	010702005001	封檐板	1. 构件名称：封檐板 2. 构件规格尺寸：木板厚 30 mm 3. 刨光要求：双面刨光 4. 防护材料种类：刷 OS 防腐油 1 遍，灰色调和漆 2 遍	m	62.00
2	010702005002	搏风板	1. 构件名称：搏风板 2. 构件规格尺寸：木板厚 30 mm 3. 刨光要求：双面刨光 4. 防护材料种类：刷 OS 防腐油 1 遍，灰色调和漆 2 遍	m	31.20

3. 综合单价计算

（1）选用定额，查《定额》中的相关项目，相关定额子目为：01060025、01060026、01120004 $\times$ 1.74。

（2）编制相关子目直接费。

题目要求双面刨光，双面刨光增加 5 mm，需增加刨光损耗。

封檐板增加材料青松中枋用量，调整定额消耗量：$0.617 \div 30 \times 35 = 0.720$（m³/100 m）

搏风板增加材料青松中枋用量，调整定额消耗量：$0.926 \div 30 \times 35 = 1.080$（m³/100 m）

加入未计价材料费，相关子目直接费见表 11.5。

计算综合单价，见表 11.6。

表 11.5 相关子目直接费表

定额编号	01060025	01060026	01120004等
项目名称	封檐板 板高 20 cm 以内	搏风板 板高 30 cm 以内	木材面调和漆二遍，磁漆一遍木扶手
计量单位	100 m		
直接费（元）	1686.27	2394.33	1388.07
其中 人工费（元）	482.1×1.28＝617.09	620.08×1.28＝793.70	498.26×1.74×1.28＝1109.72
材料费（元）	12.98×0.912＋0.72×1461＝1063.76	15.5×0.912＋1.08×1461＝1592.02	(12.69×0.912＋2.1×24＋4.9×20)×1.74＝278.35
机械费（元）	0.027×23.39＋0.162×29.54＝5.42	0.041×23.39＋0.259×29.54＝8.61	0.00

注：① 所用到的机械接为云建标 [2016] 207 号文中附件 2 中机械除税合台班单价；第 762 项 木工圆锯机 500 mm：23.39 元/台班；第 769 项 木工单面刨床 600 mm：29.54 元/台班。
② 人工费按云建标函 [2018] 47 号文上调 28%。

表 11.6 工程量清单综合单价分析表

序号	项目编码	项目名称	计量单位	工程量	定额编码	定额名称	定额单位	数量	清单综合单价组成明细								综合单价（元）
									单价（元）				合价（元）				
									人工费	材料费	机械费		人工费	材料费	机械费	管理费和利润	
1	010702005001	封檐板	m	62.00	01060025	封檐板高 20 cm 以内	100 m	0.620	554.42	1063.76	5.42		382.59	659.53	3.36	158.56	37.90
					01120004×1.74	木材面调和漆二遍，磁漆一遍木扶手	100 m	0.620	997.02	278.35	0.00		688.03	172.58	0.00	284.89	
						小计							1070.62	832.11	3.36	443.45	
2	010702005002	搏风板	m	31.20	01060026	搏风板高 30 cm 以内	100 m	0.312	713.09	1592.02	8.61		247.64	496.71	2.69	102.65	45.71
					01120004×1.74	木材面调和漆二遍，磁漆一遍木扶手	100 m	0.312	997.02	278.35	0.00		346.23	86.85	0.00	143.36	
						小计							593.87	583.56	2.69	246.01	

注：① 综合单价，即是以清单工程量为 1 的价格：综合单价＝∑分部分项工程量×价格 = ∑分部分项工程量/清单工程量×清单工程量。套定额的数量是定额工程量。
② 管理费费率取 33%，利润率取 20%。
③ 有的教材将套定额的数量填写为定额工程量/清单工程量，也是可以的，此时综合单价＝∑分部分项工程量/清单工程量×清单工程量。

12　金属结构工程

金属结构概念的内涵和外延更为广泛，泛指用有色金属、黑色金属设计制造的所有结构体系，包括建筑、机械等专业。本章涉及的金属结构是指建筑钢结构，与《房屋建筑与装饰工程工程量清单计算规范》中的附录 F 金属结构工程对应。

钢结构主要由型钢和钢板等制成的钢梁、钢柱、钢屋架、钢桁架等构件组成，各构件或部件之间通常采用焊接、螺栓或铆钉连接。因其强度高、自重较轻，且施工简便，广泛应用于大型厂房、场馆、超高层建筑等领域。

12.1　基础知识

12.1.1　名称解释

零件：组成部件或构件的最小单元，如节点板、翼缘板等。

部件：由若干零件组成的单元，如焊接 H 型钢、牛腿等。

构件：由零件或由零件和部件组成的钢结构基本单元，如梁、柱、支撑等。

钢网架：由多钢管根杆件按照一定的网格形式通过球形节点连接而成的空间结构。具有空间受力小、质量轻、刚度大、抗震性能好等优点；可用作体育馆、影剧院、展览厅、候车厅、体育场看台雨篷、飞机库、双向大柱距车间等建筑的屋盖。按连接方式不同分为焊接球网架、螺栓球网架。如图 12.1 所示。

图 12.1　钢网架

重钢结构：一般认为达到以下条件之一的称为重钢结构：① 厂房桁车起吊质量≥25 t；② 按建筑面积每平方米用钢量≥50 kg/m²。

轻钢结构：用圆钢和小于 L45×4 和 L56×36×4 的角钢制作的轻型钢结构。

钢屋架：用型钢部件连接组成的屋盖支撑结构，有用角钢等型钢制作的人字形，梯形屋架，也有用 H 型钢制作的门式屋架。

钢托架：与梯形屋架配合使用的，支撑跨度 12 m 以内，承托屋架的钢构件，如图 12.2 所示，具体详见国家建筑标准设计图集 05G513《钢托架》。

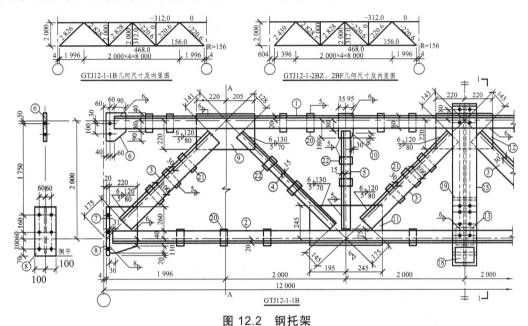

图 12.2　钢托架

钢桁架：一种由钢杆件彼此在两端用铰链连接而成的结构。桁架由直杆组成的一般具有三角形单元的平面或空间结构，桁架杆件主要承受轴向拉力或压力，从而能充分利用材料的强度，在跨度较大时可比实腹梁节省材料，减轻自重和增大刚度。举例来说，塔式起重机的吊臂就是桁架结构。

空腹钢柱与实腹钢柱：钢柱是指钢结构中主要承受压应力，同时也承受弯矩的竖向构件，判断实腹柱和空腹柱主要依据其横截面形式,实腹柱是有相互垂直的两个中和轴都经过截面，而空腹柱实际上我们叫作格构柱，至少有一个中和轴没有穿过截面。如图 12.3 所示。

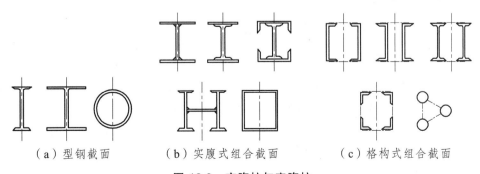

（a）型钢截面　　　　（b）实腹式组合截面　　　　（c）格构式组合截面

图 12.3　空腹柱与实腹柱

钢梁：用钢材制造的梁，多指用 H 型钢或型钢制作的工作平台梁、多层建筑中的楼面梁，如图 12.4 所示。

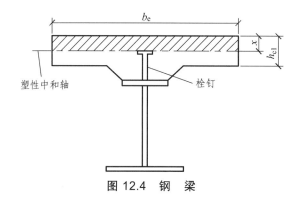

图 12.4 钢 梁

吊车梁：支撑桁车运行的路基，多用于厂房中。吊车梁上有吊车轨道，桁车就通过轨道在吊车梁上来回行驶。吊车梁跟钢梁相似，区别在于吊车梁腹板上焊有密集的加劲板，为提桁车吊运重物提供支撑力。具体详见国家建筑标准设计图集 SG520《钢吊车梁》。

钢板楼板：用钢板或压型钢板制作的楼板，用压型钢板制作的又称楼承板，压型钢板，其截面成 V 形、U 形、梯形或类似这几种形状的波形，如图 12.5 所示。

图 12.5 楼承板

钢板墙板：用单层压型钢板或复合彩钢板即将彩色涂层钢板或其他面板及底板与保温芯材通过黏结剂（或发泡）复合而成的保温复合维护板材制作的墙板。

钢支撑：钢支撑一般情况是垂直或水平的支撑构件，最常见的是人字形和交叉形状的，截面形式可以是钢管、H 型钢、角钢等，作用是增强结构的稳定性。柱间的支撑详见国家建筑标准设计图集 11G336《柱间支撑》，还有物架间支撑。金属结构的钢支撑不同于地基处理及基坑支护的钢支撑，金属结构的钢支撑是永久的，用型钢制作的，基坑支护的钢支撑一般是租赁的临时支撑，多为螺旋焊管制作。

钢拉条：在轻钢结构中，常见钢拉条替代钢支撑，在普通钢结构中拉条一般是指拉结檩条的圆钢，说白了就是粗钢筋，也是为了增强檩条的稳定性，使檩条在一定的外力作用下不容易失稳破坏。

钢檩条：设置在屋架间或屋架与山墙间的小梁，用于支撑椽子或屋面板的构件，有用型钢制作的，也有用 Z 型钢和 C 型钢制作的，在《云南省通用安装工程消耗量定额》中钢檩条子目是按型钢制作编制的。具体详见国家标准图集 SG521《钢檩条钢墙梁》。

钢天窗架：一般是指钢结构工业厂房出屋面天窗用的钢构架，具体详见国家标准图集《轻型屋面钢天窗架》（05G516）。

钢挡风架：用于安装挡风板、挡雨板的钢架。具体详见国家标准图 07J623 – 3《天窗挡风板及挡雨片》。

钢墙架：一般是指由型钢制作而作为墙的骨架，并主要包括墙架柱、墙架梁和连接杆件等部件。钢结构厂房构件，如图 12.6 所示。

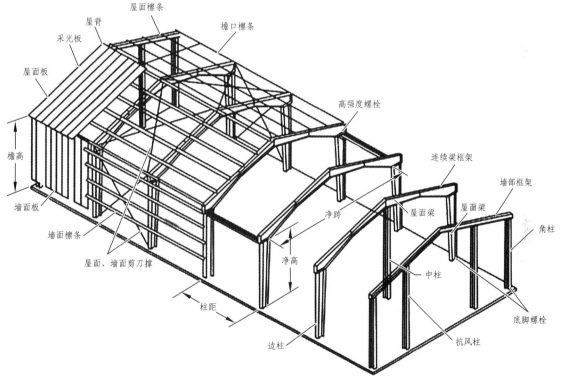

图 12.6 钢结构厂房构件示意图

薄钢板：厚度不大于 4 mm 的钢板。

中板：厚度为 4 ~ 20 mm 的钢板。

厚板：厚度介于 20 ~ 60 mm 的钢板，厚度大于 60 mm 称为特厚板。

栓钉（焊钉）：栓钉属于一种高强度刚度连接的紧固件，用于各种钢结构工程中，在不同连接件中起刚性组合连接作用，将焊钉（栓钉）一端与板件（或管件）表面接触通电引弧，待接触面熔化后，给焊钉（栓钉）一定压力完成焊接连接。

预拼装：为检验构件是否满足安装质量要求而进行的拼装。

12.1.2　钢结构体系简介

钢结构因其能实现空间大跨度，最早大量使用于工业厂房、影剧院、体育场馆，结构形式是由钢柱及以型钢组成的三角形（芬克式）屋架、梯形屋架结构体系，逐渐发展为以 H 型钢组成的门式结构。网架结构、悬索结构、桁架结构适用于实现空间大跨度，近年，我国又从国外引入了索膜结构、预应力钢结构等结构体系。

随着我国经济实力的增强，超高层建筑成为各主要城市的普遍标志性建筑，超高层建筑的结构形式有钢框架-钢筋混凝土核心筒、型钢（钢管）混凝土框架-钢筋混凝土核心筒、钢外筒-混凝土核心筒、型钢（钢管）混凝土外筒-钢筋混凝土核心筒等。

这些结构形式的发展，带动钢结构制作安装工艺飞速发展，已经远远超越了现有的《房屋建筑与装饰工程工程量清单计算规范》所涵盖的内容。

12.1.3　钢结构主要工序简介

1. 切割下料工艺

钢结构使用的型钢、钢板的下料切割工艺主要有：机械切割包括：剪板机或型钢冲剪机、无齿锯、砂轮锯、锯床切割。火焰切割包括：自动切割、手工切割，主要是利用燃气与氧气混合燃烧产生高温使钢材氧化、溶化，从而达到切割的目的。使用的燃气有天然气、乙炔、丙烷等。乙炔已被国家明令淘汰，现在主要使用的是丙烷。等离子切割：利用高温等离子电弧的热量使工件切口处的金属局部熔化（和蒸发），并借高速等离子的动量排除熔融金属以形成切口的一种加工方法。水切割：利用高压冲出水柱来切割钢板，技术先进，切割精度高，适用于切割薄型、中等厚度、精度要求高的切割的钢板。管桁架的管材切割需使用专业的三维相关线切割技术。《云南省通用安装工程消耗量定额公共篇》中编制的工艺主要是机械切割及乙炔切割。

2. 常见焊接工艺

手工电弧焊：利用手工操纵焊条进行焊接的电弧焊方法，简称手弧焊。

气体保护焊：利用气体作为电弧介质并保护电弧和焊接区的电弧焊称为气体保护电弧焊，简称气体保护焊，保护气体为惰性气体（如纯 Ar）、富 Ar 和氧化性气体（如 CO_2），惰性气体保护焊多用于焊接不锈钢，二氧化碳保护焊多用于普通钢结构焊接。

埋弧焊（含埋弧堆焊及电渣堆焊等）：一种电弧在焊剂层下燃烧进行焊接的方法。其固有的焊接质量稳定、焊接生产率高、无弧光及烟尘很少等优点，使其成为压力容器、管段制造、箱型梁柱等重要钢结构制作中的主要焊接方法。埋弧焊因质量稳定、焊接成本低，是钢结构工厂制作的主要焊接方法。

《云南省通用安装工程消耗量定额公共篇》中编制的工艺主要是手工弧焊。

3. 钢结构常用连接螺栓

按国家标准，螺栓按照性能分为 3.6、4.6、4.8、5.6、5.8、8.8、9.8、10.9、12.9 九个等

级，其中 8.8 级以上称为高强度螺栓，常用的高强螺栓是 8.8 级和 10.9 级，其中只有 10.9 级是扭剪型高强度螺栓。

12.2 分项及工程量计算规则

1. 分 项

《计量规范》按构件部位将金属结构工程分为钢网架，钢屋架、钢托架、钢桁架、钢架桥，钢柱，钢梁，钢板楼板、墙板，钢构件和金属制品等项目，其中钢网架 1 项，钢屋架、钢托架、钢桁架、钢架桥 4 项，钢柱 3 项，钢梁 2 项，钢板楼板、墙板 2 项，钢构件 13 项、金属制品 6 项，详见《计量规范》P43～P48 表 F.1～F.7。

《定额》根据构件部位区分制作、安装、运输划分分项工程，构件部位划分方式与《计量规范》基本一致，按构件特点及施工工艺特点划得更细一些，构件运输单独划分了子目。

从上述分项内容可见，《计量规范》分项较少，而定额分项分得更细更具体。在实际工程中，进行列项时应根据《计量规范》的项目编码及名称来进行分项列项，按项目特征应描述的内容描述项目特征，综合单价组价则根据项目特征内容套用定额后组成综合单价。

2. 计算规则

该分部的工程量计算规则，《计量规范》和《定额》的主要构件均按被制作安装的钢构件的质量计算；钢板楼板、墙板和金属制品按成型后的成品面积计算。

（1）金属结构制作工程量，按设计图纸的钢材几何尺寸（包括钢板、型钢，不包括螺栓）以吨计算，均不扣除孔眼、切角、切边的质量。计算钢板质量时，按矩形计算，多边形钢板以图示最长边和最宽边尺寸，按矩形计算面积。

（2）金属结构安装工程按构件图示尺寸以吨计算，焊接结构加 1.5% 的焊缝质量，铆接结构加 3% 的铆钉质量，螺栓连接加 3.5% 的螺栓质量。

（3）运输工程量定额没说明，一般按制作工程量计算。

3. 金属结构清单编制中需注意的共性问题

1）特征描述中需注意的共性问题

（1）防火要求：基本所有的金属结构的清单项目中都有防火要求的描述，但是，在清单工作内容中有没有涂刷防火涂料的工作内容，钢结构涂刷防火涂料在《房屋建筑与装饰工程工程量清单计算规范》中的附录 P7 中有"金属构件刷防火涂料"清单项目。所以，笔者建议编制钢结构清单项目时描述到防火要求时描述为：见"金属构件刷防火涂料"清单要求，另行列项。

（2）探伤要求：按《钢结构工程施工质量验收规范》（GB 50205）的强条规定："设计要求全焊透的一、二级焊缝应采用超声波探伤进行内部缺陷的检验，超声波探伤不能对缺陷作出判断时，应采用射线探伤，其内部缺陷分级及探伤方法应符合现行国家标准《焊缝无损检测 超声检测技术、检测等级和评定》（GB/T 11345—2013）或《金属熔化焊焊接接头射线照相》（GB/T 3323—2005）的规定。焊接球节点网架焊缝、螺栓球节点网架焊缝及圆管 T、K、Y 形点相贯线焊缝，其内部缺陷分级及探伤方法应分别符合行业现行标准《焊接球节点钢网架焊缝超声波探伤及质量分级法》JG/T 3034.1、《螺栓球节点钢网架焊缝超声波探伤及质量分级法》JG/T 3034.2、《钢结构焊接规范》（GB 50661—2011）的规定。一级、二级焊缝的质量等级及缺陷分级应符合《钢结构焊接规范》（GB 50661—2011）表 5.2.4 的规定。"其中一级焊缝要求 100%检验，二级焊缝要求抽检 20%。所以，清单描述时应描述为：按《钢结构工程施工质量验收规范》（GB 50205—2001）要求检验。

但是，在《云南省通用安装工程消耗量定额公共篇》所有的金属结构制作安装子目中，没有包含探伤检测的工作内容。计价处理的办法有两种：① 按施工图计算所有焊缝长度，区分一级焊缝、二级焊缝，套用《云南省通用安装工程消耗量定额》中相关定额子目计价；② 按经验现行市场价普通钢结构的探伤检测费用为 60 元/吨。

（3）单榀（根）质量：在工程量计量单位选择为"t"时，一般可以不做描述。

（4）安装高度：按施工图所示相应位置描述。

2）钢构件工程量计算的共性问题

在《计量规范》附录 F 中，钢构件的工程量计算规则为"按设计图示以质量计算。不扣除孔眼的质量，焊条、铆钉、螺栓等不另增加质量"，该规则看着简单，但是，实际无法操作。因为，钢结构中大多数零件多为不规则多边形，施工中，多边形切割下料后，材料回收价值不高，如果，按该规则计算，编制人员工作量太大。所以，笔者认为：实际编制时应该把工程量计算规则书面更正为按《云南省通用安装工程消耗量定额》规定计算。

3）钢构件清单项目工作内容共性问题

在《计量规范》附录 F 中，钢构件的工作内容为：① 拼装；② 安装；③ 探伤；④ 补刷油漆。其中没有制作的工作内容，《房屋建筑与装饰工程工程量清单计算规范》附录 F 中钢构件是按工厂制作方式，施工单位直接购买半成品，到工地安装方式考虑的，应该在工作内容中或编制说明中明确"半成品"材料费用，计入材料费用。

在实际工作中，编制钢构件工程量清单时编制说明应增加"制作"的工作内容，是工厂制作后购置运至工地或现场制作后再安装，均应计价。《云南省通用安装工程消耗量定额通用篇》中说明"本定额适用于现场加工制作的建筑金属结构工程，凡属工厂化按设计图定尺加工的钢构件，只计取安装费"。

12.3 列项相关问题说明及定额应用

12.3.1 列项相关问题说明

1. 钢网架

特征描述要求中的：网架节点形式、连接方式，应该描述清楚是螺栓球连接还是焊接球连接。

计价:《云南省通用安装工程消耗量定额公共》没有对应的定额子目,只能按市场价计价。

2. 钢 梁

应该区别实腹、空腹分别编制清单。

3. 钢板楼板、钢板墙板

特征描述中应增加型号特征,型号表示的是钢板加工的弯折形式及弯折程度;还应描述楼承板或墙板的防腐涂层要求,如镀锌,还是喷塑,或是镀锌喷塑,以及镀锌量的要求等。

计价:按现行市场规律,一般不计算制作费用,材料供应商在材料费中包含制作费用,只计算安装费用,墙面单层金属压型板安装在《云南省房屋建筑与装饰工程消耗量定额》第四章有对应子目,在《云南省通用安装工程消耗量定额公共篇》第一章中也有对应子目,但是,没有工程量计算规则,计价时可由编制人员自由选择套用。

4. 砌块墙钢丝网片加固、后浇带金属网

均可按《云南省房屋建筑与装饰工程消耗量定额》第四章的 01040081 "结构结合部分防裂构造(钢丝网片)"子目计价。计价时应按设计调整主材规格。

12.3.2 定额应用

(1)定额适用于现场加工制作的建筑金属结构工程,凡属工厂化按设计图定尺加工的钢构件,本定额中只计取安装费。

(2)定额中的制作工程,均按焊接编制的,若设计要求采用特殊焊接工艺及其他连接方式,可根据施工组织设计要求,另行计算。

(3)构件制作,整体预装配时使用的螺栓及锚固零星构件用的螺栓,已包括在定额内,螺栓费用不得另外再计取,如设计要求焊接又加普通螺栓或高强螺栓时,螺栓作为未计价材另行计算,但螺栓安装费已含在定额内综合考虑。本定额中,钢平台制作按花纹板式矩形平台综合考虑,如实际制作时为扇形结构,其未计价材损耗增加 2%,子目乘 1.06 系数。

(4)定额中型钢构件、钢屋架、钢托架、钢支撑、钢檩条、钢墙架、钢平台、梯子、栏杆、压型钢板楼板、墙板及其他小型金属构件的制作安装,除注明者外,均包括场内(300 m 以内)的材料运输、放样、下料、切割、剪切、调直、坡口、修口、卷圆压头、找圆、组对、点焊、找正、焊接、焊缝清理、紧固螺栓、成品堆放等工序内容,除锈、防腐、刷油,执行"刷油、防腐、绝热工程"分部中的相关定额子目。

(5)钢筋混凝土组合屋架钢拉杆,按屋架钢支撑子目计算。

(6)定额中不包括以下工作内容:

① 除锈、刷油、防腐衬里和防火层。

② 无损探伤检验。

③ 胎具和加固件的制作、安装与拆除。

④ 预热与后热。

⑤ 组装平台的铺设与拆除。

⑥ 锻件、机加工件的外购费用。

⑦ 如发生以上工作内容时，按设备篇相关子目执行。

（7）其他小型金属构件是指单件质量小于 100 kg（含 100 kg）的金属构件。

（8）如设计要求需作物理探伤（如超声波、X 射线、摄片等）检测，检测费用可参照《云南省通用安装工程消耗量定额设备篇（下）》第五册中的相关定额子目。

（9）金属构件的运输。

① 金属构件运输包括建筑金属构件和工艺金属构件的运输，适用于由构件堆放场地或构件加工厂至施工现场的运输。

② 构件运输过程中，如遇路桥限载（限高）而发生的加固、拓宽等费用，及公安、交通管理部门的保安护送费用，另行处理。

③ 各类构件运输均采用 1 km 以内和 5 km 以内及 5 km 以外每增加 1 km（直到 5 km 以内）三个子目计算；超出 50 km 以外的部分，以施工方案按长途运输的有关规定计算。构件分类见表 12.1。

表 12.1　金属结构构件分类表

构件分类	构件名称
1 类	钢柱、梁、屋架、托架、桁架、管廊、设备框架、联合平台、烟囱、烟道、漏斗料仓、火炬、排气筒
2 类	型钢檩条、钢支撑、钢拉条、栏杆、盖板、零星构件平台、操作台、走道休息台、扶梯、爬梯、篦子、钢吊车梯台、烟囱紧固箍、型钢圈
3 类	墙架、挡风架、天窗架、组合檩条、轻型屋架、管道支架、设备支架

（10）定额不包括起重机械、运输机械行驶道路的修整，铺垫工作的人、材、机。

（11）金属构件的安装，定额中不包括为安装工程所搭设的临时性脚手架，若发生应按有关规定计算。

（12）墙架的制作工程量指除柱、梁以外及所有连接件的质量。

（13）凡属工厂化按设计图定尺加工的钢构件，当供应的构件定尺尺寸不能满足设计单根长度，需现场拼接时，可按相应制作定额（人、材、机）的 8% 计取。

（14）钢柱安装在混凝土柱上，其人工费、机械费按表 12.2 系数计取。

表 12.2　人工费、机械费调整系数

离地高度（m 以内）	6	9	12	15	18	21	21 以上
系数	1.08	1.10	1.15	1.20	1.25	1.30	1.43

12.4　计算实例

【例 12.1】　某钢结构工程钢支撑如图 12.7，钢构件制作场地距工地 3.6 km，请按照图示计算钢支撑制作、安装、运输工程量，编制该分部分项工程工程量清单并计算综合单价及合价。已知未计价材料除税单价为：① 角钢 4100 元/t；② 钢板 3800 元/t；③ 电焊条 J422 5.9 元/kg；④ 螺栓 9.72 元/kg。构件材料见表 12.3。

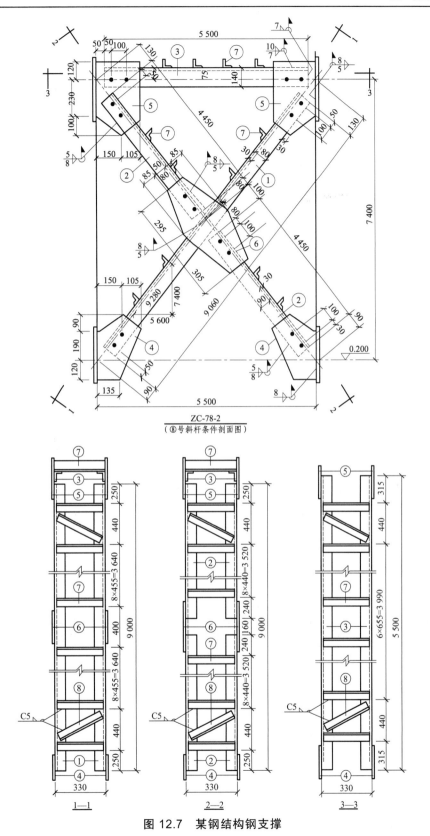

ZC-78-2
（⑧号斜杆条件剖面图）

图 12.7 某钢结构钢支撑

附注：

（1）未注明的焊缝厚度为 5 mm，焊缝长度为满焊。

（2）角钢螺栓孔为 $d=18$，节点板的螺栓孔为 $d=25$。

（3）图中⑦号线条的间距为等分设置（其中仅有一个间距包括 2 个缀条尺寸）。

表 12.3　材料表

零件号	断面	数量	零件号	断面	数量	零件号	断面	数量	零件号	断面	数量
①	L90×56×6	2	③	L140×90×8	2	⑤	−255×10	4	⑦	L45×4	49
②	L90×56×6	4	④	−255×10	4	⑥	−300×10	2	⑧	L45×4	6

【解】　1. 计算工程量

清单工程量＝制作定额工程量

1）制作工程量＝图示工程量

查钢材单位理论重量表，并从施工图中找出各零件长度，填入表 12.4，计算工程量。

表 12.4　工程量计算表

零件号	断面	单位理论重量	计算尺寸	数量	计算式　质量（kg）	合计（kg）
①	L90×56×6	6.717（kg/m）	9.060 m	2	9.06×2×6.717＝121.71	
②	L90×56×6	6.717（kg/m）	4.450 m	4	4.45×4×6.717＝119.56	
③	L140×90×8	14.16（kg/m）	5.500 m	2	5.5×2×14.16＝155.76	
④	−255×10	78.5（kg/m²）	0.4×0.255 m	4	0.4×0.255×4×78.5＝32.03	539.96
⑤	−255×10	78.5（kg/m²）	0.45×0.255 m	4	0.45×0.255×4×78.5＝36.03	
⑥	−300×10	78.5（kg/m²）	0.6×0.3 m	2	0.6×0.3×2×78.5＝28.26	
⑦	L45×4	2.736（kg/m）	0.295 m	49	0.295×49×2.736＝39.55	
⑧	L45×4	2.736（kg/m）	0.430 m	6	0.43×6×2.736＝7.06	

2）安装工程量＝制作工程量×（1＋3.5%）（按螺栓连接计算）＝0.540×1.035＝0.559（t）

3）运输工程量＝制作工程量＝0.54（t）

2. 编制工程量清单（表 12.5）

表 12.5　分部分项工程量清单

序号	项目编码	项目名称	项目特征	计量单位	工程数量
1	010606001001	钢支撑	1. 钢材品种、规格：Q235、规格详见图纸 2. 构件类型：柱间支撑 3. 安装高度：详见图纸 4. 螺栓种类：普通螺栓 5. 探伤要求：按照《钢结构工程施工质量验收规范》GB 50205 要求检验 6. 防火要求：见"金属构件刷防火涂料"清单要求 7. 运输：5 km 以内	t	0.540

3. 计算综合单价

（1）选用定额，查《定额》中的相关项目，相关定额子目为：03130031、03130079、03130047。

（2）编制相关子目直接费

在钢结构制作定额子目中，应按实际的未计价材计（含损耗 6%）入材料费。

未计价材为：

角钢：（121.71 + 119.56 + 155.76 + 39.55 + 7.06）× 1.06 = 0.470（t）

钢板：（32.03 + 36.03 + 28.26）× 1.06 = 0.102（t）

电焊条：24.99（kg）（按定额消耗量）

螺栓：1.74（kg）（按定额消耗量）

因此，03130031 子目材料费为：142.42×0.912 + 0.47×4100 + 0.102 × 3800 + 24.99×5.9 + 1.74×9.72

加入未计价材材料费，相关子目直接费表，见表 12.6。

表 12.6 相关定额子目直接费表

<table>
<tr><td colspan="2">定额编号</td><td>03130031</td><td>03130079</td><td>03130047</td></tr>
<tr><td colspan="2">项　　目</td><td>柱间钢支撑制作</td><td>金属构件运输 2 类构件运距 5 km 以内</td><td>单式柱间支撑安装每个构件质量 0.6 t 以内</td></tr>
<tr><td colspan="2">计量单位</td><td>t</td><td>10 t</td><td>t</td></tr>
<tr><td colspan="2">直接费（元）</td><td>4836.85</td><td>565.36</td><td>1202.44</td></tr>
<tr><td rowspan="4">其中</td><td>人工费（元）</td><td>1358.14</td><td>107.93</td><td>617.33</td></tr>
<tr><td>材料费（元）</td><td>142.42×0.912 + 0.47×4100 + 0.102×3800 + 24.99×5.9 + 1.74×9.72 = 2608.84</td><td>70.82</td><td>78.32</td></tr>
<tr><td>机械费（元）</td><td>869.87</td><td>386.62</td><td>506.80</td></tr>
</table>

注：① 所用到的机械换为云建标〔2016〕207 号文中附件 2 中机械除税台班单价：第 434 项 门式起重机 10 t：300.68 元/台班；第 519 项 轨道平车 装载质量 10 t：42.33 元/台班；第 836 项 板料校平机 16×2000：1029.13 元/台班；第 834 项 剪板机 40×3100：518.78 元/台班；第 852 项 刨边机 12000 mm：450.77 元/台班；第 890 项 型钢切断机 剪短宽度 500 mm：176.42 元/台班；第 1463 项 型钢校正机：148.45 元/台班；第 820 项 摇臂钻床 63 mm：131.54 元/台班；第 1094 项 交流弧焊机 42 kV·A：158.58 元/台班；第 1191 项 电动空气压缩机 6 m³/min：259.82 元/台班；第 1163 项 电焊条烘干箱 55×45×55：14.17 元/台班；第 1550 项 恒温箱：8.14 元/台班；第 375 项 汽车式起重机 8 t：536.93 元/台班；第 473 项 载重汽车 装载质量 8 t：418.86 元/台班；第 1554 项 吊装机械（综合四）：772.20 元/台班；第 1092 项 交流弧焊机 32 kV·A：128.91 元/台班。
　　② 人工费按云建标函〔2018〕47 号文上调 28%。

（3）综合单价计算过程详，见表 12.7。

4. 柱间支撑合价

0.54×7030.34 = 3796.38（元）

表 12.7　工程量清单综合单价分析表

清单综合单价组成明细

序号	项目编码	项目名称	计量单位	工程量	定额编码	定额名称	定额单位	数量	单价（元）				合价（元）				综合单价（元）
									人工费	材料费	机械费	人工费	材料费	机械费	管理费和利润	
1	010606001001	钢支撑	t	0.540	03130031	柱间钢支撑制作	t	0.5400	1358.14	2608.84	869.87	733.40	1408.77	469.73	323.59	7030.34
					03130079	金属构件运输 2 类构件 运距 5 km 以内	10 t	0.0540	107.93	70.82	386.62	5.83	3.82	20.88	3.30	
					03130047	单式柱间支撑安装每个构件质量 0.6 t 以内	t	0.5590	617.33	78.32	506.80	345.09	43.78	283.30	154.90	
						小　计						1084.31	1456.38	773.90	481.79	

注：① 综合单价，即定以清单工程量为 1 的价格；综合单价 = Σ分部分项工程量/清单费 = 定额工程量。套定额的数量是定额工程量。
② 管理费费率取 33%，利润率取 20%。
③ 有的教材将套定额的数量填写为定额工程量，也是可以的，此时综合单价 = Σ分部工程费。
④ 综合单价 = Σ分部分项工程量/清单工程量；套定额的数量是定额工程量；此时综合单价 = Σ分部工程费。

13 门窗工程

13.1 基础知识

建筑门窗是建筑物中不可缺少的重要组成部分，它除了具有采光、通风、遮蔽、交通等作用外，还有隔热、保温、御寒等功能。

13.1.1 门窗分类

1. 按材料分

常见的门有木门、铝合金门、钢质门、塑料门、全玻璃门、不锈钢门、玻璃钢门等；常见的窗有木窗、钢窗、铝合金窗、塑料窗等。

2. 按形式和制造工艺分

门可分为镶板门、拼板门、夹板门、纱门、实拼门、百叶门等；窗可分为玻璃窗、百叶窗和纱窗等。

3. 按开启方式分

门按开启方式分常见的有平开门、弹簧门、推拉门、折叠门、卷帘门、上翻门、升降门、转门等。窗按开启方式常见的有平开窗、悬窗、推拉窗、固定窗、卷帘门、立转窗等。

4. 按特殊功能分

门窗按特殊功能可分为防火门窗、保温门窗、隔音门窗、防射线门窗、防爆门窗等。

13.1.2 门窗用玻璃

随着社会的发展及人们对房屋建筑居住环境、使用功能的要求，对于门窗功能的需求从普通型向功能和美观齐备的装饰型发展，玻璃在门窗中使用量日益增大，玻璃价格对建筑造价的影响也在增加，玻璃除了有装饰、采光、遮像、隔声、隔热的作用外，玻璃是易碎品，从安全的角度，对玻璃的要求也越来越高，玻璃品种、厚度的不同，价格差异非常大，这里对部分建筑门窗用玻璃简略介绍。

1. 普通平板玻璃

采用压延法或平拉法工艺生产的平板玻璃。

2. 中空玻璃

中空玻璃是指两片或多片玻璃以有效支撑均匀隔开并周边黏结密封，使玻璃层间形成有干燥气空间的制品。当单层玻璃不能达到节能标准的保温要求时，应采用中空玻璃。中空玻璃应为双道密封，中空玻璃的常用玻璃厚度为 3 ~ 6 mm，空气层厚度一般为 6 mm、9 mm、12 mm 等。不同的空气层厚度及由不同品种、不同厚度玻璃所组成的中空玻璃的导热系数也不同，可按需要选择。透明中空玻璃适用于冬季以采暖为主的北方地区。

3. 安全玻璃

安全玻璃是指符合现行国家标准的钢化玻璃（经过钢化工艺处理的玻璃）、夹层玻璃及由钢化玻璃或夹层玻璃组合加工而成的其他玻璃制品，如安全中空玻璃等。当这类制品应用时，能最大程度减少人员伤害的可能性。安全玻璃可应用部位：活动门、固定门用玻璃，落地窗用玻璃，人群集中的公共场所、运动场所中装配室内隔断用玻璃，室内栏板用玻璃，屋面用玻璃等。

门窗工程有下列情况之一时，必须使用安全玻璃：

（1）7 层及 7 层以上建筑物外开窗。

（2）面积大于 1.5 m^2 的窗玻璃或玻璃底边离最终装修面小于 500 mm 的落地窗。

（3）倾斜装配窗、天窗。

（4）水族馆和游泳池的观察窗。

（5）公共建筑物的出入口、门厅等部位。

4. 防火玻璃

防火玻璃是指火灾发生时在限定时间内，能起到防止烟、热、火焰等蔓延，保障人员物品安全的玻璃制品。

复合防火玻璃是由两层或两层以上玻璃复合而成，或由一层玻璃和有机材料复合而成，并满足相应耐火要求的特种玻璃。如防火夹层玻璃、薄涂型防火玻璃、防火夹丝玻璃、防火中空玻璃。单片防火玻璃如铯钾、硼硅酸盐、铝硅酸盐、微晶防火玻璃等。

防火玻璃按结构分为复合防火玻璃和单片防火玻璃；按耐火性能分为隔热型防火玻璃（A 类）和非隔热型防火玻璃（C 类）；耐火极限分为 5 个等级：0.50 h、1.00 h、1.50 h、2.00 h、3.00 h。

13.1.3 名词解释

（1）镶板门：门扇由骨架和门芯板组成，称为"镶板门"。门芯板可为木板、胶合板、硬质纤维板、塑料板、玻璃等。门芯板为玻璃时，则为玻璃门。门芯为纱或百叶时，则为纱门或百叶门。也可以根据需要，部分采用玻璃、纱或百叶，如上部玻璃、下部百叶组合等方式。

（2）全玻门：在同一门扇上无镶板（钉板）全部装玻璃者，称为"全玻门"。

（3）半玻门：在同一门扇上装玻璃和镶板（钉板）者，玻璃面积大于或等于镶板（钉板）面积的二分之一者，称为"半玻门"。

（4）地弹门：弹簧门的一种，用地埋式门轴弹簧或内置立式地弹簧，门扇可内外自由开启，不触动时门扇在关闭的位置。

（5）平开门：合页（铰链）装于门侧面、向内（左内开，右内开）或向外开启（左外开，右外开）的门。由门套、合页、门扇、锁等组成。

（6）固定窗：用密封胶把玻璃安装在窗框上，只用于采光而不开启通风的窗户，有良好的水密性和气密性。

（7）推拉窗：可沿垂直或水平方向平移的窗。

（8）平开窗：带有合页（铰链）或旋转轴的窗。

13.2　分项及工程量计算规则

1. 分　项

《计量规范》按门窗材料和用途分为木门，金属门，金属卷帘（闸）门，厂房库大门、特种门，其他门，木窗，金属窗，门窗套，窗台板，窗帘、窗帘盒、轨等项目划分，其中门共26项，窗13项，门窗其他构件16项。详见《计量规范》P51～P58表H.1～H.10。

《定额》按材料及加工安装方式划分分项工程，每一分项工程又按加工方法分制作、安装，并配有工厂制作（成品），现场只计安装费的子目，制作安装的子目之后还配有门窗装饰和特殊五金安装的子目。分项很细很具体。

在实际工程中，进行列项时应根据《计量规范》的项目编码及名称来进行分项列项，按项目特征应描述的内容描述项目特征，综合单价组价则根据项目特征内容套用定额后组成综合单价。

2. 工程量计算规则

《计量规范》中门窗工程计量规则基本有两种计量单位，一种是按门窗洞口尺寸以平方米计算，另一种是按门窗的数量以"樘"计量；在门窗装饰工程中有三种计量单位，区分不同构件有按面积、按长度及按数量计算的。在实际工程中，因定额组价的需要，建议门窗及门窗装饰列项时根据《计量规范》的项目编码及名称来进行分项列项，计量单位选择时尽量让清单项目的计量单位与定额计算规则的单位一致，便于计量。笔者建议门窗工程按面积计量，门窗装饰工程均以《定额》规定的计量规则及单位计算工程量。

（1）门窗按设计图示洞口尺寸以平方米计算，凸（飘）窗、弧形、异形窗按设计窗框中心线展开面积以平方米计算。纱扇制安按扇外围面积平方米计算。

（2）钢门窗安装玻璃，全玻门窗按洞口面积计算，半玻门窗按洞口宽乘以有玻璃分格设计高度以平方米计算，设计高从洞口顶算至玻璃横梃下边线。

（3）卷闸门安装按其安装高度乘以门的实际宽度以平方米计算。安装高度算至滚筒顶点为准。电动装置安装以套计算，小门安装以个计算。若卷闸门带小门的，小门面积不扣除。

（4）木门框制作安装按设计外边线长度以延长米计算。门扇制作安装按扇外围面积以平方米计算。

（5）包门框、门窗套均按设计展开面积以平方米计算。门窗贴脸、窗帘盒、窗帘轨按设计长度以延长米计算。

（6）电子感应门及转门按樘计算。

（7）其他门中的旋转门按设计图示数量以樘计算。伸缩门按设计展开长度以延长米计算。

（8）窗台板按设计尺寸以平方米计算。

（9）门扇饰面按门扇单面面积计算，门框饰面按门框展开面积以平方米计算。

（10）成品窗帘安装，按窗帘轨长乘以设计高度以平方米计算。

（11）窗通风器按设计尺寸以延长米计算。

3．项目特征描述中的共性问题

（1）门（窗）框、门（窗）扇均应描述材质、类型，有玻璃镶嵌的要描述玻璃品种、厚度，无玻璃镶嵌则无须描述。

（2）门窗刷油漆或其他防护材料（如防锈漆、防火漆）按《计量规范》附录 P 中相应项目单列项目，门窗项目中无须描述项目特征。

（3）门锁安装单独列项。

（4）门窗装饰工程按《计量规范》中的要求描述，油漆或其他防护材料（如防锈漆、防火漆）按《计量规范》附录 P 中相应项目单列项目，门窗装饰项目中无须描述项目特征。

4．门窗工程计价中的共性问题

（1）门窗工程为现场制作安装时，定额套用要套制作和安装项，木门还需套木门框制作子目；门窗工程为成品门窗，计价时只计安装费，门窗按成品未计价材运到工地的除税价格计入材料费中。

（2）门窗工程若为工厂制作带安装则按专业工程暂估价计入其他项目费中，本分部不列清单项，结算时按合同约定结算后的总价计入其他项目费。

13.3　定额应用

本章定额应用内容详《定额》第七章说明。

13.4　计算实例

门窗工程一般可按以下 3 种方法读取数据计算：

（1）可按门窗统计表计算。

（2）可按建筑平面图、剖面图所给尺寸计算。

（3）可按门窗代号计算。在有些施工图中，习惯于用代号表示门窗洞口尺寸。如 M0921 表示门宽 900 mm，门高 2 100 mm。C1818 表示窗宽 1 800 mm，窗高 1 800 mm。可以从图纸中数出樘数。

【例 13.1】　某工程给出门窗信息统计表如表 13.1 所示，求其门窗工程量。实木凹凸型镶板门、实木全玻门为现场制作安装，玻璃为 6 厚钢化玻璃；铝合金门窗为 90 系列成品门窗安装，玻璃为 5 厚钢化玻璃，门锁均为 L 型执手锁。试列出分部分项工程量清单，并计算相应项目的综合单价。已知未计价材料除税单价为：① 烘干锯材：2 000 元/m³；② 安全钢化玻璃（厚 5 mm）：88.00 元/m²；③ 安全钢化玻璃（厚 6 mm）：105.00 元/m²；④ 水曲柳线条：8.06 元/m；⑤ L 型执手锁：78 元/把；⑥ 铝合金成品平开门：318 元/m²（已含五金）；⑦ 铝合金成品推拉窗（已含五金）：298 元/m²。

表 13.1　门窗表

名称	编号	洞口尺寸		数量	备注
		宽	高		
门	M-1	1000	2100	11	实木凹凸型镶板门
	M-2	1200	2100	1	实木全玻门
	M-3	1800	2700	1	90 系列铝合金成品平开门
窗	C-1	1800	1800	38	90 系列铝合金成品推拉窗
	C-2	1800	600	6	90 系列铝合金成品推拉窗

【解】　1. 工程量计算

从上表可以看出门窗种类、规格不同，工程量应分别计算：

M-1：$1.0 \times 2.1 \times 11 = 23.10$（m²）　　　M-2：$1.2 \times 2.1 \times 1 = 2.52$（m²）

M-3：$1.8 \times 2.7 \times 1 = 4.86$（m²）

木门门扇安装工程量按各类门樘数

M-1 实木门框工程量：$(1.0 + 2.1 \times 2) \times 11 = 57.2$（m）

M-2 实木门框工程量：$(1.2 + 2.1 \times 2) \times 1 = 5.4$（m）

C-1：$1.8 \times 1.8 \times 38 = 123.12$（m²）　　C-2：$1.8 \times 0.6 \times 6 = 6.48$（m²）

门锁安装：$11 + 1 + 1 = 13$（套）

2. 编制工程量清单（表 13.2）

表 13.2 分部分项工程量清单

序号	项目编码	项目名称	项目特征	计量单位	工程量
1	010801001001	木质门	1. 门代号及洞口尺寸：M-1，1000×2100 2. 门扇类型及材质：实木凹凸型镶板门	m²	23.10
2	010801001002	木质门	1. 门代号及洞口尺寸：M-2，1200×2100 2. 门类型：实木全玻门 3. 玻璃品种、厚度：安全钢化玻璃，6 mm 厚	m²	2.52
3	010802001001	金属门	1. 门代号及洞口尺寸：M-3，1800×2700 2. 门框及扇外围尺寸：1800×2700 3. 门框、扇材质：90系列铝合金 4. 玻璃品种、厚度：钢化玻璃，5 mm 厚 5. 门类型：成品平开门	m²	4.86
4	010801006001	门锁安装	1. 锁品种：L型执手锁	套	13.00
5	010807001001	金属窗	1. 窗代号及洞口尺寸：C-1，1800×1800； 　　　　　　　　　　　C-2，1800×600 2. 框、扇材质：90系列铝合金 3. 玻璃品种、厚度：钢化玻璃，5 mm 厚 4. 窗类型：成品推拉窗	m²	129.60

3. 综合单价计算

（1）选用定额，查《定额》中的相关项目，相关定额子目为：01070001、01070002、01070004、01070008、01070071、01070074。

（2）编制相关子目直接费。

加入未计价材材料费，相关子目直接费见表 13.3。

表 13.3 相关子目直接费表

定额编号		01070001	01070002	01070004	01070008	01070071	01070074	01070160
项　　目		实木门框	实木镶板门扇	实木全玻门	门扇安装	铝合金成品平开门	铝合金成品推拉窗	L型执手锁
计量单位		100 m	100 m²		扇	100 m²		把
直接费		2198.31	14745.94	26967.30	24.52	36921.54	34167.03	110.70
其中	人工费（元）	817.66	7358.98	7358.98	24.52	3838.94	2948.49	32.70
	材料费（元）	1380.65	7386.96	19608.32	0.00	33040.54	31173.63	78.00
	机械费（元）	0.00	0.00	0.00	0.00	42.06	44.91	0.00

注：① 所用到的机械换为云建标〔2016〕207号文中附件2中机械除税台班单价：第926项 电锤 功率520 W：3.61元/台班。
② 人工费按云建标函〔2018〕47号文上调28%。

（3）计算综合单价，见表 13.4。

表 13.4 工程量清单综合单价分析表

清单综合单价组成明细

序号	项目编码	项目名称	计量单位	工程量	定额编号	定额名称	定额单位	数量	单价 人工费	材料费	机械费	合价 人工费	材料费	机械费	管理费和利润	综合单价
1	010801001001	木质门	m²	23.10	01070001	实木门框	100 m	0.5720	817.66	1380.65	0.00	466.07	789.73	0.00	193.66	257.19
					01070002	实木镶板门扇凸凹型	100 m²	0.2310	7358.98	7386.96	0.00	1699.92	1706.39	0.00	703.87	
					01070008	门扇安装	樘	11.00	24.52	0.00	0.00	269.72	0.00	0.00	111.70	
						小 计						2435.71	2496.12	0.00	1009.24	
2	010801001002	木质门	m²	2.52	01070001	实木门框	100 m	0.0540	817.66	1380.65	0.00	44.15	74.55	0.00	18.28	407.14
					01070004※	实木全玻门	100 m²	0.0252	9787.44	19608.32	0.00	246.64	494.13	0.00	102.13	
					01070008※	门扇安装	樘	1.000	32.61	0.00	0.00	32.61	0.00	0.00	13.51	
						小 计						323.40	568.68	0.00	133.91	
3	010802001001	金属门	m²	4.86	01070160	铝合金成品开门	100 m²	0.0486	3838.94	33040.54	42.06	186.57	1605.77	2.04	77.34	385.13
4	010801006001	门锁安装	套	13.00	01070071	L型执手锁	套	13.000	32.70	78.00	0.00	425.10	1014.00	0.00	176.04	124.24
5	010807001001	金属窗	m²	129.60	01070074	铝合金推拉窗	100 m²	1.2960	2948.49	31173.63	44.91	3821.24	40401.02	58.20	1584.70	353.90

注：① 清单第 2 项 010801001002 为小批量木门制安，门扇制作安装子目人工乘以系数 1.33。

② 综合单价，即是以清单工程量为 1 的价格：综合单价＝∑分部分项工程费/清单工程量。套定额的数量是定额工程量。

③ 管理费费率取 33%，利润率取 20%。

④ 有的教材将套定额的数量填写为定额工程量/清单工程量，此时综合单价＝∑分部分项工程费。

14 屋面及防水工程

14.1 基础知识

1. 屋面及屋面防水

（1）屋面指建筑物屋盖系统中结构层以上的覆盖构造，屋面构造应具备排水、防水、保温、隔热等功能，坡屋面造型对建筑外观效果有影响。

（2）屋面防水指为了防止雨水通过屋盖构件进入建筑内而采取的构造做法。

2. 平屋顶及坡层顶

屋面斜坡度在5%以内的为平屋顶，屋面斜坡度大于5%的为坡屋顶。平屋顶坡度可采用"材料找坡"或"结构找坡"方法形成，坡屋顶坡度均为结构找坡。

3. 屋面防水常见构造做法

（1）瓦屋面。我国传统建筑物主要通过瓦的铺设来实现屋面排水和防水，现代建筑中仍在小范围内使用瓦，包括传统小青瓦、水泥瓦、黏土瓦以及波形瓦（分石棉波形瓦和金属波形瓦）等。

（2）刚性防水屋面。用适当级配的细石混凝土作防水层，分无筋、配筋和配筋钢纤维几种。

（3）卷材防水屋面。卷材有油毡卷材和高分子卷材。油毡卷材屋面指用石油沥青油毡和石油沥青胶结材料铺设的沥青油毡屋面。

（4）涂膜防水屋面。涂膜屋面是指在基层上涂刷防水涂料，其固化后可形成具有一定厚度和弹性的整体防水屋面。如定额中的氯丁冷胶涂膜屋面，其"二布三涂"项目，"三涂"即是指涂料构成的防水涂膜层数，不是指涂刷遍数。

（5）泛水、天沟、排水口、水落管等屋面构造请查阅相关书籍。

4. 防水及防潮工程

防水、防潮工程分为卷材防水、刚性防水，包括屋面防水，地下室防水，厨房、卫生间防水，适用于楼地面、墙基、墙身、构筑物、水池、水塔、浴厕等防水及建筑物 + 0.00 以下的防水、防潮工程。

14.2　分项及工程量计算规则

1. 分　项

《计量规范》将屋面及防水工程按材料和防水部位分开列项，划分为瓦、型材及其他屋面，屋面防水及其他；防水工程中除屋面防水外，还包括了墙面防水防潮，楼（地）面防水、防潮等项目。共分为21项，详见《计量规范》P60～P64表J.1～J.4。《计量规范》将建筑物需要保温隔热防护的项目单独列项，详见《计量规范》P65～P66表K.1，若屋面工程中有保温隔热的内容按《计量规范》表K.1中有关项目列项，有楼地面项目的内容按《计量规范》附录L楼地面及装饰工程中有关项目列项。

《定额》分项与《计量规范》一致，也按材料和防水部位分开列项，大致按表14.1所列分类工程列项。

表14.1　屋面工程及防水工程分类

类别	按类型分		按材料分
屋面工程	瓦屋面		水泥瓦、小青瓦、合成树脂瓦、彩色沥青瓦、玻璃钢波纹瓦
	型材屋面		平铁皮屋面、彩钢板屋面、
	采光屋面		采光波纹瓦、阳光板
	膜结构屋面		骨架支撑式、支撑拉索式
	屋面防水	隔气层	氯丁胶乳沥青、水乳型橡胶沥青
		隔离层	无纺聚酯纤维布、聚乙烯膜、PE膜
		屋面刚性防水	防水砂浆、细石混凝土
		卷材防水	石油沥青玛𤨪脂、高聚物改性沥青、自黏型改性沥青、合成高分子
		涂膜防水	聚氨酯、丙烯酸酯、水泥基渗透结晶型涂料、改性沥青防水涂料、高分子防水涂料
	屋面排水		铸铁管件、塑料管件、不锈钢管件、虹吸排水管
	其他		屋面排（透）气管、出入孔盖板、屋面泛水、天沟
防水工程	楼地面及墙面防水	防水砂浆	平面、立面
		桩顶防水	按直径区分800mm以内及以外
		卷材防水	沥青、高聚物改性沥青、自黏型改性沥青、三元乙丙橡胶、再生橡胶、氯化聚乙烯-橡胶共混卷材、SBC（聚乙烯丙纶）
		涂膜防水	聚氨酯、丙烯酸、JS复合防水涂料、水泥基渗透结晶型涂料、冷底子油、石油沥青、石油沥青玛𤨪脂、玛𤨪脂玻璃纤维布、沥青玻璃布、水乳型再生胶沥青聚酯布、溶剂型再生胶沥青聚酯布、水乳型阳离子氯丁胶乳化沥青聚酯布
		其他	地下室夹层塑料板、膨润土防水毯、防水（抗裂）保护层
	变形缝及其他工程		填缝、盖缝、止水带、后浇带、通风箅子

　　具体操作时，按施工图纸设计的屋面工程做法对照《计量规范》的项目特征内容可列多个清单项目。一般情况面层与结合层合并列项、防水层、保温隔热层、防水找平层及垫层要另列清单项目，楼地面找平层与面层按面层项目名称合并列项。组价时面层有时会借用到楼地面工程中的相关项目列项并套用楼地面的相关定额子目；保温隔热层项目按《计量规范》表 K.1 中相关项目列项，所套用的定额子目需借用《云南省通用安装工程消耗量定额》中第二篇第三章有关保温隔热的子目。

2. 计算规则

　　《计量规范》的屋面及防水工程是以面层或具体的构件对象计算的，有按面积计算的，有按长度计算的，还有按数量计算的，详见《计量规范》附录 J。而从上述列项内容来看，列项及定额套用时应根据列项项目的具体工程量计算规则计算各项目的清单工程量及多个定额工程量，即清单列项时按《计量规范》规定的计量单位计算工程量及列项，组价定额子目套取时则按《定额》规定的工程量计算规则及计量单位计算。以下为定额套用时的计算规则：

1）瓦屋面

　　（1）瓦屋面、型材屋面按设计尺寸斜面积以平方米计算，亦可按屋面水平投影面积乘以屋面延尺系数，以平方米计算。不扣除房上烟囱、风帽底座、风道、屋面小气窗、斜沟等所占面积，屋面小气窗的出檐部分亦不增加。屋面挑出墙外的尺寸，按设计规定计算，如设计无规定时，彩色水泥瓦、小青瓦（筒板瓦、琉璃瓦）按水平尺寸加 70 mm 计算。

　　彩钢夹芯板屋面按实铺面积以平方米计算，支架、铝槽、角铝等均已包含在定额内。

　　（2）计算瓦屋面时应扣除勾头、滴水所占面积（8 寸瓦扣除 0.23 m 宽，6 寸瓦扣除 0.175 m 宽，长度按勾头滴水设计长度计算），勾头、滴水另行计算。

　　（3）勾头、滴水按设计图示尺寸以延长米计算。

2）采光屋面

　　按斜面设计图示尺寸以平方米计算，亦可按屋面水平投影面积乘以屋面延尺系数以平方米计算。不扣除屋面面积≤0.3 m² 孔洞所点面积。

3）膜结构屋面

　　按设计图示尺寸覆盖的水平投影面积以平方米计算。

4）屋面防水

　　（1）卷材斜屋面按其设计图示尺寸以平方米计算，亦可按图示尺寸的水平投影面积乘以延尺系数以平方米计算；卷材平屋面按水平投影面积以平方米计算。不扣除房上烟筒、风帽底座、风道、屋面小气窗和斜沟所占的面积，屋面的女儿墙、伸缩缝和天窗等处的弯起部分，按图示尺寸并入屋面工程量计算。如图纸无规定时，伸缩缝、女儿墙的弯起部分可按 25 cm 计算，天窗弯起部分可按 50 cm 计算。

　　（2）屋面卷材防水定额是按铺贴一层编制，每增一层按照"墙面、楼地面及地下室工程"中平面每增一层定额相应子目执行。

　　（3）涂膜屋面的工程计算同卷材屋面。

　　（4）屋面刚性防水按设计图示尺寸以平方米计算，不扣除房上烟囱、风帽底座及单孔小于 0.3 m² 以内的孔洞等所占面积。

（5）屋面隔气层、隔离层的工程量计算方法同卷材屋面以平方米计算。

5）屋面排水

（1）铸铁、塑料、不锈钢、虹吸排水管区别不同直径按图示尺寸以延长米计算，雨水口、水斗、弯头以个计算。

（2）屋面排（透）气管及屋面出入孔盖板按设计图示数量以套计算。

（3）屋面泛水、天沟按设计图示尺寸展开面积以平方米计算。

6）墙面、楼地面入地下室工程

（1）建筑物地面防水、防潮层、按主墙间净空面积以平方米计算，扣除大于 0.3 m² 的凸出地面的构筑物、设备基础等所占的面积，不扣除柱、垛、间壁墙、烟囱及 0.3 m² 以内孔洞所占面积。与墙面连接处高度在 50 cm 以内者按展开面积计算，并入平面工程量内；超过 50 cm 时，均按立面防水层计算。

（2）建筑物墙基、墙体防水、防潮层，外墙按中心线长度、内墙按净长线长度乘以宽度以平方米计算。墙与墙交接处、墙与构件交接处面积不扣除，应扣除 0.3 m² 以上孔洞所占面积。

（3）地下室满堂基础的防水、防潮层，按设计图示尺寸以平方米计算，即按梁、板、坑（沟）、槽等的展开面积计算，不扣除 0.3 m² 以内的孔洞面积。平面与立面交接处的防水层，高度在 50 cm 以内者按展开面积计算，并入平面工程量内；其上卷高度超过 50 cm 时，均按立面防水层计算。

（4）膨润土防水毯按设计图示尺寸以平方米计算。

（5）地下室夹层塑料板按设计图示尺寸以平方米计算。

（6）防水、抗裂保护层按设计图示尺寸以平方米计算。

7）变形缝及其他工程

（1）变形缝按设计图示尺寸以延长米计算。

（2）后浇带防水按设计图示尺寸以平方米计算。

（3）通风箅子按设计图示尺寸以平方米计算。

14.3　定额应用

1. 综合说明

（1）定额中构造做法，依据《西南地区建筑标准设计通用图》西南 11J 图集做法编制，如设计不同时，按设计规定换算。

（2）屋面工程定额子目是按普通屋面形式（如矩形、梯形、三角形）编制。如设计为锯齿、圆弧、穹隆等异形时，相应定额人工乘以系数 1.15，材料下料损耗另行计算。

（3）本章定额中均不含找平层，找平层应另行计算。屋面砂浆找平层、面层按楼地面相应定额计算。

（4）SBS、APP 改性沥青防水卷材按高聚物改性沥青防水卷材定额执行。

（5）本定额中沥青、玛琋脂均指石油沥青、石油沥青玛琋脂。

（6）本定额中卷材防水的接缝、收头、找平层的嵌缝、冷底子油已计入定额内，不另计算。

（7）高聚物改性沥青防水卷材（满铺、空铺、点铺、条铺），定额取定卷材厚度为 3 mm；自黏型改性沥青防水卷材，定额取定卷材厚度为 1.5 mm，卷材层数为一层，设计卷材厚度不同时，调整材料价格，其他不变。

（8）屋面分格缝工作内容已综合在屋面防水子目中。屋面分格缝子目只适用于刚性屋面分格缝及单独分格缝施工时计价。

（9）本章涂膜防水定额采用手工涂刷工艺，操作方法不同时，不作调整。

2. 屋面工程

1）瓦屋面

（1）定额瓦屋面子目不适用于古建修缮项目。

（2）有关混凝土瓦（即水泥瓦）构件、小青瓦、琉璃瓦构件、沥青瓦构件简图、构件尺寸详见西南 11J202P87 – 90。

（3）定额中瓦屋面坡度按≤50%编制，若设计坡度大于 50%时，需增加费用的应另行计算。

（4）彩色水泥瓦、小青瓦（筒板瓦、琉璃瓦）规格与定额不同时，瓦材数量可以换算，其他不变。按下式计算（或换算）：

瓦材每 100 m² 耗用量 = 100 ÷（瓦有效长度 × 瓦有效宽度）×（1 + 损耗率）

有效长度（宽度）：扣除瓦相互搭接部分长度（宽度）。

（5）彩色水泥瓦屋面定额子目按西南 11J202 图集编制，若设计不同，材料允许换算。

（6）彩色水泥瓦屋面设有收口线时，每 100 延长米收口，另计收口瓦 0.324 千块，扣除水泥瓦 0.324 千块；如屋面坡度大于 50°，镀锌铁丝应换算成铜丝。

（7）琉璃 S 瓦、平板瓦、波形瓦等平瓦执行水泥彩瓦定额子目。

（8）屋脊：彩色水泥瓦、小青瓦（筒板瓦、琉璃瓦）屋面定额中不含屋脊，屋脊应另行计算，执行屋脊定额子目。其中：

小青瓦屋脊按西南 11J202 – 1 大样编制，作法不同时可以进行换算。

筒板瓦、琉璃瓦屋脊按小青瓦屋脊子目执行。

琉璃瓦屋面如使用琉璃盾瓦者，每 10 m 长的脊瓦长度，每一面增计盾瓦 50 块，其他不变。

瓦屋面垂脊、戗脊，斜脊执行屋脊定额子目，人工乘以系数 1.15。

（9）筒板瓦、琉璃筒瓦执行小青瓦定额子目，材料规格、用量不同时可进行换算，人工乘以系数 1.1。若设计要求卧瓦层内配钢筋网，另行计算钢筋网用量，按钢筋混凝土章节钢筋子目执行。挂瓦若用铜丝，可按设计进行调整。

（10）小青瓦屋面如设计规定挂檐瓦需要穿铁丝、钉钉子加固时，每 100 m 檐瓦增加 18# 镀锌铁丝 0.68 kg，铁钉 0.48 kg，人工费增加 67 元。

（11）小青瓦屋面搭七露三相关子目仅适用于西南 11J202 – P15 图集作法。板瓦按搭接 70%，外露 30%铺设考虑，如设计不同，材料用量应按设计进行调整，其他不变。

（12）小青瓦屋面二筒三板工艺中，冷摊瓦按二块筒瓦配三块板瓦考虑；砂浆卧瓦工艺中板瓦按搭接 5 cm 考虑，如设计不同，材料用量应按设计进行调整，其他不变。

（13）小青瓦勾头、滴水定额子目是按小青瓦二筒三板工艺编制，若为搭七露三工艺，其勾头、滴水参照本节子目执行，其中，大号板瓦定额用量统一调整为 0.828 千块/100 m，中号板瓦定额用量统一调整为 0.765 千块/100 m，其他不变。

（14）小青瓦勾头、滴水设计与定额子目中综合的板瓦数量不同时，材料用量应按设计进行调整，其他不变。

（15）小青瓦定额子目中均不包含正吻、翘角、包头脊、正脊、戗脊、宝顶等成品构件，发生时另行计算。

（16）砂浆卧瓦层内钢筋网设计与定额综合不同时，按钢筋混凝土分部钢筋子目调整；型钢挂瓦条、顺水条设计与定额综合不同时，应按钢结构章节子目调整。

（17）瓦屋面定额中不含木质基层、顺水条、挂瓦条的防腐、防蛀、防火处理；不含金属顺水条、挂瓦条的防锈处理，另行计算。

（18）屋面铺塑料波纹瓦按屋面铺玻璃钢波纹瓦子目换算主材。

2）膜结构屋面

膜结构屋面仅指膜布热压胶结及安装，设计膜片材料与定额不同时可进行换算。膜结构骨架及膜片与骨架、索体之间的钢连接件应另行计算，执行金属结构工程中相应定额子目。不锈钢绳设计规格、用量与定额综合不同时，可以换算。

3）屋面防水

（1）屋面卷材消耗量已综合卷材搭接、女儿墙泛水搭接、附加层及损耗。若设计附加层用量与定额不同时，不得调整。

（2）细石混凝土屋面中的钢筋另行计算，执行钢筋混凝土章节钢筋子目。

（3）屋面石油沥青玛琋脂隔气层按"墙面、楼地面及地下室防水、防潮"小节相关定额子目执行。

（4）屋面改性沥青防水卷材隔气层按"屋面防水"小节相关定额子目执行。

（5）挑檐、雨篷防水执行屋面防水相应定额子目。

（6）1.5 mm 厚 TPZ "红芯"分子黏卷材、1.5 mm 厚 CPS–CL 反应黏卷材均按 SBC120 复合卷材定额子目计价，换算主材，人工乘以系数 1.3，其他不变。

4）屋面排水

（1）屋面排水管若使用 UPVC、PVC、玻璃钢等材质时，按塑料排水管定额子目计价，主材品种可换算，其他不变。

（2）虹吸排水管使用材质与定额取定不同时，可换算主材，其他不变。

（3）虹吸排水口、雨水斗按成套产品编制，包括导流罩、整流器、防水压板、雨水斗法兰、斗体等所有配件。

（4）屋面排气管若设计主材用量与定额用量不同时，可以进行换算，其他不变。

3. 墙面、楼地面及地下室工程

（1）墙面、楼地面及地下室卷材消耗量已综合卷材搭接及损耗，不含附加层。卷材附加层用量根据设计或规范计算后，只计取附加层材料费，其他不得计取。

（2）墙面、楼地面及地下室防水、防潮定额子目适用于楼地面、墙基、墙身、构筑物、水池、水塔、浴厕等防水以及建筑物 ± 0.00 以下的防水、防潮工程。

（3）满堂基础、阳台防水执行"墙面、楼地面及地下室防水、防潮"相应定额子目。

（4）桩顶防水不包含遇水膨胀止水条，设计采用时，应另行套用变形缝相关子目。

4. 变形缝及其他工程

（1）变形缝填缝：建筑油膏、聚氯乙烯胶泥断面取定 3 cm × 2 cm；油浸木丝板取定为 15 cm × 2.5 cm。

（2）紫铜板止水带取定为 2 mm 厚，展开宽 45 cm；氯丁橡胶片止水带宽 30 cm；钢板止水带取定为 1.5 mm 厚，宽 40 cm。

（3）变形缝盖缝、止水带如设计与定额综合材料品种、断面不同时，材料可以换算，人工不变。

（4）可卸式止水带定额子目按西南 11J112 – P35③ – ⑥图集编制，不含变形缝钢筋混凝土盖板、钢盖板，发生时另行计算。

（5）后浇带防水定额子目按西南 11J112 – P53①–⑤图集编制，混凝土底板厚按 60 cm 考虑，板厚不同时，可调整钢丝网耗量，其他不变。

（6）屋面出人孔盖板仅适用于西南 11J201 图集做法，做法 1 参见 P56 页"屋面检修孔（一）"编制，作法 2 参见 P57"屋面检修孔（二）"编制。

14.4 计算方法及实例

【例 14.1】 某县城内某居民楼屋面如图 14.1 所示，试计算屋面工程量，编制工程量清单并计算综合单价。已知未计价材料除税单价为：① 钢筋：3000 元/t；② P·S 32.5 水泥 340 元/t；③ 细砂：80 元 / m³；④ SBS 改性沥青防水卷材（3 mm）：30/ m²；⑤ 水：5.11 元 / m³；⑥ 碎石：75 元 / m³。

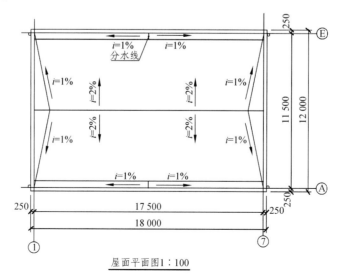

屋面平面图 1：100

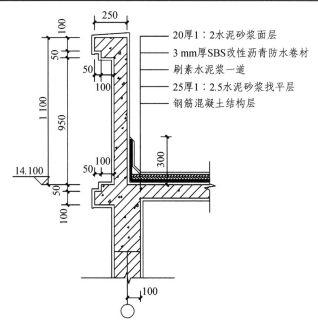

20厚1:2水泥砂浆面层
3 mm厚SBS改性沥青防水卷材
刷素水泥浆一道
25厚1:2.5水泥砂浆找平层
钢筋混凝土结构层

图 14.1 某居民楼屋面

【解】 1. 工程量计算

1）面　层

按楼地面装饰工程相应项目列项及计算。清单工程量与定额工程量一致。

计算规则：整体面层按设计图示尺寸面积以平方米计算。扣除凸出地面构筑物、设备基础、室内管道、地沟等所占面积，不扣除间壁墙及 0.3 m² 以内的柱、垛、附墙烟囱及孔洞所占面积。门洞、空圈、暖气包槽、壁龛的开口部分面积不增加。

$$S_q = S_d = 17.5 \times 11.5 = 201.25 （m^2）$$

2）屋面卷材防水

计算规则：按设计图示尺寸以面积计算。清单工程量与定额工程量一致。

（1）斜屋顶（不包括平屋顶找坡）按斜面积计算，平屋顶按水平投影面积计算。

（2）不扣除房上烟囱、风帽、底座、风道、屋面小气窗和斜沟所占面积。

（3）屋面的女儿墙、伸缩缝和天窗等处的弯起部分，并入屋面工程量内。

屋面水平投影面积：$S_1 = 17.5 \times 11.5 = 201.25 （m^2）$

卷材弯起部分展开面积：$S_2 = 17.5 \times 2 \times 0.3 + 11.5 \times 2 \times 0.3 = 17.4 （m^2）$

$$S_q = S_d = 201.25 + 17.4 = 218.65 （m^2）$$

须注意，《定额》有如下规定：

（1）SBS、APP 改性沥青防水卷材按高聚物改性沥青防水卷材定额执行。

（2）定额中卷材防水的接缝、收头、找平层的嵌缝、冷底子油已计入定额内，不另计算。

3）找平层

按楼地面装饰工程相应项目列项及计算。清单工程量与定额工程量一致。

计算规则：找平层的工程量按相应面层的工程量计算规则计算。

$$S_q = S_d = 17.5 \times 11.5 = 201.25 （m^2）$$

2．编制工程量清单（表 14.2）

表 14.2　屋面工程工程量清单

序号	项目编码	项目名称	项目特征	计量单位	工程数量
1	011101001001	水泥砂浆面层	1．面层厚度、砂浆配合比：20 mm 厚 1∶2 水泥砂浆	m²	201.25
2	010902001001	屋面卷材防水	1．卷材品种、规格、厚度：SBS 改性沥青防水卷材	m²	218.65
3	011101006001	平面砂浆找平层	1．找平层厚度、砂浆配合比：25 mm 厚 1∶2.5 水泥砂浆	m²	201.25

3．综合单价计算

（1）选用定额，查《定额》中的相关项目，相关定额子目为：01090025、01090019、01090020、01080046。

（2）编制相关子目直接费。

查看上述定额子目未计价材，其中 1∶2 水泥砂浆和 1∶2.5 水泥砂浆需根据定额配合比（《定额》P394　279、280 项）进行重新组价。

1∶2 水泥砂浆材料除税价格 $= 0.571 \times 340 + 1.079 \times 80 + 0.3 \times 5.11 = 281.99$（元/m³）

1∶2.5 水泥砂浆材料除税价格 $= 0.467 \times 340 + 1.156 \times 80 + 0.3 \times 5.11 = 252.79$（元/m³）

加入未计价材材料费，相关子目直接费表，见表 14.3。

表 14.3　相关定额子目直接费表

定额编号		01090025	01090019	01090020	01080046
项目名称		水泥砂浆面层 20 mm 厚	找平层水泥砂浆硬基层上 20 mm 厚	找平层水泥砂浆每增减 5 mm	高聚物改性沥青防水卷材满铺
计量单位		100 m²			
直接费（元）		1626.03	1216.66	129.83	5704.76
其中	人工费（元）	950.94	641.87	122.65	708.10
	材料费（元）	653.97	546.32	0.00	4996.66
	机械费（元）	21.12	28.47	7.18	0.00

注：① 所用到的机械换为云建标〔2016〕207 号文中附件 2 中机械除税台班单价：第 719 项　灰浆搅拌机 200 L：84.48 元/台班。

② 人工费按云建标函〔2018〕47 号文上调 28%。

（3）计算综合单价，见表 14.4。

【**例 14.2**】　某工程上人屋面平面图同上例，做法选西南 11J201－2205a/P22，上人屋面面层为 600×600 防滑地砖。隔气层为涂乳化沥青两遍，找坡材料为现浇泡沫混凝土（兼保温材料），最薄处为 60 mm。屋面防水做法详西南 11J201－4/P26。试计算屋面工程量，编制工程量清单并找出清单项下应套用的相应定额子目。

【**解**】　1．查图集，找出屋面做法：

1）面层：600×600 防滑地砖

2）10 厚 1∶2.5 水泥砂浆结合层

3）20 厚 1∶3 水泥砂浆保护层

4）3 厚高聚物改性沥青卷材一道，胶黏剂二道

表 14.4　工程量清单综合单价分析表

清单综合单价组成明细

序号	项目编码	项目名称	计量单位	工程量	定额编码	定额名称	定额单位	数量	单价（元）			合价（元）				综合单价（元）
									人工费	材料费	机械费	人工费	材料费	机械费	管理费和利润	
1	011101001001	水泥砂浆面层	m²	201.25	010900025	水泥砂浆面层 20 mm 厚	100 m²	2.0125	950.94	653.97	21.12	1913.76	1316.12	42.50	794.22	20.21
2	010902001001	屋面卷材防水	m²	218.65	010800046	高聚物改性沥青防水卷材满铺	100 m²	2.1865	708.10	4996.66	0.00	1548.25	10925.20	0.00	641.07	59.98
3	011101006001	平面砂浆找平层	m²	201.25	010900019	找平层水泥砂浆硬基层上 20 mm 厚	100 m²	2.0125	641.87	546.32	28.47	1291.76	1099.47	57.30	537.30	16.65
					010900020	找平层水泥砂浆每增减 5 mm	100 m²	2.0125	122.65	0.00	7.18	246.83	0.00	14.45	102.82	
						小　计						1538.59	1099.47	71.75	640.12	

注：① 综合单价，即是以清单工程量为 1 的价格：综合单价＝∑分部分项费用/清单工程量。套定额的数量是定额工程量。

② 管理费率取 33%，利润率取 20%。

③ 有的教材将套材填写为定额工程量/清单工程量，也是可以的，此时综合单价＝∑分部分项工程费。

5）20 厚 1：3 水泥砂浆找平层

6）3 厚高聚物改性沥青卷材一道，胶黏剂二道

7）刷底胶剂一道

8）25 厚 1：3 水泥砂浆找平层

9）找坡层（保温层）：现浇泡沫混凝土，最薄处 60 mm

10）20 厚 1：3 水泥砂浆找平层

11）隔气层：涂乳化沥青两遍

12）20 厚 1：3 水泥砂浆找平层

13）结构层

2．工程量计算（未列计算式参上例）

1）块料屋面，清单工程量：$S_q = 17.5 \times 11.5 = 201.25$（$m^2$）

定额工程量：（1）找平层：$S_d = 17.5 \times 11.5 = 201.25$（$m^2$）

（2）面层：$S_d = 17.5 \times 11.5 = 201.25$（$m^2$）

2）屋面卷材防水：$S_q = S_d = 218.65$（m^2）

3）20 厚 1：3 水泥砂浆找平层（两层）：$S_q = S_d = 17.5 \times 11.5 \times 2 = 402.50$（$m^2$）

4）25 厚 1：3 水泥砂浆找平层：$S_q = S_d = 17.5 \times 11.5 = 201.25$（$m^2$）

5）保温层：清单工程量 $S_q = 17.5 \times 11.5 = 201.25$（$m^2$）

定额工程量（1）现浇泡沫混凝土：$V_d = 201.25 \times (0.06 + 0.06 + 11.5/2 \times 2\%)/2 = 23.65$（$m^3$）

（2）隔气层：$S_d = 17.5 \times 11.5 = 201.25$（$m^2$）

6）20 厚 1：3 水泥砂浆找平层：$S_q = S_d = 17.5 \times 11.5 = 201.25$（$m^2$）

3．对照《计量规范》列项，编制工程量清单并找出清单项下应套用的相应定额子目（表 14.5）

表 14.5　屋面工程工程量清单及应套定额表

序号	项目编码	项目名称	项目特征	计量单位	工程量	应套定额编码
1	011102003001	块料屋面	1. 找平层厚度、砂浆配合比：20 厚 1：3 水泥砂浆 2. 结合层厚度、砂浆配合比：10 厚 1：2.5 水泥砂浆 3. 面层材料品种、规格：600×600 防滑地砖	m²	201.25	01090018 换 01090108 换
2	010902001001	屋面卷材防水	1. 卷材品种、规格、厚度：3 厚高聚物改性沥青卷材一道 2. 防水层数：2 层 3. 防水层做法：胶黏剂二道，满铺	m²	218.65	01080046×2
3	011101006001	平面砂浆找平层	1. 找平层厚度、砂浆配合比：20 厚 1：3 水泥砂浆	m²	402.50	01090018 换
4	011101006002	平面砂浆找平层	1. 找平层厚度、砂浆配合比：25 厚 1：3 水泥砂浆	m²	201.25	01090018 换 01090020 换
5	011001001001	保温层	1. 保温材料、厚度：现浇泡沫混凝土，最薄处 60 mm 2. 隔气层材料：乳化沥青	m²	201.25	03132346 01080030
6	011101006002	平面砂浆找平层	1. 找平层厚度、砂浆配合比：20 厚 1：3 水泥砂浆	m²	201.25	01090019 换

注：定额编码后的"换"为换算砂浆配合比，按项目特征中的砂浆配合比计取。

习　题

14.1　某工程屋面 8 寸小青瓦双坡屋面，瓦屋面做法选用西南 11J202－⑮/P15，屋脊做法选用西南 11J202－1/P64，坡屋面面积为 130.57 m²，屋脊线长 17.40 m。防水层为 2.5 厚聚合物水泥（JS）防水涂料，保温层为 45 mm 厚硬发泡聚氨酯。编制工程量清单并找出清单项下应套用的相应定额子目及工程量。

14.2　某工程屋面如图 14.2 所示，楼梯间屋面为不上人屋面，做法选用西南 11J201－2203b/P22，防水层为满铺氯丁橡胶卷材；其余屋面为上人屋面，做法选用西南 11J201－2206a/P23，面层为 500×500 防滑地砖，防水层为满铺氯丁橡胶卷材一道、3 厚高聚物改性沥青卷材一道，找坡材料为现场拌制加气混凝土（兼保温材料），最薄处为 50 mm，隔气层为水乳型橡胶沥青一布二涂。试计算屋面工程量，编制工程量清单并找出清单项下应套用的相应定额子目及工程量。

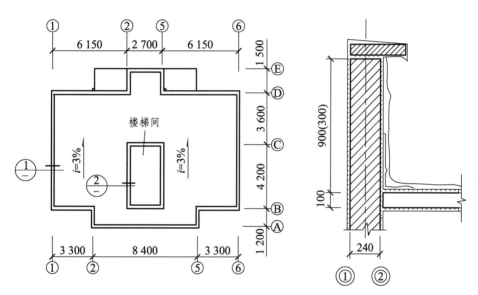

图 14.2　某工程屋面图

15　楼地面装饰工程

15.1　基础知识

楼板层是指楼房建筑中的水平构件，地坪是指最底层房间与土壤相交接处的水平构件，楼地面装饰工程指的是楼板层和地坪之上的面层部分，起着保护楼板（地坪）、分布荷载、美观装饰和各种绝缘的作用。本章楼地面装饰工程是指地坪和楼板层构造中的面层部分。

15.1.1　构　造

1. 地坪构造

地坪是指建筑物底层与土层相接触的部分，它承受着建筑物底层的地面荷载。地坪通常由面层、结构层、垫层和素土夯实层构成。根据需要还可以在垫层与面层之间附加构造层，如找平层、结合层、防潮层、保温层、管道铺设层等。见图 15.1。

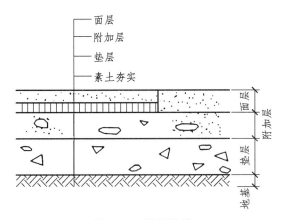

图 15.1　地坪构造

① 素土夯实层是地坪的基层，也称地基。素土即为不含杂质的砂质黏土，经夯实后，才能承受垫层传下来的地面荷载。一般分为原土层或填土分层夯实，也可为换填土层分层夯实。

② 垫层是承受并传递荷载给地基的结构层，垫层有刚性垫层和非刚性垫层之分。刚性垫层常用低强度等级混凝土，一般采用 C10 或 C15 混凝土，其厚度为 80～100 mm；非刚性垫层，常用的有：50 mm 厚砂垫层、80～100 mm 厚碎石灌浆、50～70 mm 厚石灰炉渣、70～120 mm 厚三合土（石灰、炉渣、碎石）等。

③ 附加层是满足地面使用功能的一些特殊构造，如找平层、保温层、隔热层、防水防潮层、管线埋设层等。

④ 面层应坚固耐磨、表面平整、光洁、易清洁、不起尘。面层材料的选择与室内装修的要求有关。

2. 楼板层构造

楼板层是指楼房建筑中的水平构件，楼板层自下而上有下述层次，根据需要设置。

① 天棚是设置在楼板层的下表面的装饰部分，有抹灰天棚及吊顶天棚。本教材在第 17 章详述。

② 结构层即楼板，为承重部分，多为钢筋混凝土预制或现浇楼板，也有钢板楼板和木板楼板。

③ 附加层是满足楼面使用功能的一些特殊构造，如找平层、保温层、隔热层、防水防潮层、隔声层、填充层、管线埋设层等。

④ 面层是楼板层的上表面，起到装饰，防火防潮，保护结构层的作用。与地面面层构造基本相同。

3. 面层分类及构造

1）分 类

按面层所用材料和施工方式不同，常见地面做法可分为以下几类：

（1）整体面层：砂浆混凝土整体面层、水磨石整体面层、涂层整体面层等。

（2）块料面层：石材面层、陶瓷地砖面层、玻璃地砖面层、缸砖面层、陶瓷锦砖（马赛克）面层、水泥花砖、广场砖面层、钛金不锈钢复合地砖面层等。

（3）塑料橡胶面层：塑料板（卷材）面层、橡胶板（卷材）面层。

（4）其他材料面层：地毯面层、聚氨酯弹性安全面砖面层、塑胶（运动场）面层、竹木地板面层、防静电地板面层等。

2）构 造

（1）整体面层。

① 水泥砂浆面层：通常有单层和双层两种做法。单层做法只抹一层 20～25 mm 厚 1∶2 或 1∶2.5 水泥砂浆；双层做法是增加一层 10～20 mm 厚 1∶3 水泥砂浆找平，表面再抹 5～10 mm 厚 1∶2 水泥砂浆抹平压光。

② 水泥石屑面层：是将水泥砂浆里的中粗砂换成 3～6 mm 的石屑，或称豆石或瓜米石地面。在垫层或结构层上直接做 1∶2 水泥石屑 25 厚，水灰比不大于 0.4，刮平拍实，碾压多遍，出浆后抹光。这种地面表面光洁，不起尘，易清洁，造价是水磨石地面的 50%，但强度高，性能近似水磨石。

③ 水磨石面层为分层构造，底层为 1∶3 水泥砂浆 18 mm 厚找平，面层为 1∶1.5～1∶2 水泥石渣 12 mm 厚，石渣粒径为 8～10 mm，分格条一般高 10 mm，用 1∶1 水泥砂浆固定。

（2）块材面层：利用各种人造的和天然的预制块材、板材镶铺在基层上面。

① 铺砖面层。

铺砖面层有黏土砖面层、水泥砖面层、预制混凝土块面层等。铺设方式有两种：干铺和湿铺。干铺是在结构层上铺一层 20～40 mm 厚砂子，将砖块等直接铺设在砂上，板块间用砂或砂浆填缝。湿铺是在结构层上铺 1：3 水泥砂浆 12～20 mm 厚，用 1：1 水泥砂浆灌缝。

② 缸砖、地面砖及陶瓷锦砖面层。

缸砖是陶土加矿物颜料烧制而成的一种无釉砖块，主要有红棕色和深米黄色两种，缸砖质地细密坚硬，强度较高，耐磨、耐水、耐油、耐酸碱，易于清洁不起灰，施作简单，因此广泛应用于卫生间、盥洗室、浴室、厨房、实验室及有腐蚀性液体的房间地面。

地面砖的各项性能都优于缸砖，且色彩图案丰富，装饰效果好，造价也较高，多用于装修标准较高的建筑物地面。

缸砖、地面砖构造做法：20 mm 厚 1：3 水泥砂浆找平，3～4 mm 厚水泥胶（水泥：107胶：水 = 1：0.1：0.2）粘贴缸砖，用素水泥浆擦缝。

陶瓷锦标赛砖质地坚硬，经久耐用，色泽多样，耐磨、防水、耐腐蚀、易清洁，适用于有水、有腐蚀的地面。其做法类同缸砖，后用滚筒压平，使水泥胶挤入缝隙，用水洗去牛皮纸，用白水泥浆擦缝。

③ 天然石板面层。

常用的天然石板指大理石和花岗石板，由于它们质地坚硬，色泽丰富艳丽，属高档地面装饰材料，一般多用于高级宾馆、会堂、公共建筑的大厅、门厅等处。

做法是在结构层上刷素水泥浆一道，再用 20～30 mm 厚 1：3 干硬性水泥砂浆找平，面上用 20 mm 水泥砂浆粘贴石板。

（3）塑料橡胶面层及其他材料面层这里不详述，具体构造及施工工艺见相关施工验收规范。

15.1.2 名词解释

1. 主墙及间壁墙

主墙指厚度在 180 mm 以上（包含 180 mm）的砖墙、砌块墙或厚度在 100 mm 以上（包括 100 mm）的钢筋混凝土剪力墙。以下为间壁墙。

2. 墙　垛

墙垛指柱与墙连接处突出墙面的部分，又称为附墙柱。

3. 牵　边

牵边指台阶侧面的梯带，在台阶挡墙以上用以保护台阶，且具有一定的装饰效果。

15.2　分项及工程量计算规则

1. 分　项

《计量规范》按面层材料和构件部位的不同将楼地面装饰工程分为整体面层及找平层、块料面层、橡塑面层、其他材料面层、踢脚线、楼梯面层、台阶装饰、零星装饰等项目，其中整体面层及找平层 6 项，块料面层 3 项，橡塑面层 4 项、其他材料面层 4 项、踢脚线 7 项、楼梯面层 9 项、台阶装饰 6 项、零星装饰 4 项。详见《计量规范》P69 ~ P76 表 L.1 ~ L.8。

《定额》的分项方式与《计量规范》相似，也按面层材料和构件部位的不同划分分项工程，每一分项工程又按施工工艺细分子目。详见《定额》第九章。

对比《计量规范》和《定额》分项内容可见，《计量规范》分项较少，而定额分项分得更细更具体。在实际工程中，清单列项应根据《计量规范》的项目编码及名称来分项列项，按项目特征应描述的内容套用相对应的定额子目，综合单价组价则根据项目特征内容套用相应的定额子目后组成综合单价。

实际工程中，楼地面工程除了起装饰作用的面层材料外，因楼地面功能的其他要求，还包括结构层及附加层，结构层及附加层应单独列项或根据《计量规范》项目特征要求与面层合并列项。一般来说，地面垫层项，混凝土垫层按《计量规范》"E.1 垫层项目"编码列项，定额子目套用按《定额》第九章"楼地面及装饰工程"相应子目套用；除混凝土以外的其他材料垫层按"D.4 垫层"项目编码列项，定额子目套用按《定额》第九章"楼地面及装饰工程"相应子目套用；楼板结构层按《计量规范》附录 E 相应项目编码列项，定额子目套用按《定额》第五章"混凝土及钢筋混凝土工程"相应子目套用；楼地面的防水、防潮工程应按《计量规范》附录"J.4 楼（地）面防水、防潮"相应项目编码列项，定额子目套用按《定额》第八章"屋面及防水工程"相应子目套用；与面层连在一起的找平层与本分部面层项目合为一项按《计量规范》附录 L 相应项目编码列项，定额子目套用按《定额》第九章"楼地面及装饰工程"相应子目套用；保温隔热工程应按《计量规范》附录 K 的相应项目单独列项，所套用的定额子目需借用《云南省通用安装工程消耗量定额》中第二篇第三章有关保温隔热的子目；防水及保温隔热层下的找平层按《计量规范》附录 L 相应项目编码单独列项，定额子目套用按《定额》第九章"楼地面及装饰工程"相应子目套用；其他附加层如隔声层、填充层、管线埋设层等按具体工程做法选用合适的分部项目单独列项并套用相应项目的定额子目；"扶手、栏杆、栏板"按附录"Q.3 扶手、栏杆、栏板装饰"相应项目编码列项，定额子目套用按《定额》第九章"楼地面及装饰工程"相应子目套用。

2. 计算规则

本分部《计量规范》工程量计算规则均只给出了面层的计量规则，详见《计量规范》附录 L。而从上述列项内容来看，列项及定额套用时应根据列项项目的具体工程量计算规则计算各项目的清单工程量及多个定额工程量，即清单列项时按《计量规范》规定的计量单位计算工程量及列项，组价定额子目套取时则按《定额》规定的工程量计算规则及计量单位计算。以下为定额套用时的计算规则：

1）地面垫层

按室内主墙间的净面积乘以厚度以立方米计算，应扣除凸出地面构筑物、设备基础、室内管道、地沟等所占体积，不扣除柱、垛、间壁墙、附墙烟囱及面积≤0.3 m² 孔洞所占体积。

2）找平层

找平层的工程量按相应面层工程量计算规则计算。

3）整体面层

整体面层按设计图示尺寸面积以平方米计算。扣除凸出地面的构筑物、设备基础、室内管道、地沟等所占面积，不扣除间壁墙及≤0.3 m² 柱、垛、附墙烟囱及孔洞所占面积。门洞、空圈、暖气包槽、壁龛的靠口部分不增加面积。

4）块料面层

（1）石材、块料面层按设计图示面积以平方米计算。

（2）拼花块料面层按设计图示面积以平方米计算。

（3）点缀按个计算，计算主体铺贴地面面积时，不扣除点缀所占面积。圆形点缀镶贴，块料定额消耗量乘以系数 1.15，人工乘以系数 1.20。

（4）石材地面刷养护液按底面面积加四个侧面面积以平方米计算。

（5）玻璃地砖若用水泥砂浆结合层，扣除玻璃胶用量，每 100 m² 增加 1∶2 水泥砂浆 2.02 m³、灰浆搅拌机 200 L 0.34 台班、人工 0.75 工日。

5）橡塑面层

（1）橡胶板、橡胶板卷材、塑料板、塑料卷材按设计图示面积以平方米计算。

（2）塑料卷材、橡胶板楼梯面层按展开面积以平方米计算，执行楼地面塑料卷材、橡胶板面层子目。

6）其他材料面层

（1）地毯楼地面、防静电活动地板、运动场地面层，按图示面积以平方米计算。

（2）竹、木（复合）地板，按设计图示面积以平方米计算。方木楞刨光者，每立方米增加人工 0.8 工日。板厚按 25 mm 计算，厚度不同可换算。

（3）防静电活动地板，按设计图示面积以平方米计算。

（4）运动场地面层，按设计图示面积以平方米计算。

7）踢脚线

（1）整体面层踢脚线按设计图示尺寸以延长米计算。

（2）块料面层踢脚线按设计图示长度乘以高度以平方米计算。

（3）整体面层、成品踢脚线按延长米计算。

8）楼梯、台阶面层及其他

（1）楼梯面层按设计图示尺寸以楼梯（包括踏步、休息平台以及≤500 mm 宽的楼梯井）水平投影面积以平方米计算。楼梯与楼地面相连时，算至梯口梁内侧边沿，若无梯口梁者，算至最上一层踏步外沿加 300 mm。

（2）台阶面层按图示设计尺寸以台阶（包括最上层踏步边沿加 300 mm）水平投影面积以平方米计算。

（3）栏杆、栏板、扶手均按其中心线长度以延长米计算，计算扶手时不扣除弯头所占的长度，弯头另套相应子目。

（4）防滑条工程量按实际长度以延长米计算。

15.3　定额应用

（1）定额中块料、地毯的品种、规格，砂浆的品种、配合比，扶手、栏杆、栏板材料规格、用量若设计规定与定额不同时，可以换算。

（2）水泥豆石面层楼梯可参照水泥石屑砂浆楼梯子目执行。

（3）石屑砂浆面层、水泥豆石面层每增减厚度 5 mm 可参照水泥砂浆找平层每增减厚度 5 mm 子目执行，相应定额材料品种可以换算，其他不变。

（4）防静电活动地板子目适用于全钢、铝合金、复合板防静电活动地板等。

（5）找平水泥基自流平子目执行找平类子目，面层水泥基自流平子目执行涂料面层类子目。

（6）面层喷涂颗粒型跑道厚度 13 mm，每增减 1 mm 参照 PU 球场面层每增减 1 mm 子目执行，相应定额材料品种可换算，其他不变。

（7）单块面积小于 0.015 m² 的石材镶拼执行点缀定额。

（8）现浇水磨石定额包括酸洗打蜡，块料面层不包括酸洗打蜡、磨边及开防滑线，如设计要求时，按相应定额计算。现浇水磨石采用铜条拼花造型时，人工增加 0.5 个工日，扣减玻璃条，增加铜条用量。

（9）块料面层的"零星项目"适用于楼梯侧边、台阶牵边、分色线条、池槽、蹲台、小便池以及面积在 1 m² 以内定额未列项目。

（10）楼地面项目中的整体面层、块料面层，均不包括踢脚线。

（11）楼梯踢脚线按相应定额乘以系数 1.15。

（12）踢脚线（板）高度以 300 mm 为界，超出 300 mm 时，按墙裙相应定额计算。定额踢脚线（板）取定高度为 150 mm，如设计不同时可按比例调整。

（13）螺旋楼梯的装饰，按相应弧形楼梯项目计算，其中人工、机械乘以系数 1.20；块料定额消耗量乘以系数 1.10；整体面层、栏杆、扶手材料定额消耗量乘以系数 1.05。

（14）楼梯、台阶不包括防滑条，设计需做防滑条时，按相应定额计算。

（15）扶手、栏杆、栏板使用范围包括楼梯、走廊、回廊及其他装饰性栏杆、栏板。

15.4　计算实例

【例 15.1】　如图 15.2 某工程地面，面层做法为 15 厚 1：2 水泥白石子不带嵌条水磨石面层，试计算水磨石地面的工程量，编制工程量清单并计算综合单价及合价。已知未计价材料除税单价为：① 白石子（综合）：0.12 元/kg；② P·S 32.5 水泥：340 元/t；③ 金刚石（三角形）：4.6 元/kg；④ 水：5.11 元/m³。

【解】　1. 工程量计算

计算规则：按设计图示尺寸以面积计算。扣除凸出地面构筑物、设备基础、室内管道、地沟等所占面积，不扣除间壁墙及 ≤0.3 m² 柱、垛、附墙烟囱及孔洞所占面积。门洞、空圈、暖气包槽、壁龛的开口部分不增加面积。

本计算规则清单工程量与定额工程量一致。

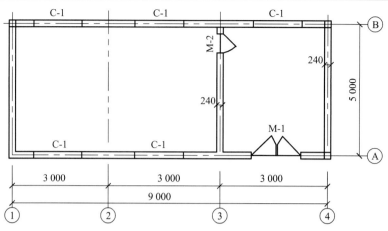

图 15.2 某工程地面做法

$$S_{q} = S_{d} = （9 - 0.24）\times（5 - 0.24）-（5 - 0.24）\times 0.24 = 40.56（m^2）$$

2. 编制工程量清单（表 15.1）

表 15.1 工程量清单

序号	项目编码	项目名称	项目特征	计量单位	工程量
1	011101002001	现浇水磨石地面	1. 面层厚度、水泥石子浆配合比：15 mm 厚 1：2 水泥白石子浆 2. 嵌条材料、规格：不带嵌条	m²	40.56

3. 综合单价计算

（1）选用定额，查《定额》中的相关项目，相关定额子目为：01090044。

（2）编制相关子目直接费表。

查看上述定额子目未计价材，其中 1：2 水泥白石子浆需根据定额配合比（《定额》P395 290 项）进行重新组价。

1：2 水泥石子浆材料除税价格 = 0.67×340 + 0.12×1712 + 5.11×0.3 = 434.77（元/m³）

加入未计价材材料费，相关子目直接费表，见表 15.2。

表 15.2 相关定额子目直接费表

定额编号		01090044
项目名称		15 厚水磨石楼地面
计量单位		100 m²
直接费（元）		5840.52
其中	人工费（元）	4590.36
	材料费（元）	1040.35
	机械费（元）	209.81

注：① 所用到的机械换为云建标〔2016〕207 号文中附件 2 中机械除税台班单价：第 719 项 灰浆搅拌机 200 L：84.48 元/台班；第 980 项 平面水磨石机 3：17.19 元/台班。

② 人工费按云建标函〔2018〕47 号文上调 28%。

（3）计算综合单价。

该清单项目组价内容单一，可用列式方法计算如下：

人工费：40.56/100×4590.36 = 1861.85（元）

材料费：40.56/100×1040.35 = 421.97（元）

机械费：40.56/100×209.81 = 85.10（元）

管理费和利润：（1861.85/1.28 + 85.10×8%）×（33% + 20%）= 774.53（元）

综合单价：（1861.85 + 421.97 + 85.10 + 774.53）/40.56 = 77.50（元/m²）

分部分项工程费合计 = 40.56×77.50 = 3143.44（元）

故该水磨石楼地面工程量为 40.56 m²，综合单价为 72.84 元/m²，合价为 2954.35 元。

【例 15.2】　按图 15.3 计算以下分项工程的工程量。门框料宽 110 mm。

地面做法：（1）100 厚现浇商品 C10 混凝土垫层；（2）20 mm 厚 1∶3 水泥砂浆找平层；（3）600×600 的陶瓷地砖，20 mm 厚 1∶2.5 水泥砂浆粘贴层。

踢脚线做法：（1）踢脚线高度：150 mm；（2）粘贴层：12 厚 1∶2.5 水泥砂浆粘结层；（3）面层：陶瓷地砖踢脚线。

已知未计价材料除税单价为：① C10 商品混凝土：270 元/m³；② 矿渣硅酸盐水泥 P·S 32.5：340 元/t；③ 细砂：75 元/m³；④ 水：5.11 元/m³；⑤ 陶瓷地砖 600×600：60 元/m²。

试计算陶瓷地砖地面及 150 mm 高陶瓷地砖踢脚线的工程量，编制工程量清单，计算综合单价。

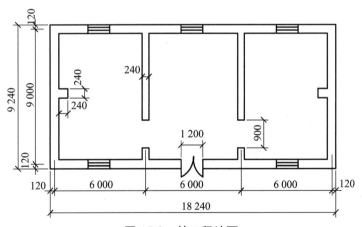

图 15.3　某工程地面

【解】　1. 计算工程量

（1）面层：块料面层按设计图示面积以平方米计算（实贴面积）。

$$S_q = S_d = （18-0.24）×（9-0.24）-0.24×（9-0.24）×2-0.24×0.24×2+0.24×0.9×2+0.24×1.2$$
$$= 151.98（m²）$$

找平层：找平层的工程量按相应面层工程量计算规则计算（与面层合并列项）。

$$S_d = 151.98（m²）$$

（2）地面垫层：按室内主墙间的净面积乘以厚度以立方米计算，应扣除凸出地面构筑物、设备基础、室内管道、地沟等所占体积，不扣除柱、垛、间壁墙、附墙烟囱及面积 ≤0.3 m² 孔洞所占体积。

$V_q = V_d = （6-0.24）×（9-0.24）×3×0.1 = 15.14（m^3）$

（3）踢脚线：块料面层踢脚线按设计图示长度乘以高度以平方米计算。

$L = （6-0.24+9-0.24）×2×3+0.24×4-1.2-0.9×4+0.24×4+（0.24-0.11）×2 = 84.50（m）$

$S_q = S_d = L×0.15 = 84.50×0.15 = 12.68（m^2）$

2. 编制工程量清单（表 15.3）

表 15.3　工程量清单

序号	项目编码	项目名称	项目特征	计量单位	工程量
1	010501001001	地面垫层	1. 混凝土种类：商品混凝土 2. 混凝土强度等级：C10	m^3	15.14
2	011102003001	块料楼地面	1. 找平层：20 mm 厚 1：3 水泥砂浆找平层 2. 结合层：20 mm 厚 1：2.5 水泥砂浆粘贴层 3. 面层：600×600 陶瓷釉面砖面层	m^2	151.98
3	011105003001	块料踢脚线	1. 踢脚线高度：150 mm 2. 粘贴层：12 厚 1：2.5 水泥砂浆粘结层 3. 面层：陶瓷地砖踢脚线	m^2	12.68

3. 综合单价计算

（1）选用定额，查《定额》中的相关项目，相关定额子目为：01090013、01090019、01090108、01090111。

（2）编制相关子目直接费表。

查看上述定额子目未计价材，其中 1：2.5 水泥砂浆和 1：3 水泥砂浆需根据定额配合比（《定额》P394　280、281 项）进行重新组价。

1：2.5 水泥砂浆材料除税单价为：$0.467×340+1.156×75+5.11×0.3 = 247.01（元/m^3）$

1：3 水泥砂浆材料除税单价为：$0.416×340+1.198×75+5.11×0.3 = 232.82（元/m^3）$

加入未计价材材料费，相关子目直接费表，见表 15.4。

表 15.4　相关定额子目直接费表

定额编号	01090013	01090019 换	01090108	01090111
计量单位	10 m³	100 m²	100 m²	100 m²
项目名称	商品混凝土地坪垫层	20 厚水泥砂浆找平层硬基层上	陶瓷地砖楼地面周长 2400 mm 以内	陶瓷地砖踢脚线
直接费	3326.06	1176.32	9075.42	10049.42
其中　人工费（元）	560.10	641.87	2282.10	3499.60
材料费（元）	2752.54	505.98	6719.69	6493.77
机械费（元）	13.42	28.47	73.63	56.06

注：① 所用到的机械换为云建标〔2016〕207 号文中附件 2 中机械除税台班单价：第 719 项 灰浆搅拌机 200 L：84.48 元/台班；第 970 项 石料切割机：29.74 元/台班；第 1405 项 混凝土振捣器 平板式：16.99 元/台班。

②人工费按云建标函〔2018〕47 号文上调 28%。

（3）计算综合单价，见表 15.5。

表 15.5 工程量清单综合单价分析表

序号	项目编码	项目名称	计量单位	工程量	定额编码	定额名称	定额单位	数量	清单综合单价组成明细									综合单价（元）
									单价（元）				合价（元）					
									人工费	材料费	机械费	人工费	材料费	机械费	管理费和利润			
1	010501001001	地面垫层	m³	15.14	01090013	商品混凝土地坪垫层	10 m³	1.5140	560.10	2752.54	13.42	848.00	4167.34	20.32	351.98			355.85
2	011102003001	块料楼地面	m²	151.98	01090019※	20厚水泥砂浆找平层土硬基层上	100 m²	1.5198	641.87	505.98	28.47	975.51	768.99	43.27	405.76			114.67
					01090108	陶瓷地砖楼地面周长2400 mm以内	100 m²	1.5198	2282.10	6719.69	73.63	3468.33	10212.59	111.90	1440.85			
						小　计						4443.85	10981.59	155.17	1846.61			
3	011105003001	块料踢脚线	m²	12.61	01090111	陶瓷地砖踢脚线	100 m²	0.1300	3499.60	6493.77	56.06	441.30	818.86	7.07	183.03			115.01

注：① 综合单价，即是以清单工程量为1的价格：综合单价=∑分部分项工程费/清单工程量。套定额的数量是定额工程量。
② 管理费率取33%，利润率取20%。
③ 有的教材将套定额的数量填写为定额工程量，此时综合单价=∑分部工程费。

【例 15.3】 计算图 15.4 玻化砖楼梯面层的工程量、综合单价及合价。

玻化砖楼梯面层做法：（1）结构层；（2）20 mm 厚 1：2.5 水泥砂浆粘贴玻化砖。

已知未计价材料除税单价为：① 玻化砖：80 元/m²；② 1：2.5 水泥砂浆：247.01 元/m³。

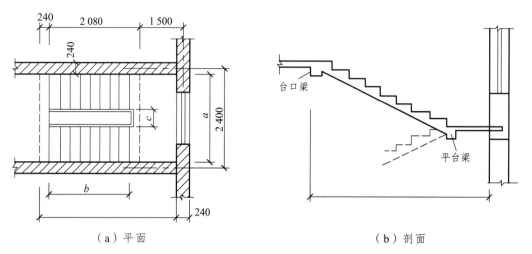

（a）平面 （b）剖面

图 15.4 楼梯面层（图中 $c = 300$）

【解】 1. 计算工程量：$S_q = S_d = （2.4 - 0.24）×（2.08 + 1.5 - 0.12 + 0.24）= 7.99（m^2）$

2. 编制工程量清单（表 15.6）

表 15.6 块料楼梯面层工程量清单

序号	项目编码	项目名称	项目特征描述	计量单位	工程量
1	011106002001	块料楼梯面层	1. 20 mm 厚 1：2.5 水泥砂浆粘贴玻化砖	m²	7.99

3. 综合单价计算

（1）选用定额，查《定额》中的相关项目，玻化砖借陶瓷地砖楼梯项目，相关定额子目为：01090113。

（2）加入未计价材材料费，计算相关子目直接费，其中：

人工费 = 3800.86×1.28 = 4865.10（元）

材料费 = 131.12×0.912 + 144.70×80 + 2.76×247.01 = 12377.33（元）

机械费 = 0.48×84.48 + 1.7×29.74 = 91.11（元）

注：所用到的机械换为云建标〔2016〕207 号文中附件 2 中机械除税台班单价：第 719 项 灰浆搅拌机 200 L：84.48 元/台班；第 970 项 石料切割机：29.74 元/台班。

（3）计算综合单价。

该清单项目组价内容单一，可用列式方法计算如下：

人工费：7.99/100×4865.10 = 388.72（元）

材料费：7.99/100×12377.33 = 988.95（元）

机械费：7.99/100×91.11 = 7.28（元）

管理费和利润：（388.72/1.28 + 7.28×8%）×（33% + 20%）= 161.26（元）

综合单价：（388.72＋988.95＋7.28＋161.26）/7.99＝193.52（元/m²）

分部分项工程费合计＝193.52×7.99＝1546.21（元）

故该玻化砖楼梯面层工程量为 7.99 m²，综合单价为 193.52 元/m²，合价为 1546.21 元。

习 题

15.1 试计算图 15.5 所示木地板工程量。

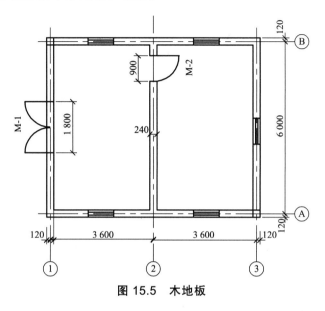

图 15.5 木地板

15.2 计算图 15.6 所示水磨石楼地面的工程量及综合单价。材料预算价格由教师给定或同学们询价。

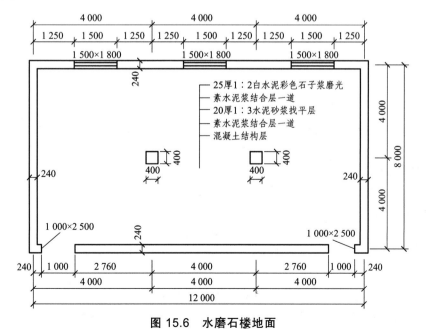

图 15.6 水磨石楼地面

16 墙、柱面与隔断、幕墙工程

16.1 基础知识

本章是指墙柱面装饰工程及隔断、幕墙，不包括墙体工程，墙体工程已在第九章砌体工程中讲述。墙柱面装饰工程是在墙柱结构上进行表层装饰的工程，分为内墙面装饰工程和外墙面装饰工程，主要是指抹灰、油漆、喷漆、喷塑、裱糊、镶贴、隔断、幕墙等工程。

16.1.1 墙柱面装饰工程

1. 抹灰工程

建筑工程的抹灰工程主要是保护墙身不受风、雨、湿气的侵蚀，增强墙身的耐久性，提高建筑美观，改善室内的清洁卫生条件。为了保证抹灰表面平整，避免裂缝、脱落、便于操作，抹灰一般要分层施工。各层所使用的砂浆也不相同。

（1）石灰砂浆抹石灰砂浆分普通抹灰、高级抹灰，其标准如下：

普通抹灰：一遍底层、一遍面层；

中级抹灰：一遍底层、一遍中层、一遍面层；

高级抹灰：一遍底层、一遍中层、二遍面层。

底层砂浆种类可以是石灰砂浆、石灰草筋浆、石灰麻刀浆、混合砂浆。

中层砂浆种类可以是石灰砂浆、石灰麻刀浆、混合砂浆等。

面层砂浆种类可以是纸筋灰浆或石膏浆。

（2）水泥砂浆：底层采用水泥砂浆或混合砂浆，中层和面层为水泥砂浆。

（3）混合砂浆：底、面层均采用混合砂浆。

（4）其他砂浆：包括石膏砂浆、TG 胶砂浆、水泥珍珠岩砂浆以及石英砂浆搓砂墙面等。

（5）水刷石：用 1:2.5 水泥砂浆找平，上抹 1:1.5 ~ 1:2 水泥白石子浆，待达到一定强度后，用人工或机械将表面的浮水泥浆刷掉，使白石子外露 1 mm 左右。

（6）干粘石：在 1:2.5 水泥砂浆找平上抹水泥浆 2 ~ 3 mm，再将洗净的白石子粘上。

（7）斩假石：用 1:2.5 水泥砂浆找平，上抹 1:1.5 水泥白石子浆（或 1:1.25 水泥石屑浆），待达到一定强度后，用斧沿垂直方向斩剁修整。

（8）水磨石：用 1:3 水泥砂浆找平，上抹 1:（1.5 ~ 2.5）水泥白石子浆，待达到一定强度后，用人工或机械磨光，然后清洗、打蜡、擦光。

（9）拉毛：拉毛分为石灰浆拉毛和水泥浆拉毛两种。

① 水泥浆拉毛：用水泥石灰砂浆找平，上抹 1:1:2 水泥石灰砂浆，随即用棕刷蘸上砂

浆往墙上垂直拍拉，或用铁抹子贴在墙面上立即抽回，如此往复抽拉，就可在表面拉出像山峰形的水泥毛刺儿。

② 石灰浆拉毛：用水泥石灰砂浆找平，再用麻刀石灰浆罩面拉毛。

《计量规范》和《定额》中的一般抹灰是指墙面、柱面抹石灰砂浆、水泥砂浆、混合砂浆、麻刀石灰浆、石膏灰浆等工程项目。装饰抹灰是指水刷石、干粘石、斩假石、拉条灰、甩毛灰、装饰抹灰分格嵌缝等工程项目。

2. 镶贴块料面层

镶贴块料面层就是将各种块体饰面材料用黏结剂，依照设计图纸镶贴在各种基层上，用于镶贴的块体饰面材料很多，主要有大理石、花岗石、各种面砖及陶瓷锦砖等，所用黏结剂主要有水泥浆、聚酯类水泥浆及各种特殊胶黏剂等。

1）大理石

大理石板材是由大理石岩经开采、机械加工而成的建筑装饰材料，应用极为广泛。大理石有各种颜色，但硬度不大，抗风化性差，主要用于室内装修。

（1）挂贴大理石板。

挂贴法又称镶贴法，先在墙柱基面上预埋铁件，固定钢筋网，同时在石板的上下部位钻孔打眼，穿上铜丝与钢筋网扎结。用木楔调节石板与基面之间的缝隙宽度，待一排石板的石面调整平整并固定好后，用 1：2 或 1：2.5 水泥砂浆分层灌缝，待面层全部挂贴完成后，用白水泥浆嵌缝，最后洁面、打蜡、上光。见图 16.1。

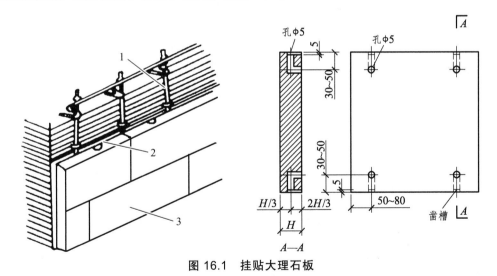

图 16.1 挂贴大理石板

（2）粘贴大理石板。

粘贴法是在清洁基面后用 1：3 水泥砂浆打底，然后抹 1：2.5 水泥砂浆中层，再用黏结剂涂刷大理石背面，按设计分块要求将其镶贴到砂浆面上，整平洁面，最后用白水泥嵌缝，去污、打蜡、抛光。

（3）干挂大理石板。

干挂法不用水泥砂浆，而是在基层墙面上按设计要求设置膨胀螺栓，将不锈钢角钢固定在基面上，然后用不锈钢连接螺栓和销钉将打有空洞的石板和角钢连接起来进行固定，整平面板后，洁面、嵌缝、抛光即成。这种方法多用于大型板材。

2）花岗石

由花岗岩经开采、加工而成的装饰材料。由于其耐冻性、耐磨性均较好，具有良好的抗风化性能，因此，常用于建筑物的勒脚及墙身部位，磨光的花岗石板材常用于室内外墙面、地面的装饰。

3）建筑陶瓷

凡用于装饰墙面、铺设地面、安装上下水管、装备卫生间等的各种陶瓷材料与制品，均称为建筑陶瓷。常用的有：

（1）瓷砖。瓷砖适用于建筑物室内装饰的薄型精陶制品。常用于室内墙面，主要有浴室、厨房、实验室、医院、精密仪器车间等的墙面及工作台、墙裙等处。也可用来砌筑水池、水槽、卫生设施等。它是用颜色洁白的瓷土或耐火黏土经焙烧而成，表面光洁平整，不易玷污，耐水性、耐湿性好。

（2）陶瓷锦砖。陶瓷锦砖又叫马赛克、纸皮砖，主要用于墙面及地面，品种有挂釉和不挂釉两种，目前常用不挂釉产品。这种砖质地坚硬、经久耐用、色泽多样、耐酸、耐碱、耐火、耐磨、不渗水、易清洗。陶瓷锦砖是由不同形状小块，拼成一定要求的图案，单块尺寸有矩形、方形、菱形、不规则多边形等。

陶瓷锦砖的镶贴主要是将其用水泥浆粘贴在水泥砂浆找平层上。其操作工艺如下：检查基层有无尺寸偏差、预留洞及预埋件的位置是否正确；修补和处理基层；抹砂浆找平层；放线；刮素水泥浆、镶贴、撕纸、擦缝、清理。

（3）面砖。采用品质均匀而耐火度较高的黏土制成，砖的表面有平滑的、粗糙的、有带线条或图案的、正面有上釉与不上釉的，背面多带有凹凸不平的条纹，便于与砂浆牢固粘贴。

常用于大型公共建筑，如展览馆、宾馆、饭店、影剧院以及商店等饰面。

3. 油漆、涂料

墙柱面进行油漆、涂料装饰是为了抵抗外界空气、水分、日光、酸碱等腐蚀性化学物质的侵蚀，防止腐朽、霉蛀、锈蚀，并使表面美观，起到装饰和保护的作用。也属墙面装饰工程的一类，按《计量规范》附录P相应项目列项，子目套用按《定额》第十二章相应子目套用。本分部内容在本教材第18章详述。

4. 饰面、隔墙

饰面是指以金属或木质材料为骨架或框架，在其表面用装饰面板所形成的墙面和柱面。它与以砖墙柱和混凝土墙柱为基层进行的表面装饰有所区别。

（1）龙骨基层：包括木龙骨、轻钢龙骨、铝合金龙骨、型钢龙骨、石膏龙骨等。

（2）墙面基层：包括玻璃棉毡隔离层、油毡隔离层、石膏板基层、胶合板基层、细木工板基层。

（3）面层：包括镜面玻璃、激光玻璃、不锈钢面板、贴人造革、贴丝绒、塑料板面、胶合板面、硬木吸音墙面、硬木板条、石膏板、竹片、电化铝板、铝合金装饰板、铝合金复合板、镀锌铁皮、纤维板、刨花板、杉木薄板、木丝板、塑料扣板、石棉板、柚木皮、岩棉吸音板、防火板、FC板、超细玻璃棉板、木制饰面板拼色拼花。

（4）柱龙骨基层及饰面：本项目已包括龙骨及饰面的安装，两者形成一个整体。主要内容有：钢、木龙骨圆柱包不锈钢饰面；木龙骨方桩包圆柱包不锈钢饰面；木龙骨三夹板衬里包人造革、饰面夹板、防火板包圆柱；木龙骨胶合板衬里包镜面玻璃、激光玻璃、饰面夹板、防火板包方柱等。

（5）隔断：包括木龙骨玻璃隔断、全玻璃隔断、不锈钢柱嵌防弹玻璃隔断、铝合金玻璃隔断、铝合金板条隔断、花式木隔断、玻璃砖隔断、塑钢隔断、浴厕隔断。

5. 幕　墙

（1）概念：由面板和支撑结构体系（支撑装置与支撑结构）组成的，可相对主体有一定位移能力或自身有一定变形能力、不承担主体结构所收作用的外围墙或装饰性结构。

幕墙是建筑物的外墙围护，不承重，像幕布一样挂上去，故又称为悬挂墙。它是现代大型建筑和高层建筑常用的带有装饰效果的轻质围护。

（2）本章幕墙包括铝合金玻璃幕墙、铝板幕墙、全玻璃幕墙等。

铝合金玻璃幕墙是以铝合金型材为骨架，框内镶以功能性玻璃，以此来作为建筑物的一面维护墙体的整体构造。玻璃幕墙按外观形式可分为明框式、隐框式和半隐框式三种。明框式是指玻璃安装好后，骨架外露；隐框式指玻璃直接与骨架连接，即用高强胶黏剂将玻璃黏到铝合金封框上，而不是镶嵌在凹槽内，骨架不外露。这种类型的玻璃幕墙在立面上看不见骨架和窗框，使玻璃幕墙外观更显得简洁、明快；半隐框式分竖隐横不隐（玻璃安放在横档的玻璃镶嵌槽内，槽外加铝合金压板）和横隐竖不隐（玻璃安放在立柱镶嵌槽内，外加铝合金压板）。

全玻璃幕墙是以玻璃板片做墙面板材，与金属构件组成大面积玻璃维护墙体，连接固定在建筑物主体结构上，形成一种特殊的外墙装饰墙面。它除具有光亮、华丽的装饰效果外，还具有隔声、隔热、保温、气密、防火等性能。

铝板幕墙采用优质高强度铝合金板材，其常用厚度为 1.5 mm、2.0 mm、2.5 mm、3.0 mm，型号为 3003，状态为 H24。其构造主要由面板、加强筋和角码组成。角码可直接由面板折弯、冲压成型，也可在面板的小边上铆装角码成型。加强筋与板面后的电焊螺钉（螺钉是直接焊在板面背面的）连接，使之成为一个牢固的整体，极大增强了铝单板幕墙的强度与刚性，保证了长期使用中的平整度及抗风抗震能力。如果需要隔音保温，可在铝板内侧安装高效的隔音保温材料。

16.2　分项及工程量计算规则

1. 分　项

《计量规范》按面层材料和构件部位的不同将墙、柱面面装饰工程分为墙面抹灰、柱（梁）面抹灰、零星抹灰、墙面块料面层、柱（梁）面镶贴块料、镶贴零星块料、墙饰面、柱（梁）

饰面、幕墙工程、隔断等项目，其中墙面抹灰 4 项，柱（梁）面抹灰 4 项，零星抹灰 3 项、墙面块料面层 4 项、柱（梁）面镶贴块料 5 项、镶贴零星块料 3 项、墙饰面 2 项、柱（梁）饰面 2 项、幕墙工程 2 项、隔断 6 项。详见《计量规范》P77 ~ P83 表 M.1 ~ M.10。

《定额》的分项方式是区分施工方法按一般抹灰、装饰抹灰、镶贴块料面层、墙（柱）面饰面、幕墙划分分项工程，每一分项工程又按面层材料细分子目。详《定额》第十章。

对比《计量规范》和《定额》分项内容可见两者的分项方式并不相同，在实际工程中，清单列项应根据《计量规范》的项目编码及名称来分项列项，按项目特征应描述的内容均能在《定额》中查找到相对应的定额子目，综合单价组价则根据项目特征内容套用相应定额子目后组成综合单价。

实际工程中，墙柱面装饰除了起装饰作用的面层材料外，因墙（柱）面功能的其他要求，有的墙面还包括有防水防潮作用的防水（潮）层、有保温隔热作用的保温隔热层等，防水（潮）层、保温隔热层均应单独列项。防水层、防潮层按《计量规范》"J.3 墙面防水、防潮项目"中相应项目编码列项，定额子目套用按《定额》第八章"屋面及防水工程"相应子目套用；保温隔热层按《计量规范》附录 K.1 中相应项目编码列项，所套用的定额子目需借用《云南省通用安装工程消耗量定额》中第二篇第三章有关保温隔热的子目；墙柱面的油漆、涂料、裱糊工程按《计量规范》附录 P 相应项目列项，子目套用按《定额》第十二章"油漆、涂料、裱糊工程"相应子目套用；其他附加层如隔声层、填充层、管线埋设层等按具体工程做法按《计量规范》附录 M 选用合适的分项项目单独列项，定额子目套用按《定额》第十章"墙、柱面与隔断、幕墙工程"相应子目套用。

2. 计算规则

本分部《计量规范》工程量计算规则均只给出了面层的计量规则，详见《计量规范》附录 M。而从上述列项内容来看，列项及定额套用时应根据列项项目的具体工程量计算规则计算各项目的清单工程量及多个定额工程量，即清单列项时按《计量规范》规定的计量单位计算工程量及列项，组价定额子目套取时则按《定额》规定的工程量计算规则及计量单位计算。以下为定额套用时的计算规则：

1）墙面抹灰

抹灰长度：外墙内壁抹灰按主墙间图示净长计算，内墙面抹灰按内墙净长线计算。

抹灰高度：按室内地坪面或楼面至楼屋面板底面。a. 无墙裙的，高度按室内楼地面至天棚底面计算；b. 有墙裙的，高度按墙裙顶至天棚底面计算；c. 有吊顶天棚时，高度算至天棚底加 100 mm。

（1）外墙抹灰面积，按其垂直投影面积以平方米计算，应扣除门、窗洞口和 0.3 m² 以上的孔洞所占面积。门窗洞口及洞周边面积亦不增加。

建筑外墙抹灰工程量：

$$S_外 = L_{外边} \times H + S_增 - S_扣 \tag{16.1}$$

式中　$S_外$——外墙面抹灰面积；

　　　$L_{外边}$——外墙外边线；

H——外墙墙面的高度；

$S_扣$——外墙门窗洞口面积、大于 $0.3\ m^2$ 的孔洞；

$S_增$——外墙附墙垛等侧壁面积。

（2）内墙面抹灰面积，按抹灰长度乘以高度以平方米计算，附墙柱侧面抹灰并入内墙工程量计算。

内墙面抹灰工程量：

$$S_内 = \sum L_内 \times H - S_扣 + S_侧 \tag{16.2}$$

式中　$S_内$——内墙面抹灰面积；

$L_内$——内墙面净长度；

H——内墙面的高度；

$S_扣$——内墙面应扣各项面积之和；

$S_侧$——应增加的附墙垛等侧壁面积。

（3）墙裙：长度乘以高度以平方米计算。长度同墙面计算规则，高度按图示尺寸。

（4）女儿墙内墙面抹灰，按展开面积执行外墙面抹灰定额。

（5）"零星项目"抹灰按设计图示尺寸以平方米计算。阳台、雨篷抹灰套用零星抹灰项目。

（6）梁、柱其他抹灰，均按设计图示尺寸的展开面积以平方米计算。

（7）装饰抹灰的分格、嵌缝按装饰抹灰面积以平方米计算。

（8）钉钢丝网，按设计图示尺寸以平方米计算。

2）柱（梁）面抹灰

（1）柱面抹灰：按设计柱断面周长乘以高度以平方米计算。

（2）单梁抹灰：按梁侧加梁底面积以平方米计算。

3）镶贴块料面层

（1）墙面块料面层按实贴面积以平方米计算。

（2）柱（梁）面块料面层按实贴面积以平方米计算。

（3）干挂石材钢骨架，按设计图示以吨计算。

4）墙、柱面装饰

（1）墙饰面工程量，按设计图示饰面外围尺寸展开面积以平方米计算，扣除门窗洞口及单个面积在 $0.3\ m^2$ 以上的孔洞所占面积。

（2）龙骨、基层工程量，按设计图示尺寸以平方米计算，扣除门窗洞口及单个面积在 $0.3\ m^2$ 以上的孔洞所占面积。

（3）柱饰面面积按外围饰面周长乘以装饰高度以平方米计算。

（4）花岗石、大理石柱墩、柱帽按最大外围周长乘以高度以平方米计算。

5）幕墙工程

（1）带骨架幕墙按设计图示框外围尺寸以平方米计算。

（2）全玻隔断按设计图示尺寸面积以平方米计算，如有加强肋者，按平面展开单面面积并入计算。

（3）全玻幕墙按设计图示尺寸以平方米计算。

（4）玻璃幕墙悬窗按设计图示窗扇面积以平方米计算。

6）隔　断

（1）隔断按墙的净长乘以净高以平方米计算，扣除门窗洞口及单个面积在 0.3 m² 以上的孔洞所占面积。

（2）浴厕门的材质与隔断相同时，门的面积并入隔断面积内。

（3）成品浴厕隔断按设计图示隔断高度（不包括支脚高度）乘以隔断长度（包括浴厕门部分）以平方米计算。

（4）全玻隔断的不锈钢边框工程量按边框展开面积以平方米计算。

对比《定额》与《计量规范》的项目划分及工程量计算规则，大原则上基本一致，但在《计量规范》中，墙、柱面的抹灰项目中包括"底层抹灰"；墙、柱（梁）的镶贴块料项目工作内容中包括"粘结层"，不包括打底层，块料面层中底层抹灰按装饰抹灰项目列项，定额子目套用《定额》第 10 章"装饰抹灰、镶贴块料面层底层抹灰"中相应子目；清单附录 M 中列有"立面砂浆找平层""柱、梁面砂浆找平"及"零星项目砂浆找平"项目只适用于仅做找平层的立面抹灰。

清单附录 M 中列有"墙面装饰浮雕"项目，适用于不属于仿古建筑工程的项目。

清单附录 M 中有关墙面装饰项目，不含立面防腐、防水、保温以及刷油漆的工作内容，发生时，按相应章节套用。

16.3　定额应用

（1）定额中凡注明砂浆种类、配合比、饰面材料及型材的型号规格与设计不同时，可按设计换算，但人工、机械不变。

（2）定额中水泥砂浆抹灰部分按外墙面抹灰和内墙面抹灰分别编制。

（3）定额中水泥砂浆墙面零星项目、装饰线条、假面砖（3 + 3 + 14 mm）子目适用于内、外水泥砂浆墙面。

（4）本章定额中面砖膨胀螺栓干挂、钢丝网挂贴、型钢龙骨干挂相应子目适用于内、外墙面。

（5）抹灰层每增减 1 mm 水泥砂浆子目适用于内、外墙面水泥砂浆抹灰层每增减 1 mm 调整。

（6）本章定额中的装饰抹灰，镶贴块料面层均未包括打底抹灰，打底抹灰应按相应子目执行。

（7）圆弧形、锯齿形等不规则墙面装饰抹灰、镶贴块料按相应项目人工乘以系数 1.15，材料乘以系数 1.05。

（8）定额中面砖按外墙面和内墙面镶贴面砖分别编制。

（9）面砖灰缝宽分 5 mm 以内、10 mm 以内和 20 mm 以内列项，如灰缝宽度大于 20 mm、表面砖规格与定额取定不同，其块料及灰缝材料（水泥砂浆 1∶1）用量允许调整，其他不变。

（10）镶贴块料和装饰抹灰的"零星项目"适用于挑檐、天沟、腰线、窗台线、压顶、扶手、雨篷周边、门窗套、墙面点缀等。

（11）瓷砖面砖镶贴子目用于镶贴柱时，人工乘以系数1.1，其他不变。

（12）木龙骨基层是按双向计算的，如设计为单向时，人工乘以系数0.55、材料乘以系数0.55，弧形木龙骨基层按相应子目定额乘以系数1.10。

（13）面层、隔墙（间壁）、隔断（护壁）定额内除注明者外均未包括压条、收边、装饰线（板），如设计要求时，应按相应定额子目另行计算。

（14）面层、木基层均未包括刷防火涂料，如设计要求时，应按《定额》第12章（油漆、涂料、裱糊工程）相应定额子目另行计算。

（15）隔墙（间壁）、隔断（护壁）、幕墙设计与定额综合内容不同时，定额材料消耗量允许调整，其他不变。

（16）半玻隔断是指上部为玻璃隔断，下部为砖墙或其他墙体，应分别计算工程量套用相应定额。

（17）干挂石材、隔断、幕墙中的型钢骨架不包括油漆，油漆另按《云南省安装工程消耗量定额》第十三册——通用册中相关规定执行。

（18）铝塑板、铝单板幕墙子目中铝塑板、铝单板的消耗量已包含折边用量，不得另行计算。

（19）玻璃幕墙如设计有平开、推拉窗者，按幕墙定额子目执行，窗型材，窗五金材料消耗量按设计相应调整，其他不变。

（20）玻璃幕墙中的安全玻璃按半成品玻璃计算消耗量，幕墙定额中已综合避雷连接、防火隔离层，但幕墙的封边、封顶的费用未包括在定额中，另行计算。

（21）钢骨架上干挂石板钢骨架、不锈钢骨架子目适用于釉面砖干挂骨架。

16.4　计算实例

【例16.1】　试计算图16.2内外墙（墙厚均为240 mm）装饰工程工程量，并计算综合单价。已知：屋面板厚100 mm；M-1：0.9×2 m，门框宽110 mm，靠外墙外侧立樘；C-1：1.5×1.8 m，C-2：2.1×1.8 m，窗框宽90 mm，居中立樘。外墙面做法：7+7+6 mm 1:3水泥砂浆+1:2水泥砂浆抹灰，涂刷钙塑涂料；内墙面做法：13 mm厚1:3水泥砂浆打底，8厚粘贴1:2水泥砂浆400×400釉面砖。已知未计价材料除税单价为：① 细砂：75元/m³；② P.S 32.5水泥：340元/t；③ 钙塑涂料：25元/kg；④ 水：5.11元/m³；⑤400×400釉面砖：55元/m²。

【解】　1. 工程量计算

1）外墙抹灰工程量

计算规则：外墙抹灰面积，按其垂直投影面积以平方米计算，应扣除门、窗洞口和0.3 m²以上的孔洞所占面积。门窗洞口及洞周边面积亦不增加。

本计算规则清单工程量与定额工程量一致。用公式（16.1）：

$S_q = S_d = (15.24 + 5.34) \times 2 \times 3.6 - 0.9 \times 2 \times 4 - 1.5 \times 1.8 \times 6 - 2.1 \times 1.8 \times 2 = 117.22$（m²）

2）外墙涂刷钙塑涂料

按《计量规范》附录P列项。

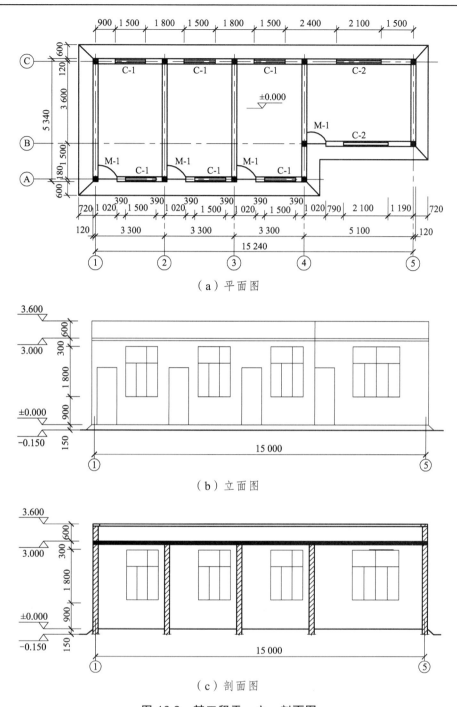

（a）平面图

（b）立面图

（c）剖面图

图 16.2　某工程平、立、剖面图

清单计算规则：按图示尺寸以面积计算。即外墙抹灰面积。

定额计算规则：楼地面、天棚面、墙、柱、梁面的喷（刷）涂料、室内抹灰面油漆及裱糊工程，均按楼面、天棚面、墙、柱、梁面装饰工程相应的工程量计算规则计算。及外墙抹灰面积。

本计算规则清单工程量与定额工程量一致。

$$S_q = S_d = （15.24 + 5.34）\times 2 \times 3.6 - 0.9 \times 2 \times 4 - 1.5 \times 1.8 \times 6 - 2.1 \times 1.8 \times 2 = 117.22（m^2）$$

3）内墙面贴砖工程量

计算规则：按镶贴表面积计算。本计算规则清单工程量与定额工程量一致。

$$S_q = S_d = [（3.3 - 0.24 + 5.1 - 0.24）×2×3 +（5.1 - 0.24 + 3.6 - 0.24）×2]×（3 - 0.1）- 0.9×2×4 -$$
$$1.5×1.8×6 - 2.1×1.8×2 +（0.9 + 2×2）×（0.24 - 0.11）×4 +（1.5 + 1.8）×2×（0.24 -$$
$$0.09）/2×6 +（2.1 + 1.8）×2×（0.24 - 0.09）/2×2$$
$$= 161.21（m^2）$$

4）内墙面贴砖打底装饰抹灰工程量

本项目《计量规范》及《定额》工程量计算规则均无明确规定，考虑到其作用是内墙贴砖的打底项，故按镶贴块料墙面的工程量计算规则算，即按镶贴表面积计算，且应单独按墙面装饰抹灰项目单独列项。工程量为 161.21（m²）。

2. 编制工程量清单（表 16.1）

表 16.1　墙柱面工程量清单

序号	项目编码	项目名称	项目特征	计量单位	工程量
1	011201001001	墙面一般抹灰	1. 墙体类型：240 mm 厚砖墙 2. 面层厚度、砂浆配合比：7 + 7 + 6 mm　1：2 水泥砂浆抹灰	m²	117.22
2	011407001001	墙面喷刷涂料	2. 涂料品种、喷刷遍数：钙塑涂料 1 遍	m²	117.22
3	011201002001	墙面装饰抹灰	1. 墙体类型：240 mm 厚砖墙 2. 基层：13 mm 厚 1：3 水泥砂浆打底	m²	161.21
4	011204003001	块料墙面	1. 面层：8 mm 厚 1：2 水泥砂浆粘贴 400×400 釉面砖	m²	161.21

3. 综合单价计算

（1）选用定额，查《定额》中的相关项目，相关定额子目为：01100001、01120212、01100059、01100165。

（2）编制相关子目直接费表

查看定额子目未计价材，其中 1：3 水泥砂浆、1：2 水泥砂浆需根据定额配合比（《定额》P394　279、281 项）进行重新组价。

水泥砂浆 1：3 材料除税价格 = 0.416×340 + 1.198×75 + 0.300×5.11 = 232.82（元/m³）

水泥砂浆 1：2 材料除税价格 = 0.517×340 + 1.079×75 + 0.300×5.11 = 258.23（元/m³）

加入未计价材材料费，相关子目直接费表见表 16.2。

表 16.2　相关定额子目直接费表

定额编号		01100001	01120212	01100059	01100165
项　目		水泥砂浆抹灰外墙面 7 + 7 + 6 mm 砖基层	墙面钙塑涂料（成品）外墙面	13 mm 厚 1：3 水泥砂浆打底砖基层	内墙面釉面砖周长 1600 mm 以内
计量单位		100 m²			
直接费（元）		2599.70	3797.28	1269.54	10255.84
其中	人工费（元）	2003.52	245.30	896.97	4262.32
	材料费（元）	563.66	3551.98	351.45	5976.38
	机械费（元）	32.52	0.00	21.12	17.13

注：① 所用到的机械换为云建标〔2016〕207 号文中附件 2 中机械除税台班单价：第 719 项 灰浆搅拌机 200 L：84.48 元/台班；第 970 项 石料切割机：29.74 元/台班。

② 人工费按云建标函〔2018〕47 号文上调 28%。

（3）计算综合单价，见表 16.3。

表 16.3 工程量清单综合单价分析表

序号	项目编码	项目名称	计量单位	工程量	定额编码	定额名称	定额单位	数量	清单综合单价组成明细							综合单价（元）
									单价（元）			合价（元）				
									人工费	材料费	机械费	人工费	材料费	机械费	管理费和利润	
1	011201001001	墙面一般抹灰	m²	117.22	01100001	水泥砂浆抹灰 外墙面 7＋7＋6 mm 砖基层	100 m²	1.1722	2003.52	563.66	32.52	2348.53	660.72	38.13	974.05	34.31
2	011407001001	墙面喷刷涂料	m²	117.22	01120212	墙面钙塑涂料（成品）外墙面	100 m²	1.1722	245.30	3551.98	0.00	287.54	4163.64	0.00	119.06	38.99
3	011201002001	墙面装饰抹灰	m²	161.21	01100059	13 mm 厚 1：3 水泥砂浆打底 砖基层	100 m²	1.6121	896.97	351.45	21.12	1446.01	566.57	34.05	600.18	16.42
4	011204003001	块料墙面	m²	161.21	01100165	内墙面釉面砖 周长 1600 mm 以内	100 m²	1.6121	4262.32	5976.38	17.13	6871.29	9634.53	27.62	2846.32	120.21

注：① 综合单价，即是以清单工程量为 1 的价格：综合单价＝∑分部分项工程费/清单工程量。套定额的数量是定额工程量。

② 管理费费率取 33%，利润率取 20%。

③ 有的教材将套定额的数量填写为定额工程量，此时综合单价＝∑分部分项工程费。

【例 16.2】 计算图 16.3 花岗岩柱面工程量及综合单价。已知柱高 3.6 m，柱挂贴 30 mm 花岗岩板，花岗岩板和柱结构层之间填 50 厚 1：3 水泥砂浆，柱高 3.6 m。已知未计价材料除税单价为：① 花岗岩板 δ＝30：180 元 / m²；② 矿渣硅酸盐水泥 P・S 32.5：340 元 / m³；③ 钢筋 A6：2750 元 /t ④ 膨胀螺栓 M22：5.1 元 / 套；⑤ 细砂：75 元 / m³；⑥ 水：5.11 元 / m³。

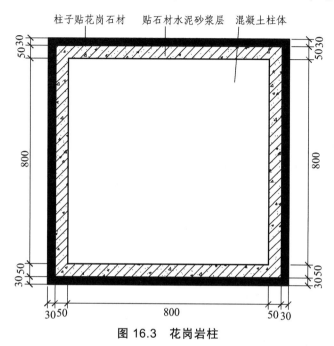

图 16.3 花岗岩柱

【解】 1. 计算工程量

$$S_{柱面}=[0.8+（0.05＋0.015）\times 2]\times 4\times 3.6=13.39（m^2）$$

2. 编制工程量清单（表 16.4）

表 16.4 石材柱面工程量清单

序号	项目编码	项目名称	项目特征	计量单位	工程量
1	011205001001	石材柱面	1. 柱截面类型、尺寸：800×800 矩形柱面 2. 安装方式：挂贴，石材与柱结构面之间 50 的空隙灌填 1：3 水泥砂浆 3. 面层材料：30 厚花岗岩板 4. 缝宽、嵌缝材料种类：密缝，白水泥擦缝	m²	13.39

3. 计算综合单价

（1）查找《定额》，石材柱面拟套用定额 01100085。查看定额子目未计价材，其中 1：2.5 水泥砂浆需根据定额配合比（《定额》P394 280 项）进行重新组价。

水泥砂浆浆 1：2.5 材料除税单价为：0.467×340＋1.156×75＋5.11×0.3＝247.01（元/m³）

（2）加入未计价材料料费，计算相关子目直接费，其中：

人工费：7105.37×1.28＝9094.87（元/100 m²）

材料费：$932.80 \times 0.912 + 106 \times 180 + 5.15 \times 247.01 + 0.148 \times 2750 + 920 \times 5.1$
$= 26301.82$（元/100 m²）

机械费：$0.94 \times 84.48 + 0.07 \times 28.39 + 0.07 \times 38.34 + 11.5 \times 3.61 + 5.1 \times 29.74 + 0.26 \times 128.91$
$= 310.79$（元/100 m²）

注：所用到的机械换为云建标〔2016〕207号文中附件2中机械除税台班单价：第719项 灰浆搅拌机 200 L：84.48 元/台班；第741项 钢筋调直机 直径 40 mm：28.39 元/台班；第742项 钢筋调直机 直径 40 mm：38.34 元/台班；第926项 电锤 功率520：3.61 元/台班；第970项 石料切割机：29.74 元/台班；第1092项 交流电焊机 32 kV·A：128.91 元/台班。

该清单项目组价内容单一，可用列式方法计算如下：

人工费：$13.39/100 \times 9094.87 = 1217.80$（元）

材料费：$13.39/100 \times 26301.82 = 3521.81$（元）

机械费：$13.39/100 \times 310.79 = 41.61$（元）

管理费和利润：$(1217.80/1.28 + 41.61 \times 8\%) \times (33\% + 20\%) = 506.61$（元）

综合单价：$(1217.80 + 3521.81 + 41.61 + 506.61)/13.39 = 394.87$（元/m²）

习　题

16.1　简述墙面块料面层和抹灰工程量计算规则。

16.2　计算图 16.4 内墙面装饰工程量及综合单价。内墙面 13 mm 厚 1∶3 水泥砂浆打底、找平，8 mm 厚 1∶2 水泥砂浆粘贴 600×600 的釉面砖。门靠外墙外侧立樘，门框宽 100 mm，窗居中立樘，窗框宽 70 mm。C1 窗：1.5×2.7 m，M1：1×2.1 m。内墙厚 240 mm，净高 3.9 m。未计价材料价格由教师给出。

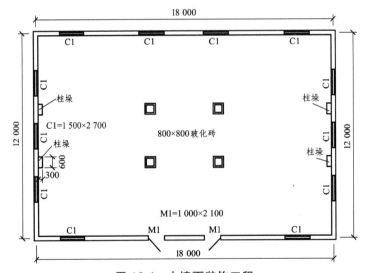

图 16.4　内墙面装饰工程

17 天棚工程

17.1 基础知识

天棚是设置在楼板层的下表面的装饰部分，起保护楼板及装修的作用，要求表面光洁、美观，对某些有特殊要求的房间，还要求天棚具有隔声、保温、隔热等方面的作用。依据构造方式的不同，天棚有直接式天棚及悬吊式天棚（吊顶）。

1. 直接式天棚

直接式天棚是指建筑施工过程中，在楼板底面直接喷浆、抹灰、涂料，或粘贴装饰材料（裱糊墙纸、粘贴吸声板或泡沫塑料板等）做成的天棚，一般用于装饰性要求不高的住宅、办公楼等民用建筑装修。

2. 悬吊式天棚

悬吊式天棚简称吊顶，这种天棚的装饰表面与屋面板、楼板等之间留有一定的距离，在这段空间中，通常要结合布置各种管道和设备，如灯具、空调、灭火器、烟感器等，适用于中、高档次的建筑天棚装饰。悬吊式天棚一般由吊筋、基层（龙骨或搁栅）、面层三大基本部分组成。

1）吊　筋

（1）吊筋的作用。

吊筋是连接龙骨和承重结构的承重传力构件，同时调整、确定悬吊式天棚的空间高度适应艺术处理上的需要。

（2）吊筋的形式和材料的选用。

吊筋的形式与吊顶的自重及吊顶所承受的灯具、风口等设备荷载的重量有关，也与龙骨的形式和材料，屋顶承重结构的形式和材料等有关。吊筋可采用钢筋、铅丝、型钢或木方等加工制作。钢筋用于一般天棚一般不小于 φ6 mm；型钢用于重型天棚或整体刚度要求特别高的天棚；木方一般用于木基层天棚，并采用金属连接件加固。

（3）吊点与吊筋的设置

吊点—吊筋的设置为 900～1200 mm，吊点与吊筋相对应。

（4）吊筋的材料

吊杆的材料：一般天棚吊杆为轻型荷载用 φ8～φ10 镀锌铁丝，中型荷载用 φ6 的圆钢，重型荷载用 φ8 的圆钢，超重型荷载可进行结构计算，一般用角钢 L30 或 30×40 木方制作，吊杆间距为 900～1200 mm，考虑与板材的规格相配合，并与墙壁面有一定的距离 100～200 mm，轻钢龙骨可比铝合金龙骨间距略大。

（5）吊筋与结构层的联结方式：射钉、膨胀螺栓、预埋件。

2）基　层

天棚基层由主龙骨、次龙骨、小龙骨（或称为主搁栅、次搁栅、小搁栅）所形成的网格骨架体系。其作用是承受天棚的荷载，并由它将这一荷载通过吊筋传递给楼盖或屋顶的承重结构。天棚基层分为木基层及金属基层（轻钢龙骨与铝合金龙骨）两大类。

天棚的龙骨布置原则：主龙骨的水平方向应以次龙骨的水平方向与面板的水平方向相垂直为宜，主龙骨与次龙骨、次龙骨与小龙骨，以及小龙骨与横撑龙骨之间互为垂直关系。

天棚龙骨构造分单层构造和双层构造。单层构造不设置主龙骨，有中小龙骨，适用于面积较小的轻型吊顶。双层构造要设置大龙骨，其下设置中小龙骨，适用于面积较大的重、中型吊顶。

（1）木基层。

木基层的主龙骨断面一般为 50 mm×70 mm，次龙骨断面一般为 50 mm×50 mm，小龙骨为 30 mm×30 mm 或 30 mm×50 mm。主龙骨间距一般为 1.2～1.5 m，次龙骨的间距，对抹灰面层一般 400～600 mm，对板材面层按板材规格及板材间缝隙大小确定，一般不大于600 mm。固定板材的次龙骨通常双向布置，其中一个方向的次龙骨断面为 50 mm×50 mm，应钉于主龙骨上，另一方向的次龙骨一般为 30 mm×50 mm，可直接钉或挂在 50 mm×50 mm的次龙骨上。

木基层的特点：耐火性较差，但锯解加工较方便。

木基层适用范围：多用于传统建筑的天棚和在造型特别复杂的天棚与其他龙骨混用。应用时须采取相应措施处理防火（刷防火漆三道或表面喷防火涂料）。

（2）金属基层。

金属基层常见的有轻钢龙骨基层和铝合金龙骨基层两种。

轻钢龙骨型材按断面分 U 形龙骨（多为主龙骨）、C 形龙骨（多为次龙骨、横撑龙骨）、L 形与墙壁相连龙骨、T 形龙骨、H 形龙骨。轻钢龙骨按其承载能力分为轻型大龙骨、中型大龙骨、重型大龙骨。轻型大龙骨不能承受上人荷载，中型大龙骨能承受偶然上人荷载，亦可在其上铺设简易检修走道，重型大龙骨能承受上人的 800N 检修集中荷载，并可在其上铺设永久性检修走道。轻钢龙骨按作用分：主龙骨、次龙骨、横撑龙骨。

龙骨的选用与面层的材料有极为密切的关系，当天棚的荷载较大，或者悬吊点间距很大，以及在特殊环境下使用时，必须采用普通型钢做基层，如角钢、槽钢、工字钢等。

（3）面层。

天棚面层板材繁多，常用饰面板有胶合板、胶压刨花板、埃特板、玻璃纤维板、宝丽板、塑料板、铝塑板、铝单板、钙塑板、矿棉板、装饰石膏板、铝合金条板、泡沫塑料板等等。饰面板规格有正方形、长方形、条形等多种规格。随着新型建筑材料的发展，还会有更多轻质美观耐火的板材应用于天棚装饰。

以玻璃作为采光屋面的主要材料，是我国目前采光屋面设计和制作的主要方式，称为玻璃天棚。根据玻璃固定结构材料的不同，可分为铝合金结构和钢结构。根据其所采用的玻璃的不同，又可分为夹胶中空玻璃采光天棚和钢化玻璃采光天棚。

17.2　分项及工程量计算规则

1. 分　项

《计量规范》按面层材料和构件部位的不同将天棚装饰工程分为天棚抹灰、天棚吊顶、采光天棚、天棚其他装饰等项目。其中天棚抹灰1项，天棚吊顶6项，采光天棚1项、天棚其他装饰2项。详见《计量规范》P84~P86表N.1~N.4。

《定额》分项区施工方法分天棚抹灰和吊顶天棚。吊顶天棚区分龙骨材料、面层材料细分项目；因天棚功能的其他要求，如吸音、保温、防潮等，《定额》还列有专门的子目。详《定额》第十一章。

对比《计量规范》和《定额》分项内容可见，《计量规范》分项较少，而定额分项分得更细更具体。在实际工程中，清单列项应根据《计量规范》的项目编码及名称来分项列项，按项目特征应描述的内容套用相对应的定额子目，综合单价组价则根据项目特征内容套用相应的定额子目后组成综合单价。

2. 计算规则

本分部《计量规范》工程量计算规则，天棚抹灰和天棚吊顶均按天棚的水平投影面积计算，采光天棚按框外围展开面积计算，灯带按框外围面积计算，风口按个数计算，详见《计量规范》附录N。从列项应描述的项目特征来看，天棚项目每一项工作内容极多，定额套用时应根据列项项目特征的内容按《定额》工程量计算规则计算各项目下多个定额工程量，即清单列项时按《计量规范》规定的计量单位计算工程量及列项，组价定额子目套取时则按《定额》规定的工程量计算规则及计量单位计算。以下为定额套用时的计算规则：

（1）天棚抹灰按设计图示尺寸按水平投影面积计算。不扣除间壁墙、垛、柱、附墙烟囱、检查口和管道所占的面积、带梁天棚、梁两侧抹灰面积并入天棚面积内。板式楼梯底面抹灰按斜面积以平方米计算，锯齿形楼梯底板抹灰按展开面积以平方米计算。

（2）密肋梁及井字梁天棚抹灰面积，按设计图示尺寸按展开面积以平方米计算。

（3）天棚抹灰带有装饰线条时、区别三道线以内或五道线以内，按设计图示尺寸以延长米计算。

（4）各种吊顶天棚龙骨按设计图示尺寸按水平投影面积以平方米计算，不扣除检查洞、附墙烟囱、风道、柱、垛和管道所占面积。

（5）天棚基层及装饰面层，按墙间实钉（胶）面积以平方米计算，不扣除检查口、附墙烟囱、风道、垛和管道所占面积，但应扣除 $0.3\ m^2$ 以上的孔洞、独立柱及与天棚相连的窗帘盒所占的面积。跌级天棚立口部分按图示尺寸计算并入天棚基层及面层。

（6）楼梯底面的装饰工程量：板式楼梯按水平投影面积乘以系数 1.15，梁式及螺旋楼梯按展开面积以平方米计算。

（7）灯光槽、铝扣板收边按延长米计算，石膏板嵌缝按石膏板面积以平方米计算。

（8）拱廊式采光天棚按设计图示尺寸展开面积以平方米计算。其余采光天棚、雨篷按设计图示尺寸水平投影面积以平方米计算。

对比《定额》与《计量规范》的项目划分及工程量计算规则，《计量规范》项目极少，且仅以面层材料来列项，而工作内容又极多，往往需要多个定额子目才能完成清单项目中的全部工作内容。在《计量规范》中，采光天棚骨架中不包括在工作内容中，应按清单规范附录F 金属结构工程相应项目编码列项。天棚装饰刷油漆、涂料以及裱糊，按《计量规范》附录P 油漆、涂料、裱糊工程相应项目编码列项。

17.3　定额应用

（1）天棚抹灰。

① 砂浆配合比与设计不同时，可以换算；抹灰厚度不得进行调整。

② 天棚抹灰考虑了抹小圆角的人工、材料，不得另计。

③ 装饰线的道数以一个突出的棱角为一道线。

④ 带密肋小梁及井字梁混凝土天棚抹灰，按混凝土天棚抹灰子目执行，人工增加 5.11 工日/100 m²。

⑤ 混凝土顶面腻子定额子目仅适用于混凝土平整度质量达到抹灰验收规范的标准，需补刮腻子不抹灰的情况。

⑥ 天棚抹灰中聚合物母料的添加量按每 1 000 kg 水泥添加 9 kg 聚合物母料，配制损耗 2%。

（2）除本章定额龙骨、基层、面层合并列项的子目外，其余子目均按天棚龙骨、基层、面层分别列项编制。

（3）定额中龙骨基层的消耗量、材质及面层的材质与设计要求不同时，材料可以调整，但人工、机械不变。

（4）天棚面层划分：同一房间内，在同一平面的为平面天棚；不在同一平面的为跌级天棚，跌级天棚其面层人工乘以系数 1.1。

（5）轻钢龙骨、铝合金龙骨分为单层和双层结构，本分部定额是按双层结构（即中、小龙骨等贴大龙骨底面吊挂）编制的。如为单层结构（大、中龙骨底面在同一水平上）时，人工乘以系数 0.85。

（6）定额中的平面天棚和跌级天棚指直线型天棚，不包括灯光槽的制安，灯光槽制安应按本章定额相应子目执行。

（7）天棚龙骨、基层、面层的防火处理，应按《定额》第 12 章（油漆、涂料、裱糊工程）的相应子目执行。

（8）天棚龙骨材料栏内凡以平方米为计量单位的龙骨均含配件。

（9）铝塑板饰面天棚中铝塑板折边消耗量已含在定额消耗量中。

（10）龙骨基层的吊筋安装工艺与定额取定不同时，当在混凝土上安装膨胀螺栓吊筋时，按相应项目每平方米增加人工 0.034 工日；在砖墙打洞搁放骨架时，按相应天棚项目每平方米增加人工 0.014 工日。

（11）天棚面层铝塑板饰面铆固在铝方管上定额子目已包含龙骨制作。

（12）不上人型天棚骨架改全预埋时，人工增加 0.97 工日/100 m²，减去定额中的射钉（膨胀螺栓、合金钢钻头）用量，增加吊筋用量 30 kg/100 m²。

（13）型钢天棚龙骨按热镀锌型钢考虑，如使用其他型钢可以换算；焊点补刷油漆按防锈漆考虑，如为其他油漆，可替换油漆品种。

（14）复合式烤漆 T 形龙骨矿棉吸音板吊顶按 T 形铝合金龙骨、矿棉板面层分别套用相应的定额子目。

（15）假梁、软膜吊顶可根据设计要求龙骨、面层分别套用相应的定额子目。

17.4　计算实例

【例 17.1】　试计算图 17.1 所示会议室天棚装饰工程量，天棚龙骨为不上人型装配式 U 形轻钢天棚龙骨，龙骨中距 400×500，面层为 600×600 石膏板，表面嵌缝处理。墙体厚度为 240 mm，为该天棚项目列项并计算综合单价。

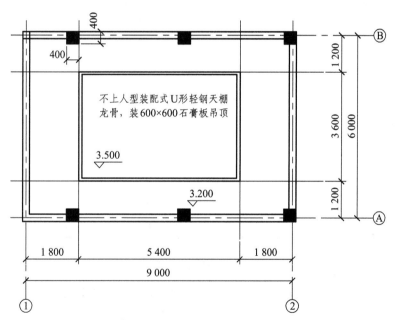

图 17.1　会议室天棚装饰工程

已知未计价材料除税单价为：① 轻钢龙骨不上型（跌级）400×500：35 元/ m²；② 石膏板 δ=9：13 元/ m²；③ 绷带：0.5 元/m。

【解】　1. 工程量计算

1）清单工程量

计算规则：按设计图示尺寸按水平投影面积计算。天棚中的灯槽及跌级、锯齿形、吊挂式、藻井天棚面积不展开计算。不扣除间壁墙、检查口、附墙烟囱、柱垛和管道所占面积，扣除单个>0.3 m² 的孔洞，独立柱及与天棚相连的窗帘盒所占面积。

吊顶天棚　（9.0－0.24）×（6.0－0.24）＝50.45（m²）

2）定额工程量

（1）会议室不上人型装配式 U 形轻钢龙骨天棚。

计算规则：各种吊顶天棚龙骨按设计图示尺寸按水平投影面积以平方米计算，不扣除检查洞、附墙烟囱、风道、柱、垛和管道所占面积。

天棚龙骨　　（9.0 - 0.24）×（6.0 - 0.24）= 50.45（m²）

（2）600×600 天棚装饰石膏板面层。

计算规则：天棚基层及装饰面层，按墙间实钉（胶）面积以平方米计算，不扣除检查口、附墙烟囱、风道、垛和管道所占面积，但应扣除 0.3 m² 以上的孔洞、独立柱及与天棚相连的窗帘盒所占的面积。跌级天棚立口部分按图示尺寸计算并入天棚基层及面层。

天棚面层　　（9.0 - 0.24）×（6.0 - 0.24）+（5.4 + 3.6）×2×0.3 = 55.86（m²）

（3）石膏板嵌缝工程量。

按天棚面层的工程量计算。

嵌缝工程量 = 55.86（m²）

2. 编制工程量清单（表 17.1）

表 17.1　吊顶天棚工程量清单

序号	项目编码	项目名称	项目特征描述	计量单位	工程量
1	011302001001	吊顶天棚	1. 龙骨材料种类、规格、中距：U 形轻钢天棚龙骨，龙骨中距 400×500 2. 面层材料种类、规格：600×600 石膏板饰面	m²	50.45

3. 综合单价计算

（1）选用定额，查《定额》中的相关项目，龙骨拟套用定额 01110034，石膏面板拟套用定额 01110120，嵌缝拟套用定额 01110217。

（2）编制相关子目直接费表。

加入未计价材料费，相关子目直接费表见表 17.2。

表 17.2　相关定额子目直接费表

定额编号		01110034	01110120 换	01110217
项　目		装配式 U 形轻钢天棚龙骨（不上人型）龙骨间距（mm400×500 跌级	石膏板安在 U 形轻钢金龙骨上	石膏板缝贴绷带、刮腻子
计量单位		100 m²		
直接费（元）		6464.11	2641.18	783.42
其中	人工费（元）	2073.27	1140.30	663.45
	材料费（元）	4377.95	1500.89	119.97
	机械费（元）	12.89	0.00	0.00

注：① 所用到的机械换为云建标〔2016〕207 号文中附件 2 中机械除税台班价：第 1092 项 交流电焊机 32 kV·A：128.91 元/台班。

② 跌级天棚面层人工乘以系数 1.1。

③ 人工费按云建标函〔2018〕47 号文上调 28%。

（3）计算综合单价，见表 17.3。

表17.3 工程量清单综合单价分析表

序号	项目编码	项目名称	计量单位	工程量	定额编码	定额名称	定额单位	数量	单价（元）			合价（元）				综合单价（元）
									人工费	材料费	机械费	人工费	材料费	机械费	管理费和利润	
1	011302001001	吊顶天棚	m²	50.45	01110034	装配式U形轻钢天棚龙骨（不上人型）龙骨间距（mm）400×500 跌级	100 m²	0.5045	2073.27	4377.95	12.89	1045.96	2208.68	6.50	433.37	115.29
					01110120米	石膏板安在U形轻钢金龙骨上	100 m²	0.5586	1140.30	1500.89	0.00	636.97	838.40	0.00	263.75	
					01110217	石膏板缝贴绷带、刮腻子	100 m²	0.5586	663.45	119.97	0.00	370.60	67.02	0.00	153.45	
						小 计						2053.54	3114.09	6.50	850.57	

清单综合单价组成明细

注：① 综合单价，即是以清单工程量为1的价格：综合单价=∑分部分项工程费/清单工程量。
② 管理费率取33%，利润率取20%。
③ 有的教材将套定额的数量填写为定额工程量清单工程量，也是可以的，此时综合单价=∑分部分项工程费。

【**例 17.2**】 计算图 17.2 天棚抹灰工程量，1∶3 水泥砂浆 10 mm 厚。已知未计价材料除税单价为：① 矿渣硅酸盐水泥 P·S 32.5：340 元/m³；② 细砂：75 元/m³；③ 水：5.11 元/m³。

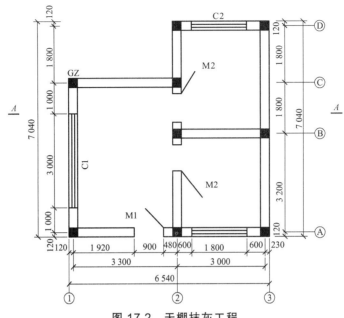

图 17.2　天棚抹灰工程

【**解**】　1. 工程量计算

$$S_q = S_d = 3.06 \times 4.76 + 3.36 \times 2.76 + 2.76 \times 2.96 = 32.01 \ (\text{m}^2)$$

2. 编制工程量清单（表 17.4）

表 17.4　工程量清单

序号	项目编码	项目名称	项目特征描述	计量单位	工程量
1	011301001001	天棚抹灰	1. 基层类型：现浇混凝土板 2. 抹灰厚度：10 mm 厚 3. 砂浆配合比：1∶3 水泥砂浆	m²	32.01

3. 综合单价计算

（1）选用定额，查《定额》中的相关项目，拟套用定额 01110001。查看定额子目未计价材，其中 1∶3 水泥砂浆需根据定额配合比（《定额》P394　281 项）进行重新组价。

水泥砂浆浆 1∶3 材料除税单价为：0.416×340 + 1.198×75 + 5.11×0.3 = 232.82（元/m³）

（2）加入未计价材材料费，计算相关子目直接费，其中：

人工费：938.78×1.28 = 1201.64（元/100 m²）

材料费：35.77×0.912 +（0.31 + 1.03）×232.82 = 344.60（元/100 m²）

机械费：0.22×84.48 = 18.59（元）

注：所用到的机械换为云建标〔2016〕207 号文中附件 2 中机械除税台班单价：第 719 项 灰浆搅拌机 200 L：84.48 元/台班。

该清单项目组价内容单一，可用列式方法计算如下：

人工费：32.01/100×1201.64 = 384.64（元）

材料费：32.01/100×344.60 = 110.31（元）

机械费：32.01/100×18.59 = 5.95（元）

管理费和利润：（384.64/1.28 + 5.95×8%）×（33% + 20%）= 159.52（元）

综合单价：（384.64 + 110.31 + 5.95 + 159.52）/32.01 = 20.63（元/m²）

习　题

17.1　计算图 17.3 天棚基层和面层工程量，并计算综合单价，未计价材价格由教师给定。

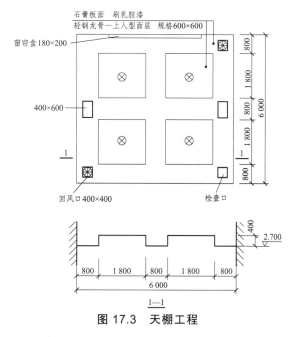

图 17.3　天棚工程

17.2　计算图 17.4 天棚工程工程量及综合单价。柱为 600 mm×600 mm，天棚做法：基层为 400 mm×500 mm U 形轻钢龙骨，面层为石膏板面层刷双飞粉、乳胶漆二遍。未计价材价格由教师给定。

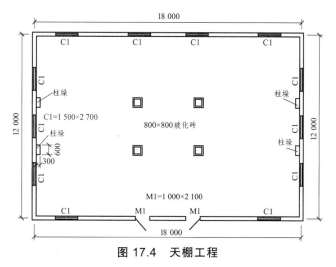

图 17.4　天棚工程

18 油漆、涂料、裱糊、防腐、隔热工程

18.1 基础知识

本分部是在已有构件表面抹一层保护层，起保护和装饰作用。

18.1.1 油漆、涂料、裱糊工程

1. 油漆分类

1）油漆按种类分

（1）调和漆，大量应用于室内外装饰。

（2）清漆，多用于室内装饰；厚漆（铅油），常用作底油。

（3）清油，常用作木门窗、木装饰的面漆或底漆。

（4）磁漆，多用于室内木制品、金属物件上。

（5）防锈漆，主要用于钢结构表面防锈打底用。

（6）乳胶漆，大量应用于室内墙柱天棚等装饰。

2）按基层分

（1）木材面油漆：主要用于木门、木窗、木扶手、其他木材面、窗台板、筒子板、木地板、木踢脚线、橱柜、台柜、木墙裙、木质家具等面层。常用油漆种类有：调和漆、磁漆、清漆、醇酸磁漆、硝基清漆、丙烯酸清漆、过氯乙烯清漆、防火漆熟桐油、广（生）漆、地板漆等。

（2）金属面油漆：主要用于钢门窗、其他金属面。其做法一般包括底漆和面漆，底漆一般用防锈漆1~2遍，面漆通常用调和漆、银粉漆、磁漆两遍。

（3）抹灰面油漆：主要用于墙、柱、梁、天棚等抹灰面、拉毛面，木夹板面、混凝土花格、窗栏杆花饰、阳台、雨篷、隔板等装饰性油漆。常用油漆种类有：调和漆、乳胶漆、磁漆、水性水泥漆、画石纹、做假木纹等。

2. 涂 料

1）组 成

涂料由主要成膜物质、次要成膜物质及辅助成膜物质组成，根据建筑物涂刷部位的不同，建筑涂料可划分为外墙涂料、内墙涂料、地面涂料、天棚涂料和屋面涂料等。根据状态的不同，建筑涂料可分为溶剂型涂料、水溶性涂料、乳液型涂料和粉末涂料等。主要用于室内外墙柱天棚等抹灰面装饰。

2）种　类

常用涂料种类有：JH801 涂料、仿瓷涂料（双飞粉）、多彩涂料、采砂喷涂、砂胶涂料、好涂壁、106 涂料、803 涂料、彩色喷涂、砂胶喷涂、防霉涂料、107 胶水泥彩色地面、777 涂料席纹地面、177 涂料乳液罩面、刷白水泥浆、刷石灰油浆、刷石灰浆、刷石灰大白浆、刷大白浆、一塑三油等。

3. 裱　糊

1）概　念

裱糊类饰面是指用墙纸墙布、丝绒锦缎、微薄木等材料，通过裱糊方式覆盖在外表面作为饰面层的墙面，裱糊类装饰一般只用于室内，可以是室内墙面、柱面、天棚或其他构配件表面。

2）种　类

墙纸（墙布）种类有：墙面纸基墙纸，早期墙纸现在较少采用；纺织物墙纸，较高级品种，由丝、毛、棉、麻织成，是高级织物墙纸；天然材料面墙纸，用草、麻、树叶、草席、木材等天然材料制成；金属墙纸，在基层上涂布金属膜制成；塑料墙纸，有装饰墙纸、防火墙纸、防霉墙纸、防水墙纸、防结露墙纸、彩砂墙纸等。

18.1.2　防腐、隔热工程

防腐包含整体面层（防腐混凝土面层、防腐砂浆面层、防腐胶泥面层、玻璃钢防腐面层、聚氯乙烯板面层、块料防腐面层、池槽块料防腐面层）、隔离层、砌筑沥青浸渍砖、防腐涂料。

隔热包含保温隔热屋面、保温隔热天棚、保温隔热墙面、保温隔热柱梁、保温隔热楼地面、其他保温隔热。

1. 防腐工程的种类

（1）水玻璃类防腐蚀工程：适用环境液态介质≤300 ℃，中高浓度的酸、氧化性酸。适用部位室内地面、池槽衬里、设备基础、烟囱衬里、块材砌筑等部位，不适用于室外工程、经常有水作用的场所。

（2）树脂类防腐蚀工程：适用环境液态介质≤140 ℃、气态介质≤180 ℃，中低浓度的酸溶液（含氧化性酸）、各类碱、盐和腐蚀性水溶液，烟道气、气态介质。适用部位为楼面、地面、沟槽、池、设备基础和各类上部结构的表面防护、块材砌筑等部位，不适用于屋面等室外工程长期暴晒部位、地下构筑物等场所。

（3）沥青类防腐蚀工程：适用于常温环境，中低浓度非氧化性酸、各类盐、中等浓度碱、部分有机酸。适用部位地下工程的防水防腐蚀，基础垫层，室内地面面层，隔离层，结构涂装（特别是潮湿部位）等部位，不适用于室外工程暴露部位等场所。

（4）聚合物水泥砂浆防腐蚀工程：适用环境液态介质≤60 ℃、气态介质≤80 ℃，中低浓度以下的碱液、部位有机溶剂、中性盐、腐蚀性水 pH>1。适用部位室外地面、设备基础及上部结构表面防护、块材砌筑等部位，不适用于池槽衬里等场所。

（5）涂料类防腐蚀工程：适用环境液态介质≤120 ℃，中弱腐蚀性液态介质、气态介质、各类大气腐蚀。适用部位各类建筑结构配件的表面防护（包括轻微腐蚀的地面、基础表面等），中等以下腐蚀的污水处理池衬里等部位，不适用于有机械冲击和磨损的部位、重要的池槽衬里等的场所。

（6）常用塑料类防腐蚀工程：适用环境常温，酸、碱、盐、部分溶剂、含氟酸。适用部位水落管、地漏、设备基础面层、门窗等部位，软聚乙烯、聚丙烯不适用于室外工程暴露部位。

2. 保温隔热材料的种类

（1）按化学性质分为：有机保温隔热材料（如稻草、木屑、刨花、泡沫塑料等）、无机保温隔热材料（如矿棉、炉渣、陶粒、膨胀珍珠岩、蛭石、加气混凝土等）。一般来说，有机保温材料质量轻，保温性能好，但耐热性较差；无机保温材料的密度较大，不易腐朽，不易燃烧，有的耐高温。

（2）按成形形状分为：松散保温隔热材料（如矿棉、炉渣、陶粒、膨胀珍珠岩、木屑、锯末等）、块状保温隔热材料（如矿棉板、蛭石板、泡沫塑料板、有机纤维板、泡沫混凝土板等）、整体保温隔热材料（如蛭石混凝土、膨胀珍珠岩混凝土、炉渣混凝土等）、金属类保温隔热材料（如铝板、铝箔、铝箔复合轻板等）。

18.2　分项及工程量计算规则

18.2.1　油漆、涂料、裱糊工程

1. 分　项

《计量规范》把门窗油漆单列清单项目，其余构件按被涂刷构件基层材料的不同将油漆、涂料、裱糊工程分为木扶手及其他板条、线条油漆，木材面油漆，金属面油漆，抹灰面油漆，喷刷涂料，裱糊项目。其中门油漆2项，窗油漆2项，木扶手及其他板条、线条油漆5项，木材面油漆15项，金属面油漆1项，抹灰面油漆3项，喷刷涂料6项，裱糊2项。详见《计量规范》P87～P91表 P.1～P.8。

《定额》的分项方式与《计量规范》相似，也把门窗油漆项目单列子目，按被涂刷构件基层材料的不同划分分项工程，每一分项工程又按更细的构件部位和涂刷材料品种细分子目。详《定额》第十二章。

对比《计量规范》和《定额》分项内容可见，《计量规范》大项分项一致，未区分涂刷材料品种，而定额分项还区分涂刷材料品种分得更细更具体。在实际工程中，清单列项应根据《计量规范》的项目编码及名称来分项列项，按项目特征应描述的内容套用相对应的定额子目，综合单价组价则根据项目特征内容套用相应的定额子目后组成综合单价。

2. 计算规则

本分部《计量规范》按不同的构件给出了不同的计量规则及计量单位，详见《计量规范》附录P。《定额》的计算规则简单，视被涂刷对象而定。清单列项时按《计量规范》规定的计量单位计算工程量及列项，组价定额子目套取时则按《定额》规定的工程量计算规则及计量单位计算。以下为定额套用时的计算规则：

（1）楼地面、天棚面、墙、柱、梁面的喷（刷）涂料、室内抹灰面油漆及裱糊工程，均按楼面、天棚面、墙、柱、梁面装饰工程相应的工程量计算规则计算。

（2）木材面的工程量按相应的计算规则分别计算。

（3）定额中的隔墙、护壁、柱、天棚木龙骨及木地板中木龙骨带毛地板，刷防火涂料工程量计算规则如下：

① 隔墙、护壁木龙骨按其面层正立面一个投影面积以平方米计算。

② 柱木龙骨按其面层外围面积以平方米计算。

③ 天棚木龙骨按其水平投影面积以平方米计算。

④ 木地板中木龙骨带毛地板按地板面积以平方米计算。

（4）抹灰面油漆、喷（刷）涂料，按相应抹灰工程量计算规则计算。

（5）楼梯地面按展开面积以平方米计算。

（6）裱糊工程按实贴面积以平方米计算。

（7）外墙油漆、涂料按实刷面积以平方米计算。

（8）建筑钢结构金属面油漆计算规则按《云南省通用安装工程消耗量定额公共篇》（DBJ53/T-61—2013）中的相关规定执行。

钢结构刷油防腐蚀工程：一般钢结构（包括吊、支、托架、檩条、钢支撑、钢墙架、钢屋架、梯子、栏杆、平台）、管廊钢结构、钢板、钢管及型钢制钢结构，当其断面边缘全周长<400 mm时，防腐、刷油工程量以"100 kg"为单位；其断面边缘全周长≥400 mm时，均按实际展开面积计算，防腐、刷油工程量以"10 m²"为单位，并执行相应的子目。

（9）木材面油漆、抹灰面油漆涂料双飞粉、钢门窗厂库门面等要求的工程量分别如表18.1、表18.2、表18.3所示规定计算后乘以表列系数，即：油漆涂料工程量 = 被油刷对象的工程量×表中相应系数。

表 18.1 木材面油漆

项目名称	系数	工程量计算方法及执行定额
单层木门	1.00	按单面洞口面积计算 执行木门定额
双层（一玻一纱）	1.36	
双层（单裁口）木门	2.00	
单层全玻门	0.76	
木百叶门	1.25	
半玻门	0.88	

续表

项目名称	系数	工程量计算方法及执行定额
单层玻璃窗	1.00	按单面洞口面积计算 执行木窗定额
双层（一玻一纱）木窗	1.36	
双层框扇（单裁口）木窗	2.00	
双层框三层（二玻一纱）木窗	2.60	
单层组合窗	0.83	
双层组合窗	1.13	
木百叶窗	1.50	
木扶手（不带托板）	1.00	按延长米计算 执行木扶手定额
木扶手（带托板）	2.60	
窗帘盒	2.04	
封檐板、顺水板	1.74	按延长米计算 执行木扶手定额
挂衣板、黑板框、单独木线条 100 mm 以外	0.52	
挂镜线、窗帘棍、单独木线条 100 mm 以内	0.35	
木板、纤维板、胶合板天棚	1.00	长×宽 执行其他木材面定额
木护墙、木墙裙	1.00	
窗台板、筒子板、盖板、门窗套、踢脚线	1.00	
清水板条天棚、檐口	1.07	
木方格吊顶天棚	1.20	
吸音板墙面、天棚面	0.87	
暖气罩	1.28	
木间壁、木隔断	1.90	单面外围面积 执行其他木材面定额
玻璃间壁露明墙筋	1.65	
木栅栏、木栏杆（带扶手）	1.82	
衣柜、壁柜	1.00	按实刷展开面积，执行其他木材面定额
零星木装修	1.10	展开面积，执行其他木材面定额
梁柱饰面	1.00	展开面积，执行其他木材面定额

表 18.2 抹灰面油漆、涂料、双飞粉

项目名称	系数	工程量计算方法
混凝土楼梯底（板式）	1.15	水平投影面积
混凝土楼梯底（梁式）	1.00	展开面积
混凝土花格窗、栏杆花饰	1.82	单面外围面积
楼地面、天棚、墙、柱、梁面	1.00	按相应抹灰工程量计算规则

表 18.3　钢门窗、厂库门面等油漆

项目名称	系数	工程量计算方法及执行定额
单层钢门窗	1.00	按洞口面积计算 执行单层门窗定额
双层（一玻一纱）钢门窗	1.48	
钢百叶钢门	2.74	
半截百叶钢门	2.22	
满钢门或包铁皮门	1.63	
钢折叠门	2.30	
射线防护门	2.96	框（扇）外围面积计算 执行单层门窗定额
厂库房平开、推拉门	1.70	
铁丝钢大门	0.81	
间壁	1.85	长×宽，执行单层门窗定额
平板屋面	0.74	斜长×宽，执行单层门窗定额
瓦笼板屋面	0.89	
排水、伸缩缝盖板	0.78	展开面积，执行单层门窗定额
吸气罩	1.63	水平投影面积，执行单层门窗定额

18.2.2 防腐、保温、隔热工程

1. 分　项

《计量规范》按工程内容分为保温、隔热，防腐面层，其他防腐三大部分。其中保温、隔热按需要保温隔热的构件部位分 6 项，防腐面层按防腐材料不同分 7 项，其他防腐按防腐作用分 3 项。详见《计量规范》P65 ~ P68 表 K.1 ~ K.3。

云南省 2013 版定额把该分部分项工程内容放到了《云南省通用安装工程消耗量定额公共篇》（DBJ 53/T-61—2013）"第二篇 刷油、防腐、绝热工程"中，防腐工程分项方式按防腐材料、防腐部位、基层类型、施工方法细分为众多子目，保温、隔热工程按需要保温隔热的建筑部位细分子目。防腐、保温、隔热工程还涉及工业项目的其他构件，本章我们只介绍与房屋建筑有关的分项子目及计算规则。详见《云南省通用安装工程消耗量定额公共篇》第二篇。

在实际工程中，清单列项应根据《计量规范》的项目编码及名称来分项列项，按项目特征应描述的内容套用相对应的定额子目，综合单价组价则根据项目特征内容套用相应的定额子目后组成综合单价。

2. 计算规则

《计量规范》将建筑物需要进行保温隔热的部位按面积计算，详见《计量规范》附录 K.1；将建筑物需要进行防腐的部位按面积计算，详见《计量规范》附录 K.2 及 K.3。清单列项时

按《计量规范》规定的计量单位计算工程量及列项，组价定额子目套取时则按《云南省通用安装工程消耗量定额公共篇》规定的工程量计算规则及计量单位计算。以下为定额套用时的计算规则：

1）建筑物防腐工程

（1）防腐工程项目应区分不同防腐材料种类及其厚度，按设计实铺面积以平方米计算，应扣除凸出地面的构筑物、设备基础等所占的面积，砖垛等突出墙面部分按展开面积计算并入墙面防腐工程量之内。

（2）踢脚板按实铺长度乘以高度以平方米计算，应扣除门洞所占面积并相应增加侧壁展开面积。

（3）平面砌筑双层耐酸块料时，按单层面积乘以系数 2 计算。

（4）防腐卷材接缝、附加层、收头等人工材料，已计入在定额中，不再另行计算。

2）保温隔热工程

（1）保温隔热层应区别不同保温隔热材料，除另有规定者外，均按设计实铺厚度以立方米计算。

（2）保温隔热层的厚度按隔热材料（不包括胶结材料）净厚度计算。

（3）地面隔热层按围护结构墙体间净面积乘以设计厚度以立方米计算，不扣除柱、垛所占的体积。

（4）墙体隔热层，外墙按隔热层中心线长度、内墙按隔热层净长线乘以图示尺寸的高度及厚度以立方米计算，应扣除冷藏门洞口和管道穿墙洞口所占的体积。

（5）柱包隔热层，按图示柱的隔热层中心线的展开长度乘以图示尺寸高度及厚度以立方米计算。

（6）其他保温隔热：

① 池槽隔热层按图示池槽保温隔热层的长、宽及其厚度以立方米计算。其中池壁按墙面计算，池底按地面计算。

② 门洞口侧壁周围的隔热部分，按图示隔热层尺寸以立方米计算，并入墙面的保温隔热工程量内。

③ 柱帽保温隔热层按图示保温隔热层体积并入天棚保温隔热层工程量内。

18.3 定额应用

18.3.1 油漆、涂料、裱糊工程

（1）定额中刷涂、刷油采用手工操作；喷塑、喷涂采用机械操作。操作方法不同时，不予调整。

（2）油漆浅、中、深各种颜色，已综合在定额内，颜色不同，不另调整。

（3）定额在同一平面上的分色及门窗内外分色已综合考虑。如需做美术图案时，另行计算。

（4）定额内规定喷、涂、刷遍数与设计要求不同时，可按每增加一遍定额项目进行调整。

（5）喷塑（一塑三油）、底油、装饰漆、面油，其规格划分如下：

① 大压花：喷点压平、点面积在 1.2 cm² 以上。

② 中压花：喷点压平、点面积为 1 ~ 1.2 cm²。

③ 喷中点、幼点：喷点面积在 1 cm² 以下。

（6）定额中的双层木门窗（单裁口）是指双层框扇。三层二玻一纱窗是指双层框三层窗。

（7）定额中的单层木门刷油是按双面刷油考虑的，如采用单面刷油，其定额量乘以系数0.49 计算。

（8）定额中的木扶手油漆为不带托板考虑的。

（9）门窗油漆定额内已包括多面油漆和贴脸、玻璃压条的油漆工料在内。

（10）钢门窗、厂库门油漆执行单层门窗定额。

（11）抹灰面油漆中的乳胶漆二遍、喷（刷）刮涂料中的刷白水泥浆二遍、刷石灰油浆二遍的其他小面积构件是指阳台、雨篷、窗间墙、隔板、清水墙腰线、檐口线、门窗套、窗台板等。

（12）隔墙、护壁、柱、天棚面层及木地板刷防火涂料，执行其他木材面刷防火涂料相应子目。

（13）木楼梯油漆，按水平投影面积乘以系数 2.3，执行木地板相应子目。

（14）墙面贴装饰纸若在双飞粉面及腻子基层面上裱糊时人工扣减 4 工日/100 m²，同时扣减相应子目中的大白粉、酚醛清漆、油漆溶剂油、羧甲基纤维素。

18.3.2　防腐、保温、隔热工程

本分部项目执行《云南省通用安装工程消耗量定额公共篇》（DBJ53/T-61—2013）中的第二篇相关规定。

1. 建筑防腐耐酸工程

（1）整体面层、隔离层适用于平面、立面的防腐耐酸工程，包括沟、坑、槽。

（2）本章定额块料面层以平面铺砌为准，砌立面者按平面砌相应项目，人工费乘以系数1.38，踢脚线板人工费乘以系数 1.56，其他不变。

（3）各种砂浆、胶泥、混凝土材料的种类，配合比及各种整体面层的厚度，如设计与定额不同时，可以换算，但各种块料面层的结合层砂浆或胶泥厚度不变。

（4）本章定额的各种面层，均不包括踢脚板。

（5）花岗岩板以六面剁斧的板材为准。如底面为毛面者，每 100 m² 增加水玻璃砂浆0.38 m³，耐酸沥青砂浆 0.44 m³。

（6）装饰性的块料面层参照云南省其他相关定额。

2. 建筑物保温隔热工程

（1）包括屋面、天棚、墙柱面、楼地面保温、隔热工程。

（2）定额适用于中温、低温及恒温的工业厂（库）房隔热工程，以及一般保温工程。

（3）定额只包括保温隔热材料的铺贴，不包括隔气防潮、保护层或衬墙等。

（4）隔热层铺贴，除松散稻壳、玻璃棉、矿渣棉为散铺外，其他保温材料均以石油沥青作胶结材料。

（5）稻壳已包括铺前的筛选、除尘工序，若需增加药物防虫时，材料另行计算，人工不变。

（6）玻璃棉、矿渣棉包装材料和人工均已包括在定额内。

（7）墙体铺贴块体材料，包括基层涂沥青一遍。

（8）楼地面水泥石灰炉渣、炉渣混凝土、陶粒混凝土保温、隔热层按屋面相关子目计价。

（9）屋面干铺陶粒按干铺蛭石子目换算主材，其他不变。

（10）聚苯板保温项目中保温板材厚度不同时，按以下方法调整：

① 厚度在 150 mm 以内时，材料单价调整，其他不变。

② 厚度在 150 mm 以上时，材料单价调整，人工、机械乘以系数 1.2。

3. 关于建筑金属结构刷油及防腐蚀涂料工程

金属结构工程包含建筑金属结构及工艺金属结构工程，这里主要针对建筑钢结构工程进行叙述。执行《云南省通用安装工程消耗量定额公共篇》（DBJ 53/T-61—2013）"第二篇 第二章"项目内容。

1）除锈工程

（1）定额适用于金属表面的手工、动力工具、喷射除锈、抛丸除锈及化学除锈工程。

（2）喷射除锈按 Sa2.5 级标准确定。若变更级别标准，如按 Sa3 级则人、材、机乘以系数 1.1，按 Sa2 级或 Sa1 级则人、材、机乘以系数 0.9。

（3）手工、动力工具除锈分轻、中、重三种，区分标准为：

轻锈：部分氧化皮开始破裂脱落，红锈开始发生。

中锈：部分氧化皮破裂脱落，呈堆粉状，除锈后用肉眼能见到腐蚀小凹点。

重锈：大部分氧化皮脱落，呈片状锈层或凸起的锈斑，除锈后出现麻点或麻坑。

（4）喷射除锈标准：

Sa3 级：除净金属表面上油脂、氧化皮、锈蚀产物等一切杂物，呈现均一的金属本色，并有一定的粗糙度。

Sa2.5 级：完全除去金属表面的油脂、氧化皮、锈蚀产物等一切杂物，可见的阴影条纹、斑痕等残留物不得超过单位面积的 5%。

Sa2 级：除去金属表面上的油脂、锈皮、疏松氧化皮、浮锈等杂物，允许有附紧的氧化皮。

（5）定额不包括除微锈（标准：氧化皮完全紧附，仅有少量锈点），发生时执行轻锈定额乘以系数 0.2。

（6）因施工需要发生的二次除锈，应另行计算。

（7）定额是按在水平面上工作考虑，如果金属构件（或工件）是安装完成后再进行除锈，则应当把除锈基价中翻转移位的机械费扣除。

2）刷油工程（油漆）

（1）金属面刷油不包括除锈工作内容。

（2）定额主材与稀干料可以换算，但人工费与材料消耗量不变。

（3）定额是按在水平面上工作考虑，如果金属构件（或工件）是安装完成后再进行除锈，则应当把除锈基价中翻转移位的机械费扣除。

3）防腐、防火涂料工程

（1）定额不包括除锈工作内容。

（2）涂料配合比与实际设计配合比不同时，可根据设计要求进行换算，其人工费、机械费不变。

（3）定额聚合热固化是采用蒸汽及红外线间接聚合固化考虑的，如采用其他方法，应按施工方案另行计算。

（4）定额未包括新品种涂料，应按相近定额项目执行，其人工、机械费不变。

（5）定额是按在水平面上工作考虑，如果金属构件（或工件）是安装完成后再进行除锈，则应当把除锈基价中翻转移位的机械费扣除。

（6）除过氯乙烯涂料是按喷涂施工外，其他涂料均按刷涂考虑。若发生喷涂施工时，其定额人工费乘以系数 0.3，材料费乘以 1.16，按实际增加喷涂机械费。

（7）不包括热固化内容，发生时另行计算。

（8）环氧煤沥青涂料层厚度：

普通级：0.3 mm 厚，包括底漆一遍，面漆两遍。

加强级：0.5 mm 厚，包括底漆一遍，面漆三遍及玻璃丝布一层。

特加强级：0.8 mm 厚，包括底漆两遍，面漆四遍及玻璃丝布二层。

使用该定额时根据不同级别，对应相应定额子目。

18.4　计算实例

【例 18.1】　某工程如图 18.1、图 18.2 所示，门窗框均为 90 mm，居中立樘，踢脚高 150 mm，距地面 3 m 处四周墙壁贴木质挂镜线一道宽 10 cm，挂镜线刷底油一遍，调和漆两遍；内墙抹灰及刮腻子做法详西南 J515 第 7 页 N09 基层，挂镜线以下墙面面层贴对花墙纸，挂镜线以上墙面面层为双飞粉两遍；天棚做法详西南 J515 第 31 页 P05，涂料为双飞粉两遍。计算工程量（不算踢脚），编制工程量清单并计算综合单价。已知未计价材料除税单价为：① 细砂：75 元/m³；② P・S 32.5 水泥：340 元/t；③ 石灰膏：0.35 元/kg；④ 水：5.11 元/m³；⑤ 400×400 釉面砖：55 元/m²；⑥ 酚醛清漆 20 元/kg；⑦ 墙纸 25 元/m²；⑧ 滑石粉：1.1 元/kg；⑨ 117 胶：30 元/kg；⑩ 双飞粉：0.28 元/kg；⑪ 耐水腻子粉：0.65 元/kg；⑫ 醇酸磁漆：22 元/kg；⑬无光调和漆：20 元/kg；⑭ 木质装饰线 100×12 ：18 元/m；⑮锯材：2800 元/m³。

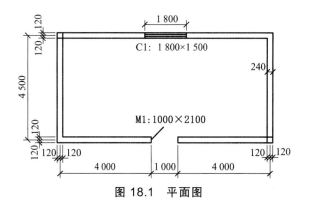

图 18.1 平面图

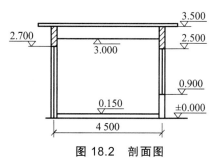

图 18.2 剖面图

【解】 1. 查找装修做法

1）墙面基层

（1）砖墙体。

（2）9 厚 1∶1∶6 水泥石灰砂浆打底扫毛。

（3）7 厚 1∶1∶6 水泥石灰砂浆找平。

（4）5 厚 1∶0.3∶2.5 水泥石灰砂浆罩面压光。

2）贴对花墙纸墙面做法

（1）抹灰面刮腻子两道。

（2）贴壁纸。

3）双飞粉墙面做法

（1）抹灰面刮腻子两道。

（2）双飞粉两遍。

4）天棚做法

（1）基层清理。

（2）刷水泥浆一道。

（3）10 厚 1∶1∶4 水泥石灰砂浆两次成活。

（4）4 厚 1∶0.3∶3 水泥石灰砂浆找平层。

（5）满刮腻子抹平。

（6）双飞粉两遍。

2. 计算工程量

1）墙面基层

按一般抹灰列项，清单工程量与定额工程量一致，计算规则：按设计图示尺寸以面积计算。扣除墙裙、门窗洞口以及单个 >0.3 m^2 的孔洞面积，不扣除踢脚线、挂镜线和墙与构件交接处的面积，门窗洞口和孔洞的侧壁及顶面不增加面积。附墙柱、梁、躁、烟囱侧壁并入相应的墙面面积。

$$S_q = S_d = （9 - 0.24 + 4.5 - 0.24）\times 2 \times 3.5 - 1.8 \times 1.5 - 1 \times 2.1 = 86.34（m^2）$$

2）墙纸裱糊工程量

清单工程量与定额工程量一致，按实贴面积以平方米计量。

$$S_q = S_d = （9 - 0.24 + 4.5 - 0.24）× 2 ×（3 - 0.15）- 1.8 × 1.5 - 1 × 2.1 + [（1.8 + 1.5）× 2 +$$
$$（2.1 × 2 + 1）] ×（0.24 - 0.09）/2$$
$$= 70.30（m^2）$$

3）墙面双飞粉工程量

按墙面喷刷涂料列项，清单工程量与定额工程量一致，计算规则：按设计图示尺寸以面积计算。

$$S_q = S_d = （9 - 0.24 + 4.5 - 0.24）× 2 ×（3.5 - 3 - 0.1）= 10.42（m^2）$$

4）挂镜线及油漆工程量

挂镜线按《计量规范》附录 Q "木质装饰线" 列项，工程量计算规则：按设计图示尺寸以长度计算。

$$L_q = L_d = （9 - 0.24 + 4.5 - 0.24）× 2 = 26.04（m）$$

挂镜线油漆可与木质装饰线合并列项，在项目特征中注明防护材料种类，挂镜线油漆定额工程量按设计图示尺寸以长度计算后乘以本章表 18.1 系数 0.35，执行木扶手定额。

$$L_d = 26.04 × 0.35 = 9.114（m）$$

5）天棚抹灰工程量

计算规则：天棚抹灰按设计图示尺寸按水平投影面积计算。不扣除间壁墙、垛、柱、附墙烟囱、检查口和管道所占的面积、带梁天棚、梁两侧抹灰面积并入天棚面积内。清单工程量与定额工程量一致。

$$S_q = S_d = （9 - 0.24）×（4.5 - 0.24）= 37.32（m^2）$$

6）天棚双飞粉工程量

按天棚喷刷涂料列项，清单工程量与定额工程量一致，计算规则：按设计图示尺寸以面积计算。$S_q = S_d = （9 - 0.24）×（4.5 - 0.24）= 37.32（m^2）$

3. 编制工程量清单（表 18.4）

表 18.4　分部分项工程量清单

序号	项目编码	项目名称	项目特征	计量单位	工程量
1	011201001001	墙面一般抹灰	1. 墙体类型：砖墙体 2. 底层：9 厚 1:1:6 水泥石灰砂浆打底扫毛 3. 中间层：7 厚 1:1:6 水泥石灰砂浆找平 4. 面层：5 厚 1:0.3:2.5 水泥石灰砂浆罩面压光	m²	86.34
2	011408001001	墙纸裱糊	1. 基层类型：抹灰面 2. 裱糊部位：内墙面，挂镜线以下 3. 腻子种类：腻子粉 4. 刮腻子遍数：2 遍 5. 面层材料品种、规格、颜色：对花墙纸	m²	70.30
3	011407001001	墙面喷刷涂料	1. 基层类型：抹灰面 2. 喷刷涂料部位：天棚 3. 腻子种类：腻子粉 4. 刮腻子要求：2 遍 5. 涂料品种、喷刷遍数：双飞粉 2 遍	m²	10.42

序号	项目编码	项目名称	项目特征	计量单位	工程量
4	011301001001	天棚抹灰	1. 基层类型：现浇钢筋混凝土板 2. 10厚1∶1∶4水泥石灰砂浆两次成活 3. 4厚1∶0.3∶3水泥石灰砂浆找平层	m²	37.32
5	011407002001	天棚喷刷涂料	1. 基层类型：抹灰面 2. 喷刷涂料部位：天棚 3. 腻子种类：腻子粉 4. 刮腻子要求：2遍 5. 涂料品种、喷刷遍数：双飞粉2遍	m²	37.32
6	011502002001	木质装饰线	1. 基层类型：抹灰墙面 2. 线条材料：木质挂镜线 3. 防护材料种类：底油1遍，调和漆2遍	m	26.04

4. 综合单价计算

（1）选用定额，查《定额》中的相关项目，相关定额子目为：01100015、01120276、01120262、01120266、01110005、01110003、01120267、01130071、01120004。

（2）编制相关子目直接费表查看定额子目未计价材，其中1∶1∶6混合砂浆、1∶1∶4混合砂浆、1∶0.3∶3混合砂浆需根据定额配合比（《定额》P393 261、262、263项）进行重新组价。

$$1∶1∶6 \text{混合砂浆材料除税价格} = 0.223 × 340 + 217 × 0.35 + 1.123 × 75 + 0.600 × 5.11$$
$$= 239.06 （元/m^3）$$

$$1∶1∶4 \text{混合砂浆材料除税价格} = 0.264 × 340 + 260 × 0.35 + 1.111 × 75 + 0.600 × 5.11$$
$$= 267.15 （元/m^3）$$

$$1∶0.3∶3 \text{混合砂浆材料除税价格} = 0.37 × 340 + 110 × 0.35 + 1.166 × 75 + 0.600 × 5.11$$
$$= 254.82 （元/m^3）$$

加入未计价材材料费，相关子目直接费表见表18.5。

综合单价计算见表18.6。

表18.5 相关定额子目直接费表

定额编号	01100015	01120276	01120262	01120266	01110005	01110003	01120267	01130075	01120004
项 目	砖基层混合砂浆抹灰9+7+5 mm	墙面贴装饰纸墙纸对花	混合砂浆墙面刮腻子二遍	墙柱面抹灰面双飞粉二遍	现浇混凝土天棚面抹混合砂浆	现浇混凝土天棚面刮腻子	天棚面抹灰面双飞粉二遍	木质装饰线条宽度100 mm以内	底油、调和漆二遍木扶手（不带托板）
				100 m²					100 m
直接费（元）	2126.81	4997.73	503.89	3375.44	1799.18	850.91	3713.52	2311.65	793.55
其中 人工费（元）	1521.68	1782.50	359.77	915.79	1366.64	656.50	1007.36	366.96	637.77
其中 材料费（元）	572.27	3215.23	144.12	2459.65	412.26	167.41	2706.16	1944.69	155.77
其中 机械费（元）	32.86	0.00	0.00	0.00	20.28	27.00	0.00	0.00	0.00

注：① 所用到的机械换为云建标〔2016〕207号文中附件2中机械除税台班单价：第719项 灰浆搅拌机200 L：84.48元/台班。

② 人工费按云建标函〔2018〕47号文上调28%。

表18.6 工程量清单综合单价分析表

清单综合单价组成明细

序号	项目编码	项目名称	计量单位	工程量	定额编码	定额名称	定额单位	数量	单价（元）人工费	材料费	机械费	合价（元）人工费	材料费	机械费	管理费和利润	综合单价（元）
1	011201001001	墙面一般抹灰	m²	86.34	01100015	砖基层混合砂浆抹灰9+7+5 mm	100 m²	0.8634	1521.68	572.27	32.86	1313.82	494.10	28.37	545.20	27.58
2	011408001001	墙纸裱糊	m²	70.30	01120276	墙面装饰贴墙纸墙纸对花	100 m²	0.7030	1782.50	3125.23	0.00	1253.10	2260.30	0.00	518.86	57.36
3	011407001001	墙面喷刷涂料	m²	10.42	01120262	混合砂浆墙面刮腻子二遍	100 m²	0.1042	359.77	144.12	0.00	37.49	15.02	0.00	15.52	44.07
					01120266	墙柱面抹灰面双飞粉二遍	100 m²	0.1042	915.79	2459.65	0.00	95.43	256.30	0.00	39.51	
						小计						132.91	271.31		55.03	
4	011301001001	天棚抹灰	m²	37.32	01110005	现浇混凝土天棚面混合砂浆	100 m²	0.3732	1366.64	412.26	20.28	510.03	153.86	7.57	211.51	23.66
5	011407002001	天棚喷刷涂料	m²	37.32	01110003	现浇混凝土天棚面刮腻子	100 m²	0.3732	656.50	167.41	27.00	245.01	62.48	10.08	101.87	52.55
					01120267	天棚面抹灰面双飞粉二遍（不带托板）	100 m²	0.3732	1007.36	2706.16	0.00	375.95	1009.94	0.00	155.67	
						小计						620.96	1072.42	10.08	257.54	
6	115020002001	木质装饰线	m	26.04	01130075	木质装饰线条宽度100 mm以内	100 m	0.2604	366.96	1944.69	0.00	95.56	506.40	0.00	39.57	28.34
					01120004	底油、调合漆二遍木扶手一遍	100 m	0.09114	637.77	155.77	0.00	58.13	14.20	0.00	24.07	
						小计						153.68	520.59	0.00	63.63	

注：① 综合单价，即是以清单工程量为1的价格：综合单价＝∑分部分项工程费/清单工程量。套定额的数量是定额工程量，套定额的数量写为定额工程量，也是可以的，此时综合单价＝∑分部分项工程费。
② 管理费率取33%，利润率取20%。
③ 有的教材将套材将套定额定额的数量填写为定额工程量，此时综合单价＝∑分部分项工程费。

【例18.2】 某工程屋面平面图即屋面做法如图18.3、图18.4所示，计算工程量，编制该屋面工程工程量清单并找出清单下应套的定额子目。

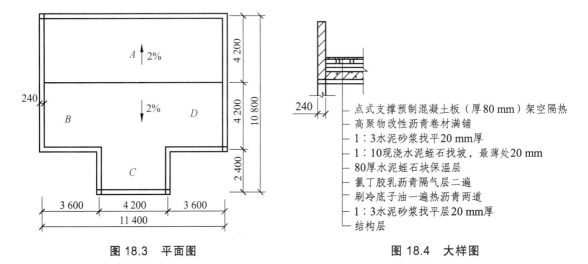

图18.3 平面图　　　　　　　　　图18.4 大样图

图18.4大样图标注：
— 点式支撑预制混凝土板（厚80 mm）架空隔热
— 高聚物改性沥青卷材满铺
— 1:3水泥砂浆找平20 mm厚
— 1:10现浇水泥蛭石找坡，最薄处20 mm
— 80厚水泥蛭石块保温层
— 氯丁胶乳沥青隔气层二遍
— 刷冷底子油一遍热沥青两道
— 1:3水泥砂浆找平层20 mm厚
— 结构层

【解】 1.计算工程量

按此屋面做法，应列的项目有：

1）平面砂浆找平层（011101006001）

工程量计算规则：按设计图示尺寸以面积计算。清单工程量与定额工程量一致。

$S_q = S_d = （11.4 - 0.24）× （8.4 - 0.24）+ （4.2 - 0.24）× 2.4 = 100.57（m^2）$

应套的子目为：水泥砂浆找平层硬基层上（01090019）。

2）隔离层（011003001001）

清单工程量计算规则：按设计图示面积以面积计算。应扣除凸出地面的构筑物、设备基础以及>0.3 m^2 的孔洞、柱、垛等所占面积，门洞、空圈、暖气包槽、壁龛的开口部分不增加面积。

$S_q = （11.4 - 0.24）× （8.4 - 0.24）+ （4.2 - 0.24）× 2.4 = 100.57（m^2）$

定额工程量计算规则：按水平投影面积以平方米计算。不扣除房上烟筒、风帽底座、风道、屋面小气窗和斜沟所占的面积，屋面的女儿墙、伸缩缝和天窗等处的弯起部分，按图示尺寸并入屋面工程量计算。如图纸无规定时，伸缩缝、女儿墙的弯起部分可按25 cm计算，天窗弯起部分可按50 cm计算。

$S_d = 100.57 + （11.4 - 0.24 + 10.8 - 0.24）× 2 × 0.25 = 111.43（m^2）$

应套的子目为：冷底子油一道热沥青二道隔离层（03130296）

3）保温隔热屋面（011001001001）

（1）清单工程量计算规则：按设计图示尺寸以面积计算。不扣除>0.3 m^2 孔洞及占位面积。

$S_q = (11.4 - 0.24)× (8.4 - 0.24)+ (4.2 - 0.24)× 2.4 = 100.57（m^2）$

（2）定额工程量。

按保温隔热屋面做法，应套的子目为：氯丁胶乳沥青隔气层（01080031）、保温层（03132351）、水泥蛭石找坡层（03132349）。

隔气层定额工程量计算规则：按水平投影面积以平方米计算。不扣除房上烟筒、风帽底座、风道、屋面小气窗和斜沟所占的面积，屋面的女儿墙、伸缩缝和天窗等处的弯起部分，按图示尺寸并入屋面工程量计算。如图纸无规定时，伸缩缝、女儿墙的弯起部分可按 25 cm 计算，天窗弯起部分可按 50 cm 计算。

① $S_d = 100.57 + （11.4 - 0.24 + 10.8 - 0.24）\times 2 \times 0.25 = 111.43$（$m^2$）

保温层定额工程量计算规则：按设计实铺厚度以立方米计算。

② 80 厚水泥蛭石块保温层 $V_d = 100.57 \times 0.08 = 8.05$（$m^3$）

③ 水泥蛭石找坡层：

A 区面积 $S_A = (11.4 - 0.24)\times(4.2 - 0.12) = 45.533$（$m^2$）

A 区的平均厚度 $\delta_A = [（4.2 - 0.12）\times 2\% + 0.02 + 0.02]/2 = 0.061$（m）

B 区、D 区面积 $S_{B, D} = （11.4 - 0.24）\times（4.2 - 0.12）= 45.533$（$m^2$）

B 区、D 区的平均厚度 $\delta_B = [（4.2 - 0.12）\times 2\% + 0.02 + 0.02]/2 = 0.061$（m）

C 区面积 $S_C = （4.2 - 0.24）\times 2.4 = 9.504$（$m^2$）

C 区的平均厚度 $\delta_C = [（2.4 + 4.2 - 0.12）\times 2\% + 0.02 + （4.2 - 0.12）\times 2\% + 0.02]/2 = 0.126$（m）

加权平均厚度： $\delta = （45.533 \times 2 \times 0.061 + 9.504 \times 0.126）/（45.533 \times 2 + 9.504）= 0.067$（m）

水泥蛭石找坡层 $V_d = 100.57 \times 0.067 = 6.74$（$m^3$）

4）平面砂浆找平层（011101006002）

工程量计算规则：按设计图示尺寸以面积计算。清单工程量与定额工程量一致。

$S_q = S_d = （11.4 - 0.24）\times（8.4 - 0.24）+ （4.2 - 0.24）\times 2.4 = 100.57$（$m^2$）

应套的子目为：水泥砂浆找平层硬基层上（01090018）。

5）屋面卷材防水（010902001001）

工程量计算规则：按水平投影面积以平方米计算。不扣除房上烟筒、风帽底座、风道、屋面小气窗和斜沟所占的面积，屋面的女儿墙、伸缩缝和天窗等处的弯起部分，并入屋面工程量计算。本分项工程清单工程量与定额工程量一致，女儿墙的弯起部分图纸无规定时可按 25 cm 计算。

$S_q = S_d = 100.57 + （11.4 - 0.24 + 10.8 - 0.24）\times 2 \times 0.25 = 111.43$（$m^2$）

应套的子目为：高聚物改性沥青卷材满铺（01080046）。

6）混凝土架空隔热板，按混凝土预制构件列项（010514002001），按预制板体积计算。

$V_q = 100.57 \times 0.08 = 8.05$（$m^3$）

应套的子目为：

架空隔热板制作（0105172）：

定额工程量 = 图示工程量 ×（1 + 总损耗率）

$V_d = 100.57 \times 0.08 \times（1 + 1.5\%）= 8.17$（$m^3$）

架空隔热板安装（01050316）、接头灌缝（01050343）：

定额工程量 = 图示工程量

$V_d = 100.57 \times 0.08 = 8.05$（$m^3$）

2. 编制工程量清单及应套定额子目表（表 18.7）

表 18.7　分部分项工程量清单及应套定额子目表

序号	项目编码	项目名称	项目特征	计量单位	工程量	应套定额子目	计量单位	定额工程量
1	011101006001	平面砂浆找平层	1. 找平层厚度、砂浆配合比：20 mm 厚 1：3 水泥砂浆	m²	100.57	01090019 换	m²	100.57
2	011003001001	隔离层	1. 隔离层部位：屋面 2. 隔离层材料品种、做法：冷底子油一道热沥青两道	m²	100.57	03130296	m²	111.43
3	011001001001	保温隔热屋面	1. 保温隔热材料品种、厚度：80 厚水泥蛭石块保温层；水泥蛭石找坡层，最薄处 20 mm 2. 隔气层材料品种：氯丁胶乳沥青隔气层	m²	100.57	01080031	m²	111.43
						03132351	m³	8.05
						03132349	m³	6.74
4	011101006002	平面砂浆找平层	1. 找平层厚度、砂浆配合比：20 mm 厚 1：3 水泥砂浆	m²	100.57	01090018 换	m²	100.57
5	010902001001	屋面卷材防水	1. 卷材品种：高聚物改性沥青卷材 2. 防水层数：1 层 3. 防水层做法：满铺	m²	111.43	01080046	m²	111.43
6	010514002001	混凝土架空隔热板制安	1. 单件体积：<0.2 m³ 2. 构件类型：混凝土架空隔热板现场制作	m³	8.05	0105172	m³	8.17
						01050316	m³	8.05
						01050343	m³	8.05

【**例 18.3**】　如图 18.5 所示为水玻璃耐酸混凝土地面，水玻璃耐酸混凝土的厚度为 60 mm。试计算水玻璃耐酸混凝土地面工程量、编制清单工程量，并计算综合单价。已知未计价材料除税单价为：① 水玻璃耐酸混凝土 1845.14 元/m³；② 水玻璃胶泥 2158.20 元/m。

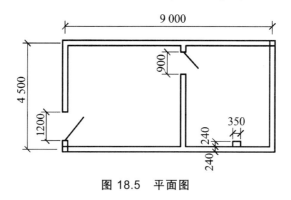

图 18.5　平面图

【**解**】　1. 计算工程量

水玻璃耐酸混凝土抹面地面：

工程量计算规则：按设计实铺面积以平方米计算，应扣除凸出地面的构筑物、设备基础等所占的面积，砖垛等突出墙面部分按展开面积计算并入墙面防腐工程量之内。清单工程量与定额工程量一致。

$$S_q = S_d = (4.5 - 0.24) \times (9 - 0.24 \times 2) - 0.35 \times 0.24 + 0.9 \times 0.24 + 1.2 \times 0.24 = 36.72\,(\mathrm{m}^2)$$

2. 编制工程量清单（表 18.8）

表 18.8　分部分项工程量清单

序号	项目编号	项目名称	项目特征	计量单位	工程量
1	011002001001	防腐混凝土面层	1. 防腐部位：地面 2. 面层厚度：60 mm 3. 混凝土种类：水玻璃耐酸混凝土	m²	36.72

3. 计算综合单价

（1）选用定额，查《定额》中的相关项目，相关定额子目为：03130249。

（2）编制相关子目直接费。

加入未计价材料料费，相关子目直接费表见表 18.9。

表 18.9　相关定额子目直接费表

定额编号		03130249
项　　目		整体面层防腐水玻璃耐酸混凝土 60 mm
		100 m²
直接费（元）		15188.33
其中	人工费（元）	3237.95
	材料费（元）	11745.48
	机械费（元）	204.90

注：① 所用到的机械换为云建标〔2016〕207 号文中附件 2 中机械除税台班单价：第 660 项 滚筒式混凝土搅拌机（电动）出料容量 400 L：133.97 元/台班；第 1405 项 混凝土振捣器 平板式：16.99 元/台班。
②　人工费按云建标函〔2018〕47 号文上调 28%。

（3）计算综合单价。

该清单项目组价内容单一，可用列式方法计算如下：

人工费：36.72/100 × 3237.95 = 1188.98（元）

材料费：36.72/100 × 11745.48 = 4312.94（元）

机械费：36.72/100 × 204.90 = 75.24（元）

管理费和利润：（1188.98/1.28 + 75.24 × 8%）×（33% + 20%）= 495.50（元）

综合单价：（1188.98 + 4312.94 + 75.24 + 495.50）/36.72 = 165.38（元/m²）

习　题

18.1　室内装饰如图 18.6、图 18.7 所示，地面全铺木地板烫硬蜡面（本色）；木踢脚线刷底油、清漆各两遍；室内墙面贴墙纸（对花），门窗侧壁不贴；天棚抹灰面双飞粉上刷乳胶漆各两遍。试计算地面油漆、踢脚线油漆、贴墙纸、天棚粉刷定额及清单工程量，并编制工程量清单和综合单价分析表。

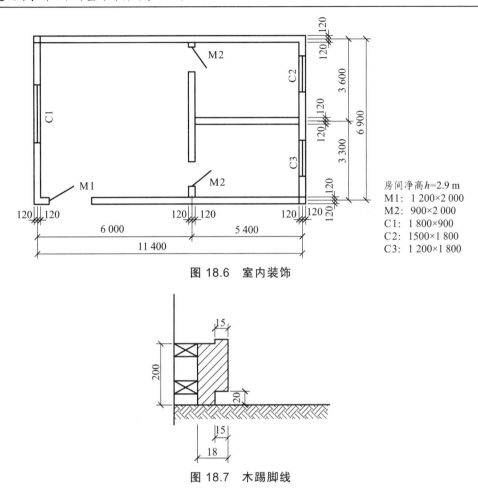

图 18.6　室内装饰

房间净高 h=2.9 m
M1：1 200×2 000
M2：900×2 000
C1：1 800×900
C2：1500×1 800
C3：1 200×1 800

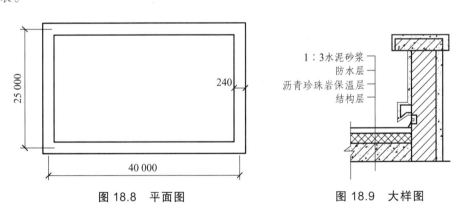

图 18.7　木踢脚线

18.2　如图 18.8、图 18.9 所示，沥青珍珠岩带女儿墙屋面保温，屋面坡度系数为 3%，保温层的厚度为 80 mm，根据图示尺寸计算屋面保温层的工程量，编制工程量清单和综合单价分析表。

1：3水泥砂浆
防水层
沥青珍珠岩保温层
结构层

图 18.8　平面图　　　　　图 18.9　大样图

19 室外附属及构筑物工程

19.1 基础知识

本章定额子目主要应用于建筑红线范围内的室外附属工程及各类构筑物,包含以下内容:

（1）室外总图范围内的道路及场地，包含道路路基（槽）整形、道路（场地）垫层和面层以及人行道侧缘石、人行道板及其他。

（2）室内外零星工程，包含食堂清洗池、洗涤盆，以及室外各类检查井、化粪池、隔油池和排水沟。

（3）构筑物：为某种目的而建造的、人们一般不直接在其内部进行生产和生活活动的工程实体或附属建筑设施。构筑物分部定额主要包含烟囱、烟道、水塔、贮水（油）池、贮仓等。

19.2 构筑物的基本构造

1. 烟囱的组成部分

建筑工程的烟囱主要是指一般厂房的砖烟囱和钢筋混凝土烟囱，它们都由基础、筒身、内衬、隔热层、烟道和附属设施等组成。

烟道是连接炉体和筒身的排烟过道，一般为砖砌外壳，内衬耐火耐酸材料。

2. 水塔的组成部分

水塔是调压供水的构筑物，分为砖水塔和钢筋混凝土水塔，按形式分为普通水塔和倒锥壳水塔。水塔的构造主要分为基础、塔身、水槽三个部分，如图 19.1 所示。

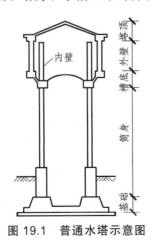

图 19.1 普通水塔示意图

3. 贮水（油）池的组成部分

贮水池：水池按用途分为清水池、污水池、消防水池；按外形分矩形和圆形；按材料分为钢筋混凝土和砖石。

水池由池底、池壁、池盖三部分组成，有的水池中间设有隔墙和柱子，也有的不设池盖，如图 19.2 所示。

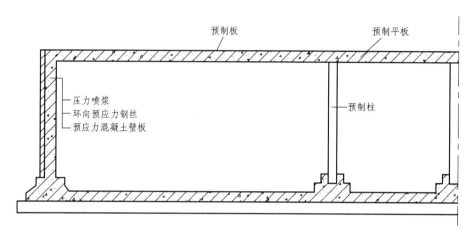

图 19.2　贮水池示意图

钢筋混凝土水池，有池底、池壁、池盖全部现浇的，也有部分构件预制吊装的。

4. 贮仓的组成部分

贮仓是一种贮放物料的专用构筑物，如水泥库、粮库等。一般有矩形和圆筒库两种。它由上部建筑、仓体和仓体支撑三部分组成。如图 19.3 所示。

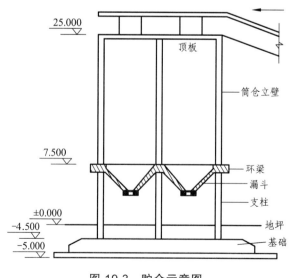

图 19.3　贮仓示意图

19.3 清单分项及工程量计算规则

19.3.1 构筑物清单规范介绍

本章所包含的项目内容主要针对房屋主体建筑之外的附属及构筑物工程,《云南省房屋建筑与装饰工程消耗量定额》(DBJ 53/T-61—2013)所包含的内容对应不同的工程量计算规范及其清单分项,涉及的工程量计算规范有:

(1)《房屋建筑与装饰工程工程量计算规范》(GB 50854—2013)。

(2)《市政工程工程量计算规范》(GB 50857—2013)。

(3)《构筑物工程工程量计算规范》(GB 50860—2013)。

以下对《市政工程工程量计算规范》(GB 50857—2013)及《构筑物工程工程量计算规范》(GB 50860—2013)中涉及本章所包含内容的主要清单列项作出介绍。

19.3.2 《市政工程工程量计算规范》(GB 50857—2013)主要清单分项

1. 道路基层

道路基层工程量清单项目设置、项目特征描述的内容、计量单位及工程量计算规则,应按表 19.1 的规定执行。

表 19.1 道路基层(编码:040192)

项目编码	项目名称	项目特征	计量单位	工程量计算规则	工作内容
040191901	路床(槽)整形	1. 部位 2. 范围	m²	按设计道路底基层图示尺寸以面积计算,不扣除各类井所占面积	1. 放样 2. 整修路拱 3. 碾压成型
040191902	石灰稳定土	1. 含灰量 2. 厚度		按设计图示尺寸以面积计算,不扣除各类井所占面积	1. 拌合 2. 运输 3. 铺筑 4. 找平 5. 碾压 6. 养护
040191903	水泥稳定土	1. 水泥含量 2. 厚度			
040191904	石灰、粉煤灰、土	1. 配合比 2. 厚度			
040191905	石灰、碎石、土	1. 配合比 2. 碎石规格 3. 厚度			
040191906	石灰、粉煤灰、碎(砾)石	1. 配合比 2. 碎(砾)石规格 3. 厚度			
040191907	粉煤灰	厚度			
040191908	矿渣				
040191909	砂砾石	1. 石料规格 2. 厚度			
040191910	卵石				
040191911	碎石				
040191912	块石				

2. 道路面层

道路面层工程量清单项目设置、项目特征描述的内容、计量单位及工程量计算规则，应按表 19.2 的规定执行。

表 19.2 道路面层（编码：040193）

项目编码	项目名称	项目特征	计量单位	工程量计算规则	工作内容
040193001	沥青表面处治	1. 沥青品种 2. 层数	m²	按设计图示尺寸以面积计算，不扣除各类井所占面积，带平石的面层应扣除平石所占面积	1. 喷油、布料 2. 碾压
040193002	沥青贯入式	1. 沥青品种 2. 石料规格 3. 厚度			1. 摊铺碎石 2. 喷油、布料 3. 碾压
040193003	透层、粘层	1. 材料品种 2. 喷油量			1. 清理下承面 2. 喷油、布料
040193004	封层	1. 材料品种 2. 喷油量 3. 厚度			1. 清理下承面 2. 喷油、布料 3. 压实
040193005	黑色碎石	1. 材料品种 2. 石料规格 3. 厚度			1. 清理下承面 2. 拌合、运输 3. 摊铺、整型 4. 压实
040193006	沥青混凝土	1. 沥青品种 2. 沥青混凝土种类 3. 石料粒径 4. 掺合料 5. 厚度			
040193007	水泥混凝土	1. 混凝土强度等级 2. 掺合料 3. 厚度 4. 嵌缝材料			1. 模板制作、安装、拆除 2. 混凝土拌和、运输、浇筑 3. 拉毛 4. 压痕或刻防滑槽 5. 伸缝 6. 缩缝 7. 锯缝、嵌缝 8. 路面养护
040193008	块料面层	1. 块料品种、规格 2. 垫层：材料品种、厚度、强度等级			1. 铺筑垫层 2. 铺砌块料 3. 嵌缝、勾缝
040193009	弹性面层	1. 材料品种 2. 厚度			1. 配料 2. 铺贴

3. 人行道

人行道清单工程量计算规范，详见表 19.3。

表 19.3　人行道及其他（编码：040194）

项目编码	项目名称	项目特征	计量单位	工程量计算规则	工作内容
040194001	人行道整形碾压	1. 部位 2. 范围	m²	按人行道图示尺寸以面积计算，不扣除各类井所占面积	1. 放样 2. 碾压
040194002	人行道块料铺设	1. 块料品种、规格 2. 基础、垫层：材料品种、厚度 3. 图形		按设计图示尺寸以面积计算，不扣除各类井所占面积，应扣除种植树穴所占面积	1. 基础、垫层铺筑 2. 块料铺设
040194003	现浇混凝土人行道及进口坡	1. 混凝土强度等级 2. 厚度 3. 基础、垫层：材料品种、厚度			1. 模板制作、安装、拆除 2. 基础、垫层铺筑 3. 混凝土拌和、运输、浇筑
040194004	安砌侧（平、缘）石	1. 材料品种、规格 2. 基础、垫层：材料品种、厚度	m	按设计图示中心线长度计算	1. 开槽 2. 基础、垫层铺筑 3. 侧（平、缘）石安砌
040194005	现浇侧（平、缘）石	1. 材料品种 2. 尺寸 3. 形状 4. 混凝土强度等级 5. 基础、垫层：材料品种、厚度			1. 模板制作、安装、拆除 2. 开槽 3. 基础、垫层铺筑 4. 混凝土拌和、运输、浇筑
040194006	检查井升降	1. 材料品种 2. 检查井规格 3. 平均升（降）高度	座	按设计图示路面标高与原有的检查井发生正负高差的检查井的数量计算	升降检查井
040194007	树池砌筑	1. 材料品种、规格 2. 树池尺寸 3. 树池盖材料品种	个	按设计图示数量计算	1. 基础、垫层铺筑 2. 树池砌筑 3. 树池盖运输、安装
040194008	预制电缆沟铺设	1. 材料品种 2. 规格尺寸 3. 基础、垫层：材料品种、厚度 4. 盖板品种、规格	m	按设计图示中心线长度计算	1. 基础、垫层铺筑 2. 预制电缆沟安装 3. 盖板安装

19.3.3　《构筑物工程工程量计算规范》（GB 50860—2013）主要清单分项

1. 池　类

池类工程量清单项目设置、项目特征描述的内容、计量单位及工程量计算规则，应按表 19.4 的规定执行。

表 19.4　池类（编码：070101）

项目编码	项目名称	项目特征	计量单位	工程量计算规则	工作内容
070101001	池底板	1. 池形状、池深 2. 垫层材料种类、厚度 3. 混凝土种类 4. 混凝土强度等级	m³	按设计图示尺寸以体积计算，不扣除构件内钢筋、预埋铁件及单个单极≤0.3 m³的空洞所占体积	1. 模板及支架（撑）制作、安装、拆除、堆放、运输及清理模内杂物、刷隔离剂等 2. 混凝土制作、运输、浇筑、振捣、养护
070101002	池壁	1. 池形状、池深 2. 混凝土种类 3. 混凝土强度等级 4. 壁厚			
070101003	池顶板	1. 池形状 2. 板类型 3. 混凝土种类 4. 混凝土强度等级			
070101004	池内柱	1. 混凝土种类 2. 混凝土强度等级 3. 柱形状及截面尺寸			
07010005	池隔墙	1. 隔墙材料品种、规格 2. 材料强度等级 3. 墙体厚度			1. 模板及支架（撑）制作、安装、拆除、堆放、运输及清理模内杂物、刷隔离剂等 2. 混凝土制作、运输、浇筑、振捣、养护 3. 砂浆制作、运输 4. 砌块砌筑、勾缝

2. 其余清单工程量计算规范

详见《构筑物工程工程量计算规范》（GB 50860—2013）。

19.4　列项及工程量计算规则

19.4.1　列项说明

因涉及本章相应工程的工程量清单项目没有在同一册工程量计算规范中全部包含，因此可以根据其具体施工内容，采用《房屋建筑与装饰工程工程量计算规范》（GB 50854—2013）相应附录分类清单或其他专业工程的清单工程量计算规范中相应项目进行列项。

（1）室外工程中的砖砌检查井，可采用《房屋建筑与装饰工程工程量计算规范》（GB 50854—2013）。附录 D 砌筑工程中相应清单（清单编码 010404011），如钢筋混凝土化粪池、检查井则可采用第十章混凝土及钢筋工程相应清单进行编制（清单编码 010507006）。

以上清单项目的综合单价的计算，一般均可采用《定额》中相应定额子目进行计算。如检查井、化粪池、隔油池等零星工程，可采用定额第十四章室内、外零星工程相应子目进行综合单价的分析计算。但是需要注意的是，第十四章的定额子目基本按照国标或西南标准图集进行编制，如果清单项目是非定型井、砖砌化粪池、隔油池，则需将其分解，然后按照工程内容套用其他分部的相应子目，如砖砌检查井的砌筑采用第四章砌筑工程中 01040088、01040099 定额子目，砖砌化粪池采用 01040087 定额子目。钢筋混凝土结构化粪池中钢筋制安内容则需要用到第五章混凝土及钢筋混凝土工程章节中相应钢筋制安子目。

（2）小区道路、室外给排水等工程的项目，清单项目按国家标准《市政工程计量规范》的相应项目执行。但综合单价的计算，如室外道路基层、面层等清单项目的综合单价，则可采用《定额》第十四章中相应子目计算。

（3）烟囱、水塔、贮水（油）池等构筑物工程的项目，清单项目需按国家标准《构筑物工程工程量计算规范》的相应项目执行，定额子目可执行《定额》第十四章中相应子目。

19.4.2　定额计算规则

1. 道路工程

（1）道路宽度计算：路面按设计路面宽度，路槽垫层、基层按设计宽度，设计未注明时，按设计路面宽度每侧增加 25 cm 计算。

（2）道路基层：按设计图示尺寸以平方米计算，扣除树池面积，不扣除各类井所占面积。

（3）道路面层：按设计图示尺寸以平方米计算，沥青混凝土、水泥混凝土及其他路面按设计图示尺寸以平方米计算（包括转弯面积），不扣除各类井所占面积，带平石的面层应扣除平石所占面积。

（4）人行道板铺设、铺砖按设计图示按平方米计算，扣除树池面积，不扣除各类井所占面积。

（5）安砌侧（平缘）石按设计图示中心线长度以延长米计算。

2. 室内零星工程

（1）食堂清洗池、洗涤池、拖布池、污水斗，盥洗台按个计算。

（2）成人小便槽按延长米计算；水冲沟槽式厕所按间计算。

3. 室外零星工程

（1）定型井按不同井深、井径以座计算。

（2）砖砌化粪池、隔油池等按不同池深、容积以座计算。

（3）排水沟按延长米计算。

4. 构筑物

1）砖烟囱

（1）烟囱基础：按设计图示尺寸以立方米计算，扣除钢筋混凝土地梁（圈梁）所占体积，不扣除嵌入基础内钢筋、铁件、基础砂浆防潮层和单个面积≤0.3 m^2 的孔洞所占体积。

（2）烟囱筒壁：按设计图示尺寸以立方米计算，扣除各种孔洞、钢筋混凝土圈梁、过梁等所占体积。

（3）烟道口加固框、烟囱顶部圈梁：按设计图示尺寸以立方米计算，不扣除构件内钢筋、预埋铁件所占体积。

（4）烟道、烟囱内衬按不同内衬材料并扣除孔洞后，接图示实体体积以立方米计算。

（5）砖烟囱的钢筋混凝土圈梁和过梁，应按实体体积以立方米计算，分别套用本章相应项目。

2）烟　道

（1）烟道：按设计图示尺寸以立方米计算。

（2）烟道砖砌：烟道与炉体的划分以第一道闸门为准，炉体内的烟道部分列入炉体工程量计算。

（3）烟道预制顶板：按设计图示尺寸以立方米计算，不扣除构件内钢筋、预埋铁件所占体积。

3）钢筋混凝土烟囱

（1）烟囱基础、烟囱筒壁；按设计图示尺寸以立方米计算，不扣除构件内钢筋、预埋铁件及单个面积 ≤0.3 m² 的孔洞所占面积，钢筋混凝土烟囱基础包括基础底板及筒座，筒座以上为筒壁。

（2）烟囱隔热层、烟囱内衬：按设计图示尺寸以立方米计算。

（3）烟道、烟囱内衬按不同内衬材料并扣除孔洞后，按图示实体体积立方米计算。

4）水　塔

（1）水塔基础：按设计图示尺寸以立方米计算，不扣除构件内钢筋、预埋铁件和伸入承台基础的桩头所占体积。

（2）水塔塔身：按设计图示尺寸以立方米计算，不扣除构件内钢筋、预埋铁件及单个面积 ≤0.3 m² 的孔洞所占体积，依附寺塔身的过梁、雨篷、挑檐等应并入塔身体积内。

（3）水塔水箱：按设计图示尺寸以立方米计算，不扣除构件内钢筋、预埋铁件及单个面积 ≤0.3 m² 的孔洞所占体积。

（4）水塔环梁：按设计图示尺寸以立方米计算，不扣除构件内钢筋、预埋铁件所占体积。

（5）钢筋混凝土基础：按实体体积以立方米计算，钢筋混凝土筒式塔身以钢筋混凝土基础扩大顶面为分界线，以上为塔身，以下为基础，柱式塔身以柱脚与基础底板或梁交接处为分界线，以上为塔身，以下为基础。与基础底板相连的梁，并入基础内计算。

（6）筒身与槽底的分界：以与槽底相连的圈梁底为界，圈梁底以上为槽底，以下为筒身。

（7）钢筋混凝土筒式塔身：按实体体积以立方米计算，扣除门窗洞口所占体积，依附于筒身的过梁、雨篷、挑檐等，工程量并入筒身体积内计算，柱式塔，不分柱、梁和直柱、斜柱，均以实体体积合并计算。

（8）砖水箱（槽）内外壁，部分壁厚，均按图示砌体体积以立方米计算。

5）贮水（油）池

（1）池底板、池壁、池顶板、池内柱、池隔墙：按设计图示尺寸以立方米计算，不扣除构件内钢筋、预埋铁件及单个面积≤0.3 m^{2}的孔洞所占体积。

（2）池底不分平底、坡底、锥形底，均按池底项目计算。平底包括池壁下部的扩大部分，锥形底应算至壁基梁地面。无壁基梁时算至锥形底坡的上口。

（3）壁基梁系指池壁与坡底或锥底上相衔接的池壁基础梁，壁基梁的高度为梁底至池壁下部的底面，与锥形底连接时，应算至梁的底面。

（4）无梁盖柱的柱高，应自池底表面算至池盖的下表面，包括柱座、柱帽的体积。

（5）池壁应分别不同厚度计算（池壁厚度按平均厚度计算），其高度不包括池壁上下处的扩大部分。无扩大部分时，应算至梁的地面。

（6）无梁盖包括与池壁相连的扩大部分的体积，肋形盖应包括主、次梁及盖部分的体积，球形盖应自池壁顶面以上包括边侧梁的体积在内。

（7）各类池盖中的进人孔、透气管、水泥盖以及与盖相连接的混凝土结构，均应与池盖体积合并计算。

6）砖（石）贮水（油）池

（1）砖（石）贮水（油）池不分圆形或矩形，按相应项目计算。

（2）砖（石）贮水（油）池的独立柱，按相应项目计算，如有钢筋混凝土柱或混凝土柱，按混凝土及钢筋混凝土工程相应项目计算。

（3）砖砌井、池壁不分壁厚均按不同深度以立方米计算，洞口上的砖平、拱碹等并入砌体体积内计算。

7）贮 仓

（1）仓基础：按设计图示尺寸以立方米计算，不扣除构件内钢筋、预埋铁件和伸入承台基础的桩头所占体积。

（2）仓底板、仓壁、仓顶板：按设计图示尺寸以立方米计算，不扣除构件内钢筋、预埋铁件及单个面积≤0.3 m^{2}的孔洞所占体积。

（3）仓内柱：按设计图示尺寸以立方米计算，不扣除构件内钢筋、预埋铁件所占体积。

柱高：① 有梁板的柱高，应自柱基上表面至有梁板上表面之间的高度计算；② 无梁板的柱高，应自柱基上表面至柱帽下表面之间的高度计算。

（4）仓内墙：按设计图示尺寸以立方米计算，不扣除构件内钢筋、顶埋铁件及单个面积≤0.3 m^{2}的孔洞所占体积，墙垛及突出墙面部分并入墙体体积内计算。

（5）仓底填料：按设计图示尺寸以立方米计算。

（6）仓漏斗：按设计图示尺寸以立方米计算，不扣除构件内钢筋、预埋铁件及单个面积≤0.3 m^{2}的孔洞所占体积，仓壁和漏斗按相互交点的水平线为分界线，漏斗上口圈梁并入漏斗工程量。

（7）矩形仓分立壁和斜壁。各按不同厚度计算体积。立壁和斜壁的分界线按相互交点的水平线为分界线，壁上圈梁并入斜壁工程量内，基础、支持漏斗的柱和柱间的连系和柱间的连系梁分别按本章的相应项目计算。

（8）圆仓。

① 圆仓工程量应分仓基础板、仓顶板、仓壁等部分计算。

② 仓壁高度应自基础板顶面算至仓顶板地面，扣除 0.05 m² 以上的孔洞。

（9）造粒塔筒壁。

筒壁工程量的计算：圆形塔筒壁由框架顶圈上表面起计算，方形楼梯井壁由塔外地坪起计算，扣除大于 0.3 m² 的孔洞以实体体积计算。

19.5　定额应用

（1）烟囱基础与筒身的划分：砖石基础以大放脚的扩大顶面为界。钢筋混凝土圆板基础、环形基础以筒座杯口顶为界，钢筋混凝土锥形薄壳基础，以壳顶上环梁为界，上部为筒身，下部为基础。

（2）砖砌体部分的计算规则同第七章砌体计算规则。

砖砌体基础，如图 19.4 所示。

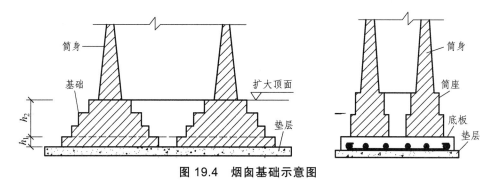

图 19.4　烟囱基础示意图

（3）钢筋混凝土基础以实体积计算，如图 19.5 所示。

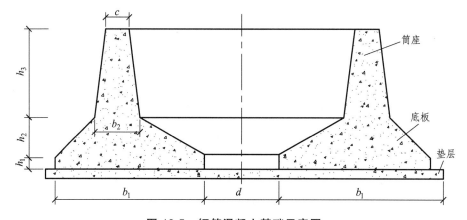

图 19.5　钢筋混凝土基础示意图

$$V = \pi \times 2\ (b_1 + d)\ [2b_1h_1 + (b_1 + b_2)\ h_2 + (b_2 + c)\ h_3]$$

式中 V——钢筋混凝土基础体积（m^3）；

　　　b_1——钢筋混凝土基础底板宽（m）；

　　　b_2——钢筋混凝土筒座底脚宽（m）；

　　　d——空隙距离（m）；

　　　h_2——钢筋混凝土筒座底脚厚度（m）；

　　　c——钢筋混凝土筒座底脚厚度（m）；

　　　h_1——钢筋混凝土底板厚度（m）；

　　　h_2——大放脚高度（m）；

　　　h_3——筒座高度（m）。

（4）烟道砌砖工程量：烟道与炉体的划分以邻近炉体的第一道闸门为界，闸门以内的部分并入炉体工程量计算。

$$烟道工程量 = 立墙体积 + 弧顶体积$$

立墙及弧形拱顶根据标注尺寸按照实体积计算。

（5）烟囱筒身工程量的计算：

烟囱筒身，不论为圆形或方形，都按实砌体积计算工程量。砖烟囱还应扣除混凝土构件所占体积，以及 $0.3\ m^2$ 以上空洞和混凝土圈梁、过梁等所占体积。

$$筒身工程量 = 不同厚度的筒壁体积之和$$

每段筒身的体积为上、下口中心线平均周长乘每段筒壁厚度和每段筒身垂直高度，如图 19.6 所示。

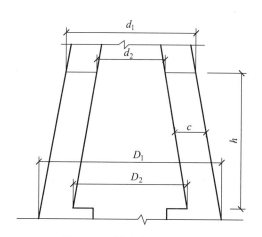

图 19.6 筒身部分示意图

$$整个筒身体积 = h \times c \times (D + d) \times \pi/2$$

式中 h——每段筒身垂直高度；

　　　c——每段筒身高度；

　　　D——每段筒身下口中心线直径，$D = (D_1 + D_2)/2$；

　　　d——每段筒壁上口中心线直径，$d = (d_1 + d_2)/2$。

（6）水塔。

① 基础塔身与槽底的分界：

塔身与基础的分界：钢筋混凝土薄板基础以底板上表面为界，杯形和环形基础以杯口顶为界，薄壳基础以和筒身连接的壳顶环梁上口为界，上部为塔身，下部为基础。

钢筋混凝土基础应区分钢筋、混凝土等，分别计算工程量。

钢筋混凝土塔身与槽底的分界，按与槽底相连的圈梁下口为界，以下为塔身，以上为槽底。

② 水塔各部分应依照设计要求的材料、结构按部位分别以实体积计算。

（7）钢筋混凝土贮水（油）池。

① 定额中队钢筋混凝土贮水（油）池，以不同的结构、材料按部位分列子目，如池底、池壁、池盖等，工程量分别以实体体积计算。

② 池壁下口的扩大部分，并入池底计算。

（8）钢筋混凝土贮仓。

贮仓分底板、顶板、立壁、漏斗，按图示尺寸以体积计算。

19.6 计算实例

【例 19.1】 某住宅小区室外道路面层构造做法为中粒式沥青 5 cm ＋ 细粒式沥青 3 cm，采用机械摊铺。已知未计价材料除税单价为：① 中粒式沥青混凝土拌合料 910 元/m³；② 细粒式沥青混凝土拌合料 980 元/m³。沥青采用改性沥青。经计算，该道路面层工程量为 1 190 m²，编制工程量清单并计算在道路面层每平方米综合单价。

【解】 本题施工内容为室外道路面层，《房屋建筑与装饰工程工程量计算规范》（GB 50854—2013）中无相应清单列项，因此，需采用《市政工程工程量计算规范》（GB 50857—2013）中相应清单分项。

1. 编制工程量清单（表 19.5）

表 19.5 沥青混凝土道路面层工程量清单

序号	项目编码	项目名称	项目特征	计量单位	工程量
1	040193006001	沥青混凝土道路面层	1. 沥青品种：改性沥青 2. 沥青混凝土种类：中粒式＋细粒式 3. 石料粒径：AC25C＋AC13C 4. 掺和料：无 5. 厚度：中粒式沥青混凝土 5 cm，细粒式沥青混凝 ± 3 cm	m²	1190.00

（1）选用定额，查《定额》中的相关项目，相关定额子目为：01140035、01140036、01140037。

（2）编制相关子目直接费。

加入未计价材料费，相关子目直接费表，见表 19.6。

表 19.6 相关定额子目直接费表

定额编号	01140035	01140036	01140037
项　目	沥青混凝土面层中粒式厚 40 mm	沥青混凝土面层中粒式每增（减）10 mm	沥青混凝土面层细粒式厚 30 mm
计量单位	100 m²		
直接费（元）	4059.74	989	3338.56
其中　人工费（元）	179.89	38.43	177.43
材料费（元）	3713.72	928.31	2997.52
机械费（元）	166.13	22.65	163.61

注：① 所用到的机械换为云建标〔2016〕207号文中附件2中机械除税台班单价：第88项 钢轮内燃压路机 工作质量8 t：296.37元/台班；第90项 钢轮内燃压路机 工作质量15 t：518.27元/台班；第176项 沥青混凝土摊铺机 8 t：887.78元/台班。

② 人工费按云建标函〔2018〕47号文上调28%。

（3）计算综合单价，见表19.7。

【例19.2】　某居民楼室外散水做法为西南J812P4②大样，见图19.7；室外排水沟做法为西南J812P3㉑大样，见图19.8；配有25 m³室外地下钢筋混凝土化粪池一座（国标03S701图集8号）。经计算，散水面积为112.7 m²，与外墙接触长度134.78 m，砖砌地沟长142.56 m。为该居民楼室外工程编制工程量清单并计算综合单价。已知未计价材料除税单价为：① 细砂：75元/m³；② P·S 32.5水泥：340元/t；③ 碎石：60元/m³；④ 水：5.11元/m³；⑤ 商品混凝土（C15）：280元/m³；⑥ 模板板枋材：1800元/m³；⑦ 标准砖：350元/千块；⑧ Ⅰ级钢筋：3900元/t；⑨ 混凝土地膜：23元/m²；⑩ 预制混凝土（C30）：360元/m³；⑪ 商品混凝土（C10）：270元/m³；⑫ 铸铁井盖井座（重型）Φ700：380元/套；⑬ Ⅱ级螺纹钢HRB335Φ10以外：4000元/t；⑭ Ⅱ级螺纹钢HRB335Φ10以内：3900元/t；⑮ 工具式钢模板（综合）：4.6元/kg；⑯ 焊接钢管（综合）：4600元/t；⑰ 商品混凝土（C25）：310元/m³；⑱ 预制混凝土（C20）：330元/m³；⑲ 扣件及底座：0.70元/百套·天；⑳ 建筑油膏：1.8元/kg。

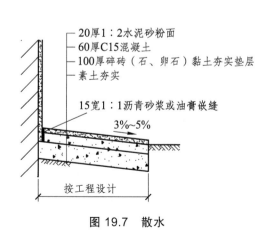

图 19.7　散水

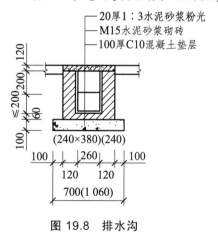

图 19.8　排水沟

【解】　1. 编制工程量清单（表19.8）

表 19.7　工程量清单综合单价分析表

序号	项目编码	项目名称	计量单位	工程量	定额编码	定额名称	定额单位	数量	清单综合单价组成明细							综合单价（元）
									单价（元）			合价（元）				
									人工费	材料费	机械费	人工费	材料费	机械费	管理费和利润	
1	040193006001	沥青混凝土道路面层	m²	1190.00	01140035	沥青混凝土面层中粒式厚40 mm	100 m²	11.90	179.89	3713.72	166.13	2140.71	44193.26	1976.90	970.21	85.66
					01140036	沥青混凝土面层中粒式每增（减）10 mm	100 m²	11.90	38.43	928.31	22.65	457.26	11046.90	269.58	200.77	
					01140037	沥青混凝土面层细粒式厚30 mm	100 m²	11.90	177.43	2997.52	163.61	2111.46	35670.45	1946.95	956.83	
						小　计						4709.43	90910.61	4193.42	2127.80	

注：① 综合单价，即是以清单工程量为1的价格：综合单价＝∑分部分项工程费／清单工程量。套定额的数量是定额工程量。
② 管理费费率取33%，利润率取20%。
③ 有的教材将套材填写为定额工程量／清单工程量，也是可以的，此时综合单价＝∑分部分项工程费。

表 19.8　工程量清单

序号	项目编码	项目名称	项目特征	计量单位	工程量
1	010507001001	现浇混凝土散水	1. 垫层材料种类、厚度：100 厚碎石 2. 面层：20 厚 1：2 水泥砂浆粉面 3. 混凝土种类：商品混凝土 4. 混凝土强度等级：C15 5. 变形缝：15 宽建筑油膏嵌缝	m²	112.70
2	010401014001	砖地沟	1. 砖品种、规格、强度等级：标准砖 MU10 2. 沟截面尺寸：380×400 mm 3. 垫层材料种类、厚度：100 厚 C10 混凝土 4. 砂浆强度等级：M5 水泥砂浆	m	142.56
3	010507006001	化粪池	1. 部位：地下，有覆土 2. 混凝土强度等级：C30、C20 3. 混凝土种类：预制混凝土 4. 防水、抗渗要求：按图集 03S701　8 号	座	1

（1）选用定额，查《定额》中的相关项目，相关定额子目为：01090005、01090041、01090034×4、01080213、01140224、01140184。

（2）编制相关子目直接费。

查看定额子目未计价材，其中 1：2 水泥砂浆、1：3 水泥砂浆、M10 水泥砂浆需根据定额配合比（《定额》P394　279、281 项；《定额》P392　245 项）进行重新组价。

水泥砂浆 1：2 材料除税价格 = 0.517×340 + 1.079×75 + 0.300×5.11 = 258.23（元/m³）

水泥砂浆 1：3 材料除税价格 = 0.416×340 + 1.198×75 + 0.300×5.11 = 232.82（元/m³）

水泥砂浆 M5 材料除税价格 = 0.236×340 + 1.23×75 + 0.350×5.11 = 174.28（元/m³）

加入未计价材材料费，相关子目直接费表见表 19.9。

表 19.9　相关定额子目直接费表

定额编号	01090005	01090041	01090034×4	01080213	01140224	01140184
项　　目	碎石垫层	商品混凝土散水厚 60 mm	混凝土散水面层加浆抹光厚 20 mm	建筑油膏嵌缝	砖砌排水沟（西南 11J812）（2b）	钢筋混凝土化粪池（03S702）8 号（25 m³）
计量单位	10 m³	100 m²		100 m		座
直接费（元）	1331.80	3249.20	2560.92	628.61	23059.81	131596.38
其中 人工费（元）	423.55	995.43	1936.23	454.62	11044.76	3538.04
其中 材料费（元）	908.25	2246.17	604.42	173.99	19889.35	125123.81
其中 机械费（元）	0.00	7.60	20.28	0.00	2125.80	1082.98

注：① 所用到的机械换为云建标〔2016〕207 号文中附件 2 中机械除税台班单价：第 719 项 灰浆搅拌机 200 L：84.48 元/台班。

　　② 人工费按云建标函〔2018〕47 号文上调 28%。

2. 计算综合单价（表 19.10）

表 19.10　工程量清单综合单价分析表

清单综合单价组成明细

序号	项目编码	项目名称	计量单位	工程量	定额编码	定额名称	定额单位	数量	单价（元）			合价（元）				综合单价（元）
									人工费	材料费	机械费	人工费	材料费	机械费	管理费和利润	
1	010507001001	现浇混凝土散水	m²	112.70	01090005	碎石垫层	10 m³	1.127	423.55	908.25	0.00	477.34	1023.60	0.00	197.65	
					01090041	商品混凝土散水厚60 mm	100 m²	1.127	995.43	2246.17	7.60	1121.85	2531.43	8.57	464.88	
					01090034×4	混凝土散水面层加浆抹光厚20 mm	100 m²	1.127	1936.23	604.42	20.28	2182.13	681.18	22.85	904.51	95.09
					01080212	建筑油膏嵌缝	100 m	1.3478	454.62	173.99	0.00	612.73	234.51	0.00	253.71	
							小 计					4394.05	4470.72	31.42	1820.75	
2	010401014001	砖地沟	m	142.56	01140224	砖砌排水沟西南11J812（2b）	100 m	1.4256	11044.76	19889.35	2125.80	15745.41	28354.26	3030.54	6648.08	377.23
3	010507006001	化粪池	座	1.00	01140184	钢筋混凝土化粪池（03S702）8号（25 m³）	座	1.00	3538.04	125123.81	1082.98	3538.04	125123.81	1082.98	1510.89	133107.27

注：①综合单价，即是以清单工程量为 1 的价格；综合单价＝∑分部分项工程费／清单工程量。套定额的数量＝定额工程量。
②碎石垫层的工程量＝112.7×0.1＝11.27 m³。
③管理费率取 33%，利润率取 20%。
④有的教材将套定额的数量填写为定额工程量，此时综合单价＝∑分部分项工程量／清单工程量，也是可以的，此时综合单价＝∑分部分项工程费。

习 题

19.1 某住宅小区内修建室外活动场地，面层采用天然青石板铺贴，铺贴场地的外形尺寸为 19 m×18 m。该块活动场地上除同时修建 16 个树池之外，其余全部均铺贴青石板，树池尺寸，如图 19.9 所示。

试求：该块活动场所铺贴的青石板面层工程量。

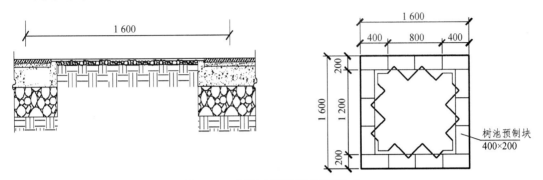

图 19.9 树池剖面图及平面尺寸

19.2 某办公楼一层大厅外有花岗岩台阶，经计算，花岗岩台阶水平投影面积为 36.15 m²。台阶做法选自西南 11J812P④大样。编制该台阶所有分部分项工程量清单并计算综合单价。未计价材料价格由任课教师给定。

20 措施项目

20.1 措施项目概念

措施项目按《建设工程工程量清单计价规范》定义为：为完成工程项目施工，发生于该工程施工准备和施工过程中的技术、生活、安全、环境保护等方面的项目。

20.2 措施项目计价原则

结合《中华人民共和国合同法》、《建设工程工程量清单计价规范》、云南省现行计价依据以及相关管理规定等来理解措施项目，措施项目的计价应该符合以下计价原则：

（1）客观必须发生或已经发生的才能计价。

措施费的计算，客观真实是重要原则之一，这就要求计算时，首先要依据设计文件，其次要结合工程的施工条件，再次要分析施工组织设计的经济性及合理性，只有实际确实或必须发生的才能计算。

例如：浇灌运输道适用于混凝土和钢筋混凝土基础浇灌（见 DBJ53/T-61—2013 P263），如果工程设计的带形桩承台宽 400 mm、高 600 mm，承台定标高与自然地面相近，工人可直接站在承台两边操作浇灌混凝土，就不需要搭设浇灌运输道，就不应计价。又如：有的混凝土基础，实际的施工组织设计是原槽浇灌，就不能再计算模板措施费用。又如：按《建筑基坑工程检测技术规范》（GB 50497—2009）规定，建筑基坑开挖深度大于等于 5 m 或开挖深度小于 5 m 但现场地质情况和周围环境较复杂的基坑工程以及其他需要监测的基坑工程应实施基坑工程监测［见《建筑基坑工程检测技术规范》（GB 50497—2009）第 3.0.1 条］，尽管《房屋建筑与装饰工程工程量计算规范》中没有对基坑检测单独列项，因为该条检测规范为强制性规范，可预见到必须发生，如果施工招标文件中包含基坑监测就必须计算。

（2）为了完成工程项目施工，可能发生两种或两种以上施工措施供选择情况下，应当遵循合法、从约、客观、公平、公正、经济合理、独立、诚实信用的原则计价（见昆政办〔2011〕112 号《昆明市人民政府办公厅关于印发昆明市建设工程造价管理办法的通知》）。

计算措施项目费用时应该首先尊重合同约定计算，没有合同约定或约定不明的，应该按实际发生的施工组织设计计算，在合同约定不明，也无施工组织设计可依据的情况下，只能按经济合理原则计算。

（3）安全文明施工措施费必须按规定计算，单价措施费应按工程量清单特征要求计算，其他的总计措施项目费由投标人自主确定。

《建设工程工程量清单计价规范》第 3.1.5 条规定："措施项目中的安全文明施工费必须

按国家及省级、行业建设主管部门的规定计算，不得作为竞争性费用。"安全文明施工费的计算必须按《云南省建设工程造价计价规则》规定计算。《建设工程工程量清单计价规范》第6.2.3 及 6.2.4 条规定，单价措施费应按工程量清单特征要求计算，其他的总价措施项目，可由投标人自主确定，自主确定的概念包括项目的报价或增项。

（4）除非是发包人指令施工措施的变更，变更的施工措施项目才能计价。

对于措施项目，按其定义的理解，属于施工方法的范畴内，从合同法的角度来看，属于承包人或承揽人自主决定、自主完成的工作，发包人不能干预，即使在行使监督检验的权力时，也不能妨碍承包人的正常工作。所以，在工程项目实施过程中，承包人变更施工的措施项目或者变更施工方法，不是变更合同价款的条件。但是，如果，发包人强行干预，指令变更措施项目，就应该随之调整合同价款。发包人指令措施的变更不单纯是具体某项措施的变更指令，也会由于分部分项工程数量的增减，承包范围的变更，影响单价措施的数量变化或总价措施的计价基数变化，这些都属于实际造成指令变更的因数。

20.3　措施项目分类

措施项目按《建设工程工程量清单计价规范》的规定划分为总价措施项目和单价措施项目。

20.4　总价措施

按《房屋建筑与装饰工程工程量清单计算规范》，总价措施项目包括：安全文明施工，夜间施工增加，非夜间施工照明，二次搬运，冬雨季施工，地上、地下设施，建筑物的临时保护设施及已完工程及设备保护。在《云南省建设工程造价计价规则》规定中，结合云南省具体情况增加了生产工具用具使用费，工程定位复测费，工程点交、场地清理费及特殊地区施工增加费。

20.4.1　安全文明施工

（1）环境保护包含范围：现场施工机械设备降低噪声、防扰民措施费用；水泥和其他易飞扬细颗粒建筑材料密闭存放或采取覆盖措施等；工程防扬尘洒水；土石方、建渣外运车辆防护措施等；现场污染源的控制、生活垃圾清理外运、场地排水排污措施；其他环境保护措施。

关于施工噪声，按《建筑施工场界环境噪声排放标准》（GB 12523—2011）规定，昼间为 75 dB（A），夜间为 55 dB（A）。

水泥和其他易飞扬细颗粒建筑材料密闭存放或采取覆盖措施系指：① 搭拆设储藏棚，② 罐装或袋装，③ 覆盖防尘布或防尘网。

工程防扬尘洒水是指：定期洒水降尘。但是，施工现场的空气污染控制，国家及我省、市均无针对性硬性指标控制，应该注意的是土石方挖运的防扬尘洒水费用已经计算到相关定额子目中，所以，这里的工程防扬尘洒水工作是指土石方分部工程外的各分部工程产生的相关措施。

关于土石方、建渣的概念，在《城市建筑垃圾管理规定》中统一定义为建筑垃圾，即：建筑垃圾，是指建设单位、施工单位新建、改建、扩建和拆除各类建筑物、构筑物、管网等以及居民装饰装修房屋过程中所产生的弃土、弃料及其他废弃物。其外运车辆防护措施，必须满足各建设项目所在地政府的有关管理规定，一般需要做到车辆离开工地必须清洗干净，车容必须整洁，运输期间必须保证密封，运输的时间、道路要得到相关的行政许可。

现场污染源包括声污染、光污染、空气污染、水污染、土壤污染源，这些污染源有的来自建筑材料自身，如化工工业厂房建设的耐酸防腐分部工程，装饰工程的油漆涂料分部工程等，其中光污染源的控制措施主要是指施工照明灯具加装防护罩以及对电焊操作的临时遮挡或维护，水污染的控制措施主要包括有毒液体的储藏和管理措施，工地厕所粪便处理措施等，土壤的污染源控制措施主要包含堆放场地的隔离措施以及运输操作的保护措施。

场地排水是指施工场地的临时的排水沟渠（明沟、暗沟）等排水措施，即不属于基坑的排降水，基坑的排水、降水措施在单价措施中计价。

（2）文明施工包含范围："五牌一图"；现场围挡的墙面美化（包括内外粉刷、刷白、标语等）、压顶装饰；现场厕所便槽刷白、贴面砖，水泥砂浆地面或地砖，建筑物内临时便溺设施；其他施工现场临时设施的装饰装修、美化措施；现场生活卫生设施；符合卫生要求的饮水设备、淋浴、消毒等设施；生活用洁净燃料；防煤气中毒、防蚊虫叮咬等措施；施工现场操作场地的硬化；现场绿化、治安综合治理；现场配备医药保健器材、物品费用和急救人员培训；用于现场工人的防暑降温费、电风扇、空调等设备及用电；其他文明施工措施。

"五牌一图"，即工程概况牌、管理人员名单及监督电话牌、消防保卫（防火责任）牌、安全生产牌、文明施工和环境保护牌和施工现场平面图。

（3）安全施工包含范围：安全资料、特殊作业专项方案的编制，安全施工标志的购置及安全宣传；"三宝"（安全帽、安全带、安全网），"四口"（楼梯口、电梯井口、通道口、预留洞口），"五临边"（阳台围边、楼板围边、屋面围边、槽坑围边、卸料平台两侧），水平防护架、垂直防护架、外架封闭等防护；施工安全用电，包括配电箱三级配电、两级保护装置要求、外电防护措施；起重机、塔吊等起重设备（含井架、门架）及外用电梯的安全防护措施（含警示标志）及卸料平台的临边防护、层间安全门、防护棚等设施；建筑工地起重机械的检验检测；施工机具防护棚及其围栏的安全保护设施；施工安全防护通道；工人的安全防护用品、用具购置；消防设施与消防器材的配置；电气保护、安全照明设施；其他安全防护措施。

目前还没有相关国家和地方规范对"四口""五临边"的水平防护架及垂直防护架的构造形式、搭设位置、悬挑宽度做出具体规定，可参考的规范是：《建筑施工高处作业安全技术规范》（JGJ 80—2016）交叉作业部分第7.1.1条，"交叉作业时，下层作业位置，应处于上层作业的坠落半径之外"。高空作业坠落半径亦按该规范表7.1.1执行。不符合以上条件时，应设置安全防护层且应大于坠落半径。根据《高处作业分级》（GB/T 3608—2008）附录A，可能坠落范围半径的规定，"坠落半径 R 根据坠落高度 h_b 规定如下，当 15 m$<h_b \leqslant$ 30 m 时，R 为 5 m；当 $h_b>$30 m 时，R 为 6 m"。

相关措施实施图片如图 20.1 ~ 图 20.6。

1. 基坑周边必须设置1.2 m高的临边防护栏杆，防护栏杆距坑边距离应大于1 m。下杆离地0.6 m（含挡水台），上杆离地1.2 m，立杆间距2 m。

2. 基坑边坡应设置连续挡水墙，挡水墙高度0.2 m。（可采用将挡水墙和防护栏杆合并的做法，防护栏杆可以直接埋入挡水墙。）

3. 坑边堆置土方距坑边上部边缘不少于1.2 m，高度不超过1.5 m。基坑周边不得堆放物料、机具等负荷较重的物料。

4. 基坑内必须设置专用人员上下通道。

图 20.1　基坑防护

上杆离地高度1.2 m，下杆离地高度0.6 m，立杆间距2 m。并设置挡脚板或立网。挡脚板高度20 cm。挡脚板固定牢靠，高度一致。防护栏杆宜使用钢管，应牢固可靠，并刷红白相间警示色。油漆要刷均匀，在刷漆前应将钢管、模板上的混凝土等清理干净。

图 20.2　内部临边防护

形式二：底部设挡脚板

形式一：挂立网封闭

图 20.3　楼层临边防护

图 20.4　悬挑式水平防护架

图 20.5　安全通道防护架

图 20.6　配电防护

（4）临时设施包含范围：施工现场采用彩色、定型钢板，砖、混凝土砌块等围挡的安砌、维修、拆除；施工现场临时建筑物、构筑物的搭设、维修、拆除；如临时宿舍、办公室、食堂、厨房、厕所、诊疗所、临时文化福利用房、临时仓库、加工场、搅拌台、临时简易水塔、水池等。施工现场临时设施的搭设、维修、拆除，如临时供水管道、临时供电管线、小型临时设施等；施工现场规定范围内临时简易道路铺设，临时排水沟、排水设施安砌、维修、拆除；其他临时设施费搭设、维修、拆除。

这里的临时设施实际包含两个概念：第一是临时用房：在施工现场建造的，为建设工程施工服务的各种非永久性建筑物，包括办公用房、宿舍、厨房、食堂、锅炉房、发电机房、变配电房、库房等；其次是临时设施：在施工现场建造的，为建设工程施工服务的各种非永久性设施，包括围墙、大门、临时道路、材料堆场及其加工场、固定动火作业场、作业棚、机具棚、贮水池及临时给排水、供电、供热管线等。

临时设施的建设要符合《施工现场临时建筑物技术规范》（JGJ/T 188—2009）和《建设工程施工现场消防安全技术规范》（GB 50720—2011）、《建筑工程施工现场环境与卫生标准》（JGJ 146—2013）的规定。

施工现场系指：房屋建筑装饰工程的施工作业区、办公区和生活区。

施工现场围挡按规范要求应满足：① 市区主要路段的工地应设置高度不小于 2.5 m 的封闭围挡；② 一般路段的工地应设置高度不小于 1.8 m 的封闭围挡；③ 围挡应坚固、稳定、整洁、美观。

20.4.2 夜间施工

工作内容包含：
（1）夜间固定照明灯具和临时可移动照明灯具的设置、拆除。
（2）夜间施工时，施工现场交通标志、安全标牌、警示灯等的设置、移动、拆除。
（3）包括夜间照明设备摊销及照明用电、施工人员夜班补助、夜间施工劳动效率降低等。

按《云南省建筑施工现场管理规定》，在云南省施工的建筑工程原则上是控制夜间施工的，特殊情况确需夜间施工的，必须经有关部门批准。所以，在云南省建设工程造价计价规则中，无夜间施工的计算参考费率，如确实发生的，有投标的应按投标文件计价；合同中约定按实结算的，应该依据主管部门的批复，结合相关的施工组织设计或方案计价。

20.4.3 非夜间施工照明

工作内容包含：为保证工程施工正常进行，在如地下室等特殊施工部位施工时所采用的照明设备的安拆、维护、摊销及照明用电等。

现阶段，在房屋建筑与装饰工程专业中我省在《云南省房屋建筑与装饰消耗量定额》中考虑了逆作法施工条件下的盖挖通风照明费用的计算，在地下室盖挖时除了非夜间施工照明措施外，还编制了洞内通风、洞内动力、洞内水管、洞内轨道等措施，这里定额子目用到的"洞内"是与明挖相区别的专业术语。

其工程量的计算系按每 100 m·季度计算，盖挖洞内通风、照明、动力、水管等定额项目是按单层设计结构断面面积在 35 m² 以内编制的，单层设计结构断面面积在 60 m² 以内，工程量乘以 2；单层设计结构断面面积在 90 m² 以内，工程量乘以 3；单层设计结构断面面积在 120 m² 以内，工程量乘以 4；单层设计结构断面面积大于 120 m²，工程量乘以 5。当结构为多层时，按单层的工程量乘以层数计算。

20.4.4　二次搬运

包括由于施工场地条件限制而发生的材料、成品、半成品等一次运输不能到达堆放地点，必须进行二次或多次搬运。

二次搬运的计算首先要满足施工场地限制，工程所需材料、成品、半成品不能一次运输到位的条件，这就要求排除因施工组织设计不合理造成的二次搬运。

二次搬运的计算首先要依据合同约定，可以参照的定额子目，大部分在《云南省房屋修缮及仿古建筑工程消耗量定额》中。

20.4.5　冬雨季施工

工作内容包含：① 冬雨（风）季施工时增加的临时设施（防寒保温、防雨、防风设施）的搭设、拆除；② 冬雨（风）季施工时，对砌体、混凝土等采用的特殊加温、保温和养护措施；③ 冬雨（风）季施工时，施工现场的防滑处理、对影响施工的雨雪的清除；④ 包括冬雨（风）季施工时增加的临时设施的摊销、施工人员的劳动保护用品、冬雨（风）季施工劳动效率降低等。

在我省现行的建设工程造价计价依据中冬、雨季施工增加费合并了生产工具用具使用费、工程定位复测、工程点交、场地清理费共同计算。

20.4.6　地上、地下设施、建筑物的临时保护设施

工作内容包含：地上、地下设施，建筑物的临时保护设施在工程施工过程中，对已建成的地上、地下设施和建筑物进行的遮盖、封闭、隔离等必要保护措施。

20.4.7　已完工程及设备保护

工作内容包含：对已完工程及设备采取的覆盖、包裹、封闭、隔离等必要保护措施。

对于地上、地下设施，建筑物的临时保护设施及已完工程及设备保护两项措施费用，在《云南省房屋建筑与装饰工程消耗量定额》中暂无相关适用子目可参照计算。

20.5 单价措施

20.5.1 土石方及桩基工程单价措施

20.5.1.1 土石方工程措施

（1）措施项目名称：挡土板。

土石方工程的单价措施系指挡土板，该项目在2013版的《房屋建筑与装饰工程工程量清单计算规范》中没有单独列项，作为工作内容包含在挖一般土方、挖沟槽土方及挖基坑土方三个清单项目中。考虑到，挡土板项目的工艺特征与混凝土模板措施项目类似，为了便于工程实施期间对工程造价的管理在《云南省房屋建筑与装饰工程消耗量定额》中单独列出，计入土石方工程单价措施项目。

疏撑：也称断续式水平支撑，它是用3～5块撑板紧贴槽壁，纵梁靠在撑板上横撑撑在纵梁上（图20.7），适用于黏性土无地下水，挖深较大，地面上建筑物靠近基槽的情况。

密撑：分横板密撑和立板密撑。

横板密撑：也称连续式水平支撑，它的支撑方式与疏撑基本相同，但撑板水平排列紧密（图20.8），适用于土质由轻度流砂现象及挖掘深度为3～5的基槽。

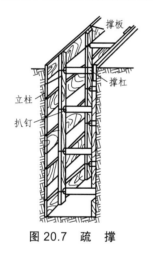

图 20.7 疏 撑

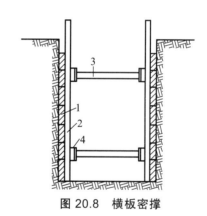

图 20.8 横板密撑

1—撑板；2—纵梁；3—横撑；4—木楔

立板密撑：也称垂直支撑（图20.9），适用于土质较差，有地下水或有流砂或开挖深度较大时。特点是支撑及拆撑方便。

撑板分木质撑板和钢质撑板。木质撑板长度4m以内，板宽为20～30cm，板厚为30～50mm，材质不低于三级材。钢质撑板为钢板与型钢焊接而成，其长度有2m、4m、6m等规格（图20.10）。

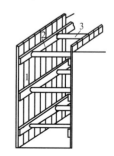

图 20.9 立板密撑

1—撑板；2—横木；3—撑杆

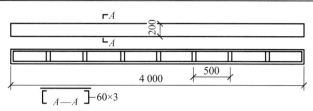

图 20.10　钢质撑板

（2）措施项目特征描述要求：① 土壤类别；② 基槽深度；③ 挡土板类型：疏撑还是密撑；④ 支撑材质：木质还是钢质。

（3）工程量计算：挡土板按支撑面积计算。这里的支撑面积是指被支撑槽的土体面积。

（4）工作内容：制作、运输、安装、拆除、堆放到指定地点。

20.5.1.2　桩基工程措施

1. 桩基础工作平台

1）措施项目名称：桩基础工作平台

用于打桩机展开工作面，控制桩锤的上下方向及吊桩方向。

水上工作平台：凡从河道原有河岸线向陆地延伸 2.5 m 范围，均属水上工作平台。在水上打桩应先搭好型钢支架，再在支架上搭设工作平台；在水深较深或水中桩基太多时，须把工作平台搭设在驳船上，但是，必须有 30%的船载压仓。

陆上工作平台：水上工作平台范围以外的，需搭设打桩工作平台的，属陆上工作平台，但不包括河塘坑洼地段。在河塘坑洼地段，如平均水深超过 2 m 时，可套用水上工作平台定额；平均水深在 1～2 m 以内，按水上工作平台定额消耗量乘以 50%计算；平均水深在 1 m 以内时，按陆上工作平台计算。

水上工作平台、陆上工作平台子目套用时还需要区分打桩机桩锤质量，如果是钻孔桩工艺施工需要搭设工作平台的，钻孔灌注桩工作平台按孔径 $\phi\leqslant 1\,000$ 套用锤质量 $\leqslant 2\,500$ kg 的桩基础工作平台，$\phi>1\,000$ 套用锤质量 $\leqslant 4\,000$ kg 的桩基础工作平台计算。

坑下工作平台：在大面积基坑施工时，有很多桩型可以选择在土方开挖后的坑底施工，如果遇到坑底土质含水率高或土质不好，影响到桩基施工的质量时，需要铺设砖渣，打桩施工完成后，再取走砖渣，一般铺垫的厚度为 50 cm，计算时应按施工组织设计确定。

2）措施项目特征描述要求

（1）工作平台种类：陆上还是水上或坑下。（2）水上时应描述水深，坑下时应描述坑深。（3）打桩机锤质量。（4）使用船排的应描述使用周期，船排载重要求。

3）工程量计算

陆上及水上桩基础工作平台按施工组织设计确定的投影面积计算,使用船排的按施工组织设计确定的载重量计算,坑下工作平台按审定的施工组织设计以铺垫面积乘以平均厚度计算。

4）工作内容

见《云南省房屋建筑与装饰工程消耗量定额》相关子目。

5）计价要点

（1）陆上桩基础工作平台子目工作内容中不包含拆除。（2）组装、拆卸船排定额中未包括压舱费用，需要按船排总吨位的 30%另行计算，也不包含水上打桩过程的船排租赁费用，应按工程实际工期要求计算。（3）坑下工作平台——砖渣铺垫打桩平台子目工作内容不包含砖渣使用后的清挖拆除工作，实际发生时应另行计算。

2. 打桩支架

1）措施项目名称：打桩支架

圆木桩打桩支架：圆木桩承载力有限，在淡水条件下稳定性好，但在干湿交替条件下易腐，一般用于河流治理的驳岸应急加固工程，圆木桩打桩支架定额子目适用于在河岸边打圆木桩施工时使用的简易打桩支架。

坑槽内打桩支架：基槽开挖后在基槽上架设打桩支架，施工槽内桩基础时使用的打桩支架。基槽宽小于 3 m 时不得计算。这里的槽宽系指基槽上口宽度。

2）措施项目特征描述要求

（1）桩基础类型：圆木桩或其他。（2）槽宽、槽深（适用于坑槽内打桩支架）。

3）工程量计算

圆木桩打桩支架按审定的施工组织设计，按其水平投影面积计算。坑槽内打桩支架按沟槽（坑）的上口面积计算。

4）工作内容

见《云南省房屋建筑与装饰工程消耗量定额》相关子目。

3. 基坑监测

1）名词解释

为了更好地理解基坑监测措施项目，依据《建筑基坑工程检测技术规范》GB 50497 规定对涉及基坑监测相关技术名词解释解释如下：

建筑基坑监测：在建筑基坑施工及使用阶段，对建筑基坑及周边环境实施的检查、量测和监视，并对监测结果进行处理和分析的工作。

建筑变形测量：对建筑的地基、基础、上部结构及其场地受各种作用力而产生的形状或位置变化进行观测，并对观测结果进行处理和分析的工作。

基准点：为进行变形测量而布设的稳定的、需长期保存的测量控制点。

工作基点：为直接观测变形点而在现场布设的相对稳定的测量控制点。

监测点（观测点）：直接或间接设置在监测对象（如建筑场地及地基，基础、主体及支护结构变形受力敏感位置）上并能反映其变化特征的观测点。

监测频率（观测周期）：单位时间内的监测次数（前后两次变形观测的时间间隔）。

基坑回弹：基坑开挖时由于卸除土的自重而引起坑底土隆起的现象。

沉降：建筑地基基础、支护结构面及地面在荷载或地下水位变化作用下产生的竖向移动，包括下沉和上升。其下沉或上升的值称为沉降量。同一建筑的不同部位在同一时间段的沉量差值，称为沉降差或差异沉降。

位移：特指建筑物及支护结构产生的非竖向变形。

倾斜：建筑中心线或墙、柱等，在不同高度点对其相应底部点的偏移现象。

清单编码：041108002

因为在《房屋建筑与装饰工程工程量计算规范》中未收录基坑监测措施项目，建议借用《市政工程工程量计算规范》中 L.8 处理、监测、监控中"施工监测、控制"清单项目及编码。

2）基准点布设

（1）措施项目名称：基准点。

（2）措施项目特征：基准点埋设方式：深埋钢管基准点见图 20.11，钢筋混凝土基准点见图 20.12。

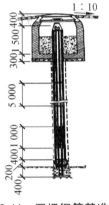

图 20.11　深埋钢管基准点

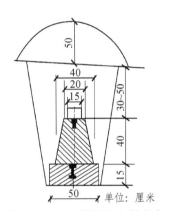

图 20.12　钢筋混凝土基准点

（3）工程量计算：按设计或规范要求布设以点计算。

（4）工作内容：见《云南省房屋建筑与装饰工程消耗量定额》相关子目。

3）地表沉降点

（1）措施项目名称：地表沉降点和位移点。

地表沉降和位移点布设于建筑基坑开挖有影响的周边地表，一般在基坑边缘以外，1~3 倍基坑开挖深度范围内，用于监测基坑开挖对周边环境或地表原有裂缝的沉降和位移影响。

（2）措施项目特征：① 布设点位置结构类型：混凝土结构、沥青混凝土结构或其他地面；② 地表裂缝的位置、状态；③ 监测频率及检测周期：按设计或规范要求描述。

（3）工程量计算：按设计或规范要求布设以点计算。

（4）工作内容：布设、监测，具体详见《云南省房屋建筑与装饰工程消耗量定额》相关子目。

4）建筑物测点

（1）措施项目名称：建筑物测点。

建筑物测点，一般布设于基坑边缘以外，1~3 倍基坑开挖深度范围内的建筑物上，以监测基坑的施工对周边建筑物的沉降、倾斜或建筑物原有裂缝的变形影响。

（2）措施项目特征：① 监测点类型：沉降、倾斜或位移；② 监测频率及检测周期：按设计或规范要求描述。

（3）工程量计算：按设计或规范要求布设以点计算。

（4）工作内容：布设、监测，具体详见《云南省房屋建筑与装饰工程消耗量定额》相关子目。

（5）计价要点：建筑物的水平位移监测点的布设，也可按 01150072 子目计算。

5）土体分层沉降测点

（1）措施项目名称：土体分层沉降测点（孔）。

土体分层沉降测点（孔），用于监测建筑基坑周边重要保护的建（构）筑物地基，一般设置于各层地基土的界面上，也可等距设置。

（2）措施项目特征：① 布设深度：可按设计描述；② 监测频率及检测周期：按设计或规范要求描述。

（3）工程量计算：按设计或规范要求布设以孔计算。

（4）工作内容：布设、监测，具体详见《云南省房屋建筑与装饰工程消耗量定额》相关子目。

6）土体、桩体水平位移测点（孔）

（1）措施项目名称：土体、桩体水平位移测点（孔）。

土体、桩体水平位移测点（孔），在施工图中也称土体、桩体测斜管埋设，布设在建筑基坑的周边的中部、阳角处及有代表性的部位，当埋设于基坑围护桩中时，其埋设深度应不小于围护桩深度，当埋设于土体中时，其埋设深度应不小于基坑开挖深度的 1.5 倍，为用于监测建筑基坑周边土体的分层位移。

（2）措施项目特征：① 布设位置：土体布设或桩体布设；② 布设深度：可按设计描述；③ 监测频率及检测周期：按设计或规范要求描述。

（3）工程量计算：按设计或规范要求布设以孔计算。

（4）工作内容：布设、监测，具体详见《云南省房屋建筑与装饰工程消耗量定额》相关子目。

7）孔隙水压力测孔

（1）措施项目名称：孔隙水压力测孔。

孔隙水压力监测点宜布置在基坑受力、变形较大或有代表性的部位。竖向布置上监测点宜在水压力变化影响深度范围内按土层分布情况布设，竖向间距宜为 2~5 m，数量不宜少于 3 个。

（2）措施项目特征：① 布设深度：可按设计描述；② 监测频率及检测周期：按设计或规范要求描述。

（3）工程量计算：按设计或规范要求布设以孔计算。

（4）工作内容：布设、监测，具体详见《云南省房屋建筑与装饰工程消耗量定额》相关子目。

8）水位观测孔

（1）措施项目名称：水位观测孔。

水位观测孔，用于监测建筑基坑施工对基坑内或基坑周边地下水位的影响，采用深井降水时应设置于建筑基坑中央或相邻两深井中间，采用轻型井点、喷射井点降水时，水位监测点宜布置在基坑中央和周边拐角处，基坑外地下水位监测点应沿基坑、被保护对象的周边或在基坑与被保护对象之间布置，当有止水帷幕时，宜布置在止水帷幕的外侧约 2 m 处。

（2）措施项目特征：① 布设深度：可按设计描述；② 监测频率及检测周期：按设计或规范要求描述。

（3）工程量计算：按设计或规范要求布设以孔计算。

（4）工作内容：布设、监测，具体详见《云南省房屋建筑与装饰工程消耗量定额》相关子目。

9）地下管线沉降、位移测点

（1）措施项目名称：地下管线沉降、位移测点。

地下管线沉降、位移测点，用于监测建筑基坑施工对周边地下管线的影响，宜布置在管线的节点、转角点和变形曲率较大的部位，监测点平面间距直为 15～25 m，并宜延伸至基坑边缘以外 1～3 倍基坑开挖深度范围内的管线。

（2）措施项目特征：① 布设深度：可按设计描述；② 监测频率及检测周期：按设计或规范要求描述。

（3）工程量计算：按设计或规范要求布设以点计算。

（4）工作内容：布设、监测，具体详见《云南省房屋建筑与装饰工程消耗量定额》相关子目。

10）钢筋混凝土构筑物、钢结构应力、应变测点

（1）措施项目名称：钢筋混凝土构筑物、钢结构应力、应变测点。

钢筋混凝土构筑物、钢结构应力、应变测点，在建筑基坑施工中用于监测支护构件，如支护桩或钢筋混凝土支撑的钢筋应力、混凝土应变或钢结构的应力应变，也适用于修缮改建项目的建（构）筑物、钢结构的应力应变监测。

（2）措施项目特征：① 监测对象：钢筋混凝土构件的钢筋应力或混凝土应变或钢结构应力、应变；② 监测频率及检测周期：按设计或规范要求描述。

（3）工程量计算：按设计或规范要求布设以点计算。

（4）工作内容：布设、监测，具体详见《云南省房屋建筑与装饰工程消耗量定额》相关子目。

11）界面孔隙水压力测点

（1）措施项目名称：界面孔隙水压力测点。

界面孔隙水压力测点，用于监测建筑基坑施工对周边土层孔隙水压力的影响，孔隙水压力监测点宜布置在基坑受力、变形较大或有代表性的部位。竖向布置上监测点宜在水压力变化影响深度范围内按土层分布情况布设，竖向间距宜为 2～5 m，数量不宜少于 3 个。

（2）措施项目特征：① 埋设深度；② 监测频率及检测周期：按设计或规范要求描述。

（3）工程量计算：按设计或规范要求布设以点计算。

（4）工作内容：布设、监测，具体详见《云南省房屋建筑与装饰工程消耗量定额》相关子目。

12）界面土压力测点（孔）

（1）措施项目名称：界面土压力测点（孔）。

界面土压力测点（孔），用于监测建筑基坑施工对周边土层压力的影响，监测点应布置在受力、土质条件变化较大或其他有代表性的部位。平面布置上基坑每边不宜少于 2 个监测点。竖向布置上监测点间距宜为 2～5 m，下部宜加密。当按土层分布情况布设时，每层应至少布设 1 个测点，且宜布置在各层土的中部。

（2）措施项目特征：① 埋设深度；② 监测频率及检测周期：按设计或规范要求描述。

（3）工程量计算：按设计或规范要求布设以孔计算。

（4）工作内容：布设、监测，具体详见《云南省房屋建筑与装饰工程消耗量定额》相关子目。

13）内支撑轴力、锚索拉力测点

（1）措施项目名称：内支撑轴力、锚索拉力测点。

内支撑轴力、锚索拉力测点，用于监测建筑基坑施工期间，内支撑（钢支撑、钢筋混凝土支撑）的轴向压力及锚索的拉力，其中内支撑的内力监测点宜设置在支撑内力较大或在整个支撑系统中起控制作用的杆件上，每层支撑的内力监测点不应少于 3 个，各层支撑的监测点位置在竖向上宜保持一致；钢支撑的监测截面宜选择在两支点间 1/3 部位或支撑的端，混凝土支撑的监测截面宜选择在两支点间 1/3 部位，并避开节点位置。锚索的拉力监测点应选择在受力较大且有代表性的位置，基坑每边中部、阳角处和地质条件复杂的区段宜布置监测点。每层锚索的拉力监测点数量应为该层锚索总数的 1%～3%，并不应少于 3 根。各层监测点位置在竖向上宜保持一致。每根杆体上的测试点宜设置在锚头附近和受力有代表性的位置。

（2）措施项目特征：① 检测对象：混凝土支撑、钢支撑或锚索；② 监测频率及检测周期：按设计或规范要求描述。

（3）工程量计算：按设计或规范要求布设以点计算。

（4）工作内容：布设、监测，具体详见《云南省房屋建筑与装饰工程消耗量定额》相关子目。

14）基坑回弹测点

（1）措施项目名称：基坑回弹测点（孔）。

基坑回弹测点，又称坑底隆起监测点，用于监测建筑基坑施工期间，原土壤平衡的应力场受到破坏，卸荷后基底要回弹，或因土体深层滑移引发的坑底隆起，监测点宜按纵向或横向剖面布置，剖面宜选择在基坑的中央以及其他能反映变形特征的位置，剖面数量不应少于 2 个。同一剖面上监测点横向间距宜为 10～30 m，数量不应少于 3 个。

（2）措施项目特征：① 检测对象：混凝土支撑、钢支撑或锚索；② 监测频率及检测周期：按设计或规范要求描述。

（3）工程量计算：按设计或规范要求布设以点计算。

（4）工作内容：布设、监测，具体详见《云南省房屋建筑与装饰工程消耗量定额》相关子目。

20.5.2 脚手架

脚手架指施工现场为工人操作并解决垂直和水平运输而搭设的各种支架。在建设工程中使用的脚手架通常有扣件式钢管脚手架、门式钢管脚手架、碗扣式钢管脚手架、承插型盘扣式钢管脚手架、木脚手架等，门式脚手架、碗扣式脚手架等只在市政、桥梁等少量工程中使用，房屋建筑与装饰工程中一般使用普通扣件式钢管脚手架，《云南省房屋建筑与装饰工程消耗量定额》中除少量子目外，均按普通扣件式钢管脚手架编制。

20.5.2.1 脚手架名词解释

单排脚手架：只有一排立杆，横向水平杆的一端搁置固定在墙体上的脚手架，简称单排架。

双排脚手架：由内外两排立杆和水平杆等构成的脚手架，简称双排架。

满堂脚手架：在纵、横方向，由不少于三排立杆并与水平杆、水平剪刀撑、竖向剪刀撑、扣件等构成的脚手架。该架体顶部作业层施工荷载通过水平杆传递给立杆，顶部立杆呈偏心受压状态，简称满堂脚手架。

扣件：采用螺栓紧固的扣接连接件为扣件；包括直角扣件、旋转扣件、对接扣件。

底座：设于立杆底部的垫座；包括固定底座、可调底座。

可调托撑：插入立杆钢管顶部，可调节高度的顶撑。

水平杆：脚手架中的水平杆件。沿脚手架纵向设置的水平杆为纵向水平杆；沿脚手架横向设置的水平杆为横向水平杆。

扫地杆：贴近楼地面设置，连接立杆根部的纵、横向水平杆件；包括纵向扫地杆、横向扫地杆。

横向斜撑：与双排脚手架内、外立杆或水平杆斜交呈之字形的斜杆。

剪刀撑：脚手架竖向或水平向成对设置的交叉斜杆。

脚手架高度：自立杆底座下皮至架顶栏杆上皮之间的垂直距离。

脚手架长度：脚手架纵向两端立杆外皮间的水平距离。

脚手架宽度：脚手架横向两端立杆外皮之间的水平距离，单排脚手架为外立杆外皮至墙面的距离。

步距：上下水平杆轴线间的距离。

立杆纵（跨）距：脚手架纵向相邻立杆之间的轴线距离。

立杆横距：脚手架横向相邻立杆之间的轴线距离，单排脚手架为外立杆轴线至墙面的距离。

脚手板：搭设或搁置在脚手架上，起到承受及传递施工荷载的钢、木、竹材质的条形板，单块脚手板的质量不宜大于 30 kg，木质脚手板厚度不应小于 50 mm，两端宜各设置直径不小于 4 mm 的镀锌钢丝箍两道，钢、木、竹材质需符合国家相关规范规定。

浇灌运输道：用型钢或钢管扣件或采用木材及脚手板搭设的混凝土施工操作平台及运输混凝土通道或架设混凝土泵送管道的临时平台。

悬空脚手架：钢结构或排架结构工业厂房的天棚结构构件油漆涂料施工使用，直接悬挂在屋架下方的脚手架。

型钢悬挑脚手架：由在建建筑物的中间楼层用型钢外挑作为基础搭设的双排外架，如图 20.13。

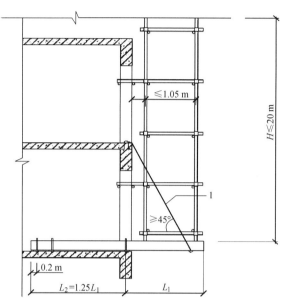

图 20.13　型钢外挑脚手架构造

1—钢丝绳或钢拉杆

架空运输道：相邻两建筑物同时施工，为方便两栋建筑物的人工往来方便及材料运输，在中间楼层搭设的通道脚手架。但是，伴随着建筑设计规范对相邻建筑消防间距的要求提高，已经在施工中不常使用了。

防护架：脚手架（"四口""五临边"）以外单独搭设的，用于车辆通道、人行通道、临街防护和施工与其他物体隔离等的防护。

喷射平台：喷射平台系指用于喷射混凝土支护施工搭设的操作平台，一般适用于填筑所形成的人工边坡和对建（构）筑物安全或稳定有影响的自然边坡支护施工。对于基坑开挖形成的临时边坡或为保证建（构）筑物安全开挖的永久性边坡的喷射混凝土支护，不需要搭设喷射平台，因为，每开挖 1~1.5 m 的深度，就应交叉施工喷射混凝土。

附着式升降脚手架：仅需搭设一定高度并附着于主体结构上，依靠自身的升降设备和装置，能随工程施工逐层爬升和下降作业的，具有防倾覆、防坠落装置的外脚手架。

20.5.2.2　脚手架基础知识

1. 脚手架规范的荷载要求

单、双排与满堂脚手架作业层上的施工荷载标准值应根据实际情况确定，且不应低于表20.1的规定。

表 20.1 施工均布荷载标准值

类别	标准值（kN/m²）
装修脚手架、轻型钢结构及空间网格结构脚手架	2.0
混凝土、砌筑结构脚手架、普通钢结构脚手架	3.0

斜道上的施工均布荷载标准值不应低于 2.0 kN/m²。当在双排脚手架上同时有 2 个及以上操作层作业时，在同一个跨距内各操作层的施工均布荷载标准值总和不得超过 5.0 kN/m²。

按上述规范对荷载的规定，可得知：外墙面装饰脚手架也适用于轻型钢结构及空间网格结构外脚手架，适用于混凝土、砌筑的脚手架也适用于普通钢结构脚手架。

2. 脚手架的计算高度和搭设高度极限值

脚手架的计算高度为：建（构）筑物外墙高度以室外设计地坪为起点算至屋面墙顶结构上表面；屋顶带女儿墙者算至女儿墙顶上表面；坡屋面、曲面屋顶按平均高度计算；与外墙同时施工的屋顶装饰架、建筑小品，算至装饰架、建筑小品顶面；地下建筑物高度按垫层底面至室外设计地坪间的高度计算。砖基础的计算起点为垫层上表面，计算至基础顶面。

脚手架的搭设极限高度为：

钢管扣件式脚手架：单排脚手架搭设高度不应超过 24 m；双排脚手架搭设高度不宜超过 50 m，高度超过 50 m 的双排脚手架，应采用分段搭设等措施。

木质脚手架：单排脚手架不得超过 20 m，双排脚手架不得超过 25 m，当需超过 25 m 时，应按规范重新设计计算，但是，增高后高度不得超过 30 m。

型钢外挑脚手架：一次悬挑搭设高度不宜超过 20 m。

满堂脚手架：一次搭设高度不得超过 36 m。

3. 脚手架的一次使用周期

脚手架的使用费主要由搭设、拆除费用和租赁费用组成，租赁费用又取决于脚手架的一次使用周期，其一次使用周期与服务对象的施工工艺周期有关，有的脚手架的一次使用周期如外架与工期有关，《云南省房屋建筑与装饰工程消耗量定额》中的相关脚手架子目按下列一次使用周期编制，见表 20.2 脚手架一次使用周期表。

表 20.2 脚手架一次使用周期表

项目名称	搭设高度	一次使用周期
外脚手架（单、双排）及斜道	15 m 以内	6 个月
	24 m 以内	7 个月
	30 m 以内	8 个月
	50 m 以内	12 个月
	70 m 以内	20 个月
	90 m 以内	25 个月
	110 m 以内	32 个月

项目名称	搭设高度	一次使用周期
依附斜道	5 m 以内	2 个月
满堂脚手架		25 天
悬空脚手架		7.5 天
里脚手架		7.5 天
烟囱（水塔）脚手架	45 m 以内	3 个月
	60 m 以内	3.5 个月
	80 m 以内	4.5 个月
电梯井字架	20 m 以内	6 个月
	30 m 以内	8 个月
	50 m 以内	12 个月
	80 m 以内	18 个月
	100 m 以内	24 个月
架空运输道		6 个月

20.5.2.3　脚手架清单项目

由于云南省发布的《云南省房屋建筑与装饰工程消耗量定额》脚手架措施项目没有按综合脚手架思路编制，本教材就不阐述综合脚手架项目，其他项目如下：

1. 外脚手架

1）措施项目名称：外脚手架

外脚手架适用于编制施工操作高度超过 3.6 m 的混凝土、砌筑结构、普通钢结构施工而搭设的钢质、木质单排脚手架、双排脚手架、型钢悬挑脚手架。

也适用于编制施工操作高度超过 3.6 m 的外装修、轻型钢结构及空间网格结构施工而搭设的钢质双排脚手架。

2）项目特征

（1）搭设方式：单排或双排。（2）搭设高度：按设计描述。（3）脚手架材质：钢质或木质。（4）服务对象：混凝土、砌筑结构、普通钢结构施工或外墙面装饰、轻型钢结构及空间网格结构施工。

服务对象规范没有要求描述，但是，按《建筑施工扣件式钢管脚手架安全技术规范》（JGJ 130—2011）的规定，不同的服务对象，脚手架的施工荷载不同，其构成措施项目价值的本质特征就不同，所以应该描述。

关于外墙面装饰脚手架，因为混凝土、砌筑结构、普通钢结构脚手架荷载高于外墙面装饰脚手架，而且，脚手架一次使用周期已经包含了装饰周期，所以，《云南省房屋建筑与装饰工程消耗量定额》规定了：外墙面装饰脚手架仅适用于独立承包的建筑物工作面高度在 1.2 m 以上需要从新搭设脚手架的工程。由于装饰装修相关定额子目已经包含了 3.6 m 以内操作需要的脚手架摊销费，所以，外装饰脚手架的起算起点实际为从室外地坪起算操作高度大于 3.6 m 时。

关于材质：按《建筑施工木脚手架安全技术规范》（JGJ 164—2008）的强制性条文规定，木脚手架的杆件必须使用满足规范要求的剥皮杉木或落叶松，所以，竹脚手架已经被安全规范所淘汰。

3）工程量计算规则

按所服务对象的垂直投影面积计算。

《云南省房屋建筑与装饰工程消耗量定额》中关于外脚手架的工程量计算规则与《房屋建筑与装饰工程工程量计算规范》中的工程量计算规则是统一的，只是做了一些细化工作。

4）工作内容

（1）场内、场外材料运输。（2）搭、拆脚手架、斜道、上料平台。（3）安全网的铺设。（4）拆除脚手架后材料的堆放。

关于搭、拆斜道的工作内容，应该按施工组织设计计算，没有施工组织设计的，不计算，因为规范没有强制要求脚手架必须搭设斜道，如设计文件要求搭设或工艺上必须最后施工楼梯的，无施工组织设计条件下，可按《云南省房屋建筑与装饰工程消耗量定额》中规定计算：依附斜道区别不同高度，按建筑物结构外围长度每 150 m 一座计算，增加长度以 60 m 为界，增加长度小于 60 m 时舍弃不计。

关于安全网的计算，脚手架中立挂式安全网已经计算总价措施中，不另行计算。水平安全网应按施工组织设计，以实铺面积计算，挑出式安全网按挑出的水平投影面积计算。

水平安全网在无施工组织设计条件下，按《高空作业安全规范》及《建筑施工扣件式钢管脚手架安全技术规范》（JGJ 130—2011）要求应搭设首层网、层间网和随层网，结合《高处作业分级》（GB/T 3608—2008）规范，应按下列规则计算。

其中：首层网距地不高于 3.2 m 搭设，檐口高度（H）小于 5 m 时，长度按照首层网中心线长度，铺设宽度按 3 m 计算；檐口高度大于 5 m，小于等于 15 m 时，长度按照首层网中心线长度，铺设宽度按 4 m 计算；檐口高度大于 15 m，小于等于 30 m 时，长度按照首层网中心线长度，铺设宽度按照 5 m 计算；檐口高度大于 30 m 时，长度按照首层网中心线长度，铺设宽度按照 6 m 计算。

$$首层网面积\ S = L_{首中} \times B = [L_{外} + 8 \times (C + 0.5B)] \times B \qquad (20.1)$$

式中　$L_{首中}$——首层网中心线长度；

$L_{外}$——外墙外边线长度；

B——首层网的铺设宽度；

C——脚手架离墙距离。

C 值的确定：外立面装饰为涂料时，一般为 10～20 cm，无施工组织设计时，可按 20 cm 取定；外立面为带骨架幕墙（如玻璃幕墙、天然石材幕墙、铝板幕墙）时，一般为 30～50 cm，无施工组织设计时，可按 50 cm 取定。

B 值的确定 $H \leq 5$ m 时，$B = 3$ m；5 m$<H \leq 15$ m 时，$B = 4$ m；15 m$<H \leq 30$ m 时，$B = 5$ m；$H > 30$ m 时，$B = 6$ m。

层间网按首层网以上每隔 10 m 以内设置一道，长度按外墙外边线每边各加 2 m，宽度按 2.5 m 计算。计算方法同首层网，$B = 2.5$ m。

随层网是指施工层脚手板下铺设的安全网，按规范规定必须铺设双层，其铺设宽度的计算为：

$$B = C + L_b \qquad\qquad （20.2）$$

式中　B——铺设宽度；

　　　C——脚手架离墙距离；

　　　L_b——脚手架搭设宽度。

其中：L_b 的确定：一般脚手架的搭设宽度多为 80～90 cm，无施工组织设计时，可按 90 cm 取定。

当建筑物平面为矩形组合多边形时，随层网的工程量计算公式为：

$$S = （L_外 + 4B）× B × 2 × 层数 \qquad\qquad （20.3）$$

式中　$L_外$——外墙外边线长度。

层间网、随层网执行平挂式安全网子目，首层网执行钢管挑出式安全网子目。

水平安全网，如图 20.14 所示。

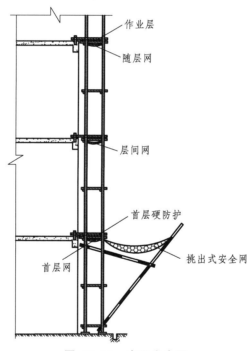

图 20.14　水平安全网

5）应计算外脚手架的项目及相关的系数调整

各种结构的建筑物均需按结构外墙外边线长度乘以外墙高度以平方米计算，不扣除门窗洞、空圈洞口等所占面积，突出墙外宽度在 24 cm 以内的墙垛、附墙烟囱等不计算脚手架，突出墙外宽度超过 24 cm 以外时，按图示结构尺寸展开并入外脚手架工程量计算外脚手架其中：

（1）砖混结构建筑物：外墙高度在 15 m 以内的按单排脚手架计算，超过 15 m 或满足以下条件的按双排脚手架计算。

① 外墙面门窗洞口面积大于整个建筑物外墙面积 40%以上者。

② 毛石外墙、空心砖外墙。

③ 外墙裙以上外墙面抹灰面积大于整个建筑物外墙面积（含门窗洞口面积）25%以上者。

（2）混凝土机构及普通钢结构建筑物：地下室外墙按图示结构外墙外边线长度乘垫层底面至室外设计地坪间的高度以平方米计算，执行相应高度的双排外脚手架定额，定额租赁材料量乘系数 1.5。地上部分均按双排脚手架计算，定额中外脚手架按三种类型编制，其中型钢悬挑脚手架、附着式升降脚手架仅供参考使用，编制招标控制价时按常规使用的落地式外脚手架编制。

钢结构工程的外墙板安装彩板脚手架按所安装的墙板面积计算，执行相应安装高度的双排外脚手架定额，定额租赁材料量乘以系数 0.19。

（3）轻钢结构、空间网格结构及独立承包的建筑物外立面装饰工作面高度在 3.6 m 以上需要重新搭设脚手架的工程计算外墙面装饰脚手架。

（4）砖石围墙、挡土墙，按墙中心线乘以室外设计地坪至墙顶的平均高度以平方米计算。砌筑高度大于 3.6 m 时，按相应高度的外脚手架计算，定额租赁材料量乘系数 0.19，砖砌围墙、挡土墙执行单排外脚手架定额，石砌围墙、挡土墙执行双排外脚手架定额。

需要说明的是，按抗震规范及结构设计规范石砌墙的极限高度为 10 m（烈度 8）~ 18 m，挡土墙的高度极限为 8 m，应使用单排脚手架。

（5）独立柱按图示柱结构外围周长另加 3.6 m 乘以柱高以平方米计算。混凝土柱按相应高度的单排外脚手架计算；砖柱、石柱高度大于 3.6 m 时，砖柱按相应高度的单排外脚手架计算，石柱按相应高度的双排外脚手架计算。这里的单、双排外脚手架的定额租赁材料量均乘以系数 0.19。

（6）砖基础按砖基础长度（外墙基础取外墙中心线长，内墙基础取内墙净长线）乘以垫层上表面砖基础平均高度以平方米计算;室内管沟墙按墙长乘以墙的平均高度以平方米计算。砌筑高度大于 3.6 m 者，按相应高度的单排外脚手架计算，定额租赁材料量乘以系数 0.19。

（7）混凝土内墙按墙面垂直投影面积执行相应高度的单排外脚手架定额，不扣除门、窗、空圈洞口等所占面积，定额租赁材料量乘以系数 0.19；室内单梁、连续梁按梁长乘以设计室内地坪至单梁上表面之间的高度以面积计算，执行相应高度的双排外脚手架定额，租赁材料量乘以系数 0.19。

在《云南省 2013 建设工程计价依据解释汇编》中解释为混凝土内墙按墙面垂直投影面积执行相应高度的双排外脚手架定额，定额租赁材料量乘以系数 0.19。

（8）建筑物需要搭设多排脚手架时按"高度 50 m 内每增加一排"子目计算，其中高度不大于 15 m 时，定额乘以系数 0.7，高度不大于 24 m 时，定额乘以系数 0.75。

（9）高度超过 50 m 的外脚手架，钢管桃出式安全网中的部分材料按表 20.3 系数调整。

表 20.3　挑出式安全网 50 m 以上系数调整表

调整内容	外脚手架高度在（m）内								
	50	70	90	110	130	150	170	190	200
钢管、扣件、钢丝绳调整系数	1.00	1.51	1.84	2.33	2.63	2.76	2.90	3.04	3.20

上表中区间增加的高度不小于 10 m 且小于 20 m 时，按上一高度系数计算；区间增加高度小于 10 m 时舍弃不计，按达到高度的系数计算。

（10）贮仓、贮油（水）池、化粪池。

自基础垫层上表面起至仓顶或池顶结构上表面高（或深）度大于 1.2 m 的贮仓、贮油（水）池、化粪池，按其结构外围周长乘以高度以平方米计算，高度在 3.6 m 以内的执行里脚手架定额、高度在 3.6 m 以外的执行相应高度的双排外脚手架定额。

（11）架空通廊按其结构外围水平周长乘以设计室内地坪（或设计室外地坪）至架空通廊结构上表面间的平均高度以平方米计算，执行相应高度的双排外脚手架定额，租赁材料量乘以系数 1.6。

（12）大型块体设备基础脚手架：自垫层上表面高度大于 1.2 m 以上者，按其外形周长乘以垫层上表面至外形顶面之间高度以平方米计算，执行双排外脚手架相应定额，租赁材料量乘以系数 0.3 计算。

关于混凝土构件是否应计算脚手架的问题，也有不同观点，因为在措施费用的模板工程中第四条："混凝土构件模板综合了模板支撑操作系统，不另计算，实际采用不同时不得换算。"其中的"操作系统"就是脚手架，而且，消耗量中也包含了相应脚手架的租赁费用，所以，不能重复计算。为什么混凝土构件的脚手架称为"操作系统"，是因为，混凝土构件的模板施工需要的是双面的操作系统，我们的脚手架都是单面的，上述所有的工程量计算规则都是单面面积。详细的基础编制资料可以查阅《全国统一建筑工程基础定额编制说明》。

2. 里脚手架

1）措施项目名称：里脚手架

适用于操作高度大于 1.2 m 且小于 3.6 m 的混凝土、砌筑结构、普通钢结构施工而搭设的钢质脚手架，其中特例是石砌体，石砌体操作高度大于 1 m 且小于 3.6 m 时按里脚手架计算。

建（构）筑物外围已经计算了外脚手架的就不再重复计算里脚手架，所以，这种情况下，里脚手架服务对象为内墙砌筑或浇筑。

建（构）筑物外围操作高度大于 1.2 m（或 1 m）且小于 3.6 m 的，条件不足够计算外脚手架的构件：室外围墙、挡墙、独立柱、花架、室外管道支架等应计算里脚手架。

2）措施项目特征

（1）搭设方式：可不作描述。（2）搭设高度：3.6 m 以内。（3）脚手架材质：钢质。

3）工程量计算规则

按所服务对象的垂直投影面积计算。

对于工程量计算在《云南省房屋建筑与装饰工程消耗量定额》规定为：按墙面垂直投影面积计算，不扣除门、窗、空圈洞口等所占面积。该条规定应理解为：包括构造柱、圈梁的墙面面积，但是，不包含框架柱及框架梁的面积。

4）工作内容

（1）场内、场外材料运输。（2）搭、拆脚手架。（3）安全网的铺设。（4）拆除脚手架后材料的堆放。

3. 悬空脚手架

1）措施项目名称：悬空脚手架

悬空脚手架适用于钢结构或排架结构工业厂房的屋顶及天棚结构构件油漆涂料施工使用，直接悬挂在屋架下方的脚手架。由于工艺技术的进步，现在的钢结构或排架结构工业厂房的屋顶及天棚结构构件油漆涂料大多在工厂制造期间就已经完成，所以，该种脚手架使用不多了，如有使用，一般用于安装焊接节点的油漆涂料补刷。

2）措施项目特征

（1）搭设方式：悬空搭设。（2）搭设高度：按设计要求或施工组织设计描述。（3）脚手架材质：钢质。

3）工程量计算规则

按搭设的水平投影面积计算。

4）工作内容

（1）场内、场外材料运输。（2）搭、拆脚手架。（3）安全网的铺设。（4）拆除脚手架后材料的堆放。

其中，按《高空作业安全规范》规定，悬空脚手架下部必须铺设安全网，安全网的工程量按悬空脚手架的面积计算，套用平铺式安全网子目。

4. 挑脚手架

挑脚手架的概念来自 1995 年版的《全国统一建筑工程基础定额》中，该定额的编制依据是 1991 年版的《扣件式钢管脚手架应用与安全技术规程》（送审稿），其中很多规定与现行的《建筑施工扣件式钢管脚手架安全技术规范》（JGJ 130—2011）不符，其中，"挑脚手架"概念已经被"型钢悬挑脚手架"的规范规定所代替，所以，该清单项目已经不适用。实际如果使用型钢悬挑脚手架的，应按外脚手架清单项目编制。

5. 满堂脚手架

1）措施项目名称：满堂脚手架

适用于室内净高 3.6 m 以上的天棚抹灰、吊顶工程。计算了满堂脚手架的，也就不再计算墙面抹灰脚手架。

2）项目特征

（1）搭设方式：可不描述。（2）搭设高度：按设计或施工组织设计描述。（3）脚手架材质：钢质。

3）工程量计算规则

按搭设的水平投影面积计算。

《云南省房屋建筑与装饰工程消耗量定额》规定为：按室内净面积计算。

4）工作内容

（1）场内、场外材料运输；（2）搭、拆脚手架；（3）安全网的铺设；（4）拆除脚手架后材料的堆放。

关于安全网按《建筑施工扣件式钢管脚手架安全技术规范》（JGJ 130—2011）规定，应铺设，而且应按双层计算，套用平铺式安全网子目。

5）计价时的相关规定

其高度在 3.6～5.2 m 时，计算基本层，大于 5.2 m 时，每增加 1.2 m 按增加一层计算，不大于 0.6 m 的不计。计算式如下：

$$满堂脚手架增加层 = [室内净高 - 5.2（m）] ÷ 1.2（m） \tag{20.4}$$

高度大于 3.6 m 的室内天棚抹灰、吊顶工程，按上述规定套用满堂脚手架定额，计算满堂脚手架后，高度大于 3.6 m 的墙面抹灰工程不再计算脚手架。

6. 整体提升架

1）措施项目名称：整体提升架

整体提升架在《建筑施工安全检查标准》（JGJ 59—2011）中称为附着式升降脚手架，是指搭设一定高度并附着于工程结构上，依靠自身的升降设备和装置，可随工程结构逐层爬升或下降，具有防倾覆、防坠落装置的外脚手架；附着升降脚手架主要由附着升降脚手架架体结构、附着支座、防倾装置、防坠落装置、升降机构及控制装置等构成。

附着式升降脚手架一般从 3 层开始搭设，一次搭设的高度按服务对象的结构层高的 4 层加 1.5～2.5 m，一次搭设后随主体升降，升降机位依附在主体的剪力墙或柱等结构构件上，间距一般在 5～6 m。室外地坪至 3 层还是搭设落地式脚手架。

附着式升降脚手架具有显著的低碳性，高科技含量和更安全、更便捷等特点。其经济性方面，经过工程的实际经验比对，在服务对象高度高于 70 m 时，对比传统脚手架有明显的成本优势。

适用性方面，附着式升降脚手架适用于各种建筑的结构类型。

2）项目特征

（1）搭设方式及启动装置：可按施工组织设计描述；（2）搭设高度：按设计或施工组织设计描述；（3）服务对象高度：按设计文件描述。

3）工程量计算规则

按所服务对象的垂直投影面积计算。

4）工作内容

（1）场内、场外材料运输。（2）选择附墙点与主体连接。（3）搭、拆脚手架、斜道、上料平台。（4）安全网的铺设。（5）测试电动装置、安全锁等。（6）拆除脚手架后材料的堆放。

其中斜道的计算同外脚手架，安全网的铺设随层网、层间网、首层网的计算均与外脚手架相同，同时还应计算兜底网，工程量同随层网，只计算一层，套用平铺式安全网子目。

7. 外装饰吊篮

1）措施项目名称：外装饰吊篮

外装饰吊篮主要适用于主体脚手架已经拆除后的独立承包的外立面维修或装饰工程如：

（1）幕墙工程：玻璃幕墙，石材幕墙；（2）外墙保养维修工程：外墙防水堵漏，窗框防水堵漏；（3）外墙翻新工程：石材翻新；（4）外墙涂料工程；（5）外墙安装 LED 工程；（6）外墙保温工程；（7）外墙门窗工程等。

外装饰吊篮主机及负重一般安装于建筑物的屋面，单个吊篮的宽度在 8 m 以内，宽度为 0.8～1.2 m，高度一般不超过两层，施工荷载为 1 kN/m²，离墙间距在 100～200 mm。

外装饰吊篮按启动方式分有手动式及电动式两种。

至今为止，我国还未出台与之相对应的设计及安全规范，所以，在《云南省房屋建筑与装饰工程消耗量定额》中未编制相关的定额子目。

2）项目特征

（1）升降方式及启动装置：可按手动式或电动式描述。（2）搭设高度及吊篮型号：按设计及实际采用厂家的设备型号描述。

3）工程量计算规则

按所服务对象的垂直投影面积计算。

4）工作内容

（1）场内、场外材料运输。（2）吊篮的安装。（3）测试电动装置、安全锁、平衡控制器等。（4）吊篮的拆卸。

8. 浇灌运输道

1）措施项目名称：浇灌运输道

在《房屋建筑与装饰工程工程量计算规范》中没有清单列项，但是，依据《高空作业安全规范》规定：浇灌混凝土必须搭设作业平台，不得直接站在模板或支撑上操作。所以，不论是浇灌使用的是现场搅拌混凝土或是商品混凝土都必须搭设浇灌运输道。编制工程量清单时应补编清单项目。

2）项目特征

（1）搭设高度：按施工组织设计描述。（2）脚手架材质：钢质。

3）工程量计算规则

按服务对象水平投影面积计算。

《云南省房屋建筑与装饰工程消耗量定额》中规定为浇灌运输道：用于基础施工时，按所浇灌基础的实浇底面外围水平投影面积以平方米计算，架子高度按基础特点和施工要求选用。现浇钢筋混凝土板套用高度在 1 m 以内的浇灌运输道项目，按板（包括现浇楼梯、阳台、雨篷）的外围水平投影面积以平方米计算。

4）工作内容

（1）场内、场外材料运输。（2）搭、拆脚手架。（3）拆除脚手架后材料的堆放。

5）计价中应注意的问题

《云南省房屋建筑与装饰工程消耗量定额》中按搭设高度不同编制了高度 1 m 以内、3 m

以内、6 m 以内及 9 m 以内 4 个定额子目供选用，但是，依据《高空作业安全规范》规定：操作平台高度不应大于 5 m，所以，高度 3 m 以上浇灌运输道子目要慎用。

关于搭设高度的取定应该按以下原则计算取定：搭设高度按服务构件厚度（有梁式筏板按板厚）加 0.3 m，小于等于 1 m 的，选用 1 m 以内子目，大于 1 m 且小于 3 m 的选用 3 m 以内子目，同理类推。其中的加高 0.3 m 的原因是：0.3 m 是搭拆脚手架扣件必须的最小舒适的操作空间。在《云南省 2013 建设工程计价依据解释汇编》中解释为加 0.1 m。

9. 喷射平台

1）措施项目名称：喷射平台

喷射平台适用于喷射混凝土支护的边坡支护，一般适用于填筑所形成的人工边坡和对建（构）筑物安全或稳定有影响的自然边坡支护。对于基坑开挖形成的临时边坡或为保证建（构）筑物安全开挖的永久性边坡的喷射混凝土支护，不需要搭设喷射平台，因为，每开挖 1 m 至 1.5 m 的深度，就应交叉施工喷射混凝土。

该项目在《房屋建筑与装饰工程工程量计算规范》中没有清单列项，编制中应补充列项。

2）项目特征描述要求

（1）边坡高度：按设计文件描述。（2）搭设材质：钢管或型钢。

3）工程量计算

《云南省房屋建筑与装饰工程消耗量定额》中规定：按实际搭设平台的最外立杆之间水平投影面积以平方米计算。但是，按 13 清单中 S.1 脚手架工程中的工程量计算除了满堂脚手架以外，均以服务对象的垂直投影面积计算的理念来看，有观点认为：喷射平台的工程量也应该以喷射混凝土支护边坡面的垂直投影面积来计算工程量。

4）工作内容

见《云南省房屋建筑与装饰工程消耗量定额》相关子目。

5）计价要点

《云南省房屋建筑与装饰工程消耗量定额》有 01150054 及 01150220 两个定额子目，喷射平台应属于脚手架分部工程，建议计价使用 01150220 子目。

10. 电梯井脚手架

1）措施项目名称：电梯井脚手架

适用于电梯井的结构施工及安装电梯使用，该清单项目在《构筑物工程工程量计算规范》的附录 C.1 中。

2）项目特征

（1）搭设方式：可不描述。（2）井道几何尺寸、高度：按设计描述。

3）工程量计算规则

按设计数量以座计算。

4）工作内容

（1）场内、场外材料运输；（2）搭、拆脚手架；（3）安全网铺设；（4）拆除脚手架后材料的堆放。

其中安全网铺设的工作内容在《构筑物工程工程量计算规范》中遗漏，实际工作中应做补充说明，并按以下原则计算：电梯井道内，首层网距地不高于 3.2 m 搭设，首层网以上，每隔 10 m 铺设安全网一道，工程量应按井道水平投影面积计算，套用平铺式安全网子目。

11．构筑物脚手架

1）措施项目名称：构筑物脚手架

适用于烟囱、水塔的外脚手架及作业平台，该清单项目在《构筑物工程工程量计算规范》的附录 C.1 中。

2）项目特征

（1）搭设方式：可不描述。（2）构筑物几何尺寸、高度：按设计描述。

3）工程量计算规则

按设计数量以座计算。

4）工作内容

（1）场内、场外材料运输；（2）搭、拆脚手架、斜道、上料平台；（3）挖埋地锚、拉缆风绳；（4）安全网铺设；（5）拆除脚手架后材料的堆放。

5）计价时应注意的问题

（1）安全网铺设的工作内容在《构筑物工程工程量计算规范》中遗漏，实际工作中应做补充说明，应按本章外脚手架中安全网的相关原则计算。

（2）水塔脚手架按相应烟囱定额人工乘以系数 1.11。

（3）滑升模板施工的钢筋混凝土烟囱、水塔、筒仓结构，不计算脚手架。

12．防护架

1）措施项目名称：防护架

适用于"四口""五临边"以外单独搭设的，用于车辆通道、人行通道、临街防护和施工与其他物体隔离等的防护，该项目在《房屋建筑与装饰工程工程量计算规范》中没有清单列项，工程实际需要时应按设计或施工组织设计要求补编。

2）项目特征

（1）搭设方式：可不描述。（2）防护的几何尺寸、高度：按设计或施工组织设计描述。

3）工程量计算规则

水平防护架按所搭设的长度乘以宽度以平方米计算；垂直防护架按自然地坪至最上一层横杆之间的搭设高度乘以实际搭设长度以平方米计算。

4）工作内容

（1）场内、场外材料运输。（2）搭、拆脚手架。（3）安全网铺设。（4）拆除脚手架后材料的堆放。

5）计价时应注意的问题

（1）安全网的铺设水平防护架应计算双层安全网，垂直防护架的安全网应按平挂安全网计算。

（2）定额中防护架的占用期是按 4.2 个月计算的，实际占用期不同可调整未计价材定额含量，其他不变。

20.5.2.4 计算实例

关于搭、拆斜道的工作内容，应该按施工组织设计计算，没有施工组织设计的，不计算，因为规范没有强制要求脚手架必须搭设斜道，如设计文件要求搭设或工艺上必须最后施工楼梯的，无施工组织设计条件下，可按《云南省房屋建筑与装饰工程消耗量定额》中规定计算：依附斜道区别不同高度，按建筑物结构外围长度每 150 m 一座计算，增加长度以 60 m 为界，增加长度小于 60 m 时舍弃不计。

关于安全网的计算，脚手架中立挂式安全网已经计算总价措施中，不另行计算。水平安全网应按施工组织设计，以实铺面积计算，挑出式安全网按挑出的水平投影面积计算。

水平安全网在无施工组织设计条件下，按《高空作业安全规范》及《建筑施工扣件式钢管脚手架安全技术规范》JGJ 130 要求应搭设首层网、层间网和随层网，结合《高处作业分级》GB/T 3608—2008 规范，按前述方法计算。

【例 20.1】 某矩形闭合现浇框架建筑：6 层、室外地坪标高 −0.5 m、檐高 18.6 m、女儿墙顶面标高 19.1 m、外墙外边线 B 边 56 m、H 边 48 m，外墙装饰做法为：0.1 m 标高以下为石材勒脚，以上均为外墙涂料。

施工当期未计价材料除税价格：① 脚手架租赁费：焊接钢管 3.2 元/（t·d）；② 直角扣件、对接扣件、回转扣件、底座均为 0.70 元/（百套·d）。

试计算：（1）脚手架工程量。（2）相应安全网脚手架。（3）按照《房屋建筑与装饰工程工程量计算规范》（GB 50854—2013）的要求编制该措施项目清单。（4）计算其综合单价及合价。

【解】 1. 计算工程量

1）双排外脚手架工程量

（19.1 + 0.5）×（56 + 48）× 2 = 4076.80（m²）

2）安全网工程量

（1）首层网：$S = L_{首中} \times B = [L_{外} + 8 \times (C + 0.5B)] \times B$

$$= [（56 + 48）× 2 +（0.2 + 2.5）× 8] × 5 = 1148.00（m²）$$

（2）层间网：

铺设层 = [19.1 + 0.5 − 3.2（首层网搭设高度）]/10（间隔高度）= 1.64，向下取整 ≈ 1 层

层间网面积 = [（56 + 48）× 2 +（0.2 + 2）× 8] × 2.5（宽度）× 1（铺设层）= 564.00（m²）

（3）随层网：铺设宽度 B＝涂料墙面 0.2 m（离墙距离）＋0.9 m＝1.1（m）

随层网面积＝[（56＋48）×2＋0.55×8]×1.1（宽度）×2（铺设层）×6（楼层）＝2803.68（m²）

2．编制工程量清单（表 20.4）

表 20.4 单价措施项目工程量清单

序号	项目编码	项目名称	项目特征	计量单位	工程数量
1	011701002001	外脚手架	1．搭设方式：双排 2．搭设高度：－0.5 m 至 19.1 m 3．材质：钢质 4．服务对象：砌筑外墙及涂料装饰	m²	4076.80

3．计算综合单价

（1）选用定额，查《定额》中的相关项目，层间网、随层网执行平挂式安全网子目，首层网执行钢管挑出式安全网子目。相关定额子目为：01150141、01150192、01150191。

（2）编制相关子目直接费。

加入未计价材料费，相关子目直接费表，见表 20.5。

表 20.5 相关定额子目直接费表

定额编号		01150141	01150192	01150191
项 目		外脚手架钢管架 24 m 以内双排	安全网挑出式钢管挑出 （外墙高度在 30 m）以内	安全网平挂式
计量单位		100 m²		
直接费（元）		2043.60	749.66	278.27
其中	人工费（元）	627.15	107.93	16.36
	材料费（元）	1352.33	626.64	261.91
	机械费（元）	64.13	15.09	0.00

注：① 所用到的机械换为云建标〔2016〕207 号文中附件 2 中机械除税台班单价：第 472 项 载重汽车 装载质量 6 t：377.21 元/台班。

② 人工费按云建标函〔2018〕47 号文上调 28%。

（3）计算综合单价，见表 20.6。

4．外脚手架项目合价＝工程量×综合单价＝4076.80×26.97＝109958.23（元）

【例 20.2】 某综合楼基础由独立基础及地梁组成，室外地坪标高－0.5 m，独立基础共 12 个，单个规格为 400 mm（长）×600 mm（宽）×500 mm（高），基底标高－1.8 m，下设 100 mm 厚混凝土垫层，单个规格 600 mm×800 mm。地梁总长 160 m，宽 300 mm、高 600 mm，底标高－1.1 m，下设 100 厚混凝土垫层，宽 500 mm。请计算浇灌基础所需浇灌运输道工程量，并按《房屋建筑与装饰工程工程量计算规范》（GB 50854—2013）的要求编制该措施项目清单，计算其综合单价及合价。

【解】 1．计算工程量

基础浇灌运输道工程量：0.4×0.6×12＝2.88（m²）

地梁顶标高＝－1.1＋0.6＝－0.5，与室外标高平齐，不需要浇灌运输道。

表 20.6 工程量清单综合单价分析表

序号	项目编码	项目名称	计量单位	工程量	定额编号	定额名称	定额单位	数量	单价（元）			合价（元）				综合单价（元）
									人工费	材料费	机械费	人工费	材料费	机械费	管理费和利润	
1	011701002001	外脚手架	m²	4076.80	01150141	外脚手架钢管架24 m以内双排	100 m²	40.7680	627.15	1352.33	64.13	25567.60	55131.68	2614.28	10697.43	27.65
					01150192	安全网挑出式钢管挑出（外墙高度在30 m）以内	100 m²	11.48	107.93	626.64	15.09	1239.03	7193.88	173.21	520.38	
					01150191	安全网平挂式层间网	100 m²	5.64	16.36	261.91	0.00	92.26	1477.16	0.00	38.20	
					01150191	安全网平挂式随层网	100 m²	28.0368	16.36	261.91	0.00	458.68	7343.07	0.00	189.90	
						小　计						27357.58	71145.78	2787.49	11445.92	

清单综合单价组成明细

注：① 综合单价，即是以清单工程量为1的价格：综合单价＝∑分部分项工程费/清单工程量，套定额的数量是定额工程量。

② 管理费费率取33%，利润率取20%。

③ 有的教材将套定额的数量填写为定额工程量，此时综合单价＝∑分部分项工程量/清单工程量，也是可以的，此时综合单价＝∑分部分项工程费。

2. 编制工程量清单（表 20.7）

表 20.7 单价措施项目工程量清单

序号	项目编码	项目名称	项目特征	计量单位	工程数量
1	01B001	基础浇灌运输道	1. 搭设高度：3 m 以内 2. 材质：钢质	m²	2.88

3. 计算综合单价

查找《定额》，基础浇灌运输道拟套用定额浇灌运输道钢制架子高度在 3 m 以内 01150169，本项目定额套用仅一项，可列式计算综合单价。

（1）人工费：461.85×1.28×0.0288 = 17.03（元）

（2）材料费：（1399.46×0.912 + 87.74×3.2 + 55.09×0.70 + 14.04×0.71）×0.0288 = 46.24（元）

（3）机械费：无。

（4）管理费和利润：17.03/1.28×（33% + 20%）= 7.05（元）

（5）综合单价：（17.03 + 46.24 + 7.05）/2.88 = 24.42（元/m²）

4. 基础浇灌运输道项目合价 = 24.42×2.88 = 70.32（元）

20.5.3 混凝土模板及支架

建筑模板是一种临时性支护结构，按设计要求制作，使混凝土结构、构件按规定的位置、几何尺寸成形，保持其正确位置，并承受建筑模板自重及作用在其上的外部荷载。

建筑模板按材料的性质可分为工具式钢模、木模板、组合式钢模板、铝合金模板、胶合板模板、双面覆膜建筑模板等。建筑模板按施工工艺条件可分为现浇混凝土模板、预组装模板、滑膜、爬模等。《云南省房屋建筑与装饰工程消耗量定额》中模板子目按现浇构件模板、预制构件模板分小节，现浇构件中又按组合钢模、复合模板分别编制，其中组合式钢模系按工具式钢模为主编制，复合模板系按胶合板复合木模板为主编制。

20.5.3.1 混凝土模板名词解释

面板：直接接触新浇混凝土的承力板，并包括拼装的板和加肋楞带板。面板的种类有钢、木、胶合板、塑料板等。

支架：支撑面板用的楞梁、立柱、连接件、斜撑、剪刀撑和水平拉条等构件的总称。

连接件：面板与楞梁的连接、面板自身的拼接、支架结构自身的连接和其中二者相互间连接所用的零配件。包括卡销、螺栓、扣件、卡具、拉杆等。

模板体系（简称模板）：由面板、支架、和连接件三部分系统组成的体系，也可统称为"模板"。

滑动模板：模板一次组装完成，上面设置有施工作业人员的操作平台，从下而上采用液压或其他提升装置沿现浇混凝土表面边浇筑混凝土边进行同步滑动提升和连续作业，直到现浇结构的作业部分或全部完成。其特点是施工速度快、结构整体性能好、操作条件方便和工业化程度较高。

爬模：以建筑物的钢筋混凝土墙体为支承主体，依靠自升式爬升支架使大模板完成提升、下降、就位、校正和固定等工作。

高大模板支架：具备下列四个条件之一的模板支架体系，模板支撑超过 8 m，或构件跨度超过 18 m，或施工总荷载超过 15 kN/m^2，或施工线荷载超过 20 kN/m。

配模：在施工设计中所包括的模板排列图、连接件和支承件布置图，以及细部结构、异形模板和特殊部位详图。

早拆模板体系：在模板支架立柱的顶端，采用柱头的特殊构造装置来保证国家现行规范所规定的拆模原则下，达到早期拆除部分模板的体系。

地模：用标准砖在地面平铺后抹上水泥砂浆或用素混凝土原地面浇灌成类似地坪，刷上隔离剂后作为混凝土构件的底模使用的叫地模，使用标准砖的称为砖地模，使用素混凝土的称为混凝土地模，地模多在预制构件厂中周转摊销使用。

胎膜：用标准砖砌筑后抹灰成形的或用素混凝土浇灌成形，涂刷隔离剂后作为混凝土构件的侧模使用的模板称为胎膜。使用标准砖的称为砖胎膜，使用素混凝土的称为混凝土胎膜。作为预制构件使用的胎膜，构件生产好后必须拆除，在现浇构件中使用较多的为砖胎膜，一般用于工艺上无法拆除模板的部位，如有梁式满堂基础的梁侧模。

清水混凝土模板：按《清水混凝土应用技术规程》（JGJ 169—2009）质量验收规定要求制作、安装的模板，按不同的质量要求分为普通清水混凝土模板及饰面清水混凝土清水模板。说简单一些，清水模板制作和安装允许偏差高于普通模板，保证混凝土拆模后其平整度、垂直度、阴阳角达到抹灰的允许尺寸偏差的质检要求，其中普通清水混凝土对应达到普通抹灰质量标准，饰面清水混凝土对应达到高级抹灰质量标准。

20.5.3.2 混凝土模板基础知识

1. 《云南省房屋建筑与装饰工程消耗量定额》编制工艺的取定

现浇混凝土结构施工中使用的模板工艺主要有：钢模、复合木模（胶合板模板）、木模板、铝合金模板、滑模、爬模等工艺。定额编制时，按市场主流工艺选择了钢模、复合木模（胶合板模板）、木模板编制，构筑物中烟囱、水塔按滑模工艺编制。也单项列出了地模和胎膜一次使用的消耗量子目。

铝合金模板是铝合金制作的新型建筑模板，《建筑施工模板安全技术规范》（JGJ 162—2008）已经将其列入规范体系，云南省的使用在 2010 年后。这种模板体系，以绿色环保、操作简单、施工快、回报高、环保节能、使用次数多、混凝土浇筑效果好、可回收等特点，现在正在推广使用中。但是，由于其一次性投入大，按其经济性只适用于建筑高度 70 m 以上，且均为标准层的建筑物的模板施工，使用铝合金模板，还要求有 1 个月的提前制作周期。

2. 模板主要材料的消耗量的确定与拆模时间

《云南省房屋建筑与装饰工程消耗量定额》中规定组合钢模板、支撑钢管、扣件、底座按租赁编制；复合木模板、模板板坊材、定型钢模板、钢滑模、支撑方木、构筑物模板系统中的钢支撑按摊销编制。租赁材料往返运输所需的人工、机械已综合在定额内，实际不同时不得调整。

所以，拆模时间与消耗量有关，拆模时间在《混凝土结构工程施工规范》（GB 50666—2011）中要求如下：

（1）拆除的顺序：先支的后拆，后支的先拆，先拆非承重模板，后拆承重模板的顺序，应从上而下的拆除。

（2）底模及支架拆除时对混凝土强度的要求：底模及支架应在混凝土强度达到设计要求后方能拆除，设计无具体要求时，同条件养护的混凝土立方体试件抗压条件应符合表 20.8 规定。

表 20.8　底模拆除时混凝土强度要求

构件类型	构件跨度（m）	达到设计混凝土强度等级的百分率（％）
板	≤2	≥50
	>2，≤8	≥75
	>8	≥100
梁、拱、壳	≤8	≥75
	>8	≥100
悬臂结构		≥100

（3）当混凝土强度能保证其表面棱角不受损伤时，方可拆除其侧模。

其他有关拆模的相关规定见《混凝土结构工程施工规范》（GB 50666—2011）。

定额中木模的摊销次数系按 5 次计算。

20.5.3.3　模板及支架清单项目

在《房屋建筑与装饰工程工程量清单计算规范》中附表 S.2 混凝土模板及支架（撑）中列项 32 项，这 32 个清单项目包含了现浇构件及预制构件的模板项目，具体使用过程中，是现浇构件还是预制构件应该在构件类型的项目特征中描述清楚，同时，使用中还应注意以下问题：

1. 清单工作内容

《房屋建筑与装饰工程工程量清单计算规范》附表 S.2 中工作内容只涉及了① 模板制作，② 模板安装、拆除、整理堆放及场内外运输，③ 清理模板黏结物及模内杂物、刷隔离剂等。遗漏了模板支撑系统的安装、拆除、清理、堆放及场内外运输，这些工作内容均已经包含在相关的定额子目中，编制工程量清单时应作出补充说明。

在《云南省房屋建筑与装饰工程消耗量定额》中的混凝土构件模板综合了模板支撑操作系统，不另计算，相关论述见脚手架小节。

2. 预制构件模板清单项目使用问题

《云南省房屋建筑与装饰工程消耗量定额》中预制构件模板均按按相应混凝土工程量计算，也就是按预制构件体积计算模板工程量。在《房屋建筑与装饰工程工程量清单计算规范》中附表 S.2 说明："以立方米计算的模板及支撑（支架），按混凝土及钢筋混凝土实体项目执行，其综合单价中包含模板及支撑（支架）。"该条规定，不适合云南省《云南省房屋建筑与装饰工程消耗量定额》规定，因为会导致安全文明等费用的计算基数混乱问题，所以在云南省还是应该单独列项计算。在现有的市场条件下，预制构件多为工厂生产，建议在编制工程量清单时，应符合市场规律，按工厂采购编制，简化计算，便于工程造价管理。

3. 基础模板清单项目使用问题

按《云南省房屋建筑与装饰工程消耗量定额》中模板工程量计算规则规定：

1）基础模板清单列项问题

基础模板区别基础类型、混凝土种类、混凝土有筋、混凝土无筋等按基础垫层以上模板与混凝土的接触面积以平方米计算。

框架式设备基础、箱型基础、地下室分别按基础、柱、墙、梁、板的有关规定计算。楼层上的设备基础执行有梁板定额。

（1）有梁式带形基础。

有梁式带形基础梁的高度（基础扩大面至梁顶面高度）不大于 1.2 m 时，基础底板、梁模板合并计算执行带形基础定额；有梁式带形基础梁的高度大于 1.2 m 时，带形基础底板模板执行带形基础定额，基础扩大面以上梁的模板执行混凝土墙模板相应定额。

（2）满堂基础。

无梁式满堂基础有扩大或角锥形柱墩时，其模板并入无梁式满堂基础模板计算。有梁式满堂基础梁高度（凸出基础底板上表面至梁顶面高度）不大于 1.2 m 时，基础底板、梁模板合并计算执行有梁式满堂基础定额；有梁式满堂基础梁高度大于 1.2 m 时，底板模板按无梁式满堂基础模板定额执行，凸出基础底板的梁模板按混凝土墙模板相应定额计算；箱型基础分别按无梁式满堂基础、柱、墙、梁、板的有关规定计算。

对于有梁式带形基础及有梁式满堂基础梁高大于等于 1.2 时如何列项的问题，有观点认为，尽管计价采用墙模板子目计价，但是，其本质还是基础模板，所以，应该在基础模板清单项目中列项计算；也有观点认为，应为其计价已经按墙模板子目计价，所以，应该在墙模板清单项目中列项计算。这两种观点都无可厚非，但是，具体编制中应结合工程实际情况采用不同方式列项计算，但是，列项时应遵循方便工程现场施工管理及竣工结算的原则，针对上述情况，如果工程简单，地基土情况不复杂，基础无变更，可采用在基础中综合列项计算方式计算，如果工程项目复杂，地基土质情况复杂，基础施工过程中变更不可避免，则还是应该分别列项计算，同时，在项目特征描述时，增加描述模板使用部位。

箱型基础模板清单则应该分别按满堂基础、柱、墙、梁、板分别列项计算。

设备基础模板应按基础模板列项计算，设备基础中螺栓套模板，应补充清单项目列项计算，同时应按定额补充说明其工程量计算规则及工作内容，项目特征中应按图示描述螺栓套模板相关要求。

混凝土垫层模板应按基础模板列项，按垫层模板定额子目计价，清单特征描述时应注明使用部位。

2）计价需注意的问题

有梁式满堂基础的梁侧模，当设计构造造成在工艺上无法拆除时，计价时应按砖胎膜计价，砖胎膜为 120 厚度，能满足有梁式满堂基础的侧模要求，侧模的刚度和强度问题，可以通过控制挖土的槽宽控制，也可以在胎膜后间隔填土工艺加强胎膜的强度和刚度。在清单列项时应在项目特征中描述清楚。

圆形桩承台按基础单独模板列项，特征描述时应描述形状，计价时执行独立桩承台子目人工乘以系数 1.30。

4. 柱模板

1）柱模板清单列项问题

按《混凝土异形柱结构规程》（JGJ 149—2006）定义：截面几何形状为 L 形、T 形和十字形，且截面各肢的肢高肢厚比不大于 4 的柱。

按规范框架柱的截面形式有矩形、正方形、圆形、多边形和异形等多种形式，在《房屋建筑与装饰工程工程量清单计算规范》中柱模板项目只有矩形柱、构造柱、异形柱三个清单项目，所以适用过程中，只能建议矩形柱、方形柱按矩形柱清单列项，圆形柱、多边形柱、异形柱按异形柱清单列项计算。

2）工程量计算的问题

详细的工程量计算规则应以《云南省房屋建筑与装饰工程消耗量定额》规定为准，需要注意的是，构造柱模板尽管使用模板面积是按外露马牙槎的最宽处计算，但是，工程量计算却是按外露实际混凝土面积计算，也就是，马牙槎砌体交叉部分必须扣除。

3）支撑高度的问题

柱模板清单项目特征中应描述支撑高度，因为，该项特征与其价值有关。

定额中现浇混凝土柱、墙、梁、板的模板支撑高度是按 3.60 m 以内编制的，高度超过 3.60 m 时，超过部分的工程量另按模板支撑超高项目计算。

计算柱模板支撑超高的高度时：底层以设计室外地坪（带地下室者以地下室底板上表面为起点）至板底，楼层以楼板上表面至上一层板底。套用子目时，应按最高点高度套用，超高的面积应自支撑超过 3.6 m 开始计算至板底。达到高大模板支架条件时，应按合理施工组织设计计算。

4）计价需注意的问题

斜柱执行相应的柱子目人工乘以系数 1.20。

5. 梁模板

1）清单列项的问题

基础梁模板适用于需要支底模的，架于独立基础之间的基础梁模板，如果，设计图设计的基础梁，底模系用垫层代替，侧模建议采用带形基础模板清单列项并计价，这时，特征描述时应注意交代使用部位。

在砖混结构及其他混凝土结构中，设计中会出现圈梁代过梁的情况，这个时候，圈梁代过梁部分的模板应按过梁模板列项、计价。

有梁板的梁和板模板应该按有梁板模板清单列项、计价，但是，如果，有梁板的板底梁有弧形梁时，弧形梁模板应按弧形、拱形梁清单列项，按弧形梁模板计价。

2）支撑高度的问题

梁模板清单项目特征中应描述支撑高度，因为，该项特征与其价值有关。

定额中现浇混凝土柱、墙、梁、板的模板支撑高度是按 3.60 m 以内编制的，高度超过 3.60 m 时，超过部分的工程量另按模板支撑超高项目计算。

计算梁模板支撑超高的高度时：底层以设计室外地坪（带地下室者以地下室底板上表面为起点）至梁底，楼层以楼板上表面至上一层梁底。斜梁的支撑超高，应该按其超过 3.6 m 部分的平均高度计算，按平均高度套用子目。达到高大模板支架条件时，应按合理施工组织设计计算。

3）计价需注意的问题

斜梁应按弧形、拱形梁列项，特征中描述倾斜程度，计价时调整系数：斜梁（板）按坡度 30°以内综合取定。坡度大于 30°但不大于 45°时，相应项目人工乘以系数 1.05。坡度大于 45°但不大于 60°时，相应项目人工乘以系数 1.10。

圆弧形过梁应按过梁单独列项，计价时按过梁定额乘以系数 1.30。

6. 墙模板

在混凝土结构设计规范概念中，竖向构件的柱与剪力墙的构造差别一般是指其水平截面中肢的长度与厚度的比值在 4 倍以内的为柱；比值在 4～8 倍之间的为短肢剪力墙；比值为 8 倍以上的为普通剪力墙。《房屋建筑与装饰工程工程量清单计算规范》附表 S.2 中区分了矩形柱、异形柱、短肢剪力墙、剪力墙的概念，在《云南省房屋建筑与装饰工程消耗量定额》中短肢剪力墙与剪力墙为同一定额子目，只有电梯井壁因其预埋构件不同于普通剪力墙，单独列子目计价。

1）墙模板清单列项的问题

挡土墙、地下室外墙、地下室叠合墙均按其构造外形区分后按直形墙或弧形墙列项，计算时，均套用《云南省房屋建筑与装饰工程消耗量定额》中挡土墙计价。计算工程量时需注意：一般挡土墙、叠合墙为单层模板。

在《房屋建筑与装饰工程工程量清单计算规范》与《构筑物工程工程量计算规范》均有电梯井壁清单项目，因为，构筑物一般系指为某种使用目的而建造的、人们不直接在其内部进行生产或活动的工程实体或附属建筑设施，所以，电梯井壁还是应该使用《房屋建筑与装饰工程工程量清单计算规范》中项目列项。

2）墙模板支撑高度的问题

判断其支撑高度及支撑超高的计算均与柱相同。

3）计价需注意的问题

斜墙应在特征中描述倾斜程度，计价时按相应墙定额乘以系数 1.20。

7. 板模板

1）相关概念简介

拱板系指采用现浇混凝土，把拱肋拱波结合成整体的结构物。较为常用的有波形或折线形拱板，拱板及拱板模板见图 20.15、图 20.16。

图 20.15 拱 板

图 20.16 拱板模板

薄壳板：一种曲面构件，主要承受各种作用产生的中面内的力。薄壳结构就是曲面的薄壁结构，按曲面生成的形式分为筒壳、圆顶薄壳、双曲扁壳和双曲抛物面壳等，材料大都采用钢筋和混凝土，适用于内部空间很大且没有柱子，所以大型建筑如大厅、体育场馆多首选薄壳结构，浇筑时主要采用弧线模板来支撑板，有暗截面比较小的密肋梁。建筑的著名案例是澳大利亚悉尼歌剧院，见图 20.17。

图 20.17 薄壳板

现浇空心板：一种由轻质材料组合单元填充的预应力混凝土现浇空心板，属于一般建筑物构造领域。它由轻质材料组合单元、上层钢筋、下层钢筋、预应力筋、暗梁钢筋和混凝土构成，其中轻质材料组合单元由轻质管材和连接钢筋构成。见图 20.18。

2）清单列项应注意问题

拱板、薄壳板的区别在于拱板是单方向起拱，薄壳板系三维起拱，列项要区分清楚，这两种板在描述项目特征时应引用施工图定性定量描述起拱要求。

图 20.18 现浇空心板

现浇空心板填充组合单元已经综合在其混凝土子目当中，由于现浇空心板梁均为暗梁，应按平板模板项目列项、计价。

现浇混凝土阶梯形（锯齿形、折线形）楼板梯步宽度大于 300 mm 时，按其他板列项，计价按斜板模板子目计价。

斜板应按其他板列项，特征描述时应说明为斜板，并描述其倾斜程度。

预制钢筋混凝土板补现浇板时，按平板模板列项、计价。

3）计价应注意问题

斜梁（板）按坡度 30°以内综合取定。坡度大于 30°但不大于 45°时，相应项目人工乘以系数 1.05。坡度大于 45°但不大于 60°时，相应项目人工乘以系数 1.10。

8. 挑檐、天沟模板

挑檐、天沟的定义见《云南省房屋建筑与装饰工程消耗量定额》，清单编制时需要注意的是：云南省的工程量计量单位及计算规则不同于《房屋建筑与装饰工程工程量清单计算规范》，应做专门说明。

9. 雨篷、悬挑板、阳台板模板

雨篷、悬挑板、阳台板模板都应按本项目列项，但是，计价时按《云南省房屋建筑与装饰工程消耗量定额》相关规定只有板式雨篷适用雨篷的定额子目。梁式雨篷、梁式阳台、梁式悬挑板都得按有梁板模板计价，这是，工程量计算规则就变了，实际工作中可以按有梁板列项，也可以按本项目列项，这时，就得重新说明工程量计算规则的变化。

板式悬挑板，如凸窗的上下板，应该按挑檐模板计价，这时的计量单位及工程量计算规则就都与清单规定不同了，就应该在特征中描述部位，编制说明中说明计量单位及工程量计算规则的修改情况。

10. 楼梯模板

楼梯的概念及工程量计算规则在工程量计算规范及定额中都很清楚，需要说明的是，当踏步宽度大于 300 mm 时，如体育馆看台、阶梯教室等，就不是楼梯了，应按前面所述的其他板列项、计价。

11. 其他构件模板

《房屋建筑与装饰工程工程量清单计算规范》附表 S.2 中没有列项的项目就是其他构件。在其他构件中列项的项目如表 20.9。

表 20.9　按其他构件模板计算的构件表

构件名称	项目特征描写要点	计量单位	工程量计算规则
电梯坑、集水坑	构件名称、部位	m^2	按模板与混凝土构件的接触面积计算
升板柱帽	构件名称、部位	m^2	按模板与混凝土构件的接触面积计算
门窗框	构件名称、部位	m^3	按混凝土构件体积计算

构件名称	项目特征描写要点	计量单位	工程量计算规则
压顶	构件名称、部位	m³	按混凝土构件体积计算
池、槽	构件名称、部位	m³	按混凝土构件体积计算
零星构件	构件名称、部位	m³	按混凝土构件体积计算
混凝土线条	构件名称、部位	m³	按混凝土构件体积计算

需要注意的是：上述构件的计量单位、工程量计算规则与《房屋建筑与装饰工程工程量清单计算规范》规定不同的，编制清单时做应书面说明。

12. 电缆沟、地沟模板

电缆沟、地沟模板在《云南省房屋建筑与装饰工程消耗量定额》分为沟底模板、沟壁模板两个子目，在清单编制时，是否分别列项，可由编制人结合工程实际情况选择，需要注意的是，定额中的计量单位是立方米，工程量计算规则是按混凝土体积计算。

如果工业项目中大型电缆沟，沟壁高度超过 1.2 m 时，建议沟壁模板按墙模板列项、计价，沟底按基础模板列项，按带形基础模板计价。也可以按《构筑物工程工程量计算规范》中沟道模板列项。

13. 扶手模板

采用混凝土做扶手的设计已经比较少见，因其舒适性、美观性、可维护性差。该清单项目可以用于混凝土栏杆，计价时适用于栏杆（混凝土）模板子目，但是，计量单位应更改为米，工程量计算规则应更改为图示延长米。

14. 散水模板

实际施工时，散水不需要模板，该清单项目较少使用。

15. 后浇带模板

后浇带模板在清单编制列项时，应在项目特征中描述后浇带的部位，按不同构件部位分别列项计算，即分别按墙后浇带、梁后浇带、板后浇带及满堂基础后浇带分别列项。后浇带由于设计或施工的原因，需要延长支模时间的，计价时应该按设计要求调整周转性材料的租赁时间，其他不变。

16. 化粪池、检查井模板

按标配图设计，在《云南省房屋建筑与装饰工程消耗量定额》第十四章室外附属及构筑物工程中收录编制的化粪池、检查井，其模板的工作内容已经综合在相关定额子目中，不再单独计算其模板，非标的检查井、化粪池，建议按《构筑物工程工程量计算规范》相关项目列项计算，计价时要注意：第十四章室外附属及构筑物工程未列入的通用子目，均按定额的其他章相关规定计算，计算中除土方、基础、垫层、0.00 以下的构件制作、场外运输及脚手架外，人工和机械乘以系数 1.25。

17. 对拉螺栓

1）定额规定

高度不小于 500 mm 的梁、宽度不小于 600 mm 的柱及混凝土墙模板使用对拉螺栓时，按下列规定以重量计算。

（1）对拉螺栓长度按混凝土厚度每侧增加 270 mm，直径按 14 mm 计算。

（2）对拉螺栓间距：

复合木模板中对拉螺栓间距 400 mm；组合钢模板中对拉螺栓间距 800 mm。

经批准的施工组织设计中对拉螺栓长度、直径、间距与上列规定不同时，可按经批准的施工组织设计调整计算。

2）对拉计价问题

对拉螺栓计算工程量后，应套用相关定额计价计入对应的清单项目中，如柱的对拉螺栓计入柱模板清单单价中，墙的对拉螺栓计入墙清单单价中。

3）地下室外墙带止水环的对拉螺栓

地下室外墙带止水环的对拉螺栓，定额中的对拉螺栓子目不包含止水环的费用，止水环费用应按施工组织设计或设计要求计算工程量后，套用零星金属构件制作安装子目计价，计入分部分项工程费。

18. 构筑物模板

在《云南省房屋建筑与装饰工程消耗量定额》中的构筑物模板在编制工程项目工程量清单时，应该按《构筑物工程工程量计算规范》相关项目列项，具体做法如下：

1）钢筋混凝土烟囱模板

因为，钢筋混凝土模板在《云南省房屋建筑与装饰工程消耗量定额》中是按滑模工艺编制的，所以，在清单列项时应按 070302014"滑升模板"项目编码列项，项目特征描述中需要描述清楚构筑物名称，外形几何尺寸及烟囱的筒身的高度，难描述时建议引用设计施工图描述。

烟囱基础模板，应该按《房屋建筑与装饰工程工程量清单计算规范》中基础模板列项、计价。具体见本章基础模板内容。

2）烟道模板

烟道模板应按 070302007"烟道"列项，计价时只能按构件属性分别按通用项目模板计价，计价时还要注意人工和机械乘以系数 1.25。

3）钢筋混凝土水塔模板

水塔模板应该按 070302003"水塔"列项编制，编制时，应区分塔身、塔顶、槽底、水箱内外壁、回廊及平台分别列项，基础模板编制方法同烟囱。因我省的水塔模板是按混凝土体积计量计价，编制时应做相应调整和说明。

如果水塔塔身使用滑模工艺，塔身部分则应按 070302014 "滑升模板"项目编码列项。

水塔水箱，还是应按 070302003 "水塔"列项编制，特征描述时，除满足规范要求外还应描述部位，交代计量单位及工程量计算规则的更改情况。

4）钢筋混凝土储水（油）池模板

应按 070302001 "池类"模板列项，列项时应区分池底、池壁、立柱、池盖分别列项计算。

特征描述时应按规范要求描述池类构件的形状、尺寸等。

工程量计算：池类在《云南省房屋建筑与装饰工程消耗量定额》中规定的计量单位、工程量计算方法是按构件体积计算，不同于《构筑物工程工程量计算规范》，编制时要注意做出相应说明。

5）贮仓模板

贮仓应按 070302002 "贮仓类"模板列项，列项时应区分底板、顶板、立壁、漏斗分别列项计算。

滑模施工的筒仓应该按 070302014 "滑升模板"列项计算。

特征描述时应按规范描述贮仓构件的形状、尺寸等。

工程量计算：贮仓在《云南省房屋建筑与装饰工程消耗量定额》中规定的计量单位、工程量计算方法是按构件体积计算，不同于《构筑物工程工程量计算规范》，编制时要注意做出相应说明。

计价时应注意：圆形贮仓相应模板子目较全，矩形仓可运用子目只有立壁和漏斗两个子目，没有的子目只能按通用子目计算，计算时需要调整系数，详见定额说明。

20.5.3.4　计算实例

【**例 20.3**】　计算图 20.19 杯形基础模板工程量。

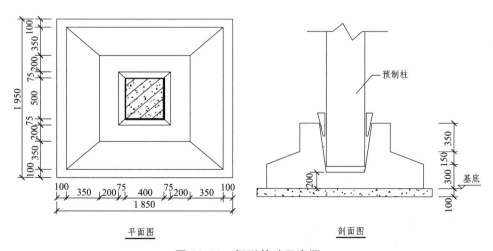

图 20.19　杯形基础示意图

【**解**】（1）底座侧模面积：$S_1 = （1.65 + 1.75）\times 2 \times 0.3 = 2.04$（$m^2$）

（2）上座侧面模板面积：$S_2 = （1.05 + 0.95）\times 2 \times 0.35 = 1.40$（$m^2$）

（3）杯内侧面模板面积：

$S_3 = （0.4+0.55）\div 2 \times \sqrt{0.6^2+0.075^2} \times 2 + （0.5+0.65）\div 2 \times \sqrt{0.6^2+0.075^2} \times 2 = 1.27（\text{m}^2）$

（4）侧面斜面模板面积：$S_4 = （1.65 \times 1.75 - 0.95 \times 1.05）/\cos[\arctan（0.15/0.35）] = 2.03（\text{m}^2）$

模板面积：$S = S_1 + S_2 + S_3 + S_4 = 2.04 + 1.40 + 1.27 + 2.03 = 6.74（\text{m}^2）$

【例20.4】 计算图20.20带形混凝土基础在三种不同断面情况下模板工程量。

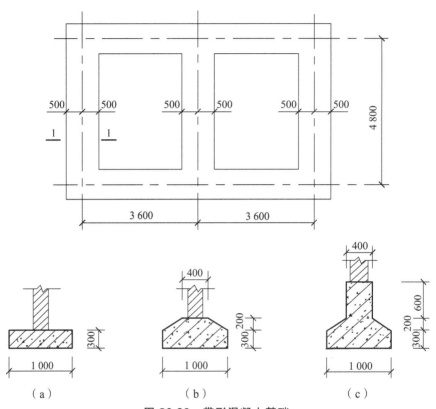

图20.20 带形混凝土基础

【解】 （1）情况（a）：

$S = [（8.2+5.8）\times 2 + 3.8 \times 4 + 2.6 \times 4] \times 0.3 = 16.08（\text{m}^2）$

（2）情况（b）：

下部底座工程量同情况（a）$S_1 = 16.08（\text{m}^2）$

上部斜面积 $S_2 = [（7.2+4.8）\times 2 + （4.8-1）] \times （1-0.4）/\cos[\arctan（0.2/0.3）]$
$= 20.05（\text{m}^2）$

模板面积：$S = S_1 + S_2 = 16.08 + 20.05 = 36.13（\text{m}^2）$

（3）情况（c）：

① 底座侧模面积：$S_1 = [（8.2+5.8）\times 2 + 3.8 \times 4 + 2.6 \times 4] \times 0.3 = 16.08（\text{m}^2）$

② 中间部分斜面积同情况（b）上部斜面积 $S_2 = 20.05（\text{m}^2）$

③ 上座侧面模板面积：$S_3 = [（3.6+3.6+0.4）\times 0.6 + （4.8+0.4）\times 0.6] \times 2 +$
$（3.6-0.4）\times 0.6 \times 4 + （4.8-0.4）\times 0.6 \times 4 = 33.60（\text{m}^2）$

模板面积：$S = S_1 + S_2 + S_3 = 16.08 + 20.05 + 33.60 = 69.73（\text{m}^2）$

20.5.4 垂直运输及超高增加费

20.5.4.1 垂直运输及超高增加费名词解释

建筑物高度：设计室外地坪至房屋主要屋面的高度（平屋顶指屋面板顶高度），不包括突出屋面的电梯房、水箱、构架等高度。

构筑物高度：构筑物的高度指设计室外地坪至构筑物本体最高点之间的距离。

建筑物层数：层数指建筑物层高不小于 2.20 m 的自然分层数。

结构体系：结构体系是指建（构）筑物结构抵抗外部作用的构件组成方式。

砖混结构：砖混结构又称砌块结构，是指建筑物中竖向承重结构的墙、柱等采用砖或者砌块砌筑，横向承重的梁、楼板、屋面板等采用钢筋混凝土结构的结构体系。

框架结构：由梁和柱为主要构件组成的承受竖向和水平作用的结构。

剪力墙结构：由剪力墙组成的承受竖向和水平作用的结构。

框架 – 剪力墙结构：由框架和剪力墙共同承受竖向和水平作用的结构。

板柱 – 剪力墙结构：由无梁板与柱组成的板柱框架和剪力墙共同承受竖向和水平作用的结构。

筒体结构：由竖向筒体为主组成的承受竖向和水平作用的高层建筑结构。

主要的筒体结构有以下两种：

框架 – 核心筒结构：由核心筒与外围的稀柱框架组成的高层建筑结构。

筒中筒结构：由核心筒与外围框筒组成的高层建筑结构。

混合结构：由钢框架或型钢混凝土框架与钢筋混凝土筒体（或剪力墙）所组成的承受竖向和水平作用的高层建筑结构。

异形柱结构：采用异形柱的框架结构和框架剪力墙结构。

20.5.4.2 垂直运输基础知识

1. 垂直运输费及超高增加费消耗量确定的依据

建（构）筑的垂直运输及超高增加费的计算都与建（构）筑物的高度有关。

垂直与运输费及超高增加费的定额编制为 1985 年中华人民共和国城乡建设环境保护部编制《建筑安装工程工期定额》及 2000 年版《全国统一建筑安装工程工期定额》。

垂直运输费消耗量的计算方法是：上部建筑塔吊及卷扬机的消耗量以 ±0.00 以上全部工期为准确定；地下室部分，按地下室定额工期为准确定。±0.00 以下无地下室基础施工（包括桩基础施工）不需要垂直运输机械，所以，不计算垂直运输。

所以，垂直运输的机械台班消耗量的确定与机械效率无关。

《全国统一建筑安装工程工期定额》中按共同地区，区别了不同的结构类型及建筑使用功能分别编制工期定额，由于编制较早，很多结构类型及其高度限制已经与现行设计规范不符，如现浇框架结构工期定额中高度编制到了 28 层（约 80 m），按现行设计规范，在非抗震设防条件下极限高度也只能设计 70 m，在云南省部分地区按 6 度设防，也只能最高设计到 60 m；

又如，滑模正如前面介绍只是一种模板施工工艺，在《全国统一建筑安装工程工期定额》却称之为"滑模结构"。

滑模施工对工期有没有影响，需要分别来看，在烟囱、水塔等不分自然层的构筑物使用时，施工速度是普通模板的两倍，大大节约工期，但是，在建筑物施工中，由于有自然层的分层，外侧滑模施工速度再快，内部梁板的模板还得等满足规范要求的混凝土强度达到后才能拆除底模，所以，滑模施工工期优势不是十分明显。

2. 垂直运输机械配置

±0.00以下地下室施工主要配置的是塔式起重机，±0.00以上20 m以下，主要按卷扬机配置，20 m以上按塔式起重机、施工电梯并配备通信用步话机配置垂直运输机械；装饰装修配置的垂直运输机械以卷扬机及施工电梯为主。

3. 超高增加费的内容构成

适用于建筑物檐高超过20 m（层数6层）以上的工程，内容包括施工降效、施工用水加压、脚手架加固等费用。

20.5.4.3 垂直运输及超高增加清单项目

1. 建筑装饰垂直运输

1）清单列项

按《房屋建筑与装饰工程工程量清单计算规范》的垂直运输项目特征描述要求：① 建筑物建筑类型及结构形式；② 地下室建筑面积；③ 建筑物檐口高度、层数。实际编制工程量清单时，应该区别不同的建筑类型、结构形式、檐口高度及层数分别列项计算，地下室也应单独列项计算。

2）计量单位

《房屋建筑与装饰工程工程量清单计算规范》中有按建筑面积计量的，也有按施工日历天计算的。按施工日历天计算的垂直运输比较合理客观，比如上部建筑，就不需要区分裙楼、主楼，按合理施工组织设计确定垂直运输机械数量（如：塔吊台数及施工电梯台数后）计算则可。按建筑面积计算，按工程量计算规范要求的：同一建筑物有不同檐高时，按建筑物的不同檐高做纵向分割，分别计算建筑面积，以不同檐高分别编码列项。这时，如果是同一地下室，上部不同檐高的塔楼，这样建筑面积分割容易，计价准确；但是，如果一个塔楼有不同标高的屋面时，就会造成建筑面积分割混乱，垂直运输的计算不符合客观施工组织设计的情况出现。如带裙楼的塔楼，主楼和裙楼使用的是同一的塔式起重机和施工电梯，我们也无法分割计算裙楼或塔楼的工期，只能计算的是整个楼的工期。

《云南省房屋建筑与装饰工程消耗量定额》的垂直运输是按建筑面积为计量单位的，所以，在编制工程量清单及计价时，应按建筑面积以平方米为单位计算，至于纵向垂直分割的问题，编者建议，还需结合合理的垂直运输施工组织的客观性、可实施性及合理性进行分割，不能机械分割。

3）工作内容的问题

在《房屋建筑与装饰工程工程量清单计算规范》的垂直运输项目的工作内容中包含了：① 垂直运输机械的固定装置、基础制作、安装；② 行走式垂直运输机械轨道的铺设、拆除、摊销。这些工作内容在《房屋建筑与装饰工程工程量清单计算规范》及《云南省房屋建筑与装饰工程消耗量定额》中是包含在大型机械设备进出场及安拆的工作内容中，即工作内容重复了，本应包含的"合理工期内完成全部建筑工程所需的垂直运输机械台班"的工作内容却在《房屋建筑与装饰工程工程量清单计算规范》遗漏了，所以在编制垂直运输工程量清单时应修正工作内容后使用。

4）计价时应注意问题

（1）垂直运输按建筑物的功能、结构类型、檐高、层数等划分项目。其中以檐高及层数两个指标同时界定的项目，如檐高达到上限而层数未达到时，以檐高为准，如层数达到上限而檐高未达到时以层数为准。

（2）同一建筑物上下层结构类型不同时，按不同结构类型分别计算建筑面积套用相应定额，檐高或层数以该建筑物的总高檐高或总层数为准；同一建筑物檐高不同时，按建筑物的不同檐高做纵向分割，分别计算建筑面积，执行不同檐高的相应定额。

（3）定额垂直运输中现浇框架系指柱、梁、板全部为现浇的钢筋混凝土框架结构，如部分现浇时按现浇框架定额乘系数 0.96。

（4）单层钢结构、预制钢筋混凝土柱、钢屋架的单层厂房按预制排架定额计算。

（5）多层钢结构按其他结构定额乘 0.5 系数执行。

（6）砖混结构设计高度超过 20 m 时，按 20 m 高度的相应子目乘系数 1.10。

（7）型钢混凝土结构按现浇框架结构定额乘 1.20 系数执行。

（8）建筑物加层按所加层部分的建筑面积计算，檐高或层数按加层后的总檐高或总层数计算。

（9）建筑物带地下室者，以设计室外地坪为界分别执行"设计室外地坪"以下及以上相应定额。

（10）建筑物带一层的地下室，地下室地坪结构标高至室外设计地坪标高间的平均深度大于 3.6 m 者，执行一层定额；平均深度不大于 3.6 m 者，按一层定额乘系数 0.75 计算。

（11）单独地下室按以下规定执行"设计室外地坪以下"相应定额：

① 单层地下室，平均深度（地下室地坪结构标高至室外设计地坪标高）超过 3.6 m 者。

② 单层地下室，平均深度（地下室地坪结构标高至室外设计地坪标高）不大于 3.6 m 时，按一层定额乘系数 0.75。

③ 层数在二层及以上的地下室。

（12）同一地下室层数不同时，按地下室的不同层数做纵向分割，分别计算建筑面积，执行不同层数的相应定额。

（13）设计室外地坪以上，垂直运输高度 3.6 m 以下的单层建筑不计算垂直运输费用。

（14）层高 2.20 m 以下的设备管道层、技术层、架空层等按围护结构外围水平投影面积乘 0.5 系数并入相应垂直运输高度的面积内计算。

（15）定额中的现浇框架结构适用于现浇框架、框剪、筒体、剪力墙结构、型钢混凝土结构；其他结构适用于除砖棍结构、现浇框架、框剪、筒体、剪力墙结构、型钢混凝土结构、滑模施工、钢结构及预制排架以外的结构。

（16）本章混凝土按非泵送编制，主体或全部工程使用泵送混凝土时，垂直运输按相应子目乘系数 0.90；部分使用泵送混凝土的工程，不计算混凝土泵送费，垂直运输不作调整。

（17）房屋建筑工程不包括装饰装修工程时，垂直运输按相应子目乘综合系数 0.9491。

（18）同一建筑物有多个系数时，按连乘计算。

2．装饰装修工程垂直运输

在 2013 版《房屋建筑与装饰工程工程量清单计算规范》中已经合并了建筑工程及装饰工程，所以，在《云南省房屋建筑与装饰工程消耗量定额》中的垂直运输的消耗量计算中已经包含了装饰工程的工期，所以，在说明中明确了"房屋建筑工程不包括装饰装修工程时，垂直运输按相应子目乘综合系数 0.9491"，但是，由于建筑市场及住建部的资质管理中又有独立的装饰装修的承发包及对应资质管理，所以，为了更好地适应市场要求，《云南省房屋建筑与装饰工程消耗量定额》也编制了适用于独立发包的装饰装修垂直运输费用子目。

1）清单列项问题

按 011703001 列项，列项时应按不同装饰发包标段区别不同的装饰垂直运输高度分别列项计算。

2）计量单位计工程量计算规则问题

在《云南省房屋建筑与装饰工程消耗量定额》中的装饰垂直运输系按定额人工费每万元为基数计算，所以，在编制装饰装修工程垂直运输清单时，应按定额规定相应调整清单的计量单位及工程量计算规则。

3）工作内容问题

同建筑工程垂直运输，工作内容也要修正为："材料垂直运输；施工人员上下班使用外用电梯。"

4）计价时应注意问题

（1）装饰装修工程运输仅适用于独立承包的装饰装修工程及二次装饰装修工程。

（2）装饰装修工程中建筑物檐高、层数的判定与建筑物垂直运输相同。

（3）同一建筑物有不同檐高时，按不同檐高做纵向分割分别计算，执行不同檐高的相应定额。

（4）独立承包全部室内及室外的装饰装修工程，檐高以该建筑物的总檐高或所施工的最大高度为准，执行不同高度定额；独立分层承包的室内装饰装修工程，檐高以所施工的最高楼层地面标高为准，执行所在楼层几（高度）的相应定额；独立承包的外立面装饰装修工程，檐高以所施工的高度为准，区别不同高度分别计算。

（5）定额的装饰装修垂直运输是在具备施工电梯及卷扬机的条件下编制的，如果实际使用的是楼内已经安装好的电梯时，垂直运输费应另行计算；如果不具备搭设施工电梯或卷扬机条件，楼内无电梯可用时，只能按人工搬运另行计价。

3. 构筑物垂直运输

1）清单列项

应该按《构筑物工程工程量计算规范》（GB 50860—2013）中 070303001 编码列项计算。项目特征描述时应该描述构筑物的种类，如烟囱或是筒仓或是水塔；应描述结构类型，如砖砌或钢筋混凝土结构等；应描述构筑物高度。

2）计量单位及工程量计算规则

《云南省房屋建筑与装饰工程消耗量定额》中均是以座来计算，应按座来选择垂直运输计量单位。

3）工作内容

注意点同建筑装饰工程垂直运输，见前面论述。

4）计价要点

池类等其他构筑物，垂直运输高度一般在设计室外地坪的 3.6 m 范围内，不计算垂直运输，超过垂直运输高度超过 3.6 m 时应计算垂直运输费用，计算时可参照结构外围面积按建筑装饰工程垂直运输相关规定计算，也可以按构筑物自身自重按 1.5 吨折合 1 平方米，参照相应结构建筑装饰工程垂直运输计算。

4. 建筑装饰超高增加

1）清单列项

按《房屋建筑与装饰工程工程量清单计算规范》的超高增加项目特征描述要求：① 建筑物建筑类型及结构形式；② 建筑物檐口高度、层数；③ 单层建筑物檐口高度超过 20 m，多层建筑超过 6 层部分的建筑面积。实际编制工程量清单时，不需要描述建筑物的类型及结构形式，但需要描述栋号，按各栋单体区别不同的檐口高度和层数分别列项计算，地下室不计入超高层数计算。

2）工程量计算规则

按建筑物超高部分的建筑面积计算。计算时应注意以下问题：

（1）超高的界定有两个指标及檐高超过 20 m，或层数超过 6 层，高度未达到 20 m，层数超过时按层数划分计算，层数未达到，高度超过时按高度划分计算。

（2）高度在 20 m 以上，层高 2.2 m 以内的管道层、技术层、架空层等按围护结构外围面积乘 0.50 系数并入相应高度的面积计算。

（3）单层建筑物高度超过 20 m 时，按其建筑面积计算超高增加工程量。

3）计价要点

（1）建筑物 20 m 以上的层高超过 3.6 m 时，每增高 1 m（包括 1 m 以内），相应定额乘系数 1.25。

（2）建筑物高度虽超过 20 m，但不足 1 层的，高度每增高 1 m，按相应定额乘系数 0.25 计算，超过高度不足 0.5 m 舍去不计，高度超过 2.2 m 时，按一层计算建筑面积。

（3）按《建筑工程建筑面积计算规则》应计算建筑面积的出屋面的电梯机房、楼梯出口间等的面积，与相应超高的建筑面积合并计算，执行相应定额。

5. 装饰装修工程超高增加费

装饰装修工程超高增加费仅适用于独立承包的装饰装修工程及二次装饰装修工程。

1）清单列项

可按《房屋建筑与装饰工程工程量清单计算规范》的 011704001 超高增加项目列项，也可新增清单项目列项。项目特征应明确装饰垂直运输高度，装饰垂直运输的高度为设计室外地坪至装饰楼层楼面标高的高度；还应描述超高增加的计价范围，如装饰的层数范围，标段范围等。

2）计量单位及工程量计算规则

计量单位为万元。

（1）超高增加费工程量根据装饰工程所在高度（包括楼层所有装饰装修工程量）以定额人工费与定额机械费之和按降效系数计算。

（2）同一建筑物檐高不同时，按不同檐高计算。

20.5.4.4 计算实例

【例 20.5】 某工程地下二层为框剪结构，建筑面积为 25800 m²，地下室上三栋塔楼为剪力墙结构，高度和建筑面积、层数分别为：塔楼 1：高度 78 m，每层建筑面积均为 900 m²，共 26 层；塔楼 2：高度 82 m，每层建筑面积均为 900 m²，共 27 层；塔楼 3：高度 100.2 m，每层建筑面积均为 900 m²，共 33 层；工程使用泵送商品混凝土，无装饰独立分包合同，编制其垂直运输及超高增加措施项目清单并计算综合单价及合价。

【解】 1. 工程量计算

1）建筑面积

地下室建筑面积：25 800（m²）

塔楼 1 建筑面积：$900 \times 26 = 23\ 400$（m²）

塔楼 2 建筑面积：$900 \times 27 = 24\ 300$（m²）

塔楼 3 建筑面积：$900 \times 33 = 29\ 700$（m²）

2）超过 6 层的建筑面积

塔楼 1 建筑面积：$900 \times 20 = 18\ 000$（m²）

塔楼 2 建筑面积：$900 \times 21 = 18\ 900$（m²）

塔楼 3 建筑面积：$900 \times 27 = 24\ 300$（m²）

2. 编制垂直运输工程量清单（表 20.10）

表 20.10　单价措施项目工程量清单

序号	项目编码	项目名称	项目特征	计量单位	工程数量
1	011703001001	地下室垂直运输	1. 建筑物建筑类型及结构形式：框剪结构 2. 地下室层数：2 层	m²	25800.00
2	011703001002	塔楼 1垂直运输	1. 建筑物建筑类型及结构形式：剪力墙 2. 建筑物檐口高度、层数：78 m，26 层	m²	23400.00
3	011703001003	塔楼 2垂直运输	1. 建筑物建筑类型及结构形式：剪力墙 2. 建筑物檐口高度、层数：82 m，27 层	m²	24300.00
4	011703001004	塔楼 3垂直运输	1. 建筑物建筑类型及结构形式：剪力墙 2. 建筑物檐口高度、层数：100.2 m，33 层	m²	29700.00

3. 计算垂直运输综合单价

（1）查找《定额》，地下室垂直运输拟套用定额建筑物垂直运输设计室外地坪以下层数二层以内 01150459，塔楼 1 垂直运输拟套用定额建筑物垂直运输设计室外地坪以上，20 m（6层）以上现浇框架结构檐口高度 90 m 层数 28 以内 01150479，塔楼 2 垂直运输拟套用定额建筑物垂直运输设计室外地坪以上，20 m（6 层）以上 现浇框架结构檐口高度 90 m 层数 28 以内 01150479，塔楼 3 垂直运输拟套用定额建筑物垂直运输设计室外地坪以上，20 m（6 层）以上现浇框架结构檐口高度 110 m 层数 34 以内 01150481。

（2）编制相关子目直接费。

本例所套定额无未计价材料，相关子目直接费表，见表 20.11。

表 20.11　相关定额子目直接费表

定额编号	01150459	01150479	01150481
项　　目	建筑物垂直运输设计室外地坪以下层数二层以内	建筑物垂直运输设计室外地坪以上 20 m（6 层）以上现浇框架檐口高度 90 m 层数 28 层以内	建筑物垂直运输设计室外地坪以上 20 m（6 层）以上现浇框架檐口高度 110 m 层数 34 层以内
计量单位	100 m²		
直接费（元）	2611.76	6031.09	6769.83
其中　人工费（元）	0.00	459.85	511.77
材料费（元）	0.00	0.00	0.00
机械费（元）	2611.76	5571.24	6258.06

注：① 所用到的机械换为云建标〔2016〕207 号文中附件 2 中机械除税台班单价：第 405 项 自升式塔式起重机 600 kN·m：424.40 元/台班；第 408 项自升式塔式起重机 1250 kN·m：595.65 元/台班；第 409 项自升式塔式起重机 1500 kN·m：650.25 元/台班；第 616 项 双笼施工电梯 130 m：308.21 元/台班；第 1389 项 对讲机 C15：5.54 元/台班。
② 人工费按云建标函〔2018〕47 号文上调 28%。

（3）计算垂直运输综合单价，见表 20.12。

表 20.12　工程量清单综合单价分析表

序号	项目编码	项目名称	计量单位	工程量	定额编码	定额名称	定额单位	数量	清单综合单价组成明细							综合单价（元）
									单价（元）			合价（元）				
									人工费	材料费	机械费	人工费	材料费	机械费	管理费和利润	
1	1170300001001	地下室垂直运输	m²	25800.00	01090005	设计室外地坪以下层数二层以内	100 m²	258.00	0.00	0.00	2611.76	0.00	0.00	673833.46	28570.54	27.22
2	1170300001002	塔楼1垂直运输	m²	23400.00	01150479	设计室外地坪以上20 m（6层）以上现浇框架檐口高度90 m层数28层以内	100 m²	234.00	459.85	0.00	5571.24	107605.56	0.00	1303669.24	99831.00	64.58
3	1170300001003	塔楼2垂直运输	m²	24300.00	01150479	设计室外地坪以上20 m（6层）以上现浇框架檐口高度90 m层数28层以内	100 m²	243.00	459.85	0.00	5571.24	111743.55	0.00	1353811.32	103670.81	64.58
4	1170300001004	塔楼3垂直运输	m²	29700.00	01150481	设计室外地坪以上20 m（6层）以上现浇框架檐口高度110 m层数34层以内	100 m²	297.00	511.77	0.00	6258.06	151995.57	0.00	1858643.04	141742.13	72.47

注：① 综合单价，即是以清单工程量为1的价格：综合单价＝∑分部分项工程费/清单工程量。套定额的数量是定额工程量。
② 管理费率取33%，利润率取20%。
③ 有的教材将套定额定额工程量填写为定额工程量/清单工程量，也是可以的，此时综合单价＝∑分部分项工程费。

4. 计算垂直运输合价

$$25800.00 \times 27.22 + 23400.00 \times 64.58 + 24300.00 \times 64.58 + 29700.00 \times 72.47$$

$$= 702404.00 + 1511105.79 + 1569225.28 + 2152380.75$$

$$= 5935115.82（元）$$

5. 编制超高增加工程量清单（表 20.13）

表 20.13　单价措施项目工程量清单

序号	项目编码	项目名称	项目特征	计量单位	工程数量
1	011704001001	塔楼 1 超高增加费	1. 建筑物建筑类型及结构形式：剪力墙 2. 建筑物檐口高度、层数：78 m，26 层	m²	18000.00
2	011704001002	塔楼 2 超高增加费	1. 建筑物建筑类型及结构形式：剪力墙 2. 建筑物檐口高度、层数：82 m，27 层	m²	18900.00
3	011704001003	塔楼 3 超高增加费	1. 建筑物建筑类型及结构形式：剪力墙 2. 建筑物檐口高度、层数：100.2 m，33 层	m²	24300.00

6. 计算超高增加费综合单价

（1）查找《定额》，塔楼 1 超高增加费拟套用定额建筑物超高施工增加费檐高 90 m 层数 28 以内 01150533，塔楼 2 超高增加费拟套用定额建筑物超高施工增加费檐高 90 m 层数 28 以内 01150533，塔楼 3 超高增加费拟套用定额建筑物超高施工增加费檐高 110 m 层数 34 以内 01150535。

（2）编制相关子目直接费。

本例所套定额无未计价材料，相关子目直接费表见表 20.14。

（3）计算超高增加综合单价，见表 20.15。

7. 计算超高增加费合价

$$18000.00 \times 97.94 + 18900.00 \times 97.94 + 24300.00 \times 132.44$$

$$= 1762890.63 + 1851035.69 + 3218284.30 = 6832210.62（元）$$

【例 20.6】　某单层预制排架结构工业厂房，檐口高度为 19.8 m，建筑面积为 12 043.00 m²，请编制其垂直运输清单并计算综合单价及合价。

【解】　1. 编制垂直运输工程量清单（表 20.16）

2. 计算垂直运输综合单价

查找《定额》，单层排架结构工业厂房垂直运输拟套用定额建筑物垂直运输设计室外地坪以上，20 m（6 层）以内 单层厂房 预制排架 01150469。本例所套定额无未计价材料，综合单价计算可列式计算如下：

人工费：0（元）

材料费：0（元）

机械费：2762.35 × 12043/100 = 332669.81（元）

管理费和利润：（332669.81 × 8%）×（33% + 20%）= 14105.20（元）

综合单价：（332669.81 + 14105.20）/12043.00 = 28.79（元/m²）

垂直运输费合价：12043 × 28.79 = 346775.01（元）

表20.14 相关定额子目直接费表

定额编号	01150533	01150535
项目	建筑物超高增加费 檐口高度 90 m 层数 28 层以内	建筑物超高增加费 檐口高度 110 m 层数 34 层以内
计量单位	100 m²	
直接费（元）	7349.48	9893.48
其中 人工费（元）	5738.37	7886.21
其中 材料费（元）	0.00	0.00
其中 机械费（元）	1611.11	2007.27

注：① 所用到的机械接云标为建标〔2016〕207号文中附件2中机械除税台班单价：第 1038 项 电动多级离心清水泵 Φ150 mm 扬程 180 m 以下：306.14 元/台班。
② 人工费按云建标函〔2018〕47 号文上调 28%。

表20.15 工程量清单综合单价分析表

序号	项目编码	项目名称	计量单位	工程量	定额编码	定额名称	定额单位	数量	单价（元）			合价（元）				综合单价（元）
									人工费	材料费	机械费	人工费	材料费	机械费	管理费和利润	
1	011704001001	塔楼 1 超高增加费	m²	18000.00	01150533	檐口高度 90 m 层数 28 层以内	100 m²	180.00	5738.37	0.00	1611.11	1032906.24	0.00	290000.62	439983.77	97.94
2	011704001002	塔楼 2 超高增加费	m²	18900.00	01150533	檐口高度 90 m 层数 28 层以内	100 m²	189.00	5738.37	0.00	1611.11	1084551.93	0.00	304500.65	461982.95	97.94
3	011704001003	塔楼 3 超高增加费	m²	24300.00	01150535	檐口高度 110 m 层数 34 层以内	100 m²	243.00	7886.21	0.00	2007.27	1916348.54	0.00	487766.39	814169.36	132.44

注：① 综合单价，即是以清单工程量为 1 的价格：综合单价＝∑分部分项工程量/清单工程量。∑分部分项工程量＝∑定额工程量。套定额工程量＝∑分部分项工程量。
② 管理费率取 33%，利润率取 20%。
③ 有的教材将套定额的数量填写为定额工程量，也是可以的，此时综合单价＝∑定额工程费。

表 20.16 单价措施项目工程量清单

序号	项目编码	项目名称	项目特征	计量单位	工程数量
1	011703001001	垂直运输	1. 建筑物建筑类型及结构形式：排架结构 2. 建筑物檐口高度、层数：19.8 m；1 层	m²	12043.00

20.5.5 大型机械设备进出场及安拆

在定额中使用的施工机械及仪器仪表台班单价的费用组成中包含：折旧费、检修费、维护费、安拆费及场外运输费，司机（司炉）或其他操作人员的人工费、燃料动力费、其他费。

因为大型及特大型机械的进出场及安拆一次费用金额大，对工程造价影响大，所以大型及特大型机械的进退场及安拆费用没有包含在其机械台班单价中，应另行计算；定额使用的施工机械中只有中型、小型施工机械的机械台班单价中包含安拆费及场外运输费。

大型及特大型机械的进出场及安拆一次费用应按《房屋建筑与装饰工程工程量清单计算规范》附表 S.5 大型机械设备进出场及安拆编制清单，按《云南省房屋建筑与装饰工程消耗量定额》第十五章第五节大型机械进退场费计价。

20.5.5.1 大型机械设备进出场及安拆基础知识

1. 塔吊技术参数

塔吊技术参数，见表 20.17。

结合工程施工要求，合理选择塔吊才能准确计算塔吊的基础及进退场费用。表中 50 系列、70 系列的意思是指塔吊的最大工作半径，型号中例如 7025，表示最大工作半径是 70 m，端头的最大工作起重力是 25 kN，额定工作力矩系臂长×吊重。选择塔吊时应结合工程的施工半径要求及构件对吊重的要求，按经济合理的原则选择。

表 20.17 塔吊技术参数表

臂长	型号	电机功率	升塔最大高度	每次升塔高度（m）	额定起重力矩
70 系列	7034	87.5	280	3	2 380 kN·m
	7525	78.5	240.3	3	1 875 kN·m
60 系列	6015	57.5 kW	180	2.8	900 kN·m
	6010	57.5 kW	160/45	20	600 kN·m
56 系列	5613	57.5 kW	140	2.8	800 kN·m
	6013	57.5 kW	180	2.8	800 kN·m
	5610	57.5 kW	140/40	20	600 kN·m
50 系列	5012	57.5 kW	140	1.6/1.6/2.8	600 kN·m

2. 挖土机的型号与斗容及产能之间的关系

现在市场上的挖土机品牌众多，各种型号，使工程造价人员无法判断和选择，定额机械台班中的斗容量 0.17 ~ 3 m³ 都有。在土方石方工程量确定、工期要求确定情况下，只有准确配置挖土机数量才能准确计算挖土机的进退场费用，为了便于工程造价人员计算，给出如下数据供参考使用（表 20.18）。

表 20.18　挖土机型号与斗容及产能关系表

型号	整机工作质量（t）	斗容	台班产量（m³）
35	2.7	0.11	65 ~ 85
55	5.2	0.18	100 ~ 130
65	6.2	0.22	120 ~ 150
85	8.5	0.36	200 ~ 250
130	12.2	0.53	300 ~ 400
200	20	0.8	500 ~ 600
220	22	1.1	1100 ~ 1300
240	24	1.2	1200 ~ 1400
300	30	1.6	1600 ~ 1800
400	40	2	1900 ~ 2100
460	460	2.5	2500 ~ 2800
650	65	4	3500 ~ 4000

以上产能表只考虑正常施工条件下，挖一般土方计算配置机械时供参考使用，未考虑特殊情况对机械效率的影响因数，如挖淤泥、爆破后石方粒径大小对效率的影响。

一般挖土机型号 100 以下适合挖沟槽，130 ~ 240 型号适合 10 万方以下土石方工程，300 ~ 460 适合 10 万 ~ 100 万方土石方工程，460 以上适合矿山及机场等超大型土石方工程。挖土方时，一般两到三台挖机配一台推土机。

3. 打桩机械施工效率

打桩机械施工效率，见表 20.19。

表 20.19　常用桩基础施工机械产能表

打桩机类型	桩型	每台班产能（m）
震动沉管打桩机	灌注桩	300
	CFG 桩	400 ~ 500
长螺旋桩机	灌注桩	200 ~ 300
	CFG 桩	300 ~ 400

打桩机类型	桩型	每台班产能（m）
静压桩机	预制管桩（一级土）	300～450
	预制管桩（二级土）	500～600
	预制方桩	200～300
旋挖桩机	泥浆护壁灌注	100～150
回旋桩机	泥浆护壁灌注	20～30
三轴深搅		200～250
高压旋喷桩机		40～60

以上产能表只考虑正常施工条件下，一般地质情况桩基础施工计算配置机械时供参考使用，未考虑特殊情况对机械效率的影响因数，如孤石、岩溶、淤泥层塌孔对效率的影响。

20.5.5.2　大型机械设备进出场及安拆清单项目

1. 清单列项及项目特征描述

应按《房屋建筑与装饰工程工程量清单计算规范》的附表 S.5 011705001 大型机械设备进出场及安拆编码列项。

项目特征描述要求：① 机械设备名称：应按编制设备名称描述；② 机械设备规格型号：按编制机械设备规格描写。

2. 工作内容

《房屋建筑与装饰工程工程量清单计算规范》的附表 S.5011705001 大型机械设备进出场及安拆项目包含的工作内容有：① 安拆费包括施工机械、设备在现场进行安装拆卸所需人工、材料、机械和试运转费用以及机械辅助设施的折旧、搭设、拆除等费用；② 进退场费包括施工机械、设备整体或分体自停放地点运至施工现场或由一施工地点运至另一施工地点所发生的运输、装卸、辅助材料等费用。从《云南省房屋建筑与装饰工程消耗量定额》的规定看，遗漏了"1. 垂直运输机械的固定装置、基础制作、安装；2. 行走式垂直运输机械轨道的铺设、拆除、摊销"的工作内容，从另一角度看，是《房屋建筑与装饰工程工程量清单计算规范》的工作内容与《云南省房屋建筑与装饰工程消耗量定额》有矛盾，该矛盾的解决应服从云南省建设行政管理部门的规定。

所以，在编制大型机械设备进出场及安拆清单及计价时应该补充相关垂直运输机械的基础或轨道的工作内容并相应计价。

3. 计价要点

（1）特、大型机械的基础费用、安装拆卸一次费及场外运输费不计算管理费、利润。

（2）其他见《云南省房屋建筑与装饰工程消耗量定额》第十五章第五节大型机械进退场费计价说明。

20.5.5.3 计算实例

【例 20.7】 昆明市区三环内某小区工程有地下室建筑面积约 36000 m²，经计算基坑开挖土方工程量为 187200 m³，该建筑采用直径 500 长螺旋灌注桩，合计桩长 63000 m，试合理配置土方及桩基础施工机械，并编制大型机械设备进出场及安拆清单并计算综合单价及合价。大型机械设备进出场费按 25 km 以内计算。

【解】 1. 机械配置

该基坑开挖计划工期 30 d，拟采用 400 型履带式单斗液压挖掘机（斗容量 2.0 m³）1 台和 200 型履带式单斗液压挖掘机（斗容量 0.8 m³）2 台进行开挖，每台挖掘机按 1 台班/天进行土方开挖，取台班加权平均产量约（2000 + 560×2 = 3120）m³/台班，30 天可挖土方为 30×3120×2 = 187200 m³；同时配履带式推土机（75 kW）2 台，土方挖出总量平衡多余土方用自卸汽车运走。长螺旋灌注桩计划工期 30 天，采用长螺旋钻机 2 台班/天施工，取台班产能 270 m/台班，应配置 63000/（30×2×270）= 3.89 台，取整 4 台。

2. 编制大型机械设备进出场及安拆工程量清单（表 20.20）

表 20.20 单价措施项目工程量清单

序号	项目编码	项目名称	项目特征	计量单位	工程数量
1	011705001001	大型机械设备进出场及安拆	1. 机械设备名称：履带式单斗液压机 2. 机械设备规格型号：400 型 1 台。 3. 运输	台次	1
2	011705001002	大型机械设备进出场及安拆	1. 机械设备名称：履带式单斗液压机 2. 机械设备规格型号：200 型 2 台。 3. 运输	台次	2
3	011705001003	大型机械设备进出场及安拆	1. 机械设备名称：履带式推土机 2. 机械设备规格型号：75 kW 2 台 3. 运输	台次	2
4	011705001004	大型机械设备进出场及安拆	1. 机械设备名称：长螺旋钻机 2. 机械设备规格型号：综合 4 台 3. 运输	台次	4
5	011705001005	大型机械设备进出场及安拆	1. 机械设备名称：长螺旋钻机 2. 机械设备规格型号：综合 4 台 3. 安拆	台次	4

3. 综合单价计算

（1）查找《定额》，履带式单斗液压挖掘机 400 型场外运输费拟套用定额 01150637，履带式单斗液压挖掘机 200 型场外运输费拟套用定额 01150636，履带式推土机（75 kW）拟套用定额 01150638，长螺旋钻机场外进出场费拟套用定额 01150634，长螺旋钻机安装及拆卸费拟套用定额 01150635。

（2）编制相关子目直接费。

本例所套定额无未计价材料，相关子目直接费表，见表 20.21。

表 20.21 相关定额子目直接费表

定额编号	01150637	01150636	01150638	01150634	01150635
项 目	履带式挖掘机斗容量 1 m³ 以外场外运输费	履带式挖掘机斗容量 1 m³ 以内场外运输费	履带式推土机 90 kW 以内场外运输费	长螺旋钻机场外运输费	长螺旋钻机安拆费
计量单位	台次				
直接费（元）	4721.91	3979.02	3198.79	8161.79	4995.32
其中 人工费（元）	981.20	981.20	490.60	981.20	3270.66
其中 材料费（元）	434.07	397.54	194.72	277.25	58.37
其中 机械费（元）	3306.65	2600.28	2513.48	6903.35	1666.30

注：① 所用到的机械换为云建标〔2016〕207 号文中附件 2 中机械除税台班单价：第 27 项 履带式单斗液压挖掘机 斗容量 2 m³：1651.92 元/台班；第 22 项 履带式单斗液压挖掘机 斗容量 0.8 m³：920.09 元/台班；第 375 项 汽车式起重机 8 t：536.93 元/台班；第 501 项 平板拖车组 装载质量 60 t：1295.84 元/台班；第 499 项 平板拖车组 装载质量 40 t：1065.87 元/台班；第 497 项 平板拖车组 装载质量 20 t：771.39 元/台班；第 3 项 履带式推土机 75 kW：755.48 元/台班；第 473 项 载重汽车 装载质量 8 t：418.86 元/台班。

② 人工费按云建标函〔2018〕47 号文上调 28%。

（3）综合单价计算过程，详见表 20.22。

4. 大型机械设备进出场及安拆费合价

$$5666.30 \times 1 + 4774.82 \times 2 + 3838.55 \times 2 + 9794.15 \times 4 + 4995.32 \times 4$$

$$= 5666.30 + 9549.64 + 7677.11 + 39176.62 + 19981.30$$

$$= 82050.96 （元）$$

【例 20.8】 如图 10.23 所示某建筑 4.2 m 楼面结构平面布置图，已知所有框架柱截面尺寸均为 400 mm×400 mm，室外地坪标高为 −0.3 m。试计算本层混凝土构件模板工程量及编制工程量清单。

【解】 1. 计算混凝土构件模板工程量

1）柱模板工程量计算

A 轴交 1 轴柱模板面积：

$0.4 \times 4 \times 4.5$<原始模板面积>$- [（0.2 \times 0.6）\times 2]$<扣梁>$-（0.1 \times 0.1）$<扣现浇板>

$= 7.20 - 0.24 - 0.01$

$= 6.95（m^2）$

超高模板面积：$6.95 - 0.4 \times 4 \times 3.6 = 1.19（m^2）$

A 轴交 2 轴柱模板面积：

$0.4 \times 4 \times 4.5$<原始模板面积>$- [（0.2 \times 0.6）\times 2 + 0.2 \times 0.5]$<扣梁>$-$

$[（0.1 \times 0.1）\times 4 +（0.1 + 0.4）\times 0.15]$<扣现浇板>

$= 7.20 - 0.34 - 0.115$

$= 6.75（m^2）$

超高模板面积：$6.75 - 0.4 \times 4 \times 3.6 = 0.985（m^2）$

表 20.22　工程量清单综合单价分析表

序号	项目编码	项目名称	计量单位	工程量	定额编码	定额名称	定额单位	数量	清单综合单价组成明细							综合单价（元）
									单价（元）			合价（元）				
									人工费	材料费	机械费	人工费	材料费	机械费	管理费和利润	
1	011705001001	大型机械设备进出场及安拆	台次	1.00	01150637※	履带式挖掘机斗容量1 m³以内场外运输费	台次	1.00	1177.44	520.88	3967.98	1177.44	520.88	3967.98	0.00	5666.30
2	011705001002	大型机械设备进出场及安拆	台次	2.00	01150636※	履带式挖掘机斗容量1 m³以内场内运输费	台次	2.00	1177.44	477.05	3120.34	2354.87	954.10	6240.67	0.00	4774.82
3	011705001003	大型机械设备进出场及安拆	台次	2.00	01150638※	履带式推土机90 kW以内场内运输费	台次	2.00	588.72	233.67	3016.17	1177.44	467.33	6032.34	0.00	3838.55
4	011705001004	大型机械设备进出场及安拆	台次	4.00	01150634※	长螺旋钻机场外运输费	台次	4.00	1177.44	332.70	8284.02	4709.74	1330.79	33136.08	0.00	9794.15
5	011705001005	大型机械设备进出场及安拆	台次	4.00	01150635	长螺旋钻机安拆费	台次	4.00	3270.66	58.37	1666.30	13082.62	233.47	6665.20	0.00	4995.32

注：① 综合单价，即是以清单工程量为1的价格；综合单价＝∑分部分项工程费/清单工程量，套定额的数量是定额的数量。
② 大型机械进退场及安拆费不计管理费及利润。
③ 昆明市区三环内，按有关部门的规定，只能夜间进出场，场外进出场定额基价以表以系数1.2。
④ 有的教材将套定额的数量填写为定额工程量/清单工程量，也是可以的，此时综合单价＝∑分部工程费。

A 轴交 3 轴柱模板面积：

0.4×4×4.5<原始模板面积>－[（0.2×0.6）×2＋0.25×0.5]<扣梁>－

[（0.1×0.15）×2＋（0.075×0.1）×2＋（0.1×0.1）×2＋0.4×0.15]<扣现浇板>

＝7.20－0.365－0.125

＝6.71（m²）

超高模板面积：6.71－0.4×4×3.6＝0.95（m²）

A 轴交 4 轴柱模板面积：

0.4×4×4.5<原始模板面积>－[（0.2×0.6）×2＋0.25×0.5]<扣梁>－

[（0.1×0.15）×2＋（0.075×0.1）×2＋（0.1×0.1）×2＋0.4×0.15]<扣现浇板>

＝7.20－0.365－0.125

＝6.71（m²）

超高模板面积：6.71－0.4×4×3.6＝0.95（m²）

A 轴交 5 轴柱模板面积：

0.4×4×4.5<原始模板面积>－[（0.2×0.6）×2]<扣梁>－

[（0.1×0.1）×2＋（0.4＋0.1）×0.15]<扣现浇板>

＝7.20－0.24－0.095

＝6.87（m²）

超高模板面积：6.87－0.4×4×3.6＝1.11（m²）

B 轴交 1 轴柱模板面积：

0.4×4×4.5<原始模板面积>－[（0.2×0.6）×2＋0.2×0.45]<扣梁>－

[（0.2×0.15）×2＋（0.1×0.1）×2]<扣现浇板>

＝7.20－0.33－0.08

＝6.79（m²）

超高模板面积：6.79－0.4×4×3.6＝1.03（m²）

B 轴交 2 轴柱模板面积：

0.4×4×4.5<原始模板面积>－[（0.2×0.5）×2＋（0.2×0.45）×2]<扣梁>－

[（0.1×0.1）×8]<扣现浇板>

＝7.20－0.38－0.08

＝6.74（m²）

超高模板面积：6.74－0.4×4×3.6＝0.98（m²）

B 轴交 3 轴柱模板面积：

0.4×4×4.5<原始模板面积>－[（0.25×0.5）×2＋（0.2×0.45）×2]<扣梁>－

[（0.075×0.1）×4＋（0.1×0.1）×4]<扣现浇板>

＝7.20－0.43－0.07

＝6.70（m²）

超高模板面积：6.70－0.4×4×3.6＝0.94（m²）

B 轴交 4 轴柱模板面积：

$0.4 \times 4 \times 4.5$<原始模板面积>$- [（0.2 \times 0.45）\times 2 +（0.25 \times 0.5）\times 2]$<扣梁>$-$
$[（0.1 \times 0.1）\times 4 +（0.075 \times 0.1）\times 4]$<扣现浇板>

$= 7.20 - 0.43 - 0.07$

$= 6.70（m^2）$

超高模板面积：$6.70 - 0.4 \times 4 \times 3.6 = 0.94（m^2）$

B 轴交 5 轴柱模板面积：

$0.4 \times 4 \times 4.5$<原始模板面积>$- [（0.2 \times 0.6）\times 2 + 0.2 \times 0.45]$<扣梁>$-$
$[（0.1 \times 0.1）\times 4]$<扣现浇板>

$= 7.20 - 0.33 - 0.04$

$= 6.83（m^2）$

超高模板面积：$6.83 - 0.4 \times 4 \times 3.6 = 1.07（m^2）$

C 轴交 1 轴柱模板面积：

$0.4 \times 4 \times 4.5$<原始模板面积>$- [（0.3 + 0.2）\times 0.5 + 0.2 \times 0.6]$<扣梁>

$= 7.20 - 0.37$

$= 6.83（m^2）$

超高模板面积：$6.83 - 0.4 \times 4 \times 3.6 = 1.07（m^2）$

C 轴交 2 轴柱模板面积：

$0.4 \times 4 \times 4.5$<原始模板面积>$- [（0.2 \times 0.5）\times 2 + 0.3 \times 0.5 + 0.2 \times 0.6]$<扣梁>$-$
$[（0.2 + 0.1）\times 0.1]$<扣现浇板>

$= 7.20 - 0.47 - 0.03$

$= 6.70（m^2）$

超高模板面积：$6.70 - 0.4 \times 4 \times 3.6 = 0.94（m^2）$

C 轴交 3 轴柱模板面积：

$0.4 \times 4 \times 4.5$<原始模板面积>$- [（0.2 \times 0.6）\times 2 + 0.25 \times 0.5]$<扣梁>$-$
$[（0.013\ 8）\times 2 +（0.1 \times 0.1）\times 2]$<扣现浇板>

$= 7.20 - 0.365 - 0.047\ 5$

$= 6.79（m^2）$

超高模板面积：$6.79 - 0.4 \times 4 \times 3.6 = 1.03（m^2）$

C 轴交 4 轴柱模板面积：

$0.4 \times 4 \times 4.5$<原始模板面积>$- [（0.2 \times 0.6）\times 2 + 0.25 \times 0.5]$<扣梁>$-$
$[（0.075 \times 0.1）\times 2 +（0.1 \times 0.1）\times 2]$<扣现浇板>

$= 7.20 - 0.365 - 0.035$

$= 6.80（m^2）$

超高模板面积：$6.80 - 0.4 \times 4 \times 3.6 = 1.04（m^2）$

C 轴交 5 轴柱模板面积：

$0.4 \times 4 \times 4.5$<原始模板面积>$- [（0.2 \times 0.6）\times 2]$<扣梁>$-$
$[（0.1 \times 0.1）\times 2]$<扣现浇板>

$= 7.20 - 0.24 - 0.02$

$= 6.94（m^2）$

超高模板面积：$6.94-0.4\times4\times3.6=1.18$（$m^2$）

柱模板面积合计：

$6.95+6.75+6.71+6.71+6.87+6.79+6.74+6.70+6.70+6.83+6.83+6.70+$

$6.79+6.80+6.94$

$=101.80$（m^2）

柱超高模板面积合计：

$1.19+0.985+0.95+0.95+1.105+1.03+0.98+0.94+0.94+1.07+1.07+$

$0.94+1.03+1.04+1.18=15.40$（$m^2$）

2）有梁板模板工程量计算

（1）梁模板工程量计算

KL1 模板面积：

[（0.6<高度>×2＋0.2<宽度>）×8.1<中心线长度>]＋0.02<梁端头模板面积>－

[（0.4×0.6）×2＋（0.2×0.6）×2＋（0.1＋0.3）×0.6＋（0.4＋0.2）×0.2＋0.04＋0.2×0.1]

<扣柱>－（0.2×0.4）<扣梁>－（0.2×0.25）<扣圈梁>－[（1.3＋2.6）×0.1＋2×0.15]

<扣现浇板>＋[（0.5<高度>×2＋0.2<宽度>）×2.2<中心线长度>]＋0.1<梁端头模板面积>－

[（0.2×0.5）×2＋0.2×0.2]<扣柱>－（0.2×0.5）<扣梁>＝11.8（m^2）

KL2 模板面积：

[（0.5<高度>×2＋0.2<宽度>）×10.3<中心线长度>]＋0.1<梁端头模板面积>－

[（0.2×0.5）×2＋（0.4×0.2）×2＋（0.4×0.5）×4＋0.2×0.2]<扣柱>－

[（0.2×0.4）×2＋0.2×0.5]<扣梁>－

[（2.6×0.1）×2＋（1.3＋1.8＋2.7）×0.1]<扣现浇板>

＝9.9（m^2）

KL3 模板面积：

[（0.5<高度>×2＋0.25<宽度>）×3.1<中心线长度>]＋0.0125<梁端头模板面积>－

[（0.2×0.5）×2＋（0.3×0.5）×2＋（0.2＋0.3）×0.25＋0.25×0.05]<扣柱>－

（0.2×0.4）<扣梁>－[（2.6＋1.64＋0.76）×0.1]<扣现浇板>＋

[（0.5<高度>×2＋0.25<宽度>]×5.2<中心线长度>）＋0.0125<梁端头模板面积>－

[（0.3×0.5）×2＋（0.2×0.5）×2＋（0.3＋0.2）×0.25＋0.25×0.05]<扣柱>－

[（0.2×0.35）×2]<扣梁>－[（2.7×0.1）×2＋（1.8×0.05）×2]<扣现浇板>

＝7.685（m^2）

KL4 模板面积：

[（0.5<高度>×2＋0.25<宽度>）×8.1<中心线长度>]－

[（0.2×0.25）×2＋（0.2×0.5）×4＋（0.4×0.5）×2＋0.4×0.25]<扣柱>－

[（0.2×0.4）×2]<扣梁>－[（2.6×0.1）×2＋（1.800 3＋2.7＋2.699 7＋1.8）×0.1]<扣现浇板>

＝7.545（m^2）

KL5 模板面积：

　　[（0.6<高度>×2＋0.2<宽度>）×8.1<中心线长度>]－

　　[（0.1×0.6）×2＋（0.3×0.6）×2＋（0.4×0.6）×2＋0.04＋0.4×0.2＋0.04]<扣柱>－

　　（0.2×0.4）<扣梁>－[（2.6＋1.800 3＋2.699 7）×0.1]<扣现浇板>

＝9.43（m²）

KL6 模板面积：

　　[（0.6<高度>×2＋0.2<宽度>）×16.3<中心线长度>]＋0.12<梁端头模板面积>－

　　[（0.08）×3＋（0.4×0.6）×6＋（0.3＋0.1＋0.2）×0.6＋0.04]<扣柱>－（0.2×0.4）

　　<扣梁>－[（3.95×0.15）×3＋（3.95×0.1）×2＋（1.95＋3.05＋1.8）×0.1]<扣现浇板>

＝17.53（m²）

KL7 模板面积：

　　[（0.45<高度>×2＋0.2<宽度>）×7.6<中心线长度>]－

　　[（0.2×0.45）×2＋（0.4×0.45）×2＋0.04＋0.08]<扣柱>－[（0.2×0.4）×2]<扣梁>－

　　[（1.95×0.1）×2＋（3.05×0.1）×2＋（1.8×0.1）×2]<扣现浇板>＋

　　[（0.45<高度>×2＋0.2<宽度>）×8.7<中心线长度>]－

　　[（0.2×0.2）×2＋（0.2×0.45）×4＋（0.4×0.45）×2＋0.4×0.2]<扣柱>－

　　[（3.95×0.1）×4]<扣现浇板>

＝13.29（m²）

KL8 模板面积：

　　[（0.5<高度>×2＋0.3<宽度>）×3.15<中心线长度>]＋0.3<梁端头模板面积>－

　　[（0.3×0.5）×2]<扣柱>

＝4.095（m²）

KL9 模板面积：

　　[（0.6<高度>×2＋0.2<宽度>）×12.75<中心线长度>]＋0.12<梁端头模板面积>－

　　[（0.4×0.2）×2＋（0.4×0.6）×4＋（0.1＋0.3＋0.2）×0.6＋0.04]<扣柱>－

　　[（3.95×0.1）×2＋3.85×0.1]<扣现浇板>

＝15.275（m²）

L1 模板面积：

　　[（0.4<高度>×2＋0.2<宽度>）×6<中心线长度>]－

　　[（0.1×0.2）×2＋（0.1×0.4）×4＋（0.2×0.4）×3＋0.04]<扣梁>－

　　[（2.8×0.1）×3＋（1.74＋0.86）×0.1]<扣现浇板>

＝4.42（m²）

L2 模板面积：

　　[（0.4<高度>×2＋0.2<宽度>）×2.25<中心线长度>]－

　　[（0.1×0.4）×2＋（0.125×0.4）×2＋（0.1＋0.125）×0.2]<扣梁>－

　　[（2.025×0.1）×2]<扣现浇板>

＝1.62（m²）

L3 模板面积：

[（0.4<高度>×2＋0.2<宽度>）×3.15<中心线长度>]－（3.15×0.1）<扣现浇板>

＝2.835（m²）

L4 模板面积：

[（0.4<高度>×2＋0.2<宽度>）×4.35<中心线长度>]－

[（0.1×0.4）×2＋（0.125×0.4）×2＋（0.1＋0.125）×0.2]<扣梁>－

[（4.125×0.1）×2]<扣现浇板>

＝3.3（m²）

L5 模板面积：

[（0.4<高度>×2＋0.2<宽度>）×8.7<中心线长度>]－

[（0.125×0.4）×2＋（0.25×0.35）×2＋（0.1×0.4）×2＋（0.125＋0.25＋0.1）×

0.2＋0.2×0.4]<扣梁>－（0.012 5）<扣圈梁>－

[（2.025＋4.1＋1.9）×0.1＋0.41＋0.412 5]<扣现浇板>

＝6.53（m²）

L6 模板面积：

[（0.5<高度>×2＋0.2<宽度>）×3.15<中心线长度>]＝3.78（m²）

梁模板面积合计：

11.8＋9.9＋7.685＋7.545＋9.43＋17.53＋13.29＋4.095＋15.275＋

4.42＋1.62＋2.835＋3.3＋6.53＋3.78＝119.04（m²）

（2）板模板工程量计算：

A、B 轴与 1、2 轴之间板模板工程量：

底面模板面积＝（3.35<长度>×3<宽度>）－[（0.2×0.2）×2＋（0.2×0.1）×2]

　　　　　　　<扣柱>－（2.6×0.1×2＋3.05×0.1×2）<扣梁>

　　　　　　＝8.8（m²）

A、B 轴与 2、3 轴之间板模板工程量：

底面模板面积＝（3<长度>×2.1<宽度>）－（0.2×0.2×2）<扣柱>－

　　　　　　　（1.9×0.1＋2.9×0.1＋1.8×0.1＋2.6×0.1）<扣梁>＋

　　　　　　　（2.25<长度>×1.06<宽度>）－（0.2×0.2）<扣柱>－

　　　　　　　[（1.06＋2.15）×0.1＋0.76×0.125＋1.95×0.1]<扣梁>＋

　　　　　　　（2.25<长度>×1.94<宽度>）－（0.2×0.2）<扣柱>－

　　　　　　　（2.05×0.1＋1.84×0.1＋2.15×0.1＋1.64×0.125）<扣梁>

　　　　　　＝10.55（m²）

A、B 轴与 3、4 轴之间板模板工程量：

底面模板面积＝（4.35<长度>×3<宽度>）－[（0.2×0.2）×4]<扣柱>－

　　　　　　　（3.95×0.1×2＋2.6×0.125×2）<扣梁>

　　　　　　＝11.45（m²）

A、B 轴与 4、5 轴之间板模板工程量：

底面模板面积 =（4.35<长度>×3<宽度>）−[（0.2×0.2）×4]<扣柱>−

（2.6×0.125＋2.6×0.1＋3.95×0.1×2）<扣梁>

= 11.515（m²）

B、C 轴与 1、2 轴之间板模板工程量：

底面模板面积 =（3.35<长度>×1.6<宽度>）−[0.2×（0.1＋0.2）]<扣柱>−

[（1.4×0.1）×2＋3.05×0.1＋3.15×0.1]<扣梁>

= 4.4（m²）

B、C 轴与 2、3 轴之间板模板工程量：

底面模板面积 =（3<长度>×2.1<宽度>）−（0.2×0.2）<扣柱>−

[（3＋2＋2.7＋1.8）×0.1]<扣梁>＋（3<长度>×2.25<宽度>）−

（0.2×0.2）<扣柱>−[（3＋2.025）×0.1＋2.8×0.125＋1.95×0.1]<扣梁>＋

（4.35<长度>×2.1<宽度>）−[0.2×（0.2＋0.3）]<扣柱>−

[（3.85＋4.125＋1.9）×0.1＋1.9×0.125]<扣梁>

= 18.78（m²）

B、C 轴与 3、4 轴之间板模板工程量：

底面模板面积 =（4.35<长度>×2.1<宽度>）−[（0.2×0.2）×2]<扣柱>−

[（1.9×0.125）×2＋3.95×0.1＋4.1×0.1]<扣梁>＋

（4.35<长度>×3<宽度>）−[（0.2×0.2）×2]<扣柱>−

[（2.8×0.125）×2＋3.95×0.1＋4.1×0.1]<扣梁>

= 19.24（m²）

B、C 轴与 4、5 轴之间板模板工程量：

底面模板面积 =（4.35<长度>×3.0<宽度>）−[（0.2×0.2）×2]<扣柱>−

[（2.8＋4.125＋3.95）×0.1＋2.8×0.125]<扣梁>＋

（4.35<长度>×2.10<宽度>）−[（0.2×0.2）×2]<扣柱>−

[（1.9＋3.95＋4.125）×0.1＋1.9×0.125]<扣梁>

= 19.35（m²）

板模板工程量合计：8.8＋10.55＋11.45＋11.515＋4.4＋18.78＋19.24＋19.35 = 104.09（m²）

有梁板模板工程量合计：119.04＋104.09 = 223.13（m²）

有梁板超高高度：4.2＋0.3−3.6 = 0.9（m）

有梁板模板超高工程量合计：223.13×1 = 223.13（m²）

3）雨棚模板工程量计算

依据定额计算说明：现浇混凝土板式雨棚按外挑部分的水平投影面积计算，挑出墙外的悬臂梁及板边不另计算模板面积。

（1）1 轴外侧雨棚模板：

水平投影面积：1.3×2.2 = 2.86（m²）

（2）A 轴外侧雨棚模板：

水平投影面积：1.4×13.45 = 18.83（m²）

雨棚模板工程量合计：2.86＋18.83 = 20.69（m²）

4）楼梯模板工程量计算

包含休息平台、平台梁等的水平投影面积：$3.15 \times 5.6 = 17.64$（m²）

5）模板对拉螺栓计算

依据定额计算规则：本例中只有高度不小于 500 mm 的梁应计算对拉螺栓，对拉螺栓长度按混凝土厚度每侧增加 270 mm，直径按 14 mm 计算。间距按组合钢模板中对拉螺栓间距 800 mm。

KL1 模板对拉螺栓：（$4.7 + 2.6$）$\div 0.8 \times$（$0.2 + 0.27 \times 2$）$\times 0.006\ 17 \times 14 \times 14 = 8.17$（kg）

KL5 模板对拉螺栓：（$4.7 + 2.6$）$\div 0.8 \times$（$0.2 + 0.27 \times 2$）$\times 0.006\ 17 \times 14 \times 14 = 8.17$（kg）

KL6 模板对拉螺栓：（$3.95 \times 3 + 3.05$）$\div 0.8 \times$（$0.2 + 0.27 \times 2$）$\times 0.006\ 17 \times 14 \times 14 = 16.67$（kg）

KL9 模板对拉螺栓：$3.95 \times 3 \div 0.8 \times$（$0.2 + 0.27 \times 2$）$\times 0.006\ 17 \times 14 \times 14 = 13.26$（kg）

对拉螺栓合计：$8.17 + 8.17 + 16.67 + 13.26 = 46.27$（kg）

2. 编制模板工程量清单（表 20.23）

表 20.23　单价措施项目工程量清单

序号	项目编码	项目名称	项目特征	计量单位	工程数量
1	011702002001	矩形柱	1. 施工部位：矩形柱（周长 1.8 m 以内） 2. 支撑高度：4.5 m 3. 材质：组合钢模 4. 其他要求：按 JGJ 162－2008 建筑施工模板安全技术规范，符合现行的设计、施工验收规范、安全操作规程、质量评定标准 5. 计算规则：柱模板按模板与混凝土的接触面积以平方米计算	m²	101.80
2	011702014001	有梁板	1. 施工部位：有梁板 2. 支撑高度：4.4 m 3. 材质：组合刚模 4. 其他要求：按 JGJ 162—2008 建筑施工模板安全技术规范（包含按规范要求计算的对拉螺栓），拆模后混凝土平整度质量达到抹灰验收规范的标准符合现行的设计、施工验收规范、安全操作规程、质量评定标准。 5. 计算规则：按模板与混凝土的接触面积以平方米计算	m²	223.13
3	011702023001	雨篷、悬挑板、阳台板	1. 施工部位：雨篷 2. 板厚度：150 mm 3. 材质：组合钢模 4. 其他要求：按 JGJ 162—2008 建筑施工模板安全技术规范，符合现行的设计、施工验收规范、安全操作规程、质量评定标准 5. 计算规则：按图示外挑部分尺寸的水平投影面积计算	m²	20.69
4	011702024001	楼梯	1. 施工部位：楼梯 2. 材质：组合钢模 3. 其他要求：按 JGJ 162—2008 建筑施工模板安全技术规范，符合现行的设计、施工验收规范、安全操作规程、质量评定标准 4. 计算规则：模板按包括休息平台、平台梁、斜梁和楼层板的连续梁的楼梯水平投影面积	m²	17.64

20.5.6　施工排水、降水

20.5.6.1　施工排水、降水基础知识

施工降水指开挖地下建（构）筑物基坑（槽）时，周边未形成止水帷幕，采取降水措施将地下水整体下降至基坑（槽）底以下的施工方法。

施工降水的施工方法，在城市市区内的建筑工程基础工程施工中基本无法实施，因为，在降低施工基坑的地下水位时，会影响到建筑红线范围外其他建筑或市政设施的地基基础的稳定性，造成无法估计的影响，所以，客观上无法实施，也不会得到建设行政主管部门的行政许可。该施工方法，只能适用于施工场地开阔的郊区工业项目。

施工排水指开挖地下建（构）筑物基坑（槽）时，周边预先形成止水帷幕，然后抽排基坑（槽）内地下水，坑内地下水整体下降至基坑（槽）底以下，坑外地下水位保持自然水位的施工方法。

施工排水的施工方法应其施工期间，通过在基坑周边设置地下水位观察井及回灌井，保证了基坑外围地下水位保持自然水位，对周边建筑地基基础保护可靠，是城区内基坑施工的主要方法。

20.5.6.2　施工排水、降水清单项目

1. 成　井

1）列　项

轻型井点降水的井点安装，可按成井列项，这时，计量单位应对应修正为"根"，及工程量计算规则应按设计根数计算；

排水井及辐射降水井等就按成井列项。

2）项目特征

（1）成井方式：可不描述，成井方式应由施工单位自行选择，除非设计另有规定。（2）地层情况：可引用地勘报告描述。（3）成井直径：必须按设计要求描述。（4）井（滤）管类型、直径：应按设计要求描述。（5）滤层材料种类、滤层厚度：应按设计或引用施工图描述。

3）计价要点

（1）《云南省房屋建筑与装饰工程消耗量定额》中降水井制作小节的定额子目适用于降水、排水井的成井计价。

（2）设计要求采用其他工艺成井时，如回旋成孔、旋挖成孔，可参照桩基础相关子目计价。

（3）井点成孔定额中未包括泥浆制作及运输的费用，发生时另行计算。

（4）钻机成孔定额中未包括钢护筒，发生时另行计算。

（5）设计井深与定额井深不同时按内插法计算。

（6）定额是按常用井径编制的，设计井径不同时，成孔人工机械按体积比例换算，井管材料按规格尺寸换算。

2. 排水、降水

1）项目名称

项目名称应依据施工方法选择命名，即排水或降水，不能混淆命名。

2）项目特征

（1）机械规格型号：可不描述。

（2）降排水管规格：可按设计描述；另外建议必须描述特征。

（3）地下水情况：应按地勘报告描述地下原常水位情况，地层土质含水情况及透水情况。

（4）降水或排水须满足挖土及基础或地下室施工要求。

3）计价要点

（1）轻型井点使用按定额 01150011 轻型井点使用子目计价，定额计量单位的套·天与工程量清单的昼夜可等同看待。

（2）排水及辐射井点降水可按定额子目 01150023 抽水及 01150023 拆除计价。

（3）场内降排水管道可按相应安装定额子目计价。

4）工作内容

清单工作内容包含：① 管道安装、拆除、场内运输等；② 抽水、值班、降水设备维修。

结合一般大型基坑排水施工方法，对应工作内容应说明的是：常见的基坑排水管道会用大口径塑料管沿基坑周边铺设，并做钢筋混凝土底板的沉沙井。一般基坑周边不用砖砌或混凝土的刚性排水沟，更不能用土沟（槽）排水，因为按规范基坑护壁是允许一定范围的变形，但是这种规范允许范围内的变形会拉裂沉沙井及刚性的排水沟，导致基坑排水灌入基坑护壁后侧，造成基坑护壁严重变形甚至垮塌，所以基坑周边及场内的排水管建议补充单列清单计价，沉沙池也建议补充单列清单计价，计入降、排水措施费。

参考文献

[1] 中华人民共和国国家标准. GB 50500—2013　建设工程工程量清单计价规范. 北京：中国计划出版社，2013.

[2] 中华人民共和国国家标准. GB 500854—2013　房屋建筑与装饰工程工程量计算规范. 北京：中国计划出版社，2013.

[3] 云南省工程建设地方标准. 云建标〔2013〕918号　云南省2013版建设工程造价计价依据. 昆明：云南出版集团公司，云南科技出版社，2013.

[4] 国家发展改革委，建设部. 参数与方法. 3版. 北京：中国计划出版社，2006.

[5] 中华人民共和国国家标准.GB/T 50875—2013　工程造价术语标准. 北京：中国计划出版社，2013.

[6] 中华人民共和国国家标准.GB/T 51095—2015　建设工程造价咨询规范. 北京：中国建筑工业出版社，2015.

[7] 中华人民共和国国家标准. GB/T 50353—2013　建筑工程建筑面积计算规范. 北京：中国计划出版社，2013.

[8] 住房和城乡建设部标准定额研究所.《建筑工程建筑面积计算规范》宣贯辅导教材. 北京：中国计划出版社，2015.

[9] 张俊新. 建筑面积计算与实例. 北京：中国建筑工业出版社，2015.

[10] 谭大璐. 工程估价. 北京：中国建筑工业出版社，2014.

[11] 中华人民共和国国家标准.GB 50020—2001　岩土工程勘察规范. 2009版. 北京：中国建筑工业出版社，2009.

[12] 中华人民共和国国家标准.GB 50007—2011　建筑地基基础设计规范. 北京：中国建筑工业出版社，2011.

[13] 中华人民共和国国家标准.GB 50330—2013　建筑边坡工程技术规范. 北京：中国建筑工业出版社，2013.

[14] 中华人民共和国住房和城乡建设部行业标准. JGJ 79—2012　地基处理规范. 北京：中国建筑工业出版社，2012.

[15]　中华人民共和国住房和城乡建设部行业标准. JGJ 94—2008　建筑桩基技术规范.
　　　 北京：中国建筑工业出版社，2008.

[16]　中华人民共和国国家标准. GB 50003—2011　砌体结构设计规范. 北京：中国建筑
　　　 工业出版社，2011.

[17]　中华人民共和国国家标准. GB 50203—2011　砌体结构工程施工质量验收规范.
　　　 北京：中国建筑工业出版社，2011.

[18]　中华人民共和国国家标准. GB 50010—2010　混凝土结构设计规范. 北京：中国建
　　　 筑工业出版社，2010.

[19]　中国建筑标准研究院. 国家建筑标准设计图集 11G101—1、2、3　平面整体表示
　　　 方法制图规则和构造详图. 北京：中国计划出版社，2011.

[20]　中华人民共和国国家标准. GB 50011—2010　建筑抗震设计规范. 北京：中国建筑
　　　 工业出版社，2010.

[21]　中华人民共和国国家标准. GB 50223—2008　建筑工程抗震设防分类标准. 北京：
　　　 中国建筑工业出版社，2008.

[22]　中华人民共和国国家标准. GB 50666—2011　混凝土结构工程施工规范. 中国建
　　　 筑科学研究院.

[23]　中华人民共和国国家标准. GB 50204—2002　钢筋混凝土结构工程质量验收规范：
　　　 2011 年修订版. 北京：中国建筑工业出版社，2011.

[24]　张建平. 建筑工程计价. 3 版. 重庆：重庆大学出版社，2011.

[25]　中华人民共和国国家标准. GB/T 50841—2013　建设工程分类标准. 北京：中国计
　　　 划出版社，2013.

[26]　中华人民共和国国家标准. GB 50204—2002　钢筋混凝土结构工程质量验收规范.
　　　 2011 年版. 北京：中国建筑工业出版社，2011.

[27]　中国建筑标准设计研究院. 国家建筑标准设计图集　SG520—1～2　钢吊车梁.
　　　 北京：中国计划出版社，2008.

[28]　中国建筑标准设计研究院. 国家建筑标准设计图集　SG520—1　钢檩条. 北京：
　　　 中国计划出版社，2011.

[29]　中国建筑标准设计研究院. 国家建筑标准设计图集　SG520—2　钢墙梁. 北京：
　　　 中国计划出版社，2011.

[30]　中华人民共和国国家标准. GB 50205—2001　钢结构工程施工质量验收规范. 北
　　　 京：中国计划出版社，2002.

[31]　中华人民共和国行业标准.JGJ 81—2001　建筑钢结构焊接技术规程.北京：中国建筑工业出版社，2002.

[32]　中华人民共和国国家标准.GB 50497—2009　建筑基坑工程监测技术规范.北京：中国建筑工业出版社，2009.

[33]　中华人民共和国国家标准.GB 12523—2011　建筑施工场界环境噪声排放标准.北京：中国环境科学出版社，2011.

[34]　中华人民共和国国家标准.GB/T 3608—2008　高处作业分级.北京：中国标准出版社，2009.

[35]　中华人民共和国行业标准.JGJ/T 188—2009　施工现场临时建筑物技术规范.北京：中国建筑工业出版社，2009.

[36]　中华人民共和国国家标准.GB 50720—2011　施工现场消防安全技术规范.北京：中国计划出版社，2011.

[37]　中华人民共和国国家标准.GB/T 5224—2014　预应力混凝土用钢绞线.北京：中国标准出版社，2015.

[38]　中国建筑标准设计研究院.国家建筑标准设计图集.04G361　预制钢筋混凝土方桩.北京：中国计划出版社，2008.

[39]　中华人民共和国国家标准.GB 13476—2009　先张法预应力混凝土管桩.北京：中国标准出版社，2009.

[40]　中国建筑标准设计研究院.国家建筑标准设计图集　05G513　钢托架.北京：中国计划出版社，2011.

[41]　中国建筑标准设计研究院.国家建筑标准设计图集　11G336　柱间支撑.北京：中国计划出版社，2011.

[42]　中国建筑标准设计研究院.国家建筑标准设计图集　05G516　轻型屋面钢天窗架.北京：中国计划出版社，2005.

[43]　中国建筑标准设计研究院.国家建筑标准设计图集　07J623—3　天窗挡风板及挡雨片.北京：中国计划出版社，2008.

[44]　中华人民共和国国家标准.GB/T 11345—1989　钢焊缝手工超声波探伤方法和探伤结果分级　北京：中国标准出版社，1990.

[45]　中华人民共和国国家标准.GB3323—87　钢熔化焊对接接头射线照相和质量分级　北京：国家标准局，1987.

[46]　中华人民共和国国家标准.GB 50661—2011　钢结构焊接规范　北京：中国建筑工业版社，2011

[47] 中华人民共和国行业标准. JGJ 80—2016　建筑施工高处作业安全技术规范. 北京：中国建筑工业出版社，2016.

[48] 中华人民共和国行业标准. JGJ 146—2013　建设工程施工现场环境与卫生标准. 北京：中国建筑工业出版社，2013.

[49] 中华人民共和国行业标准. JGJ 130—2011　建筑施工扣件式钢管脚手架安全技术规范. 北京：中国建筑工业出版社，2011.

[50] 中华人民共和国行业标准. JGJ 164—2008　建筑施工木脚手架安全技术规范. 北京：中国建筑工业出版社，2008.

[51] 中华人民共和国行业标准. JGJ 59－2011　建筑施工安全检查标准. 北京：中国建筑工业出版社，2011.

[52] 中华人民共和国行业标准. JGJ 169—2009　清水混凝土应用技术规程. 北京：中国建筑工业出版社，2009.

[53] 中华人民共和国行业标准. JGJ 162—2008　建筑施工模板安全技术规范. 北京：中国建筑工业出版社，2008.

[54] 中华人民共和国国家标准. GB 50860—2013　构筑物工程工程量计算规范 北京：中国计划版社，2013

[55] 全国统一建筑安装工程工期定额. 北京：中国计划版社，2000.

[56] 全国统一建筑工程基础定额土建（上下册）（GJD-101—95）北京：中国计划版社，1995.

[57] 田卫云，朱双颖. 房屋建筑与装饰装修工程计量与计价. 成都：西南交通大学出版社，2016.